# Die HOAI 2013 verstehen und richtig anwenden

Klaus D. Siemon • Ralf Averhaus

# Die HOAI 2013 verstehen und richtig anwenden

mit Beispielen und Praxistipps

3., überarbeitete Auflage

Klaus D. Siemon
Vellmar b. Kassel, Deutschland

Ralf Averhaus
Berlin, Deutschland

Bearbeitung der Paragrafen 17–37, 49–56, Anlagen.

Bearbeitung der Paragrafen 1–16, 38–48, 57–58

ISBN 978-3-658-02020-0
DOI 10.1007/978-3-658-02021-7

ISBN 978-3-658-02021-7 (eBook)

Die Deutsche Nationalbibliothek verzeichnet diese Publikation in der Deutschen Nationalbibliografie; detaillierte bibliografische Daten sind im Internet über http://dnb.d-nb.de abrufbar.

Springer Vieweg
© Springer Fachmedien Wiesbaden 2010, 2012, 2014
Das Werk einschließlich aller seiner Teile ist urheberrechtlich geschützt. Jede Verwertung, die nicht ausdrücklich vom Urheberrechtsgesetz zugelassen ist, bedarf der vorherigen Zustimmung des Verlags. Das gilt insbesondere für Vervielfältigungen, Bearbeitungen, Übersetzungen, Mikroverfilmungen und die Einspeicherung und Verarbeitung in elektronischen Systemen.

Die Wiedergabe von Gebrauchsnamen, Handelsnamen, Warenbezeichnungen usw. in diesem Werk berechtigt auch ohne besondere Kennzeichnung nicht zu der Annahme, dass solche Namen im Sinne der Warenzeichen- und Markenschutz-Gesetzgebung als frei zu betrachten wären und daher von jedermann benutzt werden dürften.

*Lektorat:* Karina Danulat | Annette Prenzer

Gedruckt auf säurefreiem und chlorfrei gebleichtem Papier

Springer Vieweg ist eine Marke von Springer DE. Springer DE ist Teil der Fachverlagsgruppe Springer Science+Business Media.
www.springer-vieweg.de

# Vorwort zur 3. Auflage

Nachdem die HOAI in der Fassung von 2009 lediglich eine pauschal geschätzte Honorarerhöhung von zehn Prozent für die in den Leistungsbildern enthaltenen Leistungen zum Inhalt hatte, ohne dass die Leistungsbilder aktualisiert worden sind, wurde mit der Fassung von 2013 eine umfassende Überarbeitung durchgeführt. In einem ersten Schritt einigten sich Auftraggeber- und Auftragnehmervertreter gemeinsam auf inhaltliche Neuerungen in den Leistungsbildern. Diese Neuerungen finden sich im BMVBS-Abschlussbericht wieder. In einem zweiten Schritt gab das federführende Bundeswirtschaftsministerium ein Gutachten zur Ermittlung der angemessenen Höhe der Honorare für die geänderten Leistungsbilder in Auftrag.

Anschließend stellte das BMWi den Referentenentwurf zur neuen HOAI vor und holte hierzu eine weitere Stellungnahme der Berufsvertreter und der Auftraggeberverbände ein. Danach wurde der neue Verordnungstext gefertigt und als HOAI 2013 veröffentlicht.

Damit ist die 7. Novelle der HOAI in einem umfassenden Abstimmungsprozess vieler Beteiligter entstanden. Im Ergebnis wurden die Leistungsbilder weitreichend aktualisiert und die Honorartafelwerte den aktuellen Bedingungen (z. B. gestiegene Anforderungen an technische und rechtliche Rahmenbedingungen) entsprechend angepasst. Eine Reihe von Regelungen erfuhren Änderungen; insbesondere sind die Regelungen zum Planen und Bauen im Bestand sowie die grundlegende Neuordnung der Flächenplanungen zu nennen.

Entgegen den Empfehlungen der Gutachter, die für das Bundeswirtschaftsministerium tätig waren, wurden die örtliche Bauüberwachung (für Ingenieurbauwerke und Verkehrsanlagen) sowie die bisherigen „Beratungsleistungen" in der Anlage 1 zur HOAI nicht wieder in die Preisrechtsregelungen aufgenommen und unterfallen somit weiterhin der freien Honorarvereinbarung. Zudem enthält die Verordnung nun inflationär viele Schriftformerfordernisse.

Es bleibt abzuwarten, wann diese Fassung der HOAI erneut überarbeitet wird. Immerhin hat der Bundesrat dem Entwurf zur neuen HOAI am 07.06.2013 aufgrund von Bedenken der Vertreter der Länderkammer nur mit knapper Mehrheit zugestimmt.

Die hier vorliegende Auflage soll möglichst viele offene Fragen klären und damit einen Beitrag für das sichere Tagesgeschäft im Planungsalltag liefern.

Für Anregungen sind wir weiterhin dankbar. Bitte schreiben Sie an:

info@architektenhonorar.de oder berlin@leinemann-partner.de.

Berlin, im Januar 2014

| | |
|---|---|
| Dr. Ralf Averhaus | Architekt Dipl.-Ing. Klaus-Dieter Siemon |
| Rechtsanwalt | von der IHK Kassel öffentlich bestellter und |
| Fachanwalt für Bau- und Architektenrecht | vereidigter Sachverständiger für Architektenleistungen und Honorare |

## Vorwort zur 2. Auflage

Die erste Auflage unseres Buches war knapp zwei Jahre nach ihrem Erscheinen vergriffen. Dies möchten wir zum Anlass nehmen, uns bei unseren Lesern zu bedanken. Das große Interesse zeigt uns, dass unser – gemeinsam mit Frau Danulat vom Vieweg+Teubner Verlag entwickeltes – Konzept einer praxisorientierten Kurzkommentierung „für die Aktentasche" am Markt gut angekommen ist. Auch die zweite Auflage bietet daher eine auf das Wesentliche konzentrierte Erläuterung der Vorschriften der HOAI 2009 aus fachtechnischer und rechtlicher Sicht mit vielen Praxistipps und Beispielen.

Nun bereichern die ersten Erfahrungen, die bei der Anwendung der neuen Vorschriften in den vergangenen zweieinhalb Jahren gewonnen wurden und in der Literatur diskutiert werden, unsere Erläuterungen. Es hat sich gezeigt, dass einige Regelungen der HOAI 2009 nur schwer umsetzbar sind. So ist – um nur ein Beispiel zu nennen – die Bestimmung des Raumbildenden Ausbaues als eigenes Objekt in § 2 mit erheblichen Unsicherheiten verbunden. In diesen Fällen haben wir spezielle praxisorientierte Kommentierungen ergänzt, um den Lesern die tägliche Praxis zu erleichtern.

Urteile zur HOAI 2009 waren bei Redaktionsschluss noch nicht veröffentlicht. Soweit jedoch die seit Sommer 2009 noch zur alten HOAI ergangenen gerichtlichen Entscheidungen auf die neue Fassung übertragbar sind, haben wir diese berücksichtigt.

Die Neuauflage haben wir zudem genutzt, um bei denjenigen Vorschriften, die in der Praxis besonders relevant sind, Schwerpunkte zu setzen. Dies gilt insbesondere für die §§ 3 und 7 und dort vor allem im Hinblick auf das Honorar für Änderungsleistungen sowie zu den Möglichkeiten einer Durchbrechung der Kostenberechnung, aber auch zum Beispiel für die Regelung des § 11 (Auftrag für mehrere Objekte).

Mit der zweiten Auflage geben wir zudem bereits einen Ausblick auf die laufende 7. Novelle der HOAI. Die Bundesregierung hat unlängst bekräftigt, dass die Reform der HOAI entsprechend der Vorgabe im Koalitionsvertrag noch in dieser Legislaturperiode abgeschlossen werden soll. Damit könnten die bisher erarbeiteten Änderungsvorschläge relevant werden. Um den Lesern einen ersten Überblick zu geben, haben wir eine neue Rubrik mit dem Schlagwort „HOAI 2013" eingefügt. Darin informieren wir über den „Halbzeitstand" der Novellierungsbemühungen auf der Basis des Lechner-Berichts. Darauf aufbauend sollen in der zweiten Novellierungsstufe vor allem die Honorartafeln aller Leistungsbilder aktualisiert werden.

Im Anhang 1 dieses Buches finden sich erneut die Siemon–Bewertungstabellen. Diese sind aufgrund technischer und organisatorischer Innovationen neu zu bearbeiten gewesen. Eine Anzahl von einzelnen, zum Teil noch aus den 80er-Jahren des letzten Jahrhunderts stammenden Honorartatbeständen ist für sich genommen nicht mehr einzeln abbildbar. In diesem Fällen wurde eine kalkulatorische Zusammenfassung vorgenommen.

Für Anregungen sind wir weiterhin dankbar. Bitte schreiben Sie an: berlin@leinemann-partner.de.

Berlin, im Juli 2012

Dr. Ralf Averhaus
Rechtsanwalt
Fachanwalt für Bau- und Architektenrecht

Architekt Dipl.-Ing. Klaus-Dieter Siemon
von der IHK Kassel öffentlich bestellter und vereidigter Sachverständiger für Architektenleistungen und Honorare

# Vorwort

Schon kurz nach der 5. Novelle der HOAI im Jahre 1996 hatte der Bundesrat gefordert, die Verordnung zu vereinfachen, transparenter zu gestalten und Anreize für kostensparendes Bauen aufzunehmen. Von da an sollte es noch über ein Jahrzehnt lang dauern, bis am 18.08.2009 die neue HOAI in Kraft getreten ist. Ohne die EU-Dienstleistungsrichtlinie, die bis Ende 2009 umzusetzen war, hätte die 6. Novelle wohl noch länger auf sich warten lassen.

Die Anpassung an das Europarecht wurde zum Spagat: Einerseits waren die gesetzlich vorgegebenen Mindest- und Höchstsätze zu erhalten, andererseits kollidieren eben diese mit der Niederlassungs- und Dienstleistungsfreiheit. Dies wurde so gelöst, dass die HOAI nicht mehr für Auftragnehmer mit Sitz im Ausland gilt. Die damit verbundene Benachteiligung inländischer Architekten und Ingenieure im Wettbewerb nahm die Bundesregierung in Kauf.

Für diese richten sich die Honorare für die Flächenplanung, die Objektplanung und die Fachplanung weiterhin nach der HOAI. Zur Fachplanung gehören allerdings nur noch die Tragwerksplanung und die Technische Ausrüstung, während die übrigen Fachingenieurleistungen aus der Verordnung herausgenommen wurden und übergangsweise in der unverbindlichen Anlage 1 geführt werden.

Daneben gibt es 13 weitere Anlagen als Folge der Neustrukturierung der HOAI sowie gravierende inhaltliche Änderungen: Beispielhaft zu nennen sind die zentrale Bedeutung der Kostenberechnung für die Honorarermittlung, die alternative Möglichkeit, die Baukosten zu vereinbaren, die lineare Anhebung der Tafelwerte und die Nichtberücksichtigung des Wertes mitverarbeiteter Bausubstanz beim Planen im Bestand.

Für alle Planer, Bauüberwacher, Bauherren und sonstigen Baubeteiligten kommt es daher nun darauf an, sich rasch mit der neuen HOAI vertraut zu machen, ohne sich dabei in Details zu verlieren. Die nötige Orientierung bietet die vorliegende Kurzkommentierung, die sich auf die Bedürfnisse der Praxis konzentriert und auf theoretische Ausführungen verzichtet. Die Erläuterung erfolgt dabei fachübergreifend aus anwaltlichem und fachtechnischem Blickwinkel. Ergänzt wird die Kommentierung durch zahlreiche Beispiele und Praxistipps. Die Rechtsprechungs- und Literaturhinweise befinden sich auf dem veröffentlichten Stand von September 2009. Im Anhang finden sich zusätzlich die Siemon-Tabellen zur Bewertung von Teilleistungen und die gesetzliche Ermächtigungsgrundlage der HOAI (MRVG Artikel 10).

Um den Kreis zu schließen: Der Bundesrat sieht die HOAI 2009 nur als Etappenziel und hat bereits die Umsetzung einer 7. Novelle angemahnt – und zwar binnen der nächsten Legislaturperiode …

Für Anregungen sind die Autoren stets dankbar. Bitte schreiben Sie an: berlin@leinemann-partner.de

Berlin, im September 2009

| | |
|---|---|
| Dr. Ralf Averhaus | Architekt Dipl.-Ing. Klaus-Dieter Siemon |
| Rechtsanwalt | von der IHK Kassel öffentlich bestellter und |
| Fachanwalt für Bau- und Architektenrecht | vereidigter Sachverständiger für Architekten-leistungen und Honorare |

# Inhaltsverzeichnis

**Inhaltsübersicht** .................................................................................................. 1

**Teil 1 Allgemeine Vorschriften** ........................................................................ 5
    § 1 Anwendungsbereich ................................................................................. 5
    § 2 Begriffsbestimmungen ............................................................................. 9
    § 3 Leistungen und Leistungsbilder ............................................................. 12
    § 4 Anrechenbare Kosten ............................................................................. 17
    § 5 Honorarzonen ......................................................................................... 22
    § 6 Grundlagen des Honorars ...................................................................... 23
    § 7 Honorarvereinbarung ............................................................................. 29
    § 8 Berechnung des Honorars in besonderen Fällen ................................... 41
    § 9 Berechnung des Honorars bei Beauftragung von Einzelleistungen ...... 44
    § 10 Berechnung des Honorars bei vertraglichen Änderungen des Leistungsumfangs. 46
    § 11 Auftrag für mehrere Objekte ................................................................ 53
    § 12 Instandsetzungen und Instandhaltungen .............................................. 55
    § 13 Interpolation ......................................................................................... 57
    § 14 Nebenkosten ......................................................................................... 58
    § 15 Zahlungen ............................................................................................. 59
    § 16 Umsatzsteuer ........................................................................................ 66

**Teil 2 Flächenplanung** ..................................................................................... 67
    **Abschnitt 1 Bauleitplanung** ......................................................................... 67
        § 17 Anwendungsbereich ........................................................................ 67
        § 18 Leistungsbild Flächennutzungsplan ................................................ 67
        § 19 Leistungsbild Bebauungsplan .......................................................... 69
        § 20 Honorare für Grundleistungen bei Flächennutzungsplänen ............ 70
        § 21 Honorare für Grundleistungen bei Bebauungsplänen ..................... 71

    **Abschnitt 2 Landschaftsplanung** ................................................................. 74
        § 22 Anwendungsbereich ........................................................................ 74
        § 23 Leistungsbild Landschaftsplan ........................................................ 75
        § 24 Leistungsbild Grünordnungsplan .................................................... 75
        § 25 Leistungsbild Landschaftsrahmenplan ............................................ 76
        § 26 Leistungsbild Landschaftspflegerischer Begleitplan ....................... 77
        § 27 Leistungsbild Pflege- und Entwicklungsplan .................................. 78
        § 28 Honorare für Grundleistungen bei Landschaftsplänen .................... 78
        § 29 Honorare für Grundleistungen bei Grünordnungsplänen ................ 80
        § 30 Honorare für Grundleistungen bei Landschaftsrahmenplänen ....... 82
        § 31 Honorare für Grundleistungen bei Landschaftspflegerischen Begleitplänen ........ 84
        § 32 Honorare für Grundleistungen bei Pflege- und Entwicklungsplänen ................... 87

## Teil 3  Objektplanung ... 89

### Abschnitt 1 Gebäude und Innenräume ... 89
§ 33  Besondere Grundlagen des Honorars ... 89
§ 34  Leistungsbild Gebäude und Innenräume ... 91
§ 35  Honorare für Grundleistungen bei Gebäuden und Innenräumen ... 94
§ 36  Umbauten und Modernisierungen von Gebäuden und Innenräumen ... 100
§ 37  Instandhaltungen und Instandsetzungen ... 102

### Abschnitt 2  Freianlagen ... 103
§ 38  Besondere Grundlagen des Honorars ... 103
§ 39  Leistungsbild Freianlagen ... 104
§ 40  Honorare für Grundleistungen bei Freianlagen ... 105

### Abschnitt 3 Ingenieurbauwerke ... 109
§ 41  Anwendungsbereich ... 109
§ 42  Besondere Grundlagen des Honorars ... 110
§ 43  Leistungsbild Ingenieurbauwerke ... 112
§ 44  Honorare für Grundleistungen bei Ingenieurbauwerken ... 114

### Abschnitt 4 Verkehrsanlagen ... 118
§ 45  Anwendungsbereich ... 118
§ 46  Besondere Grundlagen des Honorars ... 118
§ 47  Leistungsbild Verkehrsanlagen ... 121
§ 48  Honorare für Grundleistungen bei Verkehrsanlagen ... 122

## Teil 4  Fachplanung ... 126

### Abschnitt 1 Tragwerksplanung ... 126
§ 49  Anwendungsbereich ... 126
§ 50  Besondere Grundlagen des Honorars ... 126
§ 51  Leistungsbild Tragwerksplanung ... 127
§ 52  Honorare für Grundleistungen bei Tragwerksplanungen ... 130

### Abschnitt 2 Technische Ausrüstung ... 133
§ 53  Anwendungsbereich ... 133
§ 54  Besondere Grundlagen des Honorars ... 134
§ 55  Leistungsbild Technische Ausrüstung ... 136
§ 56  Honorare für Grundleistungen der Technischen Ausrüstung ... 137

## Teil 5  Übergangs- und Schlussvorschriften ... 140
§ 57  Übergangsvorschrift ... 140
§ 58  Inkrafttreten, Außerkrafttreten ... 140

# Inhaltsverzeichnis XI

**Anlagen** .................................................................................................................. 145

    Anlage 1  Beratungsleistungen ............................................................................. 145
    Anlage 2  Grundleistungen im Leistungsbild Flächennutzungsplan ..................... 177
    Anlage 3  Grundleistungen im Leistungsbild Bebauungsplan ............................... 179
    Anlage 4  Grundleistungen im Leistungsbild Landschaftsplan .............................. 181
    Anlage 5  Grundleistungen im Leistungsbild Grünordnungsplan .......................... 183
    Anlage 6  Grundleistungen im Leistungsbild Landschaftsrahmenplan ................... 185
    Anlage 7  Grundleistungen im Leistungsbild Landschaftspflegerischer Begleitplan ... 187
    Anlage 8  Grundleistungen im Leistungsbild Pflege- und Entwicklungsplan ............ 189
    Anlage 9  Besondere Leistungen zur Flächenplanung ......................................... 191
    Anlage 10  Grundleistungen im Leistungsbild Gebäude und Innenräume, Besondere Leistungen, Objektliste ......................................................... 194
    Anlage 11  Grundleistungen im Leistungsbild Freianlagen, Besondere Leistungen, Objektliste ......................................................................... 207
    Anlage 12  Grundleistungen im Leistungsbild Ingenieurbauwerke, Besondere Leistungen, Objektliste ......................................................................... 216
    Anlage 13  Grundleistungen im Leistungsbild Verkehrsanlagen, Besondere Leistungen, Objektliste ......................................................................... 231
    Anlage 14  Grundleistungen im Leistungsbild Tragwerksplanung, Besondere Leistungen, Objektliste ......................................................................... 240
    Anlage 15  Grundleistungen im Leistungsbild Technische Ausrüstung, Besondere Leistungen, Objektliste ......................................................................... 248

**Anhang** ................................................................................................................... 261

    **Anhang 1: Siemon-Tabellen** .................................................................................. 261
    **Anhang 2: MRVG Artikel 10** ................................................................................. 277
    **Anhang 3: Literaturverzeichnis** ............................................................................. 279

# Verordnung über die Honorare für Architekten- und Ingenieurleistungen

## (Honorarordnung für Architekten und Ingenieure – HOAI)

## Vom 10. Juli 2013

Auf Grund der §§ 1 und 2 des Gesetzes zur Regelung von Ingenieur- und Architektenleistungen vom 4. November 1971, die durch Artikel 1 des Gesetzes vom 12. November 1984 (BGBl. I S. 1337) geändert worden sind, verordnet die Bundesregierung:

## Inhaltsübersicht

### Teil 1 Allgemeine Vorschriften

§ 1  Anwendungsbereich
§ 2  Begriffsbestimmungen
§ 3  Leistungen und Leistungsbilder
§ 4  Anrechenbare Kosten
§ 5  Honorarzonen
§ 6  Grundlagen des Honorars
§ 7  Honorarvereinbarung
§ 8  Berechnung des Honorars in besonderen Fällen
§ 9  Berechnung des Honorars bei Beauftragung von Einzelleistungen
§ 10  Berechnung des Honorars bei vertraglichen Änderungen des Leistungsumfangs
§ 11  Auftrag für mehrere Objekte
§ 12  Instandsetzungen und Instandhaltungen
§ 13  Interpolation
§ 14  Nebenkosten
§ 15  Zahlungen
§ 16  Umsatzsteuer

## Teil 2 Flächenplanung

### Abschnitt 1 Bauleitplanung

§ 17 Anwendungsbereich
§ 18 Leistungsbild Flächennutzungsplan
§ 19 Leistungsbild Bebauungsplan
§ 20 Honorare für Grundleistungen bei Flächennutzungsplänen
§ 21 Honorare für Grundleistungen bei Bebauungsplänen

### Abschnitt 2 Landschaftsplanung

§ 22 Anwendungsbereich
§ 23 Leistungsbild Landschaftsplan
§ 24 Leistungsbild Grünordnungsplan
§ 25 Leistungsbild Landschaftsrahmenplan
§ 26 Leistungsbild Landschaftspflegerischer Begleitplan
§ 27 Leistungsbild Pflege- und Entwicklungsplan
§ 28 Honorare für Grundleistungen bei Landschaftsplänen
§ 29 Honorare für Grundleistungen bei Grünordnungsplänen
§ 30 Honorare für Grundleistungen bei Landschaftsrahnenplänen
§ 31 Honorare für Grundleistungen bei Landschaftspflegerischen Begleitplänen
§ 32 Honorare für Grundleistungen bei Pflege- und Entwicklungsplänen

## Teil 3 Objektplanung

### Abschnitt 1 Gebäude und Innenräume

§ 33 Besondere Grundlagen des Honorars
§ 34 Leistungsbild Gebäude und Innenräume
§ 35 Honorare für Leistungen bei Gebäuden und Innenräumen
§ 36 Umbauten und Modernisierungen von Gebäuden und Innenräumen
§ 37 Aufträge für Gebäude und Freianlagen oder für Gebäude und Innenräume

### Abschnitt 2 Freianlagen

§ 38 Besondere Grundlagen des Honorars
§ 39 Leistungsbild Freianlagen
§ 40 Honorare für Grundleistungen bei Freianlagen

### Abschnitt 3 Ingenieurbauwerke

§ 41 Anwendungsbereich
§ 42 Besondere Grundlagen des Honorars
§ 43 Leistungsbild Ingenieurbauwerke
§ 44 Honorare für Grundleistungen bei Ingenieurbauwerken

### Abschnitt 4 Verkehrsanlagen

§ 45 Anwendungsbereich
§ 46 Besondere Grundlagen des Honorars
§ 47 Leistungsbild Verkehrsanlagen
§ 48 Honorare für Grundleistungen bei Verkehrsanlagen

## Teil 4 Fachplanung

### Abschnitt 1 Tragwerksplanung

§ 49 Anwendungsbereich
§ 50 Besondere Grundlagen des Honorars
§ 51 Leistungsbild Tragwerksplanung
§ 52 Honorare für Grundleistungen bei Tragwerksplanungen

### Abschnitt 2 Technische Ausrüstung

§ 53 Anwendungsbereich
§ 54 Besondere Grundlagen des Honorars
§ 55 Leistungsbild Technische Ausrüstung
§ 56 Honorare für Grundleistungen der Technischen Ausrüstung

## Teil 5 Überleitungs- und Schlussvorschriften

§ 57 Übergangsvorschrift
§ 58 Inkrafttreten, Außerkrafttreten

| | |
|---|---|
| **Anlage 1** | Beratungsleistungen |
| **Anlage 2** | Grundleistungen im Leistungsbild Flächennutzungsplan |
| **Anlage 3** | Grundleistungen im Leistungsbild Bebauungsplan |
| **Anlage 4** | Grundleistungen im Leistungsbild Landschaftsplan |
| **Anlage 5** | Grundleistungen im Leistungsbild Grünordnungsplan |
| **Anlage 6** | Grundleistungen im Leistungsbild Landschaftsrahmenplan |
| **Anlage 7** | Grundleistungen im Leistungsbild Landschaftspflegerischer Begleitplan |
| **Anlage 8** | Grundleistungen im Leistungsbild Pflege- und Entwicklungsplan |
| **Anlage 9** | Besondere Leistungen zur Flächenplanung |
| **Anlage 10** | Grundleistungen im Leistungsbild Gebäude und Innenräume, Besondere Leistungen, Objektlisten |
| **Anlage 11** | Grundleistungen im Leistungsbild Freianlagen, Besondere Leistungen, Objektliste |
| **Anlage 12** | Grundleistungen im Leistungsbild Ingenieurbauwerke, Besondere Leistungen, Objektliste |
| **Anlage 13** | Grundleistungen im Leistungsbild Verkehrsanlagen, Besondere Leistungen, Objektliste |
| **Anlage 14** | Grundleistungen im Leistungsbild Tragwerksplanung, Besondere Leistungen, Objektliste |
| **Anlage 15** | Grundleistungen im Leistungsbild Technische Ausrüstung, Besondere Leistungen, Objektliste |

# Teil 1 Allgemeine Vorschriften

## § 1 Anwendungsbereich

Diese Verordnung regelt die Berechnung der Entgelte für die Grundleistungen der Architekten und Architektinnen und der Ingenieure und Ingenieurinnen (Auftragnehmer oder Auftragnehmerinnen) mit Sitz im Inland, soweit die Grundleistungen durch diese Verordnung erfasst und vom Inland aus erbracht werden.

## Kurzkommentar zu § 1

### 1. „Inländer-HOAI"

Der Anwendungsbereich der HOAI war in der alten Fassung, die bis zum 17.08.2009 galt, nicht ausdrücklich geregelt. Sie galt jedoch auch für ausländische Auftragnehmer, die in Deutschland tätig wurden, da es sich bei der HOAI um zwingendes öffentliches Preisrecht handelt.[1] Durch die HOAI 2009 wurde der Anwendungsbereich eingeschränkt. Erfasst sind seitdem nur noch Auftragnehmer mit **Sitz im Inland**, die ihre **Leistungen vom Inland aus** erbringen. Die HOAI gilt also nicht mehr für Auftragnehmer mit Sitz im Ausland, um keinen Verstoß der Verordnung gegen die EU-Dienstleistungsrichtlinie zu riskieren. Die Vorschrift wurde unverändert in die HOAI 2013 übernommen.

### Beispiel

*Ein in Polen ansässiges Architekturbüro unterlag nach der alten Rechtslage vor der HOAI 2009 auch dann den Mindest- und Höchstsätzen der HOAI, wenn es sich um einen Planungsauftrag in Frankfurt/Oder beworben hat. Seit der Neufassung von 2009 kann es den Auftrag in Deutschland dagegen annehmen, ohne an die HOAI gebunden zu sein. Mit dem deutschen Auftraggeber kann also ein Honorar vereinbart werden, das unterhalb der Mindestsätze liegt. Ein Auftragnehmer mit Sitz in Frankfurt darf dagegen auch weiterhin nicht unterhalb der Mindestsätze anbieten.*

Öffentliche Auftraggeber müssen demnach bei der europaweiten *Ausschreibung von Planungs- und Überwachungsaufträgen nach der VOF* innerhalb der Tafelwerte beachten, dass mögliche Bieter mit Sitz im Ausland nicht an die HOAI gebunden sind. Bei Angeboten ausländischer Bieter ist demnach das Zuschlagskriterium „Honorar" auch dann zu werten, wenn die Honorare außerhalb der HOAI liegen, vorausgesetzt,

---

[1] BGH, Urteil vom 27.02.2003 – VII ZR 169/02, BauR 2003, 749; NJW 2003, 2020; Urteil vom 07.12.2000 – VII ZR 404/99, NZBau 2001, 333; BauR 2001, 979; NJW 2001, 1936.

das Honorar ist noch auskömmlich.² Diese unterschiedliche Rechtslage für In- und Ausländer kollidiert mit den im Vergabeverfahren zu beachtenden Grundsätzen der Gleichbehandlung und der Vergleichbarkeit der Angebote. Ungeklärt ist, ob und inwieweit die Ausschreibungspraxis, insbesondere die Ausgestaltung der Bewertungsmatrix, dem Rechnung zu tragen hat. Eine Vergabestelle, die ihrer Ausschreibung die HOAI zugrunde legt, zwingt die ausländischen Bieter faktisch zur Abgabe HOAI-konformer Angebote. Wenngleich die Vergabestelle Herrin des Verfahrens ist, könnte hierin eine unzulässige Einschränkung der Kalkulationsfreiheit der Bieter aus anderen Mitgliedstaaten der EU zu sehen sein. Riskiert wird damit ein Nachprüfungsverfahren, das bis zu einer Aufhebung der Ausschreibung führen kann. Als Auswege werden zum einen die *Relativierung des Honorars als Wertungskriterium*³ und - weitergehend - die sogenannte *HOAI-neutrale Ausschreibung* vorgeschlagen, die allerdings nichts daran ändert, dass die Angebote der inländischen Bieter zwischen den Mindest- und Höchstsätzen liegen müssen.⁴ Die Vergabestelle muss weiterhin beurteilen können, dass die Angebote der inländischen Bieter die Mindestsätze nicht unterschreiten.

Als Folge des eingeschränkten Anwendungsbereichs der HOAI sind inländische Bieter im Wettbewerb um Planungsaufträge in Deutschland gegenüber ausländischen Bietern benachteiligt. Man spricht hierbei von einer **Inländerdiskriminierung**. Diese wirkt sich vor allem bei Aufträgen in Grenznähe und bei Großaufträgen (soweit diese unter die HOAI fallen) aus. Die Benachteiligung der deutschen Bieter in Gestalt der Bindung an die Mindestsätze ist mit Blick auf die Berufsausübungsfreiheit und den Gleichheitsgrundsatz verfassungsrechtlich bedenklich.⁵ Die Bundesregierung hält die Benachteiligung der Inländer für zumutbar, weil bislang kein nennenswerter Wettbewerb durch ausländische Unternehmer stattfinde.⁶ Ein Rechtsstreit um berufs- bzw. wettbewerbsrechtliche Sanktionen wegen einer Mindestsatzunterschreitung könnte bis zum Bundesverfassungsgericht gelangen; dann stünde die Geeignetheit, Erforderlichkeit und Angemessenheit der Mindestsätze zur Vermeidung eines ruinösen Preiswettbewerbs und zur Qualitätssicherung auf dem Prüfstand.⁷

Unter welchen Voraussetzungen von einem Sitz im Inland oder Ausland auszugehen ist, ist in der HOAI nicht geregelt. Ein Sitz im Inland dürfte gegeben sein, wenn die

---

[2] Erlass des Bundesministeriums für Verkehr, Bau und Stadtentwicklung vom 18.08.2009, B 10 – 8111.4/2, www.bmvbs.de, S. 5. Hierzu weist Maibaum (Hrsg.), Praxishandbuch HOAI, 1. Aufl., S. 125 f., allerdings zutreffend darauf hin, dass die Unauskömmlichkeit des Honorarangebotes eines ausländischen Bieters in der Praxis kaum feststellbar sein wird.

[3] Maibaum (Hrsg.), Praxishandbuch HOAI, 1. Aufl., S. 126.

[4] So der Vorschlag von Schattenfroh, VOF, Inländer-HOAI und ausländische Bieter: Passt das zusammen?, www.ibr-online.de. Für die Beibehaltung des Preises als Wertungskriterium (neben weiteren Kriterien): Turner, IBR 2010, 1239 (nur online).

[5] Averhaus, NZBau 2009, 473, 474. Nach Koeble, in: Locher/Koeble/Frik, HOAI, 11. Aufl. 2012, § 1, Rn. 27, liegt keine unzulässige Inländerdiskriminierung vor (m.w.N. zum Streitstand).

[6] BR.-Drs. 334/13 vom 25.04.2013, S. 136.

[7] Das Bundesverfassungsgericht hat die Geeignetheit bereits bejaht, siehe BVerfG, Beschluss vom 26.09.2005 – 1 BvR 82/03; BauR 2005, 1946; NJW 2006, 495; NZBau 2006, 121; IBR 2005, 688, aber bislang nicht über die Erforderlich- und Verhältnismäßigkeit entschieden. Der BGH hat keine grundsätzlichen verfassungsrechtlichen Bedenken gegen die Mindestsätze, Urteil vom 27.10.2011 – VII ZR 163/10, IBR 2012, S. 88 f.

Leistungen faktisch mittels fester Infrastruktur (Bürobetrieb) auf unbestimmte Zeit in Deutschland erbracht werden.[8]

Im Einzelfall wird die Abgrenzung zwischen einer *unzulässigen Umgehung* (z. B. durch eine Sitzverlegung) und einer zulässigen Gestaltung schwer zu ziehen sein, sodass abzuwarten bleibt, wie die Gerichte diese Fälle, die wegen der damit verbundenen Nachteile selten bleiben dürften, beurteilen werden.

Fraglich ist, ob die Regelung in § 1 mit der Niederlassungsfreiheit vereinbar ist. Dazu muss die Bindung eines ausländischen Auftragnehmers, der die Leistungen von seiner inländischen Niederlassung aus erbringt, an die Mindest- und Höchstsätze durch einen zwingenden Grund des Allgemeininteresses gerechtfertigt sein.[9]

Planen deutsche Auftragnehmer für *Bauvorhaben im Ausland,* ist die HOAI anwendbar, wenn die Parteien – ausdrücklich oder konkludent – deutsches Recht gewählt haben. Dies hat das OLG Brandenburg für Verträge entschieden, die noch unter die HOAI 1996 fallen.[10] Die HOAI 2013 gilt im Auslandsbau ihrem Wortlaut nach – deutsche Rechtswahl vorausgesetzt – nur, soweit die Planung vom Inland aus erbracht wird.

**Praxis-Tipp**

Wollen inländische Parteien für ein ausländisches Bauvorhaben die HOAI anwenden, so sollten sie daher im Vertrag neben der Wahl deutschen Rechts ausdrücklich vereinbaren, dass die HOAI auch insoweit gilt, als die Leistungen nicht vom Inland aus erbracht werden (wie zum Beispiel die Überwachung der Auslandsbaustelle vor Ort). Unklar ist, inwieweit die HOAI anwendbar ist, wenn ein Auftragnehmer die Leistungen zum Teil von seiner inländischen und zum Teil von seiner ausländischen Niederlassung aus erbringt.

## 2. Nicht erfasste Leistungen

In sachlicher Hinsicht ist die HOAI nur auf die von ihr erfassten Leistungen anwendbar, also zum Beispiel nicht auf Leistungen im Zusammenhang mit einer Projektentwicklung[11] oder auf eine Abbruchplanung oder auf reine Beratungsleistungen, die in der HOAI nicht erwähnt sind.

Seit der HOAI 2009 nicht mehr erfasst werden die ehemaligen Teile III (Zusätzliche Leistungen) und IV (Gutachten und Wertermittlungen) aus der HOAI 1996. Die Streichung von Teil III betraf auch die Projektsteuerung (§ 31 HOAI 1996). Der Winterbau-

---

[8] Averhaus, NZBau 2009, 473, 474; ähnlich: Messerschmidt, NZBau 2009, 568, 569, der nicht auf den juristischen Sitz abstellt, sondern auf den tätigkeitsbezogenen Betriebssitz.
[9] Siehe Thode, Anmerkung zu OLG Stuttgart, Urteil vom 21.09.2010 – 10 U 50/10, juris PR-PrivBauR 1/2011, Anm. 1.
[10] OLG Brandenburg, Urteil vom 25.01.2012 – 4 U 112/08, www.ibr-online.de. Die schlüssige deutsche Rechtswahl lag in der Vereinbarung der deutschen Umsatzsteuer sowie in der Erwähnung einer Vorschrift aus dem BGB im Ingenieurvertrag.
[11] BGH, Urteil vom 04.12.1997 – VII ZR 177/96, BauR 1998, 193 = NJW 1998, 1228.

schutz (§ 32 HOAI 1996) wird von der Kostengruppe 397 der DIN 276 in der Fassung von Dezember 2008 erfasst.

Darüber hinaus sind seit der HOAI 2009 eine Reihe von Leistungsbildern nicht mehr im verbindlichen Teil der Verordnung geregelt, sondern werden nur noch unverbindlich in der Anlage 1 geführt. Auf diese Leistungen, die im Zuge der 7. Novelle aktualisiert worden sind, ist die HOAI nicht mehr anwendbar (siehe dazu unten § 3 Abs. 1 S. 2).

### 3. Leistungsbezogenheit der HOAI

Die HOAI ist nach der Rechtsprechung des Bundesgerichtshofs leistungsbezogen und nicht berufsbezogen auszulegen. Sie gilt daher auch, wenn die der Verordnung unterliegenden Leistungen von anderen Personen als eingetragenen Architekten und Ingenieuren erbracht werden[12] oder wenn sich der Architekt als Künstler versteht.[13] Folgerichtig müssen Architekten- und Ingenieurgesellschaften, soweit sie unter die HOAI fallende Leistungen erbringen, die Verordnung auch dann beachten, wenn ihre Gesellschafter nicht selbst Architekten oder Ingenieure sind.[14]

### 4. Ausklammerung von Paketanbietern?

Die HOAI gilt nach der Rechtsprechung nicht für sogenannte „Paketanbieter", die neben Architekten- und Ingenieurleistungen auch andere Leistungen erbringen.[15] Dies betrifft zum Beispiel Generalübernehmer und -unternehmer, Bauträger und Fertighausanbieter.

Generalunternehmer übernehmen neben der Bauleistung teilweise auch Planungsleistungen, insbesondere die Ausführungsplanung. Sie kalkulieren die Planung jedoch in der Praxis nicht nach der HOAI, sondern fragen Pauschalpreise ab und beauftragen das günstigste Angebot. Dies schützt Generalunternehmer nicht davor, dass sie sich später einem sogenannten Aufstockungsverlangen ihres Nachplaners ausgesetzt sehen können, also der – in dieser Konstellation zumeist durchsetzbaren – Forderung des Mindestsatzhonorars, sofern die vereinbarte Pauschale darunter liegt. Hier tut sich für den Generalunternehmer ein mitunter erhebliches und unkalkulierbares Risiko auf, da er eine solche Aufstockung nach der Rechtsprechung in der Vertragskette nicht nach oben durchreichen kann. Im Ergebnis muss die Paketanbieter-Rechtsprechung kritisch hinterfragt werden.[16] Sie führt dazu, dass öffentliche und gewerbliche Bauherren gerade bei größeren Bauvorhaben Planungsleistungen gezielt über den Umweg zwischengeschalteter Bauunternehmen unterhalb der Mindestsätze

---

[12] BGH, Urteil vom 22.05.1997 – VII ZR 290/95, BauR 1997, 677 = NJW 1997, 2329; OLG Stuttgart, Urteil vom 29.05.2012 – 100 142/11, IBR 2012, 400.

[13] OLG Stuttgart, Urteil vom 29.05.2012 – 10 U 142/11, NJW-RR 2012, 1043.

[14] OLG Brandenburg, Urteil vom 25.01.2012 – 4 U 112/08, www.ibr-online.de.

[15] BGH, Urteil vom 22.05.1997 – VII ZR 290/95, BauR 1997, 677; NJW 1997, 2329; OLG Frankfurt a.M., Urteil vom 13.03.2012 – 5 U 116/10.

[16] Siehe auch Maibaum (Hrsg.), Praxishandbuch HOAI, 1. Aufl., S. 91, der die Paketanbieter-Rechtsprechung als „*inkonsequente ... Ausnahme von der leistungsbezogenen Anwendbarkeit der HOAI*" bezeichnet.

einkaufen können und das Risiko eines späteren Aufstockungsverlangens auf den Generalunternehmer abwälzen.

Wird ein Bauunternehmer dagegen nur mit Planungsleistungen und nicht mit Bauleistungen beauftragt, findet die HOAI Anwendung.[17]

Soweit die HOAI nicht anwendbar ist, kann die Vergütung frei vereinbart werden. Ohne Honorarvereinbarung kann der Auftragnehmer die übliche Vergütung verlangen, §§ 612 Absatz 2, 632 Absatz 2 BGB. Deren Höhe ist im Streitfall durch einen Sachverständigen zu ermitteln.

## § 2 Begriffsbestimmungen

(1) Objekte sind Gebäude, Innenräume, Freianlagen, Ingenieurbauwerke, Verkehrsanlagen. Objekte sind auch Tragwerke und Anlagen der Technischen Ausrüstung.

(2) Neubauten und Neuanlagen sind Objekte, die neu errichtet oder neu hergestellt werden.

(3) Wiederaufbauten sind Objekte, bei denen die zerstörten Teile auf noch vorhandenen Bau- oder Anlagenteilen wiederhergestellt werden. Wiederaufbauten gelten als Neubauten, sofern eine neue Planung erforderlich ist.

(4) Erweiterungsbauten sind Ergänzungen eines vorhandenen Objekts.

(5) Umbauten sind Umgestaltungen eines vorhandenen Objekts mit wesentlichen Eingriffen in Konstruktion oder Bestand.

(6) Modernisierungen sind bauliche Maßnahmen zur nachhaltigen Erhöhung des Gebrauchswertes eines Objekts, soweit diese Maßnahmen nicht unter Absatz 4, 5 oder 8 fallen.

(7) Mitzuverarbeitende Bausubstanz ist der Teil des zu planenden Objekts, der bereits durch Bauleistungen hergestellt ist und durch Planungs- oder Überwachungsleistungen technisch oder gestalterisch mitverarbeitet wird.

Instandsetzungen sind Maßnahmen zur Wiederherstellung des zum bestimmungsgemäßen Gebrauch geeigneten Zustandes (Soll-Zustandes) eines Objekts, soweit diese Maßnahmen nicht unter Absatz 3 fallen.

(8) Instandhaltungen sind Maßnahmen zur Erhaltung des Soll-Zustandes eines Objekts.

(9) Kostenschätzung ist die überschlägige Ermittlung der Kosten auf der Grundlage der Vorplanung. Die Kostenschätzung ist die vorläufige Grundlage für Finanzierungsüberlegungen. Der Kostenschätzung liegen zugrunde:

---

[17] OLG Düsseldorf, Urteil vom 21.06.2011 – 21 U 129/10, IBR 2011, 529; OLG Jena, IBR 2003, 27; OLG Oldenburg, IBR 2002, 200.

1. Vorplanungsergebnisse,
2. Mengenschätzungen,
3. erläuternde Angaben zu den planerischen Zusammenhängen, Vorgängen sowie Bedingungen und
4. Angaben zum Baugrundstück und zu dessen Erschließung.

Wird die Kostenschätzung nach § 4 Absatz 1 Satz 3 auf der Grundlage der DIN 276 in der Fassung vom Dezember 2008 (DIN 276-1: 2008-12) erstellt, müssen die Gesamtkosten nach Kostengruppen mindestens bis zur ersten Ebene der Kostengliederung ermittelt werden.

(10) Kostenberechnung ist die Ermittlung der Kosten auf der Grundlage der Entwurfsplanung. Der Kostenberechnung liegen zugrunde:

1. durchgearbeitete Entwurfszeichnungen oder Detailzeichnungen wiederkehrender Raumgruppen,
2. Mengenberechnungen und
3. für die Berechnung und Beurteilung der Kosten relevante Erläuterungen.

Wird die Kostenberechnung nach § 4 Absatz 1 Satz 3 auf der Grundlage der DIN 276 erstellt, müssen die Gesamtkosten nach Kostengruppen mindestens bis zur zweiten Ebene der Kostengliederung ermittelt werden.

## Kurzkommentar zu § 2

§ 2 entspricht weitgehend § 2 HOAI 2009. Neu ist

– die Definition der mitzuverarbeitenden Bausubstanz,
– der Entfall der folgenden Definitionen: Gebäude, fachlich allgemein anerkannte Regeln der Technik und Honorarzone, sowie
– die Umbenennung von raumbildenden Ausbauten in Innenräume.

Weitere Definitionen finden sich im Besonderen Teil, z. B. zu den Freianlagen in § 39 Absatz 1.

Über den Objektbegriff in **Absatz 1** wird die Geltung von Vorschriften – insbesondere aus dem allgemeinen Teil – für die Objekt- und Fachplanung gesteuert.[18] Innenräume können entweder mit Gebäuden zusammen ein Objekt bilden oder als Einrichtungsplanung ein eigenständiges Objekt sein.[19] Anlagen einer Anlagengruppe der Technischen Ausrüstung oder funktional gleichartige Abwasser-, Wasser- und Gasanlagen (§ 53 Abs. 2 Nr. 1) bilden ein Objekt[20] und werden nach der Summe der anrechenbaren Kosten abgerechnet.

Die *Definition des Gebäudes* in der HOAI 2009 führte dazu, dass ein Gebäude nicht mehr nur zum vorübergehenden Aufenthalt von Menschen geeignet und bestimmt

---

[18] Zum Objektbegriff und zur Abgrenzung der Objekte siehe Fischer/Krüger, BauR 2013, 1176.
[19] Zur Abgrenzung zwischen Gebäuden und Innenräumen siehe OLG Dresden, Urteil vom 16.02.2011 – 1 U 261/10, BauR 2013, 511.
[20] BR.-Drs. 334/13 vom 25.04.2013, S. 137.

## § 2 Begriffsbestimmungen

sein musste, sondern dass die Schutzfunktion genügte. Hierdurch ergaben sich neue, ungewollte Abgrenzungsschwierigkeiten zu Ingenieurbauwerken. So fielen einige Objekte, die bis dahin als *Ingenieurbauwerke* galten und weiterhin in den betreffenden Objektlisten enthalten waren (wie z. B. Maschinen- oder Pumpenhäuser), zugleich unter den Gebäudebegriff. Je nach Einordnung konnten sich im Einzelfall erhebliche Honorarunterschiede ergeben. Dies barg Streitpotenzial, dessen Umfang durch vergleichende Honorarermittlungen vor der Rechnungslegung bzw. bei der Rechnungsprüfung eingeschätzt werden konnte bzw. kann.[21] Um diese Schwierigkeiten künftig zu vermeiden, wurde die Definition des Gebäudes wieder gestrichen. Für die Abgrenzung kommt es in erster Linie auf die Objektlisten an.

**Praxis-Tipp**

Die Vertragspartner sollten Objekte, deren Zuordnung zu einem Leistungsbild nicht eindeutig ist, frühzeitig identifizieren und im Vertrag eine eindeutige Zuordnung vereinbaren, um spätere Abrechnungsstreitigkeiten zu vermeiden. Soweit sich die Zuordnung im vertretbaren Rahmen bewegt, dürfte den Vertragspartnern ein Beurteilungsspielraum zustehen.

Gemäß **Absatz 5** setzen Umbauten wieder – wie schon vor der HOAI 2009 – einen <u>wesentlichen</u> Eingriff in Konstruktion oder Bestand voraus. Diese Einschränkung wirkt sich beim Umbauzuschlag aus und wurde vorgenommen, weil bei Leistungen im Bestand die Kosten der mitzuverarbeitenden Bausubstanz – wie vor der HOAI 2009 – wieder anrechenbar sind, siehe **Absatz 7** i. V. m. § 4 Abs. 3.

**Beispiel**

*Unbearbeitete Vegetationsflächen (gewachsenes Gelände) sind keine mitzuverarbeitende Bausubstanz, wohl aber begrünte Flachdächer. Bei der Erneuerung einer Fahrbahndecke stellen die Binder- und Tragschicht nur unbearbeitete Substanz dar, deren Kosten nicht anrechenbar ist.[22]*

In **Absatz 10 und 11** wurde jeweils das Wort „*mindestens*" eingefügt. Die Kosten für eine Kostenschätzung können demnach weiter als nur bis zur ersten Ebene der Kostengliederung ermittelt werden und die Kosten für eine Kostenberechnung über die zweite Ebene hinaus. Der Verordnungsgeber hat dies mit den Anforderungen im Leistungsbild Technische Ausrüstung begründet.[23] Demnach beruht die Änderung nicht auf der Kritik an der unzureichenden Mindestgliederungstiefe der DIN 276 Teil 1 (Hochbau) von Dezember 2008, die nicht Schritt hält mit den Erkenntnissen aus dem Planungsfortschritt.

---

[21] Zu den Honorarunterschieden je nach Zuordnung zu Gebäuden oder Ingenieurbauwerken siehe näher Simmendinger, IBR 2009, 1329 (nur online).
[22] Siehe die Beispiele der BReg in: BR.-Drs. 334/13 vom 25.04.2013, S. 138.
[23] BR.-Drs. 334/13 vom 25.04.2013, S. 138 f.

§ 3

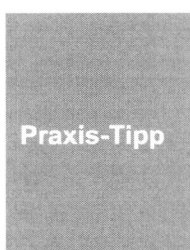

Auftraggeber sollten – im Sinne der Kostensicherheit – im Vertrag regeln, dass der Auftragnehmer für die Kostenschätzung die Gesamtkosten nach Kostengruppen bis zur zweiten Ebene der Kostengliederung und für die Kostenberechnung bis zur dritten Gliederungsebene zu ermitteln hat, damit die Kostenermittlungen dem Planungsfortschritt entsprechen. Bei diesen vertieften Kostenermittlungen handelt es sich um Besondere Leistungen der Leistungsphasen 2 und 3, für die das Honorar frei vereinbart werden kann.

## § 3 Leistungen und Leistungsbilder

(1) Die Honorare für Grundleistungen der Flächen-, Objekt- und Fachplanung sind in den Teilen 2 bis 4 dieser Verordnung verbindlich geregelt. Die Honorare für Beratungsleistungen der Anlage 1 sind nicht verbindlich geregelt.

(2) Grundleistungen, die zur ordnungsgemäßen Erfüllung eines Auftrags im Allgemeinen erforderlich sind, sind in Leistungsbildern erfasst. Die Leistungsbilder gliedern sich in Leistungsphasen gemäß den Regelungen in den Teilen 2 bis 4.

(3) Die Aufzählung der Besonderen Leistungen in dieser Verordnung und in den Leistungsbildern ihrer Anlagen ist nicht abschließend. Die Besonderen Leistungen können auch für Leistungsbilder und Leistungsphasen, denen sie nicht zugeordnet sind, vereinbart werden, soweit sie dort keine Grundleistungen darstellen. Die Honorare für Besondere Leistungen können frei vereinbart werden.

(4) Die Wirtschaftlichkeit der Leistung ist stets zu beachten.

## Kurzkommentar zu § 3

**Absatz 1** ist inhaltlich nicht verändert worden.

### 1. Preisgebundene Leistungen

Grundleistungen werden wieder als solche bezeichnet und nicht mehr nur als *„Leistungen"* (**Satz 1**). Seit der HOAI 2009 gilt die Verordnung nur noch für folgende Leistungsbilder:

– Teil 2 (Flächenplanung): Bauleit- und Landschaftsplanung
– Teil 3 (Objektplanung): Gebäude und Innenräume, Freianlagen, Ingenieurbauwerke und Verkehrsanlagen
– Teil 4 (Fachplanung): Tragwerksplanung und Technische Ausrüstung.

## 2. Unverbindliche „Beratungsleistungen"

Die sogenannten **Beratungsleistungen**[24] bleiben gemäß **Absatz 1 Satz 2** in der unverbindlichen Anlage 1 und sind nicht wieder in den verbindlichen Teil der Verordnung zurückgeführt worden. Dies war einer der wesentlichen Streitpunkte im Zuge der Novellierung. Die Bundesregierung ist der Forderung des Bundesrates sowie der Ingenieurkammern und –verbände nicht gefolgt, die Auswirkungen der Deregulierung von 2009 kritisch zu begleiten sowie gegebenenfalls zur Verbindlichkeit der Honorare für die betreffenden Beratungsleistungen zurückzukehren.[25] Der Bundesrat hat seine Zustimmung zur HOAI 2013 mit der Bitte verbunden, dass die Bundesregierung die Rückführung der betroffenen Leistungen in den verbindlichen Teil der HOAI erneut prüfen soll.[26]

Damit gelten für die folgenden Leistungsbilder weiterhin keine Mindest- und Höchstsätze mehr:

- Umweltverträglichkeitsstudie,
- Bauphysik (ehemals Thermische Bauphysik sowie Schallschutz und Raumakustik),
- Geotechnik (ehemals Bodenmechanik sowie Erd- und Grundbau) und
- Ingenieurvermessung (ehemals Vermessungstechnische Leistungen).

Das **Honorar** für diese Leistungen bleibt **frei vereinbar**. Die Anlage 1 enthält lediglich unverbindliche Honorarempfehlungen, an denen sich die Vertragspartner zur Honorarermittlung und -vereinbarung orientieren können. Diese mit der HOAI 2009 vorgenommene Deregulierung ist von der Ermächtigungsgrundlage der HOAI gedeckt.[27]

Die Vertragspartner können vereinbaren, dass das Honorar nach der Anlage 1 (in Verbindung mit Teil 1 der HOAI) zu ermitteln ist. Damit steht eine Orientierungshilfe zur Verfügung, wenn kein Pauschal- oder Zeithonorar vereinbart werden soll.

Für *Vergabeverfahren* bedeutet dies, dass Angebote mit Honoraren, die die Honorarsätze der Anlage 1 unter- oder überschreiten, nicht ausgeschlossen werden dürfen. Für den Bereich der Bundesbauverwaltung sollen die unverbindlichen Honorartafeln der Anlage 1 weiterhin als verwaltungsinterne Orientierungsmöglichkeit bei der Prüfung der Angemessenheit und Auskömmlichkeit der Honorare dienen.[28]

Treffen die Vertragspartner keine Honorarvereinbarung, so steht dem Auftragnehmer die **übliche Vergütung** zu, die gegebenenfalls durch einen Honorarsachverständigen zu bestimmen ist.

---

[24] Nach Motzko/Kochendörfer, Gutachten vom 22.10.2010, www.aho.de, sind die Leistungen den im verbindlichen Teil der HOAI verbliebenen Planungsleistungen gleichzustellen.
[25] Beschluss des BRates, BR-Drs. 395/09 vom 12.06.2009, S. 2.
[26] Beschluss des BRates, BR-Drs. 334/13 vom 07.06.2013, S. 2.
[27] Averhaus, NZBau 2009, 473, 475.
[28] Erlass des BMVBS vom 18.08.2009, B 10 – 8111.4/2, www.bmvbs.de, S. 4.

Obgleich unverbindlich, sind auch die Leistungsbilder der Anlage 1 im Zuge der Novelle von 2013 überarbeitet worden. Hintergrund war die Feststellung des Bundesrates, dass die betreffenden Leistungsbilder und Honorare teilweise nicht mehr den geltenden Regeln der Technik und dem öffentlichen Recht entsprachen.[29]

So wurden zum Beispiel Umfang und Inhalt der Leistungen zum Wärmeschutz und zur Energiebilanzierung wesentlich erweitert. Im Gegenzug sind die hierfür empfohlenen Honorare um 99,81 % bis 203,03 % gestiegen.

Bislang wird kaum beachtet, dass auch *§ 15 HOAI 2009 und 2013 für die in der Anlage 1 geführten Leistungsbilder nicht mehr gilt*. Auftragnehmer, die diese Leistungen (isoliert) erbringen, kommen demnach nicht in den Genuss der günstigen Regelungen zu Abschlagszahlungen. Insoweit gilt nunmehr die strengere gesetzliche Regelung nach § 632 a BGB. Satz 1 setzt voraus, dass der Besteller durch die Leistung einen Wertzuwachs erlangt hat, was bei den betreffenden Fachingenieurleistungen kaum messbar ist. Zudem können Abschlagszahlungen wegen wesentlicher Mängel verweigert werden (Satz 2).

Auftragnehmer, die Leistungen aus den in der Anlage 1 enthaltenen Leistungsbildern erbringen, sollten im Vertrag einen Zahlungsplan vereinbaren. Dies gilt vorsorglich auch für solche Verträge, mit denen sich der Auftragnehmer verpflichtet, daneben auch Leistungen zu erbringen, für die die HOAI gilt.

### 3. Grundleistungen, Leistungsphasen und -bilder

**§ 3 Absatz 2 Satz 1** hat sich nicht verändert, sieht man einmal davon ab, dass der Begriff der Grundleistungen wieder eingeführt wurde. Die Anlagen 10 ff. regeln die Grundleistungen zu den einzelnen Leistungsbildern der Objekt- und Fachplanung und enthalten Beispiele für Besondere Leistungen. Zur Flächenplanung sind die Grundleistungen in den Anlagen 2 bis 8 geregelt; die Anlage 9 enthält Beispiele für Besondere Leistungen bei der Flächenplanung. Die in der Praxis besonders relevanten Grundleistungen der Gebäudeplanung finden sich in der Anlage 10. Die Ausgliederung in die Anlagen erschwert den Anwendern den praktischen Umgang mit der HOAI. Deshalb sollten die Kataloge mit den Grundleistungen und den Besonderen Leistungen sowie die Objektlisten künftig wieder in den Verordnungstext integriert werden.

**§ 3 Absatz 2 Satz 2** entspricht § 3 Absatz 4 HOAI 2009 und regelt die Gliederung der Leistungsbilder in Leistungsphasen. Die konkreten Gliederungen finden sich bei den Leistungsbildern im Besonderen Teil.

Die in der Literatur heftig umstrittene Regelung des § 3 Absatz 2 Satz 2 HOAI 2009 zur Honorierung von *„anderen Leistungen"* ist entfallen. Stattdessen regelt § 10 Abs. 2 nun ausdrücklich, dass wiederholte Grundleistungen nach dem System der HOAI zu honorieren sind.

---

[29] Beschluss des BRates, BR-Drs. 395/09 vom 12.06.2009, B. 6. Dies betraf vor allem die Thermische Bauphysik.

## 4. Besondere Leistungen

Nach **§ 3 Absatz 3** sind auch die Besonderen Leistungen nicht im verbindlichen Teil der HOAI aufgezählt, sondern in der Anlage 9 (Flächenplanung) bzw. in den Anlagen 10 ff. (Objekt- und Fachplanung), wobei es sich jeweils um beispielhafte, nicht abschließende Aufzählungen handelt.

Das Honorar ist dementsprechend frei vereinbar (**Satz 3**); anderenfalls gilt die übliche Vergütung (§ § 612 Abs. 2, 632 Abs. 2 BGB).

Da § 5 Absatz 4 HOAI 1996 seit der HOAI 2009 entfallen ist, kann ein Vergütungsanspruch für Besondere Leistungen nicht mehr an einer fehlenden schriftlichen Honorarvereinbarung scheitern.[30] Verwenden Auftraggeber in ihren Verträgen Klauseln, die den Inhalt der gestrichenen Vorschrift übernehmen, so soll dies AGB-widrig und damit unwirksam sein.[31]

Gestrichen wurde mit der HOAI 2009 auch § 5 Absatz 5 HOAI 1996. Seitdem gilt für Besondere Leistungen, die eine Grundleistung ersetzen, nicht mehr automatisch das Honorar für die ersetzte Grundleistung.

> **Beispiel**
>
> *Dies betrifft zum Beispiel den Fall, dass der Gebäudeplaner kein Leistungsverzeichnis, sondern ein Leistungsprogramm (funktionale Leistungsbeschreibung) zu erstellen hat. Aufgrund der Streichung von § 5 Absatz 5 HOAI 1996 ist unklar, ob der Planer das volle Honorar für die Vorbereitung der Vergabe (Leistungsphase 6 = zehn Prozent) abrechnen kann oder ob er für die Phase 6 nur ein um den Anteil für das Leistungsverzeichnis gekürztes Honorar[32] sowie zusätzlich die vereinbarte oder übliche Vergütung für das Leistungsprogramm erhält. Insoweit kann durchaus Streit entstehen, ob für das Leistungsprogramm das gleiche Honorar wie für ein Leistungsverzeichnis gerechtfertigt ist.*

> **Praxis-Tipp**
>
> Um diese Unklarheit zu vermeiden und weil auch die Bestimmung der üblichen Vergütung streitträchtig ist, sollte vertraglich vereinbart werden, dass für ersetzende Besondere Leistungen das Honorar für die ersetzten Grundleistungen gilt.

---

[30] Die von § 5 Abs. 4 Satz 1 HOAI 1996 geforderte schriftliche Vereinbarung war nach der Rechtsprechung eine echte Anspruchsvoraussetzung, vgl. BGH, Urteil vom 24.11.1998 – VII ZR 3131/87, BauR 1989, 222 (223); OLG Hamm, Urteil vom 25.6.1993 – 25 U 143/92, BauR 1993, 761 (762), OLG Düsseldorf, Urteil vom 30.10.1992 – 22 U 73/92, BauR 1993, 758 (760); OLG Celle, Urteil vom 11.11.1998 – 13 U 118/98, BauR 1999, 508.

[31] Kalte/Wiesner, IBR 2009, 1234.

[32] Nach der Siemon-Tabelle zur HOAI 2009 ist diese Grundleistung mit 5,0–6,5 Prozent zu bewerten, so dass für die LPH 6 ohne diese Grundleistung nur 3,5–5,0 Prozent berechnet werden können. In der Siemon-Tabelle zur HOAI 2013 hat sich die Bewertung auf 8,0–9,0 Prozent erhöht. Vgl. zur HOAI 2002: Siemon, HOAI-Praxis bei Architektenleistungen, 7. Auflage 2004, Anhang 7, 236 (240); ders., BauR 2006, 905; zur HOAI 2009: Siemon/Averhaus, Die HOAI 2009 verstehen und richtig anwenden, 1. Auflage 2009 und 2. Auflage 2012, jeweils Anhang 1; zur HOAI 2013: Siemon, BauR 2013, 1964; IBR 2013, 1286; siehe auch Anhang 1 in diesem Buch.

Zu beachten ist, dass das gesetzliche Werkvertragsrecht die preisrechtliche Unterscheidung zwischen Grundleistungen und Besonderen Leistungen nicht kennt. Demnach kann eine Besondere Leistung (wie zum Beispiel die Bestandsaufnahme bei einem Umbau) zum vertraglich geschuldeten Leistungsumfang gehören und vom Vertragspreis (zum Beispiel einer Pauschale) bereits abgegolten sein, wenn sie zur Herbeiführung des Erfolges erforderlich ist.

Daher sollten Auftragnehmer möglichst schon vor oder bei der Auftragserteilung ein angemessenes Honorar für die erforderlichen Besonderen Leistungen vereinbaren. Für Besondere Leistungen, die bei Auftragserteilung noch nicht absehbar sind, sondern bei Bedarf später beauftragt werden sollen, empfiehlt sich die Vereinbarung eines Honorars nach Zeitaufwand unter Vereinbarung bestimmter Stundensätze.

Bezieht sich ein Pauschalhonorar auf Leistungen, die nur zum Teil der HOAI unterliegen, so darf das anteilig hierauf entfallende Honorar die Mindestsätze nicht unterschreiten; anderenfalls kann dies zur Unwirksamkeit der Gesamtpauschale führen.[33] Für Verträge mit einem Pauschalhonorar für Grundleistungen und Besondere Leistungen bedeutet dies, dass die Pauschale jedenfalls das Mindestsatzhonorar für die Grundleistungen nicht unterschreiten darf. Darüber hinaus stellt sich die Frage, ob die Pauschale diesem Mindestsatzhonorar entsprechen darf oder angehoben werden muss um einen Betrag, der der üblichen Vergütung für die vereinbarten Besonderen Leistungen entsprechen muss. Die Honorierung der Besonderen Leistungen mit EUR 0,00 könnte eine *versteckte Mindestsatzunterschreitung* hinsichtlich der Grundleistungen darstellen (quasi als Quersubventionierung in Höhe der üblichen Vergütung der Besonderen Leistungen).[34] Gegen eine Unwirksamkeit einer Pauschale nur in Höhe des Mindestsatzes spricht aber, dass die Honorierung Besonderer Leistungen eben nicht mehr der HOAI unterliegt, sodass insofern auch deren unentgeltliche Erbringung vereinbart werden darf. Gleichwohl sollten Auftraggeber das Risiko einer späteren Honorarnachforderung im Blick behalten. Das gilt vor allem für öffentliche Auftraggeber bei der Ausgestaltung ihrer Vergabeverfahren.

### 5. Wirtschaftlichkeitsgebot in Absatz 4

§ 3 **Absatz 4** (Wirtschaftlichkeitsgebot) bezieht sich auf alle Leistungsbilder und ist daher nun systematisch zutreffend in einem eigenen Absatz geregelt worden (anders als noch nach der HOAI 2009).[35] Das Gebot stellt allerdings kein Preisrecht dar und überrascht daher in der HOAI. Die Vorschrift ist als Hinweis auf die mögliche Mangelhaftigkeit einer unwirtschaftlichen Planung zu verstehen.[36] Der BGH hat wiederholt

---

[33] OLG Hamburg, Urteil vom 10.02.2011 – 3 U 81/06; IBR 2011, 413 (noch zur HOAI 1996).
[34] Kalte/Wiesner, Anmerkung zu OLG Hamburg, IBR 2011, 413, bejahen eine Mindestsatzunterschreitung und sprechen sich für einen erforderlichen *„Üblichkeitscheck"* aus.
[35] Siehe die Anlage zum Erlass des BMVBS vom 18.08.2009 – B 10-8111.4/2, www.bmvbs.de.
[36] BGH, Urteil vom 22.01.1998 – VII ZR 259/96; BGHZ 138, 87; BauR 1998, 354; NJW 1998, 1064; IBR 1998, 157; BGH, Urteil vom 09.07.2009 – VII ZR 130/07, IBR 2009, 521. Maibaum (Hrsg.),

§ 4 Anrechenbare Kosten

betont, dass der Architekt schon bei der Grundlagenermittlung die Kostenvorstellungen des Bauherrn zu erfragen und zu beachten hat.[37]

### 6. Erörterungsgebot

Das Gebot, die Ergebnisse der Leistungsphasen mit dem Auftraggeber zu regeln (§ 3 Abs. 8 HOAI 2009), findet sich nunmehr in den Grundleistungskatalogen zu den Leistungsphasen 1 bis 3 der Leistungsbilder der Objekt- und Fachplanung (Anlagen 10 ff.).

## § 4 Anrechenbare Kosten

(1) Anrechenbare Kosten sind Teil der Kosten für die Herstellung, den Umbau, die Modernisierung, Instandhaltung oder Instandsetzung von Objekten sowie für die damit zusammenhängenden Aufwendungen. Sie sind nach allgemein anerkannten Regeln der Technik oder nach Verwaltungsvorschriften (Kostenvorschriften) auf der Grundlage ortsüblicher Preise zu ermitteln. Wird in dieser Verordnung im Zusammenhang mit der Kostenermittlung die DIN 276 in Bezug genommen, so ist die Fassung vom Dezember 2008 (DIN 276-1:2008-12) bei der Ermittlung der anrechenbaren Kosten zugrunde zu legen. Umsatzsteuer, die auf die Kosten von Objekten entfällt, ist nicht Bestandteil der anrechenbaren Kosten.

(2) Die anrechenbaren Kosten richten sich nach den ortsüblichen Preisen, wenn der Auftraggeber

1. selbst Lieferungen oder Leistungen übernimmt,
2. von bauausführenden Unternehmen oder von Lieferanten sonst nicht übliche Vergünstigungen erhält,
3. Lieferungen oder Leistungen in Gegenrechnung ausführt oder
4. vorhandene oder vorbeschaffte Baustoffe oder Bauteile einbauen lässt.

(3) Der Umfang der mitzuverarbeitenden Bausubstanz im Sinne des § 2 Absatz 7 ist bei den anrechenbaren Kosten angemessen zu berücksichtigen. Umfang und Wert der mitzuverarbeitenden Bausubstanz sind zum Zeitpunkt der Kostenberechnung oder, sofern keine Kostenberechnung vorliegt, zum Zeitpunkt der Kostenschätzung objektbezogen zu ermitteln und schriftlich zu vereinbaren.

---

Praxishandbuch HOAI, 1. Aufl., S. 119, weist auf den Konflikt zwischen dem Wirtschaftlichkeitsgebot und der für den Auftraggeber evtl. unwirtschaftlichen Einhaltung der Vorgaben der Energieeinsparverordnung hin.

[37] BGH, Urteil vom 24.06.1999 – VII ZR 196/98, BauR 1999, 1319; Urteil vom 11.11.2004 – VII ZR 128/03, BauR 2005, 400; Urteil vom 21.03.2013, BauR 2013, 1143; IBR 2013, 284.

## § 4

### Kurzkommentar zu § 4

#### 1. Regeln zur Kostenermittlung

Zunächst wird in einem 1. Schritt in **§ 4 Absatz 1 Satz 1 1. Halbsatz** klargestellt, dass die anfallenden Aufwendungen zur Herstellung, zum Umbau und den weiteren Maßnahmen als anrechenbare Kosten gelten. Im 2. Halbsatz wird klargestellt, dass auch die damit zusammenhängenden Aufwendungen als anrechenbare Kosten gelten. Dieser 2. Halbsatz ist weiterhin unklar formuliert.

Generell gilt, dass die in den Kosten und Aufwendungen enthaltene Umsatzsteuer nicht Bestandteil der anrechenbaren Kosten ist (**Absatz 1 Satz 4**). Das sollte für den Rechnungsempfänger von Honorarrechnungen nachvollziehbar dargestellt werden. Während die Regelung zur Umsatzsteuer in der HOAI eindeutig die Netto-Kosten nennt, ist nach der DIN 276 bei Kostenermittlungen freigestellt, ob die Kosten Umsatzsteuer enthalten oder nicht. Eine Angabe darüber, ob die Kostenermittlungen Beträge mit oder ohne Umsatzsteuer enthalten ist in den jeweiligen Kostenermittlungen nach DIN 276 jedoch vorzunehmen.

Der Verordnungstext nimmt bei der Angabe der Kostenermittlungsarten auf die DIN 276 Teil 1 (Hochbau) in der Fassung von Dezember 2008 Bezug (**Absatz 1 Satz 3**). Damit ist die Kostenermittlungsgrundlage geregelt. Die Bezugnahmen auf die DIN finden sich in den Anlagen (z. B. Anlage 10 zur Gebäudeplanung).

Ein Beispiel für die in **Absatz 1 Satz 2** genannten Verwaltungsvorschriften (Kostenvorschriften) ist die „Anweisung zur Kostenberechnung von Straßenbaumaßnahmen" (AKS).

In Bezug auf die DIN 276, Abschnitts 4.2, ist darauf hinzuweisen, dass auch eine Kostenplanung oder Kostenkontrolle auf Basis von Vergabeeinheiten möglich ist.

Bei Anwendung des Abschnitts 4.2 der DIN 276 können bei den honorarrelevanten Kostenermittlungen die jeweiligen Gewerkekosten ohne Zwischenschritte in die Kostengruppen einsortiert werden, sofern eine vorherige Gliederung der Gewerke in z. B. Kostengruppe 300 und Kostengruppe 400 bei Gebäuden vorgenommen wurde. Damit wird die Honorarabrechnung bei Anwendung des Abschnitts 4.2 der DIN 276 vereinfacht.

Die in **Absatz 1 Satz 3** angesprochene Bezugnahme auf die DIN 276 betrifft weiterhin nur den Teil 1 (Hochbau) und nicht den Teil 4 (Ingenieurbau).

#### 2. Ortsübliche Preise

Ortsübliche Preise (**Absatz 2**): Die Anforderung nach ortsüblichen Preisen ist nachvollziehbar, sie war auch in der HOAI 1996 enthalten. Damit ist gemeint, dass evtl. regionale Preisunterschiede bei den Kostenermittlungen zu berücksichtigen sind. Die Anforderung nach Angabe von ortsüblichen Preisen kann somit so verstanden werden, dass das Planungsbüro im Rahmen der Erstellung der Kostenermittlung die ortsüblichen Preise unberührt vom späteren Vergabeverfahren ermittelt.

## § 4 Anrechenbare Kosten

> **Beispiel**
>
> Liegen in der Region, in der ein Gebäude geplant wird, die Preise für Metallfassaden, ohne Tarife für Personalkosten zu missachten, sehr niedrig, dann ist das, unberührt vom späteren Vergabeverfahren, bei der Kostenermittlung im Rahmen der ortsüblichen Preise zu berücksichtigen.

In Absatz 2 wird geregelt, dass als anrechenbare Kosten ortsübliche Preise gelten, wenn der Auftraggeber Eigenleistungen erbringt, sonst nicht übliche Vergünstigungen erhält, Lieferungen oder Leistungen in Gegenrechnung ausführt oder vorhandene oder vorbeschaffte Baustoffe oder Bauteile einbauen lässt.

Eigenleistungen sind nicht nur bei Einfamilienhäusern, sondern auch im gewerblichen Bereich anzutreffen. Teilweise erbringen auch die Bauabteilungen von Industrieunternehmen mit ihrem eigenen technischen Fachpersonal Teile von Bauleistungen. Bei dieser Art von Eigenleistungen reduzieren sich zwar die kassenwirksamen Ausgaben für das Unternehmen, aber die anrechenbaren Kosten bleiben davon unberührt.

> **Praxis-Tipp**
>
> Bei Eigenleistungen können die Kostenermittlungen nach DIN 276 zweispaltig aufgestellt werden, wobei die erste Spalte ortsübliche angemessene Gesamtkosten enthält und die zweite Spalte dann die objektspezifischen Belange des Auftraggebers, z. B. die durch Eigenleistungen reduzierten Kostenansätze.

Sonst nicht übliche Vergünstigungen: Wird bereits bei der Kostenberechnung berücksichtigt, dass ein befreundetes Unternehmen die Stahlbetonfertigteile des Rohbaus zu einem sonst nicht üblichen geringen Preis liefern will, sind auch hier bereits bei der Kostenberechnung einerseits die vergünstigten Investitionskosten und andererseits die ortsüblichen Kosten ohne besondere Vergünstigungen den anrechenbaren Kosten zugrunde zu legen. Einen Schwellenwert für sonst nicht übliche Vergünstigungen kennt die HOAI nicht.

> **Praxis-Tipp**
>
> Ist davon auszugehen, dass sonst nicht übliche Vergünstigungen bei den Kostenermittlungen in Leistungsphase 2 und 3 eine Rolle spielen, kann das Planungsbüro für die betreffenden anteiligen Kosten eine Kalkulation aufstellen und damit die ortsüblichen Preise als Honorargrundlage ermitteln.

Bei Umbauten, Modernisierungen oder Instandsetzungen sind nicht selten bereits im Altbau vorhandene Baustoffe oder Bauteile auszubauen und später wieder zu verwenden. Neben den personalgebundenen Kosten gehören in solchen Fällen auch die ortsüblichen Preise für die Baustoffe oder Bauteile zu den anrechenbaren Kosten. Das gilt auch dann, wenn hierfür keine Zahlungen erfolgten. Sinngemäß geht es bei der Regelung nach Abs. 2 Nr. 4 um eine Regelung, die anrechenbare Kosten vorhandener oder vorbeschaffter Bauteile betrifft.

Darüber hinaus gibt es Fälle, in denen der Auftraggeber Baustoffe selbst beschafft, die einzubauen sind. Die Kosten dieser vorhandenen oder selbstbeschafften Bauteile oder Baustoffe gehören ebenfalls zu den anrechenbaren Kosten.

### 3. Anrechenbarkeit der Kosten der mitzuverarbeitenden Bausubstanz

Gemäß **Absatz 3** ist der Umfang der mitzuverarbeitenden Bausubstanz (siehe die Definition in § 2 Abs. 7) bei den anrechenbaren Kosten wieder – wie schon vor der HOAI 2009 – angemessen zu berücksichtigen. Damit hat der Verordnungsgeber der Kritik Rechnung getragen, dass der Umbauzuschlag alleine nicht genügt, um angemessene Honorare für das Planen im Bestand zu gewährleisten. Da Absatz 3 in Orientierung an § 10 Abs. 3 a HOAI 1996 formuliert wurde, ist absehbar, dass künftig wieder Konfliktpotential zur Frage entstehen wird, in welchem Umfang die Berücksichtigung der Bausubstanz angemessen ist. Aus diesem Grund war die Regelung seinerzeit nicht mit in die HOAI 2009 übernommen worden. Die HOAI 2013 sieht keine Lösung zur Entschärfung dieses Streitpotentials vor.

**Praxis-Tipp**

Nach der Begründung des Verordnungsgebers soll die angemessene Berücksichtigung der mitzuverarbeitenden Bausubstanz *„entsprechend ihrem Umfang z. B. über die Parameterfläche, Volumen, Bauteile oder Kostenanteile"* erfolgen.[38] Berechnungsbeispiele finden sich in der einschlägigen Literatur zur HOAI 1996.[39]

Absatz 3 wird ein wenig dadurch relativiert, dass Umbauten gemäß der geänderten Definition in § 2 Abs. 5 nur noch wesentliche Eingriffe in Konstruktion oder Bestand erfassen.

Die Schriftform der Vereinbarung war nach früherer Rechtsprechung zur HOAI 1996 keine Anspruchsvoraussetzung zur Berücksichtigung der Kosten der Substanz, sondern diente nur der Klarstellung, dass ein einseitiges Bestimmungsrecht einer Partei ausgeschlossen ist.[40] Dies dürfte auch für die HOAI 2013 gelten, da der Verordnungsgeber zur alten Rechtslage zurückkehren wollte und zugleich den Umbauzuschlag zurückgeführt hat.[41] Zu Beweiszwecken ist eine schriftliche Vereinbarung zu Umfang und Wert der mitzuverarbeitenden Substanz aber zu empfehlen.

---

[38] BR-Drs. 334/13 vom 25.04.2013, S. 140.
[39] Siehe z.B. Siemon, Baukosten bei Neu- und Umbauten, 3. Aufl. 2006.
[40] BGH, Urteil vom 27.02.2003 – VII ZR 11/02, BauR 2003, 745; NJW 2003, 1667; IBR 2003, 355, 356, zu § 10 Abs. 3 a HOAI 1996.
[41] Ebenso: Weber, BauR 2013, 1747, 1753 f.; Fuchs/Berger/Seifert, NZBau 2013, 724, 733 f.; a. A.: Orlowski, ZfBR 2013, 315, 319.

**Praxis-Tipp**

Da die Ermittlung gemäß Absatz 3 Satz 2 zum Zeitpunkt der Kostenberechnung, hilfsweise der Kostenschätzung, zu erfolgen hat, ist Auftragnehmern zu raten, den Umfang und Wert der mitzuverarbeitenden Bausubstanz erstmalig im Rahmen der Vorplanung bei der Kostenschätzung auszuweisen und später im Rahmen der Entwurfsplanung bei der Kostenberechnung fortzuschreiben.

Nach dem Wortlaut des § 4 Absatz 3 könnte daher eine Vereinbarung, die schon bei Auftragserteilung oder erst nach der Kostenberechnung getroffen wird, unwirksam sein. Eine Vorverlegung des Zeitpunktes der Vereinbarung wird z.T. für wirksam gehalten[42] und dient überdies der Streitvermeidung. Folgt man dieser Ansicht, können die Vertragspartner z. B. den Vorschlag im Lechner-Gutachten[43] aufgreifen und im Vertrag regeln, dass der Neuwert der Substanz, multipliziert mit einem Abminderungsfaktor (bei Gebäuden z. B. 0,73), anzusetzen ist. Streng genommen stellt eine Vereinbarung von Kosten der Bausubstanz bei Auftragserteilung jedoch eine Teilbaukostenvereinbarung im Sinne von § 6 Abs. 3 dar, sodass zur Wirksamkeit der Spagat gelingen muss, dass die Baukosten nachprüfbar sein müssen, obwohl noch keine Vorplanung vorliegt. Unproblematisch ist es dagegen, wenn sich die Parteien bei Auftragserteilung lediglich auf eine der unterschiedlichen Methoden einigen, nach der die Kosten der Bausubstanz später (auf Basis der Entwurfsplanung) ermittelt werden sollen.

Eine Vereinbarung, die erst nach Erstellung der Kostenberechnung getroffen wird und bei der die mitzuverarbeitende Bausubstanz angemessen festgelegt wird, ist wirksam, weil der Umfang der mitzuverarbeitenden Substanz selbst ohne Vereinbarung anrechenbar ist.[44] In der oben zitierten Entscheidung zur HOAI 1996 hatte der BGH entschieden, dass die (bloß klarstellende) schriftliche Vereinbarung auch nach dem Vertragsschluss jederzeit nachgeholt werden kann.[45] Dies dürfte auch für die HOAI 2013 gelten, da der Verordnungsgeber das Nebeneinander von Anrechenbarkeit der Kosten der Substanz und Umbauzuschlag wieder herstellen wollte. Maßgeblicher Anknüpfungspunkt für eine spätere Vereinbarung muss allerdings die Kostenberechnung auf der Grundlage der Entwurfsplanung mit Baubeschreibung bleiben.

Aus einer zur HOAI 1996 ergangenen BGH-Entscheidung[46] dürfte auch für die HOAI 2013 folgen, dass die Kosten der Substanz nur in denjenigen Leistungsphasen anrechenbar sind, in denen deren Mitverarbeitung tatsächlich stattfindet.[47]

---

[42] Orlowski, ZfBR 2013, 315, 319; Werner/Siegburg, BauR 2013, 1499, 1509.
[43] Lechner u.a., Evaluierung der HOAI-Aktualisierung der Leistungsbilder, www.bmvbs.de, S. 18 f. und Anhang 1. Eine modifizierende Formel enthält das im Auftrag des Bundeswirtschaftsministeriums erstellte Gutachten zum „Aktualisierungsbedarf zur Honorarstruktur der Verordnung über die Honorare für Architekten- und Ingenieurleistungen" der ARGE HOAI, Hauptdokument, Kapitel 6, abrufbar unter www.bmwi.de.
[44] Werner/Siegburg, BauR 2013, 1499, 1509; Voppel, BauR 2013, 1758, 1760 f.; a.A.: Orlowski, ZfBR 2013, 315, 319.
[45] BGH, Urteil vom 27.02.2003 – VII ZR 11/02, BauR 2003, 745; NJW 2003, 1667; IBR 2003, 255 f.
[46] BGH, Urteil vom 27.02.2003 – VII ZR 11/02, BauR 2003, 745; IBR 2003, 255 f.
[47] Voppel, BauR 2013, 1758, 1761 f.

## § 5 Honorarzonen

(1) Die Objekt-, Bauleit- und Tragwerksplanung wird den folgenden Honorarzonen zugeordnet:

1. Honorarzone I: sehr geringe Planungsanforderungen,
2. Honorarzone II: geringe Planungsanforderungen,
3. Honorarzone III: durchschnittliche Planungsanforderungen,
4. Honorarzone IV: hohe Planungsanforderungen,
5. Honorarzone V: sehr hohe Planungsanforderungen.

(2) Flächenplanungen und die Planung der technischen Ausrüstung werden den folgenden Honorarzonen zugeordnet:

1. Honorarzone I: geringe Planungsanforderungen,
2. Honorarzone II: durchschnittliche Planungsanforderungen,
3. Honorarzone III: hohe Planungsanforderungen.

(3) Die Honorarzonen sind anhand der Bewertungsmerkmale in den Honorarregelungen der jeweiligen Leistungsbilder der Teile 2 bis 4 zu ermitteln. Die Zurechnung zu den einzelnen Honorarzonen ist nach Maßgabe der Bewertungsmerkmale und gegebenenfalls der Bewertungspunkte sowie unter Berücksichtigung der Regelbeispiele in den Objektlisten der Anlagen dieser Verordnung vorzunehmen.

## Kurzkommentar zu § 5

**Absatz 1** ist unverändert geblieben. Nach wie vor wird die Objekt- und Tragwerksplanung fünf Honorarzonen zugeordnet.

Gemäß **Absatz 2** werden – neben der Planung der Technischen Ausrüstung – nunmehr auch die Flächenplanungen einheitlich drei Honorarzonen zugeordnet.

§ 5 Abs. 3 HOAI 2009 ist entfallen. § 5 Abs. 4 HOAI 2009 wurde im Wesentlichen unverändert durch den neuen **Absatz 3** übernommen. Darin wird auf die Regelbeispiele in den Objektlisten der Anlagen verwiesen, womit die Anlagen 10 bis 15 gemeint sind (**Satz 2**). Im Zweifel sind jedoch nicht die Regelbeispiele entscheidend, sondern die Bewertungsmerkmale und -punkte bestimmen die jeweilige Honorarzone. Deren Berechnung ist jeweils im Besonderen Teil bei den betreffenden Leistungsbildnern geregelt. Allerdings gibt es für die Leistungsbilder der Tragwerksplanung und Technischen Ausrüstung keine Bewertungspunkte.

Die Honorarzonen sind eine der wesentlichen Grundlagen der Honorarberechnung. Mit der Eingruppierung in verschiedene Honorarzonen wird den unterschiedlichen Schwierigkeitsgraden von Planung und Bauüberwachung bei der Honorarermittlung Rechnung getragen.

Der Verordnungstext in Absatz 1 spricht für sich. Je nach Grad der Anforderungen ist die Honorarzone einzustufen. Die Anforderungen sind jedoch sehr allgemein gehalten formuliert, so dass es unmittelbar notwendig ist, die spezifischen Regelungen je Planbereich anzuwenden.

Die für die Gebäudeplanung und Innenraumplanung objektspezifischen Regelungen zur Eingliederung in die zutreffende Honorarzone sind in § 35 Abs. 2-7 sowie in Anlage 10, Ziffer 10.2 und 10.3 (Objektliste) vorgenommen worden.

Die Honorarzone wird ausschließlich objektiv anhand der Kriterien der HOAI bestimmt und bedarf deshalb keiner Regelung im Planungsvertrag.

In der Praxis der Planungstätigkeit kann außerdem aus rein baufachlichen Gründen nicht davon ausgegangen werden, dass bei Abfassung eines **Planungsvertrages** generell bereits Klarheit über die Honorarzone besteht.

In der Regel stellt sich erst im Zuge der Planungsvertiefung heraus welche Anforderungen an die Gestaltung oder die Einbindung in die Umgebung gestellt werden. Damit ist auch baufachlich nachvollziehbar, dass die Honorarzoneneingruppierung von den Planungsinhalten abhängt und nicht zwingend in allen Fällen bei Vertragsabschluss bereits festgelegt werden kann.

Gleichwohl räumt der BGH den Vertragspartnern einen gewissen Spielraum bei der Vereinbarung der Honorarzone ein, d.h. eine vertretbare Honorarzonenfestlegung ist vom Gericht zu berücksichtigen.[48]

## § 6 Grundlagen des Honorars

(1) Das Honorar für Leistungen nach dieser Verordnung richtet sich

1. für die Leistungsbilder des Teils 2 nach der Größe der Fläche und für die Leistungsbilder der Teile 3 und 4 nach den anrechenbaren Kosten des Objekts auf der Grundlage der Kostenberechnung oder, sofern keine Kostenberechnung vorliegt, auf der Grundlage der Kostenschätzung
2. nach dem Leistungsbild,
3. nach der Honorarzone,
4. nach der dazugehörigen Honorartafel.

(2) Honorare für Leistungen bei Umbauten und Modernisierungen gemäß § 2 Absatz 5 und Absatz 6 sind zu ermitteln nach

1. den anrechenbaren Kosten,
2. der Honorarzone, welcher der Umbau oder die Modernisierung in sinngemäßer Anwendung der Bewertungsmerkmale zuzuordnen ist,
3. den Leistungsphasen,

---

[48] BGH, Urteil vom 13.11.2003 – VII ZR 362/02, BauR 2004, 354 = NJW-RR 2004, 233 = NZBau 2004, 159.

## § 6

4. der Honorartafel und
5. dem Umbau- oder Modernisierungszuschlag auf das Honorar.

Der Umbau- oder Modernisierungszuschlag ist unter Berücksichtigung des Schwierigkeitsgrads der Leistungen schriftlich zu vereinbaren. Die Höhe des Zuschlags auf das Honorar ist in den jeweiligen Honorarregelungen der Leistungsbilder der Teile 3 und 4 geregelt. Sofern keine schriftliche Vereinbarung getroffen wurde, wird unwiderleglich vermutet, dass ein Zuschlag von 20 Prozent ab einem durchschnittlichen Schwierigkeitsgrad vereinbart ist.

(3) Wenn zum Zeitpunkt der Beauftragung noch keine Planungen als Voraussetzung für eine Kostenschätzung oder Kostenberechnung vorliegen, können die Vertragsparteien abweichend von Absatz 1 schriftlich vereinbaren, dass das Honorar auf der Grundlage der anrechenbaren Kosten einer Baukostenvereinbarung nach den Vorschriften dieser Verordnung berechnet wird. Dabei werden nachprüfbare Baukosten einvernehmlich festgelegt.

## Kurzkommentar zu § 6

### 1. Kostenberechnung als Dreh- und Angelpunkt

**Absatz 1** ist im Wesentlichen unverändert geblieben. Der frühere Verweis in § 6 Abs. 1 Nr. 5 HOAI 2009 für Leistungen im Bestand auf die §§ 35 und 36 HOAI 2009 ist entfallen, da sich die allgemeine Regelung zum Umbau- und Modernisierungszuschlag nunmehr in Absatz 2 findet und zusätzliche eine neue Regelung zu Instandhaltungen und Instandsetzungen in § 12 aufgenommen wurde.

In § 6 werden die Grundlagen des Honorars dargestellt. Für die meisten Planbereiche sind als wichtigste Grundlage in **Absatz 1 Nr. 1** genannt:

– Kostenberechnung
– Kostenschätzung (soweit noch keine Kostenberechnung vorliegt)

Damit ist klargestellt, dass der Kostenanschlag und die Kostenfeststellung (schon seit der Novelle von 2009) nicht mehr als Honorargrundlage bestehen.

Zu den Begriffen der Kostenberechnung und -schätzung siehe die Kommentierung oben zu § 2 Absatz 9 und 10.

Die HOAI 2009 hat in diesem Punkt für eine bedeutsame Änderung gesorgt. Danach ist das Honorar für alle Leistungsphasen auf der Grundlage der anrechenbaren Kosten, die sich aus der Kostenberechnung ergeben, zu ermitteln. Dies wurde unverändert in die HOAI 2013 übernommen. Folglich führen steigende Baukosten weiterhin nicht mehr automatisch zu höheren Honoraren.

Die Kostenberechnung bleibt damit der Dreh- und Angelpunkt der Honorarermittlung. Es ist absehbar, dass die Anzahl von Streitigkeiten um die Richtigkeit der Kostenberechnung zunehmen wird. Bei der Ermittlung der Kosten steht dem Auftragnehmer ein

## § 6 Grundlagen des Honorars

gewisser Toleranzrahmen zu. Ist die Kostenberechnung jedoch fehlerhaft, kann der Auftraggeber deren Berichtigung verlangen.[49]

Zugleich rücken Planungsänderungen aus der Sphäre des Auftraggebers, die nach der Kostenberechnung anfallen, stärker in den Fokus des Tagesgeschäfts der Architekten und Ingenieure. In diesen Fällen werden ergänzende Leistungs- und Honorarvereinbarungen zu treffen sein.

### Beispiel

*Der Auftraggeber entscheidet im Zuge der Ausführungsplanung, dass statt der bisher geplanten flachen nichttragenden Deckenkonstruktion in der Versammlungsstätte nun eine unregelmäßig gefaltete nichttragende Deckenkonstruktion mit Einbauleuchten und etwas geänderter Höhenlage geplant werden soll. Diese Änderung kann als wiederholte Leistung geregelt werden. Da die Kostenberechnung bereits erstellt ist, kommt hier die Honoraranpassung gemäß § 10 Abs. 1 und 2 mittels Änderungsplanung infrage.*

Beim Bauen im Bestand wird die Frage der Vollständigkeit der Kostenberechnung eine bedeutsame Rolle für die anrechenbaren Kosten spielen. Damit einher geht die Beauftragung aller fachlich erforderlichen Leistungen durch den Auftraggeber, z. B. Fachplanungen, Beratungsleistungen, Bestandsuntersuchungen, Leistungen für Wärmeschutz, Bauphysik usw.

Liegen die Voraussetzungen für eine vollständige Kostenberechnung nicht vor, z. B. weil noch einige der im Entwurf erforderlichen Festlegungen durch den Auftraggeber fehlen, ist auch die Ermittlung der anrechenbaren Kosten erschwert.

### Beispiel

*Es dürfte kaum möglich sein, eine fachgerechte Kostenberechnung beim Bauen im Bestand ohne Bestandsaufnahme der vorhandenen Bausubstanz aufzustellen. Zu groß ist das Risiko, dass die Kosten der Kostenberechnung die später tatsächlich anfallenden Kosten nicht verhältnisgerecht abbilden und damit die Honorarberechnung der jeweils Beteiligten unsachgemäß beeinflussen.*

Gleiches trifft für die Planungsgrundlagen zu. Die Erstellung einer Kostenberechnung ohne die Beiträge der anderen erforderlichen Fachplaner und Berater birgt Kostenrisiken.

---

[49] Werner/Siegburg, BauR 2013, 1499, 1503, sehen Erfolgsaussichten für „Beanstandungen nur bei groben Fehleinschätzungen".

**Praxis-Tipp:** Aufgrund der o. g. Risiken wird die Beratung durch die Planungsbüros in Bezug auf Einschaltung aller neben der Gebäudeplanung notwendigen Planungsinhalte noch stärker in den Vordergrund der Planung gerückt. Ebenso wird die Beauftragung von notwendigen Besonderen Leistungen des eigenen Planbereichs zu Beginn der Planung immer wichtiger. Auch die Klärungen mit den Behörden sollten in der Kostenberechnung berücksichtigt werden.

Soweit die Kostenberechnung noch nicht vorliegt, ist die Kostenschätzung als Honorargrundlage anzuwenden. Anwendungsfälle sind vor allem Abschlagzahlungen für die Leistungsphasen 1 bis 3 und vorzeitige Vertragsbeendigungen, bevor die Kostenberechnung erstellt werden konnte.

Dabei sind die Anforderungen an die Gliederung der anrechenbaren Kosten in „voll anrechenbar", „beschränkt anrechenbar", „bedingt anrechenbar" und „nicht anrechenbar" auch bei der Kostenschätzung zu berücksichtigen, damit eine prüfbare Honorarabrechnung aufgestellt werden kann.

Die weiteren Honorargrundlagen sind in Absatz 1 ebenfalls festgelegt. Es handelt sich um das Leistungsbild, die Honorarzone und die zugehörige Honorartafel.

## 2. Umbauzuschlag

**Absatz 2** entspricht im Wesentlichen der früheren Regelung und Höhe des Umbauzuschlages in § 24 HOAI 1996. Der Zuschlag ist schriftlich zu vereinbaren.

Die Vereinbarung hat nach dem Willen des Verordnungsgebers bei Auftragserteilung zu erfolgen.[50] Dies gibt der Verordnungstext aber nicht her. Zudem wird zutreffend darauf hingewiesen, dass § 7 Absatz 1 für den Umbauzuschlag nicht gilt.[51] Der Zuschlag kann daher auch nach Auftragserteilung vereinbart oder geändert werden.[52]

Ohne schriftliche Vereinbarung wird ein Zuschlag von 20 % ab einem durchschnittlichen Schwierigkeitsgrad, also für die Objekt- und Tragwerksplanung ab der Honorarzone III, unwiderleglich vermutet. Diese Vermutung gilt auch bei hohen und sehr hohen Planungsanforderungen, d.h. bei der Objekt- und Tragwerksplanung auch für die Honorarzonen IV und V.[53]

Umstritten war, ob die Vermutung des Zuschlages von 20 % bei fehlender Schriftform einen Mindestzuschlag aufstellt. Dies sieht die Bundesregierung für die HOAI 2013 nicht so; vielmehr soll die Höhe des Zuschlags frei vereinbar sein, sodass auch ein Zuschlag von weniger als 20 % vereinbart werden darf.[54]

---

[50] BR-Drs. 334/13 v. 25.04.2013, S. 141 (unter Hinweis auf § 7 Abs. 1).
[51] Werner/Siegburg, BauR 2013, 1499, 1507 (m.w.N.).
[52] So auch Weber, BauR 2013, 1747, 1754.
[53] BR-Drs. 334/13 v. 25.04.2013, S. 141.
[54] BR-Drs. 334/13 v. 25.04.2013, S. 141 und 157; Weber, BauR 2013, 1747, 1754; Voppel, BauR 2013, 1758, 1762 f.

Aus fachtechnischer Sicht ist dies kritisch zu sehen, da der Zuschlag gemäße § 6 Absatz 2 Satz 2 unter Berücksichtigung des Schwierigkeitsgrades der Leistungen zu vereinbaren ist.[55]

Der Anwendungsbereich des Umbauzuschlages ist mit der HOAI 2013 wieder auf wesentliche Eingriffe in Konstruktion oder Bestand beschränkt worden (siehe oben die Kommentierung zu § 2 Abs. 5).

Ohne schriftliche Vereinbarung fällt bei (sehr) geringen Planungsanforderungen kein Umbauzuschlag an.

Grundsätzlich sind der Umbauzuschlag und die Berücksichtigung der Bausubstanz bei den anrechenbaren Kosten (siehe oben § 4 Abs. 3) beim Planen im Bestand nebeneinander anwendbar, da hiermit unterschiedliche Zwecke verfolgt werden. Zum einen soll der Bestandsplaner bei den Kosten nicht schlechter gestellt werden als der Neubauplaner und zum anderen soll dem besonderen Schwierigkeitsgrad bei Bestandsplanungen Rechnung getragen werden.[56]

Der Wortlaut der für die jeweiligen Leistungsbilder einschlägigen Vorschriften (z. B. §§ 36 Absatz 1, 44 Absatz 6) lässt dieses Verständnis zu.

Trifft ein Umbau mit einem Erweiterungsbau zusammen, ist der Umbauzuschlag nur anteilig für den Umbau zum Honorar zu addieren.[57]

### 3. Baukostenvereinbarung

Unter den – inhaltlich unveränderten – Voraussetzungen des **Absatzes 3** (zuvor § 6 Abs. 2 HOAI 2009) sind weiterhin Baukostenvereinbarungen möglich.

Wenn bei Beauftragung noch keine Planungen als Voraussetzung für eine Kostenschätzung oder Kostenberechnung vorliegen, können die Vertragsparteien abweichend von Absatz 1 alternativ vereinbaren, dass das Honorar auf Grundlage der anrechenbaren Kosten aus einer Baukostenvereinbarung berechnet wird.

Das ist das sogenannte Baukostenvereinbarungsmodell. Danach können die Parteien die Baukosten bereits bei Auftragserteilung festschreiben und daraus die anrechenbaren Kosten ermitteln. Der Verordnungsgeber fordert in diesem Fall nachprüfbare Baukosten, die einvernehmlich festgelegt werden. Nachprüfbar bedeutet, dass diese Kosten z. B. durch Vergleich mit ähnlichen Referenzprojekten geprüft werden können.

Nach einer obergerichtlichen Entscheidung kann es öffentlichen Auftraggebern aus haushaltsrechtlichen Gründen versagt sein, Baukostenvereinbarungen abzuschließen.[58]

Um die Prüfung der Kosten zu ermöglichen, sollte die Baukostenvereinbarung die Gliederungstiefe einer Kostenberechnung zum Entwurf haben. Dafür sind jedoch erhebliche Vorleistungen erforderlich. Mit der Maßgabe der Nachprüfbarkeit der Kosten kommt das Baukostenvereinbarungsmodell ggfs. einer vorgezogenen Kostenberech-

---

[55] Siehe dazu näher die Kommentierung zu § 36.
[56] BR-Drs. 334/13 v. 25.04.2013, S. 141.
[57] So zur HOAI 2009: Preussner, BauR 2012, 711; a. A.: Seifert, Einheitlicher Umbauzuschlag – Umbau mit Erweiterungsbau? Beitrag vom 15.03.2011, www.werner-baurecht.de.
[58] OLG Koblenz, Beschluss vom 25.03.2013 – 5 U 1481/2012, IBR 2013, 289.

nung nahe. Es besteht aber der fachliche Unterschied, dass diese Kostenermittlung auf Annahmen und nicht auf einem Entwurf basiert.

Dieses Baukostenvereinbarungsmodell ist risikoreich. Denn bei Auftragserteilung ist in der Regel noch vieles, was die Baukosten und den individuellen Planungs- und Überwachungsaufwand beeinflusst, unklar. In der amtlichen Begründung zur HOAI 2009 wurde klargestellt, dass mit dieser Regelung des Baukostenvereinbarungsmodells nur fachkundige Bauherrn umgehen sollten.

Außerdem sollten Auftragnehmer in der Baukostenvereinbarung regeln, dass diese nur zur Honorarermittlung dient und keine Baukostenobergrenze darstellt, deren Überschreitung zu Mängelansprüchen des Auftraggebers führen kann.

Sollte eine im Planungsverlauf spätere Kostenberechnung Abweichungen von der ursprünglichen Baukostenvereinbarung aufzeigen, stellt sich die Frage, nach welchem Prinzip die Baukostenplanung im Anschluss an die Vereinbarung des Baukostenmodells vereinbart war. Die DIN 276-1:2008-2012 stellt - ohne dass an dieser Stelle die Frage nach der Anwendbarkeit der DIN 276 erörtert wird - in Abschnitt 3.1 folgende Grundsätze auf:

- Die Kosten sind durch Anpassung von Qualitäten und Quantitäten einzuhalten.
- Die Kosten sind bei definierten Qualitäten und Quantitäten zu minimieren.

Bei Anwendung des 1. Spiegelstrichs wären Änderungen der Quantitäten ein Weg der Kostenplanung, falls die DIN 276 im konkreten Fall als Handlungsmaßgabe gilt. Wenn solche Eingriffe nach DIN 276 erfolgen können, erscheint die Anwendung des Baukostenvereinbarungsmodells als nicht zielführend.

Darüber hinaus sind beim Baukostenvereinbarungsmodell auch die Fachbeiträge zu den Kosten von den weiteren Planungsbeteiligten bereits zur Vereinbarung erforderlich. Das dürfte in der Praxis nur sehr schwer möglich sein.

Auftraggeber werden häufig die Vereinbarung einer verbindlichen Baukostenobergrenze einer Baukostenvereinbarung gemäß § 6 Abs. 3 vorziehen. Bei Überschreibung der Baukostenobergrenze kommen Mängelansprüche (i. d. R. Schadensersatz) in Betracht. Zudem bildet die Baukostenobergrenze zugleich die Bemessungsgrundlage für die Honorarermittlung.

## § 7 Honorarvereinbarung

(1) Das Honorar richtet sich nach der schriftlichen Vereinbarung, die die Vertragsparteien bei Auftragserteilung im Rahmen der durch diese Verordnung festgesetzten Mindest- und Höchstsätze treffen.

(2) Liegen die ermittelten anrechenbaren Kosten oder Flächen außerhalb der in don Honorartafelen dieser Verordnung festgelegten Honorarsätze, sind die Honorare frei vereinbar.

(3) Die in dieser Verordnung festgesetzten Mindestsätze können durch schriftliche Vereinbarung in Ausnahmefällen unterschritten werden.

(4) Die in dieser Verordnung festgesetzten Höchstsätze dürfen nur bei außergewöhnlichen oder ungewöhnlich lange dauernden Leistungen durch schriftliche Vereinbarung überschritten werden. Dabei bleiben Umstände, soweit sie bereits für die Einordnung in die Honorarzonen oder für die Einordnung in den Rahmen der Mindest- und Höchstsätze mitbestimmend gewesen sind, außer Betracht.

(5) Sofern nicht bei Auftragserteilung etwas anderes schriftlich vereinbart worden ist, wird unwiderleglich vermutet, dass die jeweiligen Mindestsätze gemäß Absatz 1 vereinbart sind.

(6) Für Planungsleistungen, die technisch-wirtschaftliche oder umweltverträgliche Lösungsmöglichkeiten nutzen und zu einer wesentlichen Kostensenkung ohne Verminderung des vertraglich festgelegten Standards führen, kann ein Erfolgshonorar schriftlich vereinbart werden. Das Erfolgshonorar kann bis zu 20 Prozent des vereinbarten Honorars betragen. Für den Fall, dass schriftlich festgelegte anrechenbare Kosten überschritten werden, kann ein Malus-Honorar in Höhe von bis zu 5 Prozent des Honorars schriftlich vereinbart werden.

## Kurzkommentar zu § 7

Die **Absätze 1 bis 4** enthalten keine wesentlichen Änderungen gegenüber der HOAI 2009.

Da § 7 Abs. 5 HOAI 2009 und § 10 Abs. 1 überführt worden ist, ist § 7 Abs. 6 Satz 1 HOAI 2009 nunmehr zum **Absatz 5** geworden.

### 1. Honorarvereinbarung

#### a) Zeitpunkt: Bei Auftragserteilung

Nach **Absatz 1** ist es auch nach der HOAI 2013 weiterhin so, dass die schriftliche Honorarvereinbarung im Rahmen der Mindest- und Höchstsätze *„bei Auftragserteilung"* zu treffen ist. Damit ist der Abschluss des Architekten- oder Ingenieurvertrags gemeint. Die Forderung, auf diese - praxisferne - zeitliche Wirksamkeitsvoraussetzung zu verzichten, ist demnach erneut nicht umgesetzt worden. Es bleibt dabei, dass schriftliche Honorarvereinbarungen, die erst nach Vertragsschluss getroffen werden, unwirksam sind. Folge ist die Geltung der Mindestsätze, § 7 Absatz 5 HOAI. Dies gilt bis zur endgültigen Beendigung aller Leistungen.[59]

### Beispiel

*Dem Architekten steht anstelle eines vereinbarten Mittelsatzhonorars nur der Mindestsatz zu, wenn der Auftrag bereits vor der Honorarvereinbarung erteilt wurde. Dies kann im Einzelfall auch konkludent geschehen, z. B. durch Aufnahme der Planungstätigkeit. Allerdings wird eine Auftragserteilung dann noch nicht anzunehmen sein, wenn die Planung nur deshalb schon aufgenommen wurde, um dem Beschleunigungsinteresse des Auftraggebers Rechnung zu tragen (s. u. lit. c.).*

Allerdings genügt es nach der Rechtsprechung des BGH, wenn die Honorarvereinbarung vor der Auftragserteilung getroffen wird. Insofern wird die bei einem *Stufenauftrag* schriftlich getroffene Honorarvereinbarung über später zu erbringende Leistungen erst mit dem Abruf der jeweiligen Stufe wirksam und ist damit „bei Auftragserteilung" getroffen.[60] Nach Ansicht des BGH steht demnach bei einem gestuften Architektenvertrag die Honorarvereinbarung unter der aufschiebenden Bedingung, dass die in Aussicht genommenen Leistungen tatsächlich in Auftrag gegeben werden. Daher wird die vorab getroffene Honorarvereinbarung erst mit dem Abruf wirksam.

### Praxis-Tipp

Die Honorarvereinbarung muss spätestens bei Auftragserteilung (sowie schriftlich und im Satzrahmen) getroffen werden.

### b) Schriftform

Die Honorarvereinbarung unterliegt der Schriftform. Dafür gilt § 126 Absatz 2 Satz 1 BGB. Danach muss die Unterzeichnung der Parteien auf derselben Urkunde erfolgen. Werden mehrere gleichlautenden Urkunden aufgenommen, so genügt es, wenn jede Partei die für die andere Partei bestimmte Urkunde unterzeichnet (Satz 2).

Die Schriftform ist nicht gewahrt, wenn der Architekt ein Angebot abgibt und dieses in einem gesonderten Schreiben angenommen wird.[61]

Etwas anderes kann bei einem Wechsel der Urkunde per Telefax gelten,[62] allerdings nicht bei gesonderten Telefaxen für Angebot und Annahme.

Die Nichteinhaltung der Schriftform kann den Architekten „teuer zu stehen kommen", führt sie doch dazu, dass der Architekt den (vereinbarten) Honoraranteil, der das Mindestsatzhonorar übersteigt, nicht beanspruchen kann (z. B. die Differenz bis zum Mittelsatz).

---

[59] OLG Koblenz, Urteil vom 16.09.2010 – 2 U 712/06; IBR 2012, 460; BGH, Beschluss vom 24.05.2012 – VII ZR 167/10 (Nichtzulassungsbeschwerde zurückgewiesen).
[60] BGH, Urteil vom 27.11.2008 – VII ZR 211/07, IBR 2009, 144, 145.
[61] OLG Düsseldorf, Urteil v. 28.03.2008 – I-22 U 2/08, rechtskräftig durch Beschluss des BGH vom 12.11.2009 – VII ZR 101/08, BauR 2010, 482.
[62] KG, Urteil vom 18.05.1994 – 26 U 5044/93; BauR 1994, 791; NJW-RR 1994, 1298; IBR 1995, 22.

Im Einzelfall kann es dem Auftraggeber verwehrt sein, sich auf die fehlende Schriftform zu berufen, zum Beispiel dann, wenn er selbst einen Vertragsentwurf vorlegt und dem Architekten die eigene Unterschriftsleistung in Aussicht stellt, die dann jedoch nicht erfolgt.[63]

Zu beachten ist, dass die Schriftform nur für die Honorarvereinbarung gilt. Dagegen kann der Vertrag grundsätzlich auch mündlich oder durch schlüssiges Verhalten zustande kommen.

*Verträge mit dem Bund sowie den Ländern, Kommunen (und Kirchen)* unterliegen allerdings als Verpflichtungsgeschäfte regelmäßig besonderen Formvorschriften, um die Verwaltung bzw. den Steuerzahler zu schützen. Auftragnehmer, die trotz formnichtigen Vertrages Leistungen erbringen, laufen Gefahr, leer auszugehen, soweit keine gesetzlichen Ansprüche eingreifen (zum Beispiel wegen ungerechtfertigter Bereicherung des Auftraggebers oder Geschäftsführung ohne Auftrag).[64]

### c) Vorzeitige Leistungsaufnahme

Haben die Parteien ein Honorar oberhalb des Mindestsatzes schriftlich vereinbart, so kann der Auftraggeber die Forderung in Höhe des den Mindestsatz übersteigenden Teils durch die Einwendung zunichtemachen, dass die Honorarvereinbarung erst nach der Auftragserteilung getroffen worden ist. Wird der Vertrag zunächst mündlich oder durch schlüssiges Verhalten geschlossen und erst später schriftlich festgehalten, so ist die darin enthaltene Honorarvereinbarung erst nach der Auftragserteilung getroffen worden und daher nicht wirksam.[65] Ein schlüssiger Vertragsschluss kann zum Beispiel vorliegen, wenn der Auftragnehmer die Leistungen aufgenommen und der Auftraggeber dies gebilligt oder bereits erste Leistungen entgegen genommen hat. Die im schriftlichen Vertrag enthaltene Honorarvereinbarung ist dann erst nach Vertragsschluss zustande gekommen und damit unwirksam. Als Folge gilt nur der Mindestsatz.

**Praxis-Tipp** Auftragnehmer sollten mit der Erbringung von Leistungen vor dem Vertragsschluss stets zurückhaltend sein.

Bei vorzeitiger Leistungsaufnahme können sich Auftragnehmer damit verteidigen, dass sie damit nur dem Beschleunigungsinteresse des Auftraggebers im Hinblick auf den erst noch abzuschließenden Vertrag entsprechen wollten. Dies kann vor Gericht Erfolg haben und die über dem Mindestsatz liegende, vereinbarte Honorardifferenz (z. B. zum Mittelsatz) „retten".

---

[63] LG Mainz, Urteil vom 23.06.2010 – 9 O 2/10, IBR, 2010, 696.
[64] Siehe den Fall des OLG Brandenburg, Urteil vom 13.07.2010 – 11 U 7/10, IBR 2012, 153, Nichtzulassungsbeschwerde zurück gewiesen durch Beschluss des BGH vom 24.11.2011 – VII ZR 139/10: Die Honorarklage blieb erfolglos. Der Vertrag war formnichtig, daher gab es keine vertraglichen Ansprüche. Auch bereicherungsrechtliche Ansprüche schieden aus, da der Architekt wusste oder wissen musste, dass die Mitarbeiter des öffentlichen Auftraggebers nicht berechtigt waren, ihn mündlich zu beauftragen.
[65] OLG Düsseldorf, BauR 1996, 893.

### Beispiel

In einem vom BGH entschiedenen Fall hatte der klagende Architekt einen Wettbewerb gewonnen, dann den schriftlichen Vertrag unterzeichnet und mit der Planung begonnen, während der Auftraggeber den Vertrag erst drei Monate später unterzeichnet hat. Mit dem Planungsbeginn hat der Architekt nach Ansicht des BGH dem Beschleunigungsinteresse des Auftraggebers Rechnung getragen, so dass es nicht erlaubt ist, einen früheren Vertragsschluss anzunehmen.

Erbringt der Architekt vor einem schriftlichen Vertrag bereits Architektenleistungen, ist die im Vertrag geschlossene Honorarvereinbarung noch bei Auftragserteilung geschlossen worden, wenn die Parteien von Anfang an den Abschluss eines schriftlichen Vertrags vereinbart haben und es zuvor zu keinem mündlichen Vertragsschluss gekommen ist. Dies gilt insbesondere dann, wenn die vorherige Tätigkeit des Architekten dem Beschleunigungsinteresse des Auftraggebers dient.[66]

Weiterhin können Auftragnehmer auch auf § 154 Absatz 2 BGB abstellen. Ist die Honorarvereinbarung Bestandteil eines schriftlichen Vertrages, kann der Fall auch so liegen, dass der Vertrag erst mit der Unterzeichnung der Vertragsurkunde geschlossen sein sollte. Dies stünde der Annahme einer vorangegangenen mündlichen oder schlüssigen Beauftragung entgegen.

### d) im Rahmen der Mindest- und Höchstsätze

Die Honorarvereinbarung muss im Rahmen der Mindest- und Höchstsätze liegen. Die Vertragspartner müssen demnach mindestens den Mindestsatz und dürfen höchstens den Höchstsatz vereinbaren. Jedes dazwischen liegende Honorar wie zum Beispiel der Mittelsatz ist zulässig.

### Praxis-Tipp

In Vergabeverfahren kann zum Beispiel - soweit abgefragt - ein Prozentsatz von 0 bis 100 % angeboten werden, wobei 0 % dem Mindestsatz und 100 % dem Höchstsatz entspricht.

Wirksam vereinbart werden können auch Pauschal- und Zeithonorare, solange das sich hieraus ergebende Honorar im Ergebnis (einer Vergleichsrechnung) ebenfalls im Satzrahmen liegt.[67] Dies ist bei Vertragsschluss häufig nur vorläufig einschätzbar, da die maßgebende Kostenberechnung erst im Ergebnis der Leistungsphase 3 erstellt wird. Insofern kann ein ursprünglich wirksam vereinbartes Pauschalhonorar durchaus unwirksam werden, wenn sich z. B. die anrechenbaren Kosten erhöhen. Bei einer isolierten Beauftragung zum Beispiel der Ausführungsplanung liegt die Kostenberechnung jedoch bereits vor, sodass der Satzrahmen bestimmt und ein wirksames Pauschalhonorar in diesem Rahmen verlässlich vereinbart werden kann.

---

[66] LG Köln, Urteil v. 18.02.2011- 32 O 113/09 (nicht rechtskräftig), IBR 2011, 279; gegen die Entscheidung wurde Berufung beim OLG Köln eingelegt – 24 U 48/11.

[67] Zu Zeithonoraren siehe BGH, Urteil vom 17.04.2009 – VII ZR 164/07, BauR 2009 1162; NZBau 2009, 504; IBR 2009, 336, 337; Beschluss vom 08.03.2012 – VII ZR 51/10, IBR 2012, 270.

Die Mindestsätze stellen einen Eingriff in die durch Art. 12 Absatz 1 GG geschützte Berufsausübungsfreiheit der Architekten und Ingenieure dar, weil sie diese daran hindert, die Honorare für ihre Leistungen frei zu vereinbaren. Das Bundesverfassungsgericht hat bereits entschieden, dass die Sicherung und Verbesserung der Qualität der Leistungen der Architekten ein legitimes gesetzgeberisches Ziel ist und dass die Mindestsätze geeignet sind, dieses Ziel herbeizuführen, da sie den Architekten *„jenseits von Preiskonkurrenz den Freiraum schaffen, hochwertige Arbeit zu erbringen, die sich im Leistungswettbewerb der Architekten bewähren muss."*[68] Über die weiteren Fragen der Erforderlichkeit und Verhältnismäßigkeit der Mindestsätze musste das Bundesverfassungsgericht noch nicht entscheiden.

### e) Mindestsatzvermutung bei unwirksamer Honorarvereinbarung

Wurde die Honorarvereinbarung nicht schriftlich getroffen oder erst nach der Auftragserteilung oder außerhalb des Satzrahmens der HOAI, ist sie unwirksam. Gemäß **Absatz 5** wird dann die Vereinbarung der Mindestsätze unwiderleglich vermutet.[69]

Diese Mindestsatzvermutung kann nicht durch eine Honorarvereinbarung während der Leistungserbringung umgangen werden. Erst nach der Abnahme und wenn unstreitig keine Mängel vorliegen, kann die Mindestsatzvermutung durch eine nachträgliche Honorarvereinbarung wirksam geändert werden. Später auftretende Mängel führen nicht zur Unwirksamkeit der Vereinbarung.[70]

## 2. Kein Preisrecht außerhalb der Tafelwerte

Gemäß **Absatz 2** sind die Honorare außerhalb der Tafelwerte frei vereinbar. Für die Gebäudeplanung gelten nunmehr folgende Tafelgrenzwerte:

- unten: EUR 25.000,00 netto
- oben: EUR 25.000.000,00 netto.

Nach der HOAI 1996 galt die freie Vereinbarkeit nur bei Überschreitung der obersten Tafelwerte. Lagen die anrechenbaren Kosten zum Beispiel bei der Gebäudeplanung unterhalb des Eingangswertes der Tafel, konnte ein Pauschal- oder Zeithonorar vereinbart werden, höchstens jedoch der Höchstsatz für den untersten Tafelwert, vgl. § 16 Abs. 2 HOAI 1996. Seit der HOAI 2009 findet die Verordnung auch unterhalb der jeweiligen Tafeleingangswerte keine Anwendung mehr.

Da bei Überschreitung der Tafelausgangswerte die HOAI nicht gilt, kann zum Beispiel bei der Gebäudeplanung bei anrechenbaren Kosten von EUR 30 Mio. ein Honorar vereinbart werden, das unter dem Mindestsatzhonorar für den obersten Tafelwert liegt. Dies hat der BGH in einer Entscheidung zur Technischen Ausrüstung sinnge-

---

[68] BVerfG, Beschluss vom 26.09.2005 – 1 BvR 82/03; BauR 2005, 1946; NJW 2006, 495; NZBau 2006, 121; IBR 2005, 688.

[69] Diese Vermutung als Beweislastregel weicht von der Mindestsatzfiktion in der gesetzlichen Ermächtigungsgrundlage ab (siehe MRVG Art. 10 § 2 Abs. 3 Nr. 3), woraus sich die neue Frage nach den Auswirkungen dieses Widerspruchs ergibt.

[70] OLG Hamm, Urteil vom 26.05.2009 – 24 U 100/07, IBR 2011, 91; Nichtzulassungsbeschwerde zurück gewiesen durch BGH, Beschluss vom 02.09.2010 – VII ZR 122/09.

mäß bestätigt.[71] Da die Honorartabellen ein in sich geschlossenes System darstellen, kommt eine Fortschreibung oberhalb der Tafelwerte ohne Vereinbarung nicht in Betracht.

Fehlt in diesen Fällen eine Honorarvereinbarung, ist streitig, wie die *„übliche Vergütung"* zu bestimmen ist. Nach einer obergerichtlichen Entscheidung (noch zur HOAI 1996) soll bei Honoraren oberhalb der Tafelwerte eine Tafelfortschreibung üblich sein. Hiernach könne das Honorar dann, wenn keine wirksame Honorarvereinbarung vorliegt und die Höchstsätze überschritten werden, nach den Tafelfortschreibungen als übliche Vergütung abgerechnet werden.[72]

Die gängigen Tafelfortschreibungen führen allerdings die Degression fort. Hiergegen wird vertreten, dass die Tafeln ohne Degression fortzuschreiben seien.[73]

### 3. Ausnahmsweise Mindestsatzunterschreitung

**Absatz 3** entspricht dem bisherigen § 4 Absatz 2 HOAI 1996. Die Mindestsätze können danach nur in Ausnahmefällen durch schriftliche Vereinbarung unterschritten werden. Nach dem BGH muss die Vereinbarung auch hier *„bei Auftragserteilung"* getroffen werden.[74]

Ein Ausnahmefall wurde speziell in § 44 Absatz 7 für Ingenieurbauwerke mit großer Längenausdehnung wie etwa Deiche und Kaimauern, die unter gleichen baulichen Bedingungen errichtet werden, geregelt.

Weitere Ausnahmefälle sind von der Rechtsprechung skizziert worden. Es muss im Einzelfall um „enge Beziehungen rechtlicher, wirtschaftlicher, sozialer oder persönlicher Art oder sonstige besondere Umstände" gehen.[75]

> **Beispiel**
>
> *Ein Ausnahmefall kann gegeben sein bei wirtschaftlichen Verflechtungen zwischen den Vertragspartnern oder bei ständigen Geschäftsbeziehungen (Beispiel: Rahmenvertrag).*
> *Ausnahme[76] verneint: Der Auftraggeber und (der bereits im Ruhestand befindliche) Auftragnehmer sind im selben Tennisverein und duzen sich.[77]*

---

[71] BGH, Urteil vom 08.03.2012 – VII ZR 195/09, IBR 2012, 268, 269.
[72] OLG Hamburg, Urteil v. 10.02.2011 – 3 U 81/06, IBR 2011, 414.
[73] Lechner, DIB 2012, 34, 37.
[74] BGH, Urteil vom 21.01.1988 – VII ZR 239/86, BauR 1988, 364; a. A.: Locher/Koeble/Frik, HOAI, § 7, Rdn. 95.
[75] BGH, Urteil vom 22.05.1997 – VII ZR 290/95, BauR 1997, 677, NJW 1997, 2329.
[76] Nicht ausreichend ist eine Rahmenvereinbarung für ein einzelnes, wenngleich längerfristiges Bauvorhaben, siehe OLG Düsseldorf, Urteil vom 24.09.2009 – 23 07/09.
[77] BGH, Urteil vom 15.04.1999 – VII ZR 309/98, BauR 1999 1044.

## § 7 Honorarvereinbarung

**Beispiel**

*Ein Ausnahmefall liegt auch nicht vor, wenn*
- *mehrere Bauvorhaben auf einem Grundstück für eine Unternehmensgruppe parallel bearbeitet werden,*
- *sich im Laufe der Geschäftsbeziehung eine persönliche Beziehung zwischen den Geschäftsführern der Parteien entwickelt[78] oder wenn*
- *ein vereinfachtes Baugenehmigungsverfahren Anwendung findet.[79]*

An das Vorliegen einer Ausnahme werden von den Gerichten hohe Anforderungen gestellt, wie das folgende Beispiel zur engen wirtschaftlichen Beziehung zeigt. Nach Ansicht des BGH genügt es nicht allein, wenn ein Ingenieur als Nachunternehmer über eine längere Zeit eine Vielzahl von Aufträgen zu einem unter dem Mindestsatz liegenden Pauschalhonorar ausführt.[80] Das OLG Stuttgart hatte dies in der Vorinstanz noch anders beurteilt und die Aufstockungsklage einer ausländischen Gesellschaft auf den Mindestsatz abgewiesen. Diese war innerhalb von ca. drei Jahren in 17 Fällen von einem Generalplaner mit der Tragwerksplanung jeweils für Pauschalhonorare unter dem Mindestsatz beauftragt worden.[81] Allerdings bedeutet dies noch nicht, dass der Nachunternehmer die Aufstockung erhält. Der BGH hat in derselben Entscheidung darauf hingewiesen, dass es einem Planer in Ausnahmefällen nach Treu und Glauben untersagt sein kann, nach Mindestsätzen abzurechnen, wenn er durch sein Verhalten ein besonderes Vertrauen des Auftraggebers dahin erweckt hat, er werde sich an die unter dem Mindestsatz liegende Pauschalvereinbarung halten.

Beachten die Vertragspartner die Voraussetzungen für eine zulässige Ausnahme nicht, ist die Honorarvereinbarung unwirksam und es gelten die Mindestsätze.

### 4. Ausnahmsweise Höchstsatzüberschreitung

**Absatz 4** entspricht § 4 Absatz 3 HOAI 1996. Danach dürfen die Höchstsätze nur bei außergewöhnlichen oder ungewöhnlich lange dauernden Leistungen durch schriftliche Vereinbarung überschritten werden. Der BGH liest in die Vorschrift zusätzlich noch hinein, dass die Vereinbarung bereits „bei Auftragserteilung" getroffen werden muss.[23] Demnach werden unvorhergesehene Bauzeitverlängerungen von der Regelung nicht erfasst.

Außergewöhnliche Leistungen liegen vor, wenn der jeweilige Höchstsatz eine leistungsgerechte Honorierung nicht mehr gewährleistet. Soll die Außergewöhnlichkeit der Leistung im künstlerischen Bereich liegen, muss der Auftragnehmer zumindest ein urheberrechtschutzfähiges Werk schaffen.[82]

---

[78] KG, Beschluss v. 19.10.2010 – 7 U 41/10; KG, Urteil v. 13.01.2011 – 27 U 34/10, IBR 2011, 342.
[79] OLG Rostock, Urteil vom 02.04.2012 – 7 U 29/09, www.ibr-online.de. Nichtzulassungsbeschwerde zurückgewiesen durch Beschluss des BGH vom 12.09.2012 – VII ZR 107/12.
[80] BGH, Urteil vom 27.10.2011 – VII ZR 163/10; IBR 2012, 88, 89.
[81] OLG Stuttgart, Urteil v. 21.09.2010 – 10 U 50/10 (nicht rechtskräftig), IBR 2010, 694. Aufgehoben durch Urteil des BGH vom 27.10.2011 – VII ZR 163/10.
[82] OLG Stuttgart, Urteil vom 29.05.2012 – 10 U 142/11, NJW-RR 2012, 1043; IBR 2012, 400.

**§ 7**

Liegen die Voraussetzungen dieser Vorschrift nicht vor, ist eine Honorarvereinbarung unwirksam, wenn sie zu einem Honorar oberhalb des Höchstsatzes führt. Folge ist dann nach dem Wortlaut des **Absatzes 5**, dass dem Auftragnehmer nur das Mindestsatzhonorar zusteht. Dies kann zu erheblichen Überzahlungen des Auftragnehmers und Rückforderungen durch den Auftraggeber führen. Der BGH hat dieses Risiko für Auftragnehmer „entschärft", indem er in diesen Fällen nur von einer Teilnichtigkeit der Honorarvereinbarung ausgeht, soweit diese den Höchstsatz überschreitet, und daher dem Auftragnehmer das *Höchstsatzhonorar* zuspricht.[83]

Nach einer Entscheidung des OLG Köln fehlt es dagegen an einer Grundlage für die Rückführung der vertraglichen Vergütungsvereinbarung auf ein Honorar nach den Höchstsätzen der HOAI, wenn das vereinbarte Zeithonorar die Höchstsätze überschreitet. Es müsse sich feststellen lassen, dass die Parteien bei Vertragsschluss jedenfalls ein Honorar nach den Höchstsätzen der HOAI gewollt hätten. Dementsprechend könne nur nach den Mindestsätzen abgerechnet werden und habe der Architekt die Überzahlung an den Auftraggeber zurückerstatten.[84]

**Praxis-Tipp**
Vorbeugend kann im Vertrag geregelt werden, dass dem Auftragnehmer zumindest das Höchstsatzhonorar zustehen soll, wenn die Honorarvereinbarung zu einem Honorar oberhalb der Höchstsätze führt, ohne dass ein Fall des § 7 Absatz 4 vorliegt.

### 6. Mindestsatzfiktion und Aufstockungsverlangen

Gemäß **Absatz 5** gelten die Mindestsätze als vereinbart (Mindestsatzfiktion), falls

– keine Honorarvereinbarung getroffen wurde oder
– eine Honorarvereinbarung getroffen wurde, jedoch unwirksam ist.

Folge einer die Mindestsätze unterschreitenden und damit unwirksamen Honorarvereinbarung ist also grundsätzlich, dass der Auftragnehmer das Mindestsatzhonorar verlangen kann. Umgekehrt kann der Auftraggeber den Auftragnehmer auf den Mindestsatz verweisen, wenn die über dem Mindestsatz liegende Honorarvereinbarung nicht wirksam getroffen worden ist. Beides ergibt sich aus dem Mindestpreischarakter der HOAI.

### a) Aufstockungsverlangen bei Mindestsatzunterschreitung

Beruft sich der Architekt auf die Unwirksamkeit einer Pauschalvereinbarung, hat er die behauptete Mindestsatzunterschreitung substantiiert darzulegen und nachzuweisen.[85]

---

[83] BGH, Urteil vom 09.11.1989 – VII ZR 252/88; dem folgend OLG Jena, BauR 2002, 1724, 1726; OLG Naumburg, OLGR 1997, 180, 18.1; OLG Brandenburg, Urteil vom 07.12.2005 – 4 U 151/02; BauR 2008, 118; IBR 2007, 1290 (nur online), Nichtzulassungsbeschwerde zurückgewiesen durch Beschluss des BGH vom 26.07.2007 – VII ZR 18/06.

[84] OLG Köln, Urteil v. 20.01.2009 – 22 U 77/08; BauR 2009, 1189; NJW-RR 2009, 1617; NZBau 2009, 790; IBR 2009, 279.

[85] OLG Rostock, Urteil v. 25.02.2009 – 2 U 21/07, IBR 2010, 339 (noch zur HOAI 1996), Nichtzulassungsbeschwerde zurückgewiesen durch Beschluss des BGH vom 08.04.2010, VII ZR 61/09.

§ 7 Honorarvereinbarung

Die Honorarabrede ist nur dann wegen Unterschreitens des Mindestsatzes unwirksam, wenn das gesamte, nach den vertraglichen Regelungen berechnete Honorar niedriger ist als die Vergütung, die sich bei einer fiktiven Honorarberechnung nach dem zutreffenden Bemessungsgrundlagen der HOAI ergibt.[86] Es kommt also auf einen Gesamtvergleich an, d. h. eine isolierte Prüfung, ob einzelne in der HOAI vorgesehene Abrechnungseinheiten unterhalb der Mindestsätze honoriert werden, ist nicht zulässig.[87] Das für Besondere Leistungen vereinbarte Honorar hat bei dem Vergleich außen vor zu bleiben.[88]

Rechnet der Architekt den Mindestsatz ab, muss der Auftraggeber darlegen und beweisen, dass eine Pauschalhonorarvereinbarung geschlossen worden ist.[89]

Eine Honorarvereinbarung muss die Schriftform und die Mindestsätze der HOAI auch dann einhalten, wenn die betreffenden Leistungen nur zum Teil der HOAI unterliegen. Eine Teilnichtigkeit der Honorarvereinbarung hat mangels gegenteiliger Anhaltspunkte im Zweifel die Gesamtnichtigkeit zur Folge.[90]

**b) Bindung des Auftragnehmers an Mindestsatzunterschreitung**

Liegt eine Mindestsatzunterschreitung vor, so kann dennoch im Einzelfall ein Aufstockungsverlangen bis auf den Mindestsatz treuwidrig und der Architekt an die Honorarvereinbarung gebunden sein. Der BGH hat hierzu folgende Leitlinien formuliert:[91]

*Vereinbaren die Parteien eines Architektenvertrages ein Honorar, dass die Mindestsätze unzulässiger Weise unterschreitet, so verhält sich der Architekt, der später nach den Mindestsätzen abrechnen will, widersprüchlich. Dieses widersprüchliche Verhalten steht nach Treu und Glauben einem Geltendmachen der Mindestsätze entgegen, sofern*

– *der Auftraggeber auf die Wirksamkeit der Vereinbarung vertraut hat und*

– *vertrauen durfte und*

– *er sich darauf in einer Weise eingerichtet hat, dass ihn die Zahlung des Differenzbetrages zwischen dem vereinbarten Honorar und den Mindestsätzen nach Treu und Glauben nicht zugemutet werden kann.*

Zu diesen Voraussetzungen:

Der Architekt handelt dann in der Regel nicht widersprüchlich, wenn sich die bei Abschluss der Honorarvereinbarung bestehenden Umstände erheblich verändert haben

---

[86] OLG Rostock, Urteil v. 25.02.2009 – 2 U 21/07, IBR 2010, 339 (noch zur HOAI 1996); Nichtzulassungsbeschwerde zurückgewiesen durch Beschluss des BGH vom 08.04.2010, VII ZR 61/09.
[87] BGH, Urteil vom 09.02.2012 – VII ZR 31/11, IBR 2012, 206, 207 (unter Aufhebung von OLG Stuttgart, Urteil vom 23.12.2010 -010 U 15/09, IBR 2011, 146); BGH, Urteil vom 17.09.2009 – VII ZR 164/07, BGHZ 180, 235.
[88] Steffen/Averhaus, NZBau 2012, 417, 420.
[89] BGH, NJW-RR, 2002, 1597; OLG Düsseldorf, Urteil v. 28.03.2008 – I-22 U 2/08 (rechtskräftig durch Beschluss des BGH vom 12.11.2009 – VII ZR 101/08), BauR 2010, 482.
[90] OLG Hamburg, Urteil v. 10.02.2011 – 3 U 81/06, IBR 2011, 413.
[91] BGH, Urteil v. 22.05.1997 – VII ZR 290/95, BauR 1997, 677; OLG Zweibrücken, Urteil v. 12.03.1998, IBR 1999, 259; BGH, Urteil v. 16.04.1998 – VII ZR 176/96, BauR 1998, 813; BGH, Urteil v. 18.05.2000 – VII ZR 125/99, BauR 2000, 1512.

wie z. B. bei einer Erhöhung der anrechenbaren Kosten oder wenn der Auftraggeber die Wirksamkeit der Honorarvereinbarung bestreitet.[92] Auch wenn der Auftraggeber die Vorgaben der Planung ändert und dadurch eine Umplanung erforderlich wird, verhält sich der Planer nicht widersprüchlich.[93]

Andernfalls (also ohne veränderte Umstände) ist ein widersprüchliches Verhalten regelmäßig zu bejahen. Dementsprechend hat das Landgericht München die Aufstockungsklage eines Fachplaners, der sich nicht an die von ihm angebotene Kumulierung der anrechenbaren Kosten gebunden halten wollte, mit folgendem Satz abgewiesen:

„Die Klage stützt sich nicht auf eine unerwartete Baukostenentwicklung, sondern auf eine unerwartete Änderung in der Rechtsauffassung der Klägerin."[94]

Es ist Sache des Architekten, darzulegen, dass der Auftraggeber nicht auf die Wirksamkeit der Honorarvereinbarung vertraut hat,[95] da andernfalls hiervon auszugehen ist.

Die Voraussetzung des „Vertrauendürfens" trennt HOAI-Unkundige von solchen Auftraggebern, die die HOAI entweder kennen oder kennen müssen, sodass sie nicht schutzbedürftig sind. Dies gilt in der Regel für professionelle und öffentliche Auftraggeber, aber auch für solche, die sich bei Vertragsabschluss professionell haben vertreten bzw. beraten lassen.[96]

Hieraus lässt sich der Grundsatz ableiten, dass derjenige, der die Abrechnung nach HOAI und deren Mindestpreischarakter kennt, keinen Schutz genießt.[97] Dies gilt erst recht, wenn der Auftraggeber die Unterschreitung der Mindestsätze aus dem Angebot des Architekten kannte.[98]

Der BGH hat allerdings im Falle eines Bauträgers, der auf der Basis einer mit dem Architekten getroffenen Honorarvereinbarung die Preise für die zu veräußernden Eigentumswohnungen kalkuliert hat, bejaht, dass er sich auf die Wirksamkeit der Honorarvereinbarung eingerichtet hat. Die Nachforderung des Architekten konnte er nicht mehr auf die Erwerber umlegen.[99] Das „Einrichten" muss der beklagte Auftraggeber substantiieren, also z. B. konkret zu einer Finanzierung oder einer öffentlichen Förderung des Vorhabens und den näheren Umständen hierzu vortragen.

---

[92] OLG Oldenburg, BauR 2004, 526.
[93] OLG Düsseldorf, Urteil v. 15.05.2008 – 5 U 68/07, BauR 2009, 1339, 1616, IBR 2010, 35.
[94] LG München I, Urteil v. 17.11.2009 – 11 O 19960/08 (nicht rechtskräftig), IBR 2010, 340. Die Berufung wird beim OLG München unter dem Az.: 9 U 5566/09 geführt.
[95] OLG Köln, NJW-RR 2007, 455.
[96] OLG Frankfurt, BauR 2007, 1906.
[97] OLG Bamberg, Urteil vom 26.08.2009 – 3 U 290/05; OLG Rostock, Urteil vom 02.04.2012 – 7 U 29/09, www.ibr-online.de. Nichtzulassungsbeschwerde zurückgewiesen durch Beschluss des BGH vom 12.09.2013 – VII ZR 107/12.
[98] OLG Rostock, Urteil vom 02.04.2012 – 7 U 29/09, www.ibr-online.de. Nichtzulassungsbeschwerde zurückgewiesen durch Beschluss des BGH vom 12.09.2013 – VII ZR 107/12.
[99] BGH, Urteil v. 22.05.1997 – VII ZR 290/95, BauR 1997, 677; siehe auch OLG Dresden, Urteil v. 28.10.2003 – 9 U 2083/01, Nichtzulassungsbeschwerde nicht angenommen durch Beschluss des BGH vom 12.05.2005 – VII ZR 333/04.

Die Zahlung des Differenzbetrages ist dem Auftraggeber nur dann unzumutbar, wenn die Folgen nahezu untragbar sind.[100]

Nach einem Urteil des OLG Hamm kommt der Einwand der unzulässigen Rechtsausübung in der Regel jedenfalls für erfahrene Auftraggeber nicht in Betracht. In diesem Sinne sei ein Auftraggeber erfahren, wenn er als Bauherr zahlreiche größere Bauvorhaben durchgeführt hat und sich daher mit dem Vertragsschluss und der Abrechnung von Architekten- und Ingenieurleistungen auskennt.[101] Nach derselben Entscheidung beinhaltet die Schlussrechnung über das vereinbarte Honorar (unter den Mindestsätzen) kein Angebot zum Abschluss eines Erlassvertrages.

Ende 2008 hat der BGH seine Rechtsprechung dahin ergänzt, dass ein Bauträger in aller Regel keinen Vertrauensschutz genießt, wenn er mit einer Honorarvereinbarung bewusst gegen das Preisrecht der HOAI verstößt oder dies jedenfalls naheliegt.[102] Allerdings hat der BGH zugleich folgenden Hinweis erteilt:

Schützenswertes Vertrauen in die Wirksamkeit einer Honorarvereinbarung kann - wie jede andere Partei - auch ein Bauträger entwickeln, wenn er auf der Grundlage einer vertretbaren, bisher in der Rechtsprechung noch nicht geklärten Rechtsauffassung davon ausgeht, die Preisvereinbarung sei wirksam.

Demnach kann es auch professionellen und der HOAI kundigen Auftraggebern im Einzelfall gelingen, sich auf einen Vertrauensschutz zu berufen, wenn sie nachweisen können, dass sie nicht bewusst gegen die HOAI verstoßen haben.

Derselbe Schutz gilt – wie der BGH Ende 2011 entschieden hat – dann, wenn der Auftragnehmer durch sein Verhalten ein besonderes Vertrauen des Auftraggebers dahin erweckt hat, er werde sich an die unter dem Mindestsatz liegende Pauschalvereinbarung halten. Ein solches Vertrauen kann dadurch entstehen, dass der Architekt in einer ständigen Geschäftsbeziehung eine Vielzahl von Verträgen mit dem Auftraggeber mit Preisvereinbarungen unter den Mindestsätzen abgeschlossen hat und ihm bei verständiger Sichtweise nicht verborgen bleiben kann, dass sich der Auftraggeber aufgrund dieser Geschäftspraxis bei der Gestaltung seiner Verträge mit seinen Auftraggebern auf die Einhaltung der Pauschalabrede verlässt.[103]

Ein schutzwürdiges Vertrauen des Auftraggebers auf eine unwirksame Honorarvereinbarung kann ausscheiden, wenn dieser die auf dieser Grundlage erstellte Schlussrechnung nicht beglichen hat.[104]

### c) Bindung des Architekten an formunwirksame Honorarvereinbarung

Ein Architekt kann sich ausnahmsweise nicht auf einen Verstoß gegen das Schriftformerfordernis berufen, wenn dies zu einem unerträglichen Ergebnis führen würde

---

[100] OLG Hamburg, Beschluss v. 10.03.2004 – 11 W 4/03, IBR 2004, 258; OLG Hamm, BauR 2004, 1643.
[101] OLG Hamm, Urteil v. 26.05.2009 – 24 U 100/07, Nichtzulassungsbeschwerde zurückgewiesen durch Beschluss des BGH vom 02.09.2010 – VII ZR 122/09, IBR 2011, 30.
[102] BGH, Urteil v. 18.12.2008 – VII ZR 189/06, BauR 2009, 523, 526; NZBau 2009, 255. Dieser Hinweis findet sich auch im Urteil des BGH vom 27.10.2011 – VII ZR 163/10; IBR 2012, 88, 89.
[103] BGH, Urteil vom 27.10.2011 – VII ZR 163/10; IBR 2012, 88, 89 (unter Aufhebung vom OLG Stuttgart, Urteil vom 21.09.2010 – 10 U 50/10, IBR 2010, 694).
[104] OLG München, NJW-RR 2013, 922.

(§ 242 BGB). Ein solcher Ausnahmefall liegt vor, wenn der Architekt bei seinem Auftraggeber aktiv das berechtigte Vertrauen erweckt hat, eine formwirksame Pauschalhonorarvereinbarung zu schließen. Der Auftraggeber darf auf die Formwirksamkeit einer Honorarvereinbarung vertrauen, wenn nur noch die Unterschrift des Architekten fehlt und dieser die Vereinbarung zuvor selbst initiiert sowie die Verfahrensweise zu deren Abschluss vorgegeben hat. Das OLG Düsseldorf hat hier eine Bindung des Auftragnehmers an eine selbst entworfene, aber unwirksame (wegen fehlender Schriftform und Unterschreitung der Mindestsätze) Honorarvereinbarung unter Berücksichtigung seines Gesamtverhaltens im Rahmen der Konzeption, Durchführung und Abrechnung des Architektenvertrages bejaht.[105] Bei der Würdigung des Gesamtverhaltens ist die Abrechnung der vereinbarten Pauschale nur ein Aspekt, d. h. dies führt nicht automatisch zur Bindungswirkung. Bei der Abwägung, ob der Auftraggeber auf die Wirksamkeit der Pauschalhonorarvereinbarung vertrauen durfte, kommt es auch darauf an, wer die Initiative dazu ergriffen und das weitere Verfahren vorgegeben hat.[106]

In der gleichen Entscheidung hat das OLG Düsseldorf betont, dass einem im Immobilienbereich tätigen Auftraggeber nicht ohne Weiteres weitreichende Kenntnisse der HOAI zuzurechnen sind, und dass einem Immobilienunternehmen, das nach der Pauschalhonorarvereinbarung mit dem Architekten ein Sanierungsgrundstück ankauft, eine Aufstockung bis zum Mindestsatzhonorar in Höhe von sechs Prozent des Kaufpreises nicht zumutbar ist.[107]

### d) Bindung des Auftraggebers an formunwirksame Honorarvereinbarung

Im Einzelfall kann allerdings die Berufung des Auftraggebers auf eine Formunwirksamkeit einer Zeithonorarvereinbarung mit einem früheren Angestellten treuwidrig sein. Im entschiedenen Fall gab es eine laufende Geschäftsbeziehung, deren Grundlage immer die Abrechnung auf Stundenbasis war. Zudem stand die flexible Einsetzbarkeit des Architekten im Vordergrund, nicht dagegen abgrenzbare Leistungserfolge. Daher durfte der Architekt auf die Wirksamkeit der Stundensatzvereinbarung vertrauen.[108]

### 7. Bonus-und Malushonorar

§ 7 Abs. 7 HOAI 2009 (Bonus-Malus-Honorar) ist zum **Absatz 6** geworden. Satz 1 enthält die Klarstellung, dass sich die schriftliche Vereinbarung eines Erfolgshonorars auf Planungsleistungen bezieht, die zu Kostensenkungen führen. Damit wurde die bisherige unklare Bezugnahme auf Kostenunterschreitungen, die zu Kostensenkungen führen, abgelöst. Gemäß **Satz 3** bedarf die Vereinbarung eines Malus-Honorars nunmehr auch der Schriftform.

Wenn die Parteien anrechenbare Kosten schriftlich festlegen (also eine Baukostenvereinbarung gemäß § 6 Abs. 2 abschließen), können sie für deren Überschreiten ein

---

[105] OLG Düsseldorf, Urteil v. 23.11.2010 – 23 U 215/09, IBR 2011, 646 u. 647 (jeweils mit Anm. Averhaus).
[106] s. o.
[107] s. o.
[108] OLG München, Urteil v. 19.10.2010 – 9 U 4496/09, IBR 2011, 278.

sogenanntes Malus-Honorar in Höhe von bis zu fünf Prozent des Honorars vereinbaren (Satz 3).[109] Dies darf aber nicht schon dann gelten, wenn die festgelegten anrechenbaren Kosten nur um EUR 1,00 überschritten werden, sondern erst bei einer wesentlichen Kostenüberschreitung.[110] Die Bedeutung des Malus-Honorars in der Praxis dürfte gering sein. Bei Verträgen mit öffentlichen Auftraggebern ist schon deshalb keine große Verbreitung zu erwarten, da es dort schon kaum zu Baukostenvereinbarungen kommt. Dies liegt daran, dass öffentliche Planungsaufträge regelmäßig erst in einem Stadium vergeben werden, in dem es für eine Baukostenvereinbarung bereits zu spät ist, weil schon eine Kostenschätzung oder eine diese ermöglichende Vorplanung vorliegt.[111]

**Praxis-Tipp**

Beim Malus-Honorar handelt es sich um eine Vertragsstrafe. Der Auftragnehmer kann dem Honorarabzug daher widersprechen, wenn er die Kostenüberschreitung nicht zu vertreten hat (§ 339 BGB)[112] und wenn sich der Auftraggeber den Abzug bei der Abnahme nicht vorbehalten hat, § 341 Absatz 3 BGB. Außerdem muss das Malus-Honorar angerechnet werden auf Schadensersatzansprüche wegen der Kostenüberschreitung. Zugunsten des Auftraggebers kann im Vertrag vereinbart werden, dass der Vorbehalt bis zur Schlusszahlung erklärt werden kann.

## § 8 Berechnung des Honorars in besonderen Fällen

(1) Werden dem Auftragnehmer nicht alle Leistungsphasen eines Leistungsbildes übertragen, so dürfen nur die für die übertragenen Phasen vorgesehenen Prozentsätze berechnet und vereinbart werden. Die Vereinbarung hat schriftlich zu erfolgen.

(2) Werden dem Auftragnehmer nicht alle Grundleistungen einer Leistungsphase übertragen, so darf für die übertragenen Grundleistungen nur ein Honorar berechnet und vereinbart werden, das dem Anteil der übertragenen Grundleistungen an der gesamten Leistungsphase entspricht. Die Vereinbarung hat schriftlich zu erfolgen. Entsprechend ist zu verfahren, wenn dem Auftragnehmer wesentliche Teile von Grundleistungen nicht übertragen werden.

(3) Die gesonderte Vergütung eines zusätzlichen Koordinierungs- oder Einarbeitungsaufwands ist schriftlich zu vereinbaren.

---

[109] Nach weiterem Verständnis darf ein Malushonorar auch ohne Baukostenvereinbarung vereinbart werden. Fuchs/Berger/Seifert, NZBau 2013, 729, 736.
[110] Averhaus, NZBau 2009, 473, 477.
[111] Siehe dazu näher Fahrenbruch, IBR 2010, 1227 (nur online).
[112] Auch Werner/Sieburg, BauR 2013, 1499, 1504, verlangen eine schuldhafte Kostenüberschreitung als Voraussetzung für ein Malushonorar.

## § 8

**Kurzkommentar zu § 8**

§ 8 wurde im Wesentlichen nur neu strukturiert.

**Absatz 1** regelt den Fall, dass nicht alle Leistungsphasen eines Leistungsbildes übertragen werden. Es ist unerheblich, aus welchen Gründen einzelne Grundleistungen nicht übertragen werden. Dies unterliegt der Gestaltungsfreiheit der Parteien.[113]

Für die Honorarermittlung sind nur die nach der HOAI vorgesehenen Prozentsätze der beauftragten Leistungsphasen maßgeblich, während die auf die nicht beauftragten Leistungsphasen entfallenden Prozentsätze nicht zu berücksichtigen sind.

*Beispiel*

*Wird der Auftragnehmer nur mit der Erbringung aller bis zur Erteilung der Baugenehmigung erforderlichen Planungsschritte beauftragt, so darf er hierfür gemäß § 34 Abs. 3 Nr. 1–4 HOAI insgesamt nur 27 % vereinbaren und berechnen. Dieser Wert setzt sich wie folgt zusammen:*
- *LPH1 (Grundlagenermittlung): 2 %*
- *LPH 2 (Vorplanung): 7 %*
- *LPH 3 (Entwurfsplanung): 15 %*
- *LPH 4 (Genehmigungsplanung): 3 %.*

Auf den ersten Blick handelt es sich um eine Selbstverständlichkeit, die nicht der Regelung bedarf. Bei genauer Betrachtung ist die Vorschrift aufgrund der darin enthaltenen Einschränkung („*... dürfen nur ...*") sogar unzutreffend. Richtiger Weise steht es den Vertragspartnern frei, für die beauftragten Leistungsphasen höhere oder niedrigere als die nach der HOAI vorgesehenen Prozentsätze zu vereinbaren (z. B. nur 25 % für die Leistungsphasen 1 bis 4). Eine Honorarvereinbarung ist wirksam, solange sie bei Auftragserteilung getroffen wurde und sich im Rahmen der Mindest- und Höchstsätze bewegt (§ 7 Abs. 1). Dies wiederum hängt nicht allein vom Prozentsatz ab, sondern auch von den weiteren Parametern der anrechenbaren Kosten, der Honorarzone und dem ggf. vereinbarten Honorarsatz. Entscheidend ist daher stets ein Gesamtvergleich des sich insgesamt aus der Honorarvereinbarung ergebenden Honorars mit dem Mindest- und Höchstsatz. Deshalb kann die Vereinbarung eines abweichenden Prozentsatzes zwar zur Unwirksamkeit der Honorarvereinbarung beitragen, aber zwingend ist dies nicht. Folglich dürfen die Vertragspartner für die beauftragten einzelnen Leistungsphasen auch höhere als die vorgesehenen Prozentsätze vereinbaren, solange dies schriftlich bei Auftragserteilung erfolgt und sich das Honorar insgesamt zwischen Mindest- und Höchstsatz bewegt.

Als Sonderfall zu Absatz 1 wird in § 9 Absatz 1 und 3 geregelt, dass die für die Vor- und Entwurfsplanung und Objektüberwachung vorgesehenen Prozentsätze angehoben werden können, wenn diese Leistungsphasen als Einzelleistung beauftragt wer-

---

[113] OLG Hamm, Urteil vom 08.12.2010 – 12 U 85/10 (noch zur HOAI 1996), IBR 2012, 339. Nichtzulassungsbeschwerde zurückgewiesen durch Beschluss des BGH vom 22.03.2012 – VII ZR 6/11.

## § 8 Berechnung des Honorars in besonderen Fällen

den (hinsichtlich der LPH 8 gilt dies nur bei Gebäuden und bei der Technischen Ausrüstung).

Unklar ist, ob sich die in **Absatz 1 Satz 2** vorgeschriebene Schriftform auf die Vereinbarung der Prozentsätze bezieht, wie es der Wortlaut nahelegt, oder auf die Beauftragung mit einzelnen Leistungsphasen.[114] Dies kann dahinstehen, da die Einhaltung der Schriftform in diesem Fall keine Anspruchsvoraussetzung sein kann.[115] Selbst bei nur mündlicher Beauftragung mit einzelnen Leistungsphasen und ohne Honorarvereinbarung steht dem Auftragnehmer nach der unwiderleglichen Vermutung des § 7 Absatz 5 das Mindestsatzhonorar zu, für dessen Berechnung die für die übertragenen Leistungsphasen vorgesehenen Prozentsätze anzusetzen sind. Demnach kommt dem Schriftformgebot hier lediglich ein empfehlender Charakter zu.

**Absatz 2** behandelt den Fall, dass nicht alle Grundleistungen der beauftragten Leistungsphasen oder nicht alle wesentlichen Teile der übertragenen Grundleistungen beauftragt werden.

> **Beispiel**
>
> *Steht fest, dass keine Verhandlungen über die Genehmigungsfähigkeit erforderlich werden, ist die entsprechende Grundleistung von vornherein nicht zu übertragen, sondern aus dem Leistungsumfang herauszunehmen. Der auf diese Grundleistung entfallende Honoraranteil ist aus dem Honorar für die Leistungsphase 3 (Entwurfsplanung) heraus zu rechnen.*

> **Praxis-Tipp**
>
> Da die Leistungsphase die kleinste Abrechnungseinheit der HOAI ist, wurden als Orientierungshilfe für die Bewertung einzelner Grundleistungen in der Praxis verschiedene Tabellen wie zum Beispiel die Siemon-Tabelle[116] entwickelt. Deren Werte sind auf den Einzelfall anzupassen sind. Im Streitfall können die Gerichte den Anteil gemäß § 287 ZPO schätzen.

Ob nicht beauftragte Teile von Grundleistungen als wesentlich anzusehen sind, kann nur im Einzelfall beurteilt werden. Die einschlägigen Bewertungstabellen für Teilleistungen dürfen daher nicht stereotyp angewendet werden.[117]

---

[114] So die Begründung der Bundesregierung, siehe BR-Drs. 334/12 vom 25.04.2013, S. 142.
[115] So auch Werner/Siegburg, BauR 2013, 1499, 1512; Weber, BauR 2013, 1747, 1754 f.
[116] Siehe oben Fußnote 32 und Anhang 1 in diesem Buch.
[117] Siehe auch den Hinweis von Fett, DAB Heft 7 2009, 33.

> **Beispiel**
>
> *Dem Auftragnehmer wird die Grundleistung der Erstellung der Ausführungszeichnungen aus der Leistungsphase 5 (Ausführungsplanung) nur bezogen auf den erweiterten Rohbau übertragen, während die Ausführungspläne für die Ausbaugewerke und die Fassade durch einen anderen Architekten erstellt werden. In diesem Fall sind wesentliche Teilleistungen nicht übertragen worden.*

Auch das in **Absatz 2 Satz 2** enthaltene Schriftformgebot stellt – wie schon Absatz 1 Satz 2 – keine Anspruchsvoraussetzung dar.

Werden nur einzelne Leistungsphasen, Grundleistungen oder Teile hiervon beauftragt, so ist dies in der Regel mit einem zusätzlichen Koordinierungs- oder Einarbeitungsaufwand des Auftragnehmers verbunden. Soll dies gesondert vergütet werden, so bedarf die Vereinbarung hierüber gemäß **Absatz 3** der Schriftform. Deren Einhaltung ist Anspruchsvoraussetzung.[118] Die Vergütungshöhe ist frei vereinbar.[119]

### § 9 Berechnung des Honorars bei Beauftragung von Einzelleistungen

(1) Wird die Vorplanung oder Entwurfsplanung bei Gebäuden und Innenräumen, Freianlagen, Ingenieurbauwerken, Verkehrsanlagen, der Tragwerksplanung und der Technischen Ausrüstung als Einzelleistung in Auftrag gegeben, können für die Leistungsbewertung der jeweiligen Leistungsphase

1. für die Vorplanung höchstens der Prozentsatz der Vorplanung und der Prozentsatz der Grundlagenermittlung herangezogen werden und
2. für die Entwurfsplanung höchstens der Prozentsatz der Entwurfsplanung und derProzentsatz der Vorplanung herangezogen werden.

Die Vereinbarung hat schriftlich zu erfolgen.

(2) Zur Bauleitplanung ist Absatz 1 Satz 1 Nummer 2 für den Entwurf der öffentlichen Auslegung entsprechend anzuwenden. Bei der Landschaftsplanung ist Absatz 1 Satz 1 Nummer 1 für die vorläufige Fassung sowie Absatz 1 Satz 1 Nummer 2 für die abgestimmte Fassung entsprechend anzuwenden. Die Vereinbarung hat schriftlich zu erfolgen.

(3) Wird die Objektüberwachung bei der Technischen Ausrüstung oder bei Gebäuden als Einzelleistung in Auftrag gegeben, können für die Leistungsbewertung der Objektüberwachung höchstens der Prozentsatz der Objektüberwachung und die Prozentsätze der Grundlagenermittlung und Vorplanung herangezogen werden. Die Vereinbarung hat schriftlich zu erfolgen.

---

[118] So auch Werner/Siegburg, BauR 2013, 1499, 1512.
[119] BR-Drs. 334/13 vom 25.04.2013, S. 142.

## § 9 Berechnung des Honorars bei Beauftragung von Einzelleistungen

### Kurzkommentar zu § 9

§ 9 wurde grundlegend überarbeitet.

Absatz 1 erlaubt eine erhöhte Honorierung bei isolierter Beauftragung der Vor- oder Entwurfsplanung durch Anhebung der vorgesehenen Prozentsätze. Insofern handelt es sich um eine Ausnahme zu dem in § 8 Absatz 1 geregelten Grundsatz, dass nur die für die beauftragten Phasen vorgesehenen Prozentsätze berechnet werden dürfen. Absatz 1 gilt für alle Leistungsbilder der Objekt- und Fachplanung (nunmehr einschließlich der Tragwerksplanung), jedoch nicht mehr für die Bauleitplanung.

**Beispiel**

*Dem Auftragnehmer wird nur die Vorplanung (§ 34 Abs. 3 Nr. 2 HOAI – Gebäude) beauftragt. Die Bewertung kann bis zu neun Prozent betragen (7 % für die Vorplanung zuzüglich 2 % für die Grundlagenermittlung).*

Die Vereinbarung über die Anhebung der Prozentsätze hat schriftlich (**Absatz 1 Satz 2**) sowie bei Auftragserteilung (§ 7 Absatz 1) zu erfolgen; anderenfalls ist sie unwirksam und es bleibt bei den vorgesehenen Prozentsätzen.[120] Das Erfordernis, die Vereinbarung schriftlich bei Auftragserteilung zu treffen, wurde bereits in die Fassung von § 19 HOAI 1996 hinein gelesen.[121]

**Praxis-Tipp** — Auftragnehmer sollten bei der isolierten Beauftragung der Vor- oder Entwurfsplanung oder Objektüberwachung darauf achten, dass erhöhte Prozentsätze schriftlich bei Auftragserteilung vereinbart werden.

Die Kommentierung zu § 8 Absatz 1 gilt sinngemäß: Die Vertragspartner dürfen die jeweiligen Prozentsätze auch höher oder niedriger bewerten, solange sie diese Vereinbarung schriftlich bei Auftragserteilung treffen und das Honorar insgesamt zwischen Mindest- und Höchstsatz liegt.

Wird zunächst nur eine Einzelleistung beauftragt und hierfür ein höheres Honorar vereinbart, so bleibt dies auch bei einer späteren Erweiterung des Leistungsumfangs wirksam.[122]

Reduzieren die Vertragspartner den Leistungsumfang von zunächst mehreren Leistungsphasen (z. B. LPH 2 bis 4) später einvernehmlich auf eine Einzelleistung (z. B. LPH 2), soll der Auftragnehmer ein höheres Honorar gemäß Absatz 1 auch dann berechnen dürfen, wenn eine Vereinbarung darüber nicht zustande kommt.[123] Dies ist

---

[120] A.A.: Werner/Siegburg, BauR 2013, 1499, 1512. Auch Weber, BauR 2013, 1741, 1755, bejaht das Erfordernis, die Vereinbarung bei Auftragserteilung zu treffen.
[121] OLG Brandenburg, BauR 2008, 127; OLG Düsseldorf, BauR 1993, 108.
[122] Hanke, in: Irmler (Hrsg.), HOAI-Praktikerkommentar, 2011, § 9, Rn. 11 (zur HOAI 2009).
[123] Hanke, in: Irmler (Hrsg.), HOAI-Praktikerkommentar, 2011, § 9, Rn. 12 ff. (zur HOAI 2009).

kritisch zu sehen. Zum Einen gibt Absatz 1 nur einen Rahmen für eine freiwillige Anhebung des Prozentsatzes vor, was durch die Wörter *„können"* und *„höchstens"* zum Ausdruck kommt. Zum anderen besteht für das Zusatzhonorar insofern kein Bedarf, als der Auftragnehmer seine Zustimmung zu der teilweisen Vertragsaufhebung davon abhängig machen kann, dass er für die entfallenen Phasen die volle Vergütung abzüglich der ersparten Aufwendungen erhält. Dies entspricht der Rechtsfolge im Falle einer freien Teilkündigung durch den Auftraggeber (§ 649 Satz 2 BGB).

**Absatz 2** erfasst die Flächenplanung (Bauleit- und Landschaftsplanung).

**Absatz 3** erlaubt eine erhöhte Honorierung bei isolierter Beauftragung der Objektüberwachung durch Anhebung der vorgesehenen Prozentsätze (Gebäude: 32 Prozent, Technische Ausrüstung: 35 Prozent). Wie bei Absatz 1 handelt es sich um eine Ausnahme zu dem in § 8 Absatz 1 geregelten Grundsatz, dass nur die für die beauftragten Phasen vorgesehenen Prozentsätze berechnet werden dürfen.

> *Beispiel*
>
> *Dem Auftragnehmer wird nur die Objektüberwachung Gebäude (§ 34 Abs. 3 Nr. 8 HOAI) beauftragt. Die Bewertung kann bis zu 41 Prozent betragen (32 % für die Objektüberwachung zuzüglich 7 % für die Vorplanung und 2 % für die Grundlagenermittlung).*

Die Vereinbarung über die Anhebung der Prozentsätze hat schriftlich (**Absatz 3 Satz 2**) sowie bei Auftragserteilung (§ 7 Absatz 1) zu erfolgen; anderenfalls ist sie unwirksam und es bleibt bei den vorgesehenen Prozentsätzen. Das Erfordernis, die Vereinbarung schriftlich bei Auftragserteilung zu treffen, wurde bereits in die Fassung von § 19 HOAI 1996 hinein gelesen.[124]

Die Kommentierung zu § 8 Absatz 1 gilt sinngemäß: Die Vertragspartner dürfen die jeweiligen Prozentsätze auch höher oder niedriger bewerten, solange sie diese Vereinbarung schriftlich bei Auftragserteilung treffen und das Honorar insgesamt zwischen Mindest- und Höchstsatz liegt.

Zur späteren Erweiterung oder Reduzierung des Leistungsumfangs siehe die Kommentierung zu Absatz 1.

## § 10 Berechnung des Honorars bei vertraglichen Änderungen des Leistungsumfangs

**(1) Einigen sich Auftraggeber und Auftragnehmer während der Laufzeit des Vertrages darauf, dass der Umfang der beauftragten Leistung geändert wird, und ändern sich dadurch die anrechenbaren Kosten oder Flächen, so ist die Honorarberechnungsgrundlage für die Grundleistungen, die infolge des veränderten Leistungsumfangs zu erbringen sind, durch schriftliche Vereinbarung anzupassen.**

---

[124] OLG Brandenburg, BauR 2008, 127; OLG Düsseldorf, BauR 1993, 108.

(2) Einigen sich Auftraggeber und Auftragnehmer über die Wiederholung von Grundleistungen, ohne dass sich dadurch die anrechenbaren Kosten oder Flächen ändern, ist das Honorar für diese Grundleistungen entsprechend ihrem Anteil an der jeweiligen Leistungsphase schriftlich zu vereinbaren.

## Kurzkommentar zu § 10

§ 10 enthält – überarbeitete – Regelungen zu Planungsänderungen, die bisher in § 7 Absatz 5 HOAI 2009 (nun Absatz 1) und § 3 Absatz 2 Satz 2 HOAI 2009 (nun Absatz 2) enthalten waren. § 10 HOAI 2009 ist entfallen.

### 1. Durchbrechung und Fortschreibung der Kostenberechnung

**Absatz 1** ermöglicht – ähnlich wie zuvor § 7 Abs. 5 HOAI 2009 – eine Durchbrechung und Fortschreibung der Kostenberechnung. Voraussetzung ist, dass der beauftragte Leistungsumfang einvernehmlich geändert wird und sich hierdurch die anrechenbaren Kosten ändern. Die infolge der Änderung zu erbringenden Grundleistungen sind nach der fortgeschriebenen Kostenberechnung zu honorieren. Im Einzelnen:

### a) Kostenrelevante Änderung des Leistungsumfangs

Der Wortlaut ist missverständlich. Mit dem Leistungsumfang kann nicht der dem Auftragnehmer beauftragte Leistungsumfang (Leistungsphasen, Grundleistungen und Besondere Leistungen) gemeint sein, da mit deren Änderung in der Regel keine Auswirkungen auf die anrechenbaren Kosten verbunden sind. Sinnvoller Weise gemeint sein kann daher nur der bauliche Leistungsumfang als der Gegenstand des Leistungsumfangs des Architekten bzw. Ingenieurs, also derjenige Leistungsumfang, der als Ergebnis der Entwurfsplanung in der Objektbeschreibung, die der Kostenberechnung zugrunde liegt, zum Ausdruck kommt. Die Änderung des Leistungsumfangs im Sinne von Absatz 1 meint damit die Änderung der Entwurfsplanung einschließlich Objektbeschreibung/Erläuterungsbericht.[125]

Die Vorschrift ist als Ausgleich für die Umstellung auf das Baukostenberechnungsmodell zu verstehen. Sie erlaubt in Ausnahmefällen eine Durchbrechung und Fortschreibung der Kostenberechnung, die für die Honorarermittlung ausschließlich maßgeblich geworden ist. Es gibt zwar keinen Automatismus mehr, wonach sich steigende oder sinkende Baukosten über die Kostenfeststellung auf das Honorar auswirken. Aber andererseits ist eine einmal im Ergebnis der Entwurfsplanung erstellte Kostenberechnung auch nicht zwingend bis zum Abschluss des Bauvorhabens „in Stein gemeißelt". Beide Vertragspartner haben die Möglichkeit, eine Fortschreibung der Kostenberechnung nach oben oder unten zu verlangen, wenn sich der Leistungsumfang kostenrelevant verändert. Das Potenzial, das die Vorschrift bietet, können beide Seiten

---

[125] So auch Seufert, IBR 2011, 1008.

aber nur nutzen, wenn sie sich aktiv darum bemühen (Stichwort: „Nachtragsmanagement").[126]

Daher ist es für die Vertragspartner, besonderes für Auftragnehmer, von zentraler Bedeutung, die Objektbeschreibung sorgfältig und korrespondierend mit der Entwurfsplanung und der Kostenberechnung zu erstellen sowie mit dem Auftraggeber fortlaufend zu erörtern sowie dies zu dokumentieren. Erst damit wird eine nachvollziehbare Grundlage für eine spätere Durchbrechung und Fortschreibung der Kostenberechnung geschaffen.

Baunachträge führen dann zu einem Anspruch auf Honoraranpassung, wenn sie zugleich die Voraussetzungen des Absatzes 1 erfüllen, was der die Anpassung verlangenden Vertragspartner darzulegen hat. Hierzu wird es insbesondere auf den Bezug zur zeichnerischen oder textlichen Entwurfsplanung ankommen, während bloße Änderungen der Ausführungsplanung, die sich im Rahmen der Entwurfsplanung halten, zwar Baunachträge auslösen können, aber nicht zur Fortschreibung der Kostenberechnung berechtigen.

### b) Einigung während der Laufzeit des Vertrags

Absatz 1 erfasst nur solche Änderungen des Leistungsumfangs, über die sich die Vertragspartner geeinigt haben. Der Zusatz, dass die Einigung während der Laufzeit des Vertrags stattfinden muss, ist überflüssig. Die Einigung kann konkludent erfolgen und wird daher regelmäßig keine Hürde darstellen. Berechtigt ist die Frage, weshalb das Preisrecht nicht auf die tatbestandliche Einigungsvoraussetzung verzichtet.[127]

*Beispiel*

*Eine Einigung durch schlüssiges Verhalten wird z. B. dann anzunehmen sein, wenn der Auftraggeber eine Änderung des in der Objektbeschreibung dokumentierten baulichen Leistungsumfangs anordnet, die sich auf die Baukosten auswirkt, und der Auftragnehmer dies bei der weiteren Planung berücksichtigt.*

### c) Darlegung bei späterer Beauftragung

Vor besonderen Schwierigkeiten stehen Auftragnehmer, die erst nach der Entwurfsplanung beauftragt werden (z. B. Ausführungsplaner und Objektüberwacher). Sie sind darauf angewiesen, sich die Entwurfsplanung einschließlich Objektbeschreibung und

---

[126] Siehe hierzu Fuchs, NZBau 2010, 671. Zur Vorgängervorschrift des § 7 Absatz 5 HOAI 2009 sprach das Bundesbauministerium davon, dass diese den Abschluss von Nachtragsvereinbarungen regelt, siehe den Erlass vom 18.08.2009, B 10 – 8111.4/2, www.bmvbs.de, S. 7.

[127] Siehe hierzu einen Formulierungsvorschlag von Motzke, Die neue HOAI, NZBau 2013, Heft 8, Seite V f.

Kostenberechnung als Nachtragsgrundlagen vom Auftraggeber bzw. Entwurfsplaner zu beschaffen oder diese Unterlagen (zumindest teilweise) nachträglich zu rekonstruieren, sofern die Änderung der Entwurfsplanung einschließlich Objektbeschreibung nebst den Folgen für die anrechenbaren Kosten nicht unstreitig ist oder anderweitig dargelegt werden kann.

### d) Relevanz erst ab der LPH 4

Da die Entwurfszeichnungen und die Objektbeschreibung sowie die Kostenberechnung im Ergebnis der Leistungsphase 3 den Ausgangspunkt für Ansprüche nach Absatz 1 darstellen, kommen solche Kostenfortschreibungsverlangen frühestens ab der Leistungsphase 4 in Betracht.

### e) Rechtsfolge

Sind die Anspruchsvoraussetzungen erfüllt, ordnet Absatz 1 als Rechtsfolge an, dass *„die Honorarberechnungsgrundlage für die Grundleistungen, die infolge des veränderten Leistungsumfangs zu erbringen sind, durch schriftliche Vereinbarung anzupassen"* ist.

Die Formulierung „ist anzupassen" gibt beiden Vertragspartnern einen Anspruch auf Anpassung der Honorarberechnungsgrundlage.

Angepasst werden kann diese jedoch stets nur im Hinblick auf den Parameter der anrechenbaren Kosten, da die übrigen Honorarparameter (wie z. B. die Honorarzone) keinen Bezug zu der Änderung der anrechenbaren Kosten aufweisen und hiervon unberührt bleiben. Deshalb führt die Anpassung der anrechenbaren Kosten zu einer Durchbrechung und Fortschreibung der Kostenberechnung im Umfang der Mehr- und Minderkosten, die sich aus dem veränderten Leistungsumfang ergeben. Infolgedessen kann es bei einem Bauvorhaben neben der ursprünglichen Kostenberechnung mehrere fortgeschriebene Fassungen der Kostenberechnung geben.

Die Darlegungs- und Beweislast für das Vorliegen der Anspruchsvoraussetzungen trägt derjenige Vertragspartner, der die Anpassung verlangt.

Die Anpassung der Kostenberechnung sollte auch dann durchsetzbar sein, wenn hierüber keine schriftliche Vereinbarung zustande gekommen ist. Durch die Gerichte ist diese Frage allerdings noch nicht geklärt. Dafür, dass der Verordnungsgeber materielle Ansprüche nicht mehr an der Nichteinhaltung rein formeller Voraussetzungen scheitern lassen will, spricht die Streichung von § 5 Abs. 4 HOAI 1996 im Zuge der 6. Novelle. Zudem war die Einhaltung der Schriftform nach der Rechtsprechung des BGH auch bei § 10 Abs. 3 a HOAI 1996 keine Anspruchsvoraussetzung.[128] In Anlehnung an die Rechtsprechung des BGH zur Preisanpassung bei verlängerter Bauzeit muss der jeweils andere Vertragspartner auf ein berechtigtes Anpassungsverlangen hin Verhandlungen aufnehmen und in eine zutreffend berechnete Fortschreibung der Kostenberechnung einwilligen. Kommt es zu keiner Verhandlung und Einigung, wird der die Anpassung verlangende Auftragnehmer auf Zahlung des angepassten Hono-

---

[128] BGH, Urteil vom 27.02.2003, BauR 2003, 745; IBR 2003, 256. Darauf weist auch Seufert, IBR 2011, 1008, hin, der die Schriftform ebenfalls nicht als Anspruchsvoraussetzung ansieht.

rars auf der Grundlage der fortgeschriebenen Kostenberechnung klagen können.[129] Dem sollte aber stets ein nachvollziehbares Anpassungsverlangen unter Darlegung der Leistungs- und Kostenänderung anhand der Entwurfsplanung nebst Objektbeschreibung und Kostenberechnung, möglichst nebst Vereinbarungsentwurf, vorangehen.

Lehnt der Auftraggeber jede Verhandlung über eine Honoraranpassung ab, kann der Auftragnehmer unter Umständen berechtigt sein, solche Leistungen zu verweigern, die im Zusammenhang mit der kostenrelevanten Leistungsänderung stehen. Ob ein Leistungsverweigerungsrecht besteht, ist im Einzelfall sorgfältig zu prüfen, da eine unberechtigte Leistungsverweigerung einen wichtigen Kündigungsgrund darstellen kann.

Idealer Weise sollte der Auftragnehmer den Auftraggeber im Falle der Anordnung von Bauleistungen, die von der Entwurfsplanung bzw. Objektbeschreibung kostenrelevant abweichen, auf die hiermit verbundenen Planungsmehrkosten hinweisen, bevor er die Planung fortsetzt bzw. umplant.

Im Hinblick auf die Höhe der Anpassung der Kostenberechnung muss beachtet werden, dass nicht einfach die Baukosten bzw. Nachtragspreise der Bauunternehmen übernommen werden können. Vielmehr sind die Kostenansätze der Kostenberechnung anzupassen, die mit der Entwurfsplanung und der Objektbeschreibung korrespondieren.

Haben die Vertragspartner eine Baukostenvereinbarung gemäß § 6 Absatz 3 getroffen, die an die Stelle der Kostenberechnung tritt, muss es auf die Kostenansätze ankommen, die der Baukostenvereinbarung zugrunde liegen.

Dass sich die Anpassung nur auf die infolge der Leistungsänderung zu erbringenden Grundleistungen bezieht, bedeutet den Ausschluss einer Rückwirkung. Die bis zur Änderung des Leistungsumfangs bereits erbrachten Grundleistungen sind auf der Grundlage der ursprünglichen Kostenberechnung abzurechnen sind und die ab der Änderung zu erbringenden Grundleistungen auf der Grundlage der fortgeschriebenen Kostenberechnung.

## f) Keine Bagatellgrenze

In der Literatur wird zum Teil eine Bagatellgrenze für Kostenfortschreibungen verlangt, die es nach dem Wortlaut der HOAI jedoch nicht gibt.

---

[129] Zur Preisanpassung bei verlängerter Bauzeit: BGH, Urteil vom 30.09.2004 – VII ZR 456/01, NZBau 2005, 46, BauR 2005, 118; BGH, Urteil vom 10.05.2007 – VII ZR 288/05, BauR 2007, 1592.

## g) Dokumentation

Besondere Bedeutung kommt insbesondere aus Sicht des Auftragnehmers der Dokumentation zu, da er das Vorliegen der Anspruchsvoraussetzungen darzulegen und zu beweisen hat, d. h. er muss zum Beispiel den ursprünglich vereinbarten Leistungsumfang ebenso darlegen können wie die Einigung und den hierdurch veränderten Leistungsumfang sowie die Auswirkungen auf die anrechenbaren Kosten. Hilfreich kann hierzu die Erörterung zum Abschluss der Leistungsphasen 1 bis 3 sein.

## 2. Wiederholung von Grundleistungen

Der neue **Absatz 2** regelt, dass wiederholt erbrachte Grundleistungen nach dem System der HOAI zu honorieren sind. Das Honorar für wiederholte Grundleistungen richtet sich nach ihrem Anteil an der jeweiligen Leistungsphase. Dies bedeutet, dass erbrachte Grundleistungen, die im Falle der Wiederholung verwertet werden können, nicht noch einmal zu honorieren sind.[130] Da die Leistungsphase die kleinste Abrechnungseinheit der HOAI ist, muss zur Bewertung auf die einschlägigen Tabellen zur Bewertung von Grundleistungen wie z. B. die Siemon-Tabelle[131] zurück gegriffen werden.

Abgelöst wurde damit die heftig umstrittene Vorschrift des § 3 Absatz 2 Satz 2 HOAI 2009, nach der das Honorar für sogenannte *„andere"* Leistungen (, zu denen insbesondere wiederholte Grundleistungen zählten,) frei vereinbar war. Daran wurde kritisiert, dass es systematisch nicht stimmig war, eine Grundleistung bei erstmaliger Erbringung dem Preisrecht der HOAI zu unterwerfen, jedoch dieselbe Grundleistung im Wiederholungsfalle aus der HOAI heraus zu nehmen.

Durch die Einführung von Absatz 2 konnte § 10 HOAI 2009 entfallen. Diese Vorschrift erfasste den Fall der Wiederholung der Vor- oder Entwurfsplanung und damit nichts anderes als die nun von Absatz 2 geregelte Wiederholung von Grundleistungen.

### Beispiel

*Ursprünglich wird ein 8-Familien-Haus mit 12 Tiefgaragenstellplätzen geplant. Nach Erteilung der Baugenehmigung verlangt der Bauherr eine Umplanung. Es soll nun nur noch ein 7-Familien-Haus mit 6 Tiefgaragenstellplätzen geplant werden. Das Volumen des Baukörpers und die Grundrisse im KG und EG ändern sich. Zudem sind neue Schnitte und Ansichten erforderlich.[132] Dieser Fall fiel unter § 20 HOAI 2002 bzw. § 10 HOAI 2009 und ist nunmehr gemäß § 10 Absatz 2 HOAI 2013 zu beurteilen. Der Auftragnehmer kann die Erstplanung (Leistungsphasen 1–4) voll abrechnen. Für die Zweitplanung gilt grundsätzlich dasselbe, allerdings verringern sich die Prozentsätze um die anteiligen Werte für die weiterhin verwertbaren Grundleistungen, die nicht wiederholt werden müssen. Der Honorarberechnung für die Zweitplanung ist eine neu zu erstellende Kostenberechnung zugrunde zu legen.*

---

[130] Siehe die Begründung der BReg, BR-Drs. 34/2013 vom 25.04.2013, S. 143.
[131] Siehe Fußnote 32 und Anhang 1 in diesem Buch.
[132] Fall entschieden nach alter Rechtslage vom OLG Düsseldorf, Urteil vom 18.01.2002 – 22 U 110/01, BauR 2002, 1281.

Absatz 2 setzt eine schriftliche Vereinbarung des Honorars für die wiederholten Grundleistungen voraus. Dies dürfte keine Anspruchsvoraussetzung darstellen,[133] da nicht davon auszugehen ist, dass der Verordnungsgeber die Honorierung von vereinbarungsgemäß erbrachten Änderungs- bzw. Zusatzleistungen an der Nichteinhaltung rein formaler Anforderung scheitern lassen wollte. Wenn sich die Vertragspartner geeinigt haben, dass Grundleistungen zu wiederholen sind, dann führt deren vertragsgemäße Erbringung zum Entstehen eines Honoraranspruchs, dessen Höhe sich aus der HOAI ergibt. Das Schriftformgebot dient daher nur Beweiszwecken und stellt insofern nur eine Empfehlung dar.

Missverständlich ist die Einschränkung, dass Absatz 2 nur solche Fälle erfassen soll, bei denen sich die anrechenbaren Kosten nicht ändern. Die Wiederholung von Grundleistungen wird regelmäßig mit einer Änderung der anrechenbaren Kosten einhergehen. Auch in diesem Fall sind die Wiederholungsleistungen nach der HOAI entsprechend ihrem anteiligen Prozentwert zu honorieren. Daneben ist im Hinblick auf die künftigen Grundleistungen Absatz 1 anzuwenden, der die Honorierung bei kostenrelevanten Änderungen regelt (s. o.).[134]

### Beispiel

*Nach abgeschlossener Ausführungsplanung ordnet der Auftraggeber eine Umplanung an. Anstelle der zunächst geplanten Kühldecken soll eine Klimaanlage installiert werden. Dies führt zu gravierenden Änderungen der bereits abgeschlossenen Planung und betrifft die Vor-, Entwurfs- und Ausführungsplanung sowie gegebenenfalls auch die Genehmigungsplanung. Für die Honorarberechnung sind die wiederholten Grundleistungen gemäß § 10 Absatz 2 entsprechend ihrem prozentualen Anteil an der jeweiligen Leistungsphase anzusetzen. Die anrechenbaren Kosten richten sich hinsichtlich der wiederholten Grundleistungen nach dem Gegenstand der Wiederholungsleistungen. Da die baulichen Änderungen kostenrelevant sind, richtet sich das Honorar für die Leistungen ab der Leistungsphase 6 nach der entsprechend fortzuschreibenden Kostenberechnung (§ 10 Absatz 1).*

Das Beispiel zeigt, dass bei einer Planungsänderung, die sich nicht auf das Gesamtobjekt bezieht, die anrechenbaren Kosten nur anteilig im Umfang des Gegenstandes der Änderung (hier der Wiederholungsleistungen) zu berücksichtigen sind. Hierzu ein weiteres Beispiel, mit dem veranschaulicht wird, dass es zwei unterschiedliche Berechnungsmodelle gibt, die zu unterschiedlichen Honoraren führen.

---

[133] Siehe auch Werner/Siegburg, BauR 2013, 1499, 1514: *„Es kann nicht richtig sein, dass Grundleistungen stets zu honorieren sind, die Wiederholung von Grundleistungen aber nur bei schriftlicher Vereinbarung."*

[134] Nach Fuchs/Berger/Seifert, NZBau 2013, 729, 737, fallen Wiederholungsleistungen mit Änderungen der anrechenbaren Kosten insgesamt unter § 10 Absatz 1. Ebenso: Budimer/Plankemann, DAB 2014, 48, 49.

### Beispiel (Modell 1)

*Die anrechenbaren Kosten des Beispielgebäudes belaufen sich auf 10 Mio. EUR. Von der Änderung ist nicht das Gesamtobjekt betroffen, sondern nur ein Bauteil. Wenn sich die anrechenbaren Kosten des von der Änderung betroffenen Bauteils auf 2 Mio. EUR belaufen und die wiederholten Grundleistungen in der LPH 3 mit 6 % bewertet werden, so errechnet sich hieraus das Änderungshonorar. Hinzu kommt das Grundhonorar für die LPH 3 von 15 % bezogen auf 10 Mio. EUR.*

Im Vergleich zum vorstehenden Modell 1 kommt dem nachfolgenden, anderen Berechnungsmodell honorarreduzierende Wirkung zu.

### Beispiel (Modell 2)

*Zu einem etwas geringeren Honorar gelangt man nach dem Gesamtkostenberechnungsmodell. Für das vorgenannte Beispiel bedeutet dies: 6 % bezogen auf 2 Mio. EUR entsprechen 1,2 % bezogen auf 10 Mio. EUR Demnach erhält der Auftragnehmer für die LPH 3 insgesamt 16,2 % bezogen auf 10 Mio. EUR.*

Wiederholte Grundleistungen sind dann nicht zu honorieren, sofern sie zur Nacherfüllung erforderlich werden, also zur Beseitigung eines Planungs- oder Überwachungsfehlers. Dann handelt es sich um den vom Auftragnehmer selbst zu tragenden Nacherfüllungsaufwand.

Von einer honorarfähigen Wiederholung von Grundleistungen abzugrenzen ist ferner das *„Untersuchen, Darstellen und Bewerten von Varianten nach gleichen Anforderungen"*. Bei der Erarbeitung dieser Varianten handelt es sich um einen Teil der Grundleistung gemäß Buchstabe c) zur Leistungsphase 2 der Anlage 10 (Gebäudeplanung) zur HOAI.

## § 11 Auftrag für mehrere Objekte

(1) Umfasst ein Auftrag mehrere Objekte, so sind die Honorare vorbehaltlich der folgenden Absätze für jedes Objekt getrennt zu berechnen.

(2) Umfasst ein Auftrag mehrere vergleichbare Gebäude, Ingenieurbauwerke, Verkehrsanlagen oder Tragwerke mit weitgehend gleichartigen Planungsbedingungen, die derselben Honorarzone zuzuordnen sind und die im zeitlichen und örtlichen Zusammenhang als Teil einer Gesamtmaßnahme geplant und errichtet werden sollen, ist das Honorar nach der Summe der anrechenbaren Kosten zu berechnen.

(3) Umfasst ein Auftrag mehrere im Wesentlichen gleiche Gebäude, Ingenieurbauwerke, Verkehrsanlagen oder Tragwerke, die im zeitlichen oder örtlichen Zusammenhang unter gleichen baulichen Verhältnissen geplant und errichtet werden sollen, oder mehrere Objekte nach Typenplanung oder Serienbauten, so sind die Prozentsätze der

Leistungsphasen 1 bis 6 für die erste bis vierte Wiederholung um 50 Prozent, für die fünfte bis siebte Wiederholung um 60 Prozent und ab der achten Wiederholung um 90 Prozent zu mindern.

(4) Umfasst ein Auftrag Grundleistungen, die bereits Gegenstand eines anderen Auftrages über ein gleiches Gebäude, Ingenieurbauwerk oder Tragwerk zwischen den Vertragsparteien waren, so ist Absatz 3 für die Prozentsätze der beauftragten Leistungsphasen in Bezug auf den neuen Auftrag auch dann anzuwenden, wenn die Grundleistungen nicht im zeitlichen oder örtlichen Zusammenhang erbracht werden sollen.

**Kurzkommentar zu § 11**

§ 11 bezieht sich nur noch auf Objekte und nicht mehr auf die Flächenplanung, indem § 11 Absatz 4 HOAI 2009 gestrichen wurde.

Die Vorschrift wurde klarer strukturiert, sodass die Abgrenzung vereinfacht wurde. Absatz 1 enthält den Grundsatz der getrennten Abrechnung, Absatz 2 regelt die Abrechnung nach der Summe der anrechenbaren Kosten und die Absätze 3 und 4 betreffen die prozentuale Minderung des Honorars bei Wiederholungen.

Für die Technische Ausrüstung enthält § 54 eine spezifische Regelung.

Absatz 1 enthält weiterhin den Grundsatz der getrennten Honorarberechnung bei mehreren Objekten. Aufgrund der Degression ist das Honorar bei getrennter Abrechnung mehrerer Objekte höher als bei der Berechnung nach der Summe der anrechenbaren Kosten.

Ein Auftrag umfasst jedenfalls dann mehrere – getrennt abzurechnende - Gebäude, wenn die Gebäude konstruktiv voneinander getrennt sind und nicht in einem funktionellen Zusammenhang stehen.[135]

Gemäß Absatz 2 erfolgt eine – das Honorar reduzierende - Addition der anrechenbaren Kosten nunmehr bereits dann, wenn *„mehrere vergleichbare Gebäude ... mit weitgehend gleichartigen Planungsbedingungen"* gemeinsam beauftragt werden. Gerechtfertigt ist die Zusammenfassung der anrechenbaren Kosten immer dann, wenn der Planungsaufwand vermindert ist. Die Formulierung *„Planungsbedingungen"* hat insofern den Begriff der *„Objektbedingungen"* abgelöst. Gemeint sind Bedingungen wie z. B. der Baugrund, die Nutzungsart und die bauliche Gestaltung.[136]

Der Anwendungsbereich wurde gegenüber der HOAI 2009 ausgedehnt. Es bleibt aber dabei, dass die Objekte derselben Honorarzone zuzuordnen sein müssen und der zeitliche und örtliche Zusammenhang als Teil einer Gesamtmaßnahme bei der Planung und Errichtung erforderlich ist.

---

[135] BGH, Urteil vom 09.02.2012 – VII ZR 31/11, IBR 2012, 206, 207 (noch zur alten HOAI). Siehe dazu die weiterführende Besprechung von Steffen/Averhaus, NZBau 2012, 417.
[136] Begründung der BReg., BR-Drs. 334/13 vom 25.04.2013, S. 144.

## Beispiele

*Bei einer Entwässerung im Trennsystem sind Schmutz- und Regenwasserkanal getrennt abzurechnen, wenn man das Vorliegen von „weitgehend gleichartigen Planungsbedingungen" wegen der unterschiedlichen Nutzungsart und Bemessung der Leitungen verneint.*[137]
*Als weitere Beispiele für eine getrennte Abrechnung wurden in der fachtechnischen Literatur zur HOAI 2009 etwa mehrere Brücken, eine Kläranlage nebst Ortskanalnetz sowie das Zusammentreffen von Autobahn und Lärmschutzwand oder von Abwasserkanal und Trinkwasserleitung genannt. Dagegen soll eine gemeinsame Abrechnung bei mehreren Wohnheimen einer Studentenwohnanlage möglich sein.*[138]

**Absatz 3** entspricht im Wesentlichen § 11 Absatz 2 HOAI 2009 und enthält damit eine Regelung zur Honorarminderung bei Wiederholungsplanungen. Allerdings wurde der Anwendungsbereich eingeengt. Zum einen greift die Minderung nur noch für „im Wesentlichen gleiche" Gebäude etc. und nicht mehr schon für „im Wesentlichen gleichartige" Objekte. Zum anderen gilt die Minderung nur noch für die Leistungsphasen 1 bis 6, da die Wiederholung bei den Leistungsphasen 7 und 8 regelmäßig nicht zu einem verminderten Aufwand des Auftragnehmers führt.[139]

**Absatz 4** ordnet an, dass die Honorarminderung gemäß Absatz 3 auch für Folgeaufträge gilt. Dies entspricht § 11 Absatz 3 HOAI 2009, wurde aber auf Gebäude, Ingenieurbauwerke und Tragwerke begrenzt.

### § 12 Instandsetzungen und Instandhaltungen

(1) Honorare für Grundleistungen bei Instandsetzungen und Instandhaltungen von Objekten sind nach den anrechenbaren Kosten, der Honorarzone, den Leistungsphasen und der Honorartafel, der die Instandhaltungs- und Instandsetzungsmaßnahme zuzuordnen ist, zu ermitteln.

(2) Für Grundleistungen bei Instandsetzungen und Instandhaltungen von Objekten kann schriftlich vereinbart werden, dass der Prozentsatz für die Objektüberwachung oder Bauoberleitung um bis zu 50 Prozent der Bewertung dieser Leistungsphase erhöht wird.

---

[137] So sinngemäß zur alten Rechtslage: Simmendinger, Zur Anwendung des § 11 Abs. 1 HOAI 2009 bei einer Entwässerung im Trennsystem, Aufsatz vom 03.03.2010, www.ibr-online.de; ebenso Welter, Vergabe Navigator 2010, Heft 1, 11, 13.
[138] Siehe die Beispiele bei Simmendinger, IBR 2010, 1330 (nur online) und Welter, Vergabe Navigator 2010, Heft 1, 11, 13.
[139] BR-Drs. 334/13 vom 25.04.2013, S. 144.

## § 12

**Kurzkommentar zu § 12**

§ 12 HOAI 2009 (Planausschnitte) findet sich nun bei der Flächenplanung (§ 20 Absatz 6, 28 Absatz 6) wieder. Danach ist das Honorar für die Überarbeitung von Teilflächen bereits aufgestellter Pläne frei vereinbar.

Der neue § 12 entspricht § 36 HOAI 2009. Die Vorschrift wurde in den Allgemeinen Teil vorgezogen, weil sie nicht nur für die Gebäudeplanung, sondern auch für die übrigen Leistungsbilder gilt.

Instandhaltungen sind Maßnahmen zur Erhaltung des Soll-Zustandes eines Objekts (§ 2 Absatz 9).

Gemäß der Definition in § 2 Absatz 8 sind Instandsetzungen Maßnahmen zur Wiederherstellung des zum bestimmungsgemäßen Gebrauch geeigneten Zustandes (Soll-Zustandes) eines Objekts, soweit es sich nicht um einen Wiederaufbau handelt.

Abzugrenzen sind Instandhaltungen und –setzungen von Umbauten und Modernisierungen.

**Praxis-Tipp** Diese Abgrenzung ist für die Höhe des Honorars bedeutsam und sollte daher bis zur Vorplanung geklärt sein.

**Absatz 1** entspricht § 36 Absatz 2 HOAI 2009.

**Absatz 2** entspricht im Wesentlichen § 36 Absatz 1 HOAI 2009. Hiernach kann die Leistungsphase 8 um bis zu 50 Prozent höher bewertet werden. Es gibt hier demnach im Gegensatz zu Umbauten und Modernisierungen keinen Zuschlag auf das Honorar für alle Leistungsphasen. Zudem handelt es sich nicht um einen Mindestzuschlag, wie der Wortlaut zeigt („*…kann…bis zu…*").

**Beispiel**

*Der Prozentsatz für die LPH 8 beträgt bei der Gebäudeplanung 32 Prozent (§ 34 Absatz 3 Nr. 8). Eine Erhöhung um bis zu 50 Prozent ermöglicht eine Bewertung der LPH 8 bei Instandsetzungen und -haltungen mit bis zu 48 Prozent.*

Der unscharfe Begriff „*Bauüberwachung*" wurde durch die Begriffe „*Objektüberwachung*" (Gebäude, Innenräume, Freianlagen und Technische Ausrüstung) und „*Bauoberleitung*" (Ingenieurbauwerke und Verkehrsanlagen), die die Leistungsphase 8 bezeichnen. Nicht erfasst von der Regelung ist die Besondere Leistung der örtlichen Bauüberwachung bei Ingenieurbauwerken und Verkehrsanlagen.

Neu eingefügt wurde das Schriftformerfordernis für die Vereinbarung über die Anhebung des Prozentsatzes. Dabei handelt es sich um eine Anspruchsvoraussetzung.[140]

Über § 7 Absatz 1 könnte die Voraussetzung hinzukommen, dass die (schriftliche) Vereinbarung „*bei Auftragserteilung*" erfolgen muss.[141]

---

[140] So auch Werner/Siegburg, BauR 2013, 1499, 1515.

§ 13 Interpolation

Auch für Absatz 2 gilt das zu § 8 Absatz 1 Gesagte: Die Vertragspartner dürfen auch eine Erhöhung vereinbaren, die höher oder niedriger als 50 Prozent beträgt, solange die Honorarvereinbarung schriftlich bei Auftragserteilung getroffen wurde und zwischen Mindest- und Höchstsatz liegt.

## § 13 Interpolation

**Die Mindest- und Höchstsätze für Zwischenstufen der in den Honorartafeln angegebenen anrechenbaren Kostenund Flächen sind durch lineare Interpolation zu ermitteln.**

## Kurzkommentar zu § 13

Die Vorschrift entspricht § 13 HOAI 2009.

### Beispiel für Interpolation bei Mindestsatzhonorar

*Das Objekt fällt in die Honorarzone III. Die anrechenbaren Kosten liegen bei EUR 900.000,00. Dieser Betrag ist in der Honorartafel zu § 35 Abs. 1 nicht abgebildet, sondern liegt zwischen EUR 750.000,00 und EUR 1 Mio. Das untere Mindestsatzhonorar aus der Tabelle beträgt EUR 89.927,00, das obere EUR 115.675,00.*

**Schritt 1:**
*Man geht vom niedrigeren Tabellenwert aus (EUR 750.000,00) und berechnet*
- *die Differenz zu den tatsächlichen anrechenbaren Kosten (= EUR 150.000,00) und*
- *die Differenz zum höheren Tabellenwert (= EUR 250.000,00).*

*Dann ermittelt man den Quotienten hieraus: EUR 150.000,00 : EUR 250.000,00 = 0,60.*

**Schritt 2:**
*Der Quotient wird multipliziert mit der Differenz zwischen den beiden Mindestsatzhonoraren aus der Tabelle: 0,6 x (EUR 115.675,00 – 89.927,00) = EUR 15.448,80.*

**Schritt 3:**
*Hierzu addiert man das niedrigere Mindestsatzhonorar aus der Tabelle:*
*EUR 15.448,80 + EUR 89.927,00 = EUR 105.375,80.*

*Zum Vergleich: Nach der HOAI 2009 lag das Honorar bei EUR 79.423,00.[142] Die HOAI 2013 führt also bei diesem Beispiel zu einer Honorarerhöhung um 32,68 %.*

---

[141] Nach anderer Ansicht kann der Zuschlag auch noch nach der Auftragserteilung vereinbart werden: Werner/Siegburg, BauR 2013, 1499, 1515 (m. w. N., allerdings bezogen auf die HOAI 2009).
[142] Siemon/Averhaus, Die HOAI 2009 verstehen und richtig anwenden, 2. Aufl. 2012, § 13.

## § 14 Nebenkosten

(1) Der Auftragnehmer kann neben den Honoraren dieser Verordnung auch die für die Ausführung des Auftrags erforderlichen Nebenkosten in Rechnung stellen; ausgenommen sind die abziehbaren Vorsteuern gemäß § 15 Absatz 1 des Umsatzsteuergesetzes in der Fassung der Bekanntmachung vom 21. Februar 2005 (BGBl. I S. 386), das zuletzt durch Artikel 2 des Gesetzes vom 8. Mai 2012 (BGBl. I S. 1030) geändert worden ist. Die Vertragsparteien können bei Auftragserteilung schriftlich vereinbaren, dass abweichend von Satz 1 eine Erstattung ganz oder teilweise ausgeschlossen ist.

(2) Zu den Nebenkosten gehören insbesondere:

1. Versandkosten, Kosten für Datenübertragungen,
2. Kosten für Vervielfältigungen von Zeichnungen und schriftlichen Unterlagen sowie für die Anfertigung von Filmen und Fotos,
3. Kosten für ein Baustellenbüro einschließlich der Einrichtung, Beleuchtung und Beheizung,
4. Fahrtkosten für Reisen, die über einen Umkreis von 15 Kilometern um den Geschäftssitz des Auftragnehmers hinausgehen, in Höhe der steuerlich zulässigen Pauschalsätze, sofern nicht höhere Aufwendungen nachgewiesen werden,
5. Trennungsentschädigungen und Kosten für Familienheimfahrten in Höhe der steuerlich zulässigen Pauschalsätze, sofern nicht höhere Aufwendungen an Mitarbeiter oder Mitarbeiterinnen des Auftragnehmers auf Grund von tariflichen Vereinbarungen bezahlt werden,
6. Entschädigungen für den sonstigen Aufwand bei längeren Reisen nach Nummer 4, sofern die Entschädigungen vor der Geschäftsreise schriftlich vereinbart worden sind,
7. Entgelte für nicht dem Auftragnehmer obliegende Leistungen, die von ihm im Einvernehmen mit dem Auftraggeber Dritten übertragen worden sind.

(3) Nebenkosten können pauschal oder nach Einzelnachweis abgerechnet werden. Sie sind nach Einzelnachweis abzurechnen, sofern bei Auftragserteilung keine pauschale Abrechnung schriftlich vereinbart worden ist.

## Kurzkommentar zu § 14

§ 14 entspricht § 14 HOAI 2009.

Das Wort „Auslagen" wurde gestrichen, da es bei den hier geregelten Nebenkosten nicht um sogenannte durchlaufende Posten im Sinne des Umsatzsteuergesetzes geht (siehe hierzu § 16 Absatz 2).

Will der Auftragnehmer die Nebenkosten pauschal abrechnen, setzt dies eine schriftliche Vereinbarung bei Auftragserteilung voraus. Anderenfalls sind Nebenkosten nur auf Einzelnachweis erstattungsfähig.

Vor allem in denjenigen Fällen, in denen ein Baustellenbüro eingerichtet und über längere Zeit unterhalten werden muss, wird vor nicht auskömmlichen Nebenkostenpauschalen gewarnt und die Einzelabrechnung empfohlen.[143]

## § 15 Zahlungen

(1) Das Honorar wird fällig, wenn die Leistung abgenommen und eine prüffähige Honorarschlussrechnung überreicht worden ist, es sei denn, es wurde etwas anderes schriftlich vereinbart.

(2) Abschlagszahlungen können zu den schriftlich vereinbarten Zeitpunkten oder in angemessenen zeitlichen Abständen für nachgewiesene Leistungen gefordert werden.

(3) Die Nebenkosten sind auf Einzelnachweis oder bei pauschaler Abrechnung mit der Honrorarrechnung fällig.

(4) Andere Zahlungsweisen können schriftlich vereinbart werden.

## Kurzkommentar zu § 15

§ 15 enthält mit der Abnahme als Fälligkeitsvoraussetzung eine praxisrelevante Neuerung in Absatz 1, die dem Gesetz entspricht. Absatz 3 wurde um eine Fälligkeitsregelung bei pauschaler Nebenkostenabrechnung ergänzt.

### 1. Fälligkeit der Schlussforderung

#### a) Abnahmeerfordernis

**Absatz 1** wurde an das BGB angepasst, sodass es zur Fälligkeit der Schlussforderung nunmehr der Abnahme bedarf. Die Abnahmereife allein genügt nicht mehr. Insoweit weicht die Vorschrift nicht mehr zugunsten der Auftragnehmer vom gesetzlichen Werkvertragsrecht (§ 641 Absatz 1 Satz 1 BGB) ab. Damit ist ein wichtiges Privileg der Architekten und Ingenieure entfallen. Die Auftragnehmer, die sich in der Praxis bisher kaum um die Erteilung der Abnahme bemüht haben, weil sie die Abnahme für die Fälligkeit nicht benötigten,[144] werden sich umstellen müssen.

---

[143] Heymann, in: Lederer/Heymann, HOAI – Honorarmanagement bei Architekten- und Ingenieurverträgen, Rn. 380 ff., mit ausführlichen Empfehlungen zur Abrechnung der Nebenkosten nach Einzelnachweis.
[144] Folnovic/Pliquett, BauR 2011, 1871.

**Praxis-Tipp:** Bei Beauftragung einer Vollarchitektur (LPH 1-9) sollten Auftragnehmer im Vertrag eine Teilabnahme nach der LPH 8 vereinbaren, da anderenfalls eine Abnahme der Gesamtleistung erst nach Beendigung der LPH 9 (Jahre nach Fertigstellung des Bauvorhabens) erfolgen kann. Nach der Teilabnahme kann Teilschlussrechnung gelegt werden.

Nach der Rechtsprechung des BGH kann die konkludente Abnahme einer Architektenleistung darin liegen, dass der Auftraggeber nach Fertigstellung der Leistung, Bezug des fertiggestellten Bauwerks und Ablauf einer Prüfungsfrist von sechs Monaten keine Mängel der Architektenleistung rügt.[145]

Die Abnahme ist dann entbehrlich, wenn sich die Vertragspartner bereits in einem reinen Abrechnungsverhältnis befinden. Dies ist der Fall, wenn der Auftraggeber weder Erfüllung noch Nacherfüllung vom Auftragnehmer verlangt, sondern allenfalls noch Schadensersatzansprüche geltend macht oder Minderung verlangt.[146]

**Praxis-Tipp:** Auftragnehmer sollten sich nicht auf die Rechtsprechung zur konkludenten Abnahme verfassen, sondern dem Auftraggeber eine angemessene Frist zur Erteilung der Abnahme setzen, sobald die Leistung vertragsgemäß, d.h. frei von wesentlichen Restleistungen und Mängeln, erbracht worden ist, aber dennoch die Abnahme zu Unrecht verweigert wird. Diese Möglichkeit sieht § 640 Abs. 1 S. 3 BGB ausdrücklich vor. Die Abnahme gilt bei fruchtlosem Fristablauf als erteilt. Der *„Haken"* daran ist, dass sich die Abnahmereife im Streitfall erst nachträglich im Prozess feststellen lässt und anderenfalls Klageabweisung als *„derzeit unbegründet"* droht.

Im Zuge der angestrebten Reformierung des gesetzlichen Werkvertragsrechts wird eine neue Regelung diskutiert, nach der Planer eine Teilabnahme fordern können sollen, wenn das gesamte Bauwerk abgenommen ist. Diese Teilabnahme soll dann alle bis dahin erbrachten Leistungen erfassen, also die Planungsleistungen und die bis dahin erfolgten Überwachungsleistungen. Ob und ggf. wann sowie in welcher abschließenden Fassung eine solche Sonderregelung in das BGB aufgenommen wird, bleibt abzuwarten.

Zur Öffnungsklausel siehe unten Ziffer 3.

### b) Prüfbarkeit der Schlussrechnung

Zusätzlich zur Abnahme bedarf es weiterhin der Übergabe einer prüffähigen Schlussrechnung.

---

[145] BGH, Urteil vom 26.09.2013 – VII ZR 220/12, IBR-Werkstatt-Beitrag vom 01.11.2013; in Fortführung von BGH, Urteil vom 25.02.2010 – VII ZR 64/09, IBR 2010, 279.
[146] BGH, Urteil vom 11.05.2006 – VII ZR 146/04, BauR 2006, 1294.

## § 15 Zahlungen

Die Anforderungen an die Prüfbarkeit der Schlussrechnung richten sich im Einzelfall nach der Sachkunde des Auftraggebers. Die Prüfbarkeit der Rechnung ist kein Selbstzweck, allein entscheidender Maßstab ist das Informations- und Kontrollinteresse des Auftraggebers. Dieses richtet sich – vereinfacht gesagt – danach, ob der Auftraggeber ein baulicher Laie oder Bauprofi und/oder fachkundig beraten ist.

Liegt keine Pauschalpreisvereinbarung vor, muss die Schlussrechnung in der Regel folgende Mindestangaben enthalten:

- Leistungsbild
- anrechenbare Kosten (nach Kostenberechnung oder Baukostenvereinbarung)
- Honorarzone
- Honorartafel und -satz
- Prozentsatz der erbrachten (und ggf. nicht erbrachten) Leistungen
- Zu- und Abschläge
- Umsatzsteuer
- erhaltene Zahlungen.

Für die Prüfbarkeit der Kostenermittlung genügt eine Orientierung an dem Gliederungsschema der DIN 276 Teil 1.[147]

Kann der Architekt bei Altverträgen, die noch unter die HOAI 1996 fallen, für den Kostenanschlag nicht auf die Angebote der Bauunternehmen und für die Kostenfeststellung nicht auf deren Rechnungen zugreifen, darf er die anrechenbaren Kosten auf der Grundlage einer sorgfältigen Auswertung der ihm zur Verfügung stehenden Unterlagen schätzen. Es obliegt dann dem Auftraggeber, die Schätzung unter Vorlage der Angebote bzw. Rechnungen substantiiert zu bestreiten.[148]

Nichts anderes kann für Verträge nach der HOAI 2009 und 2013 gelten, wenn der Auftragnehmer erst mit Leistungen ab der Ausführungsplanung beauftragt wird und die im Ergebnis der Entwurfsplanung vom Vorarchitekten erstellte Kostenberechnung vom Auftraggeber nicht beigestellt erhält.

Wurde der Vertrag gekündigt, muss eine Abgrenzung der erbrachten von den nicht erbrachten Leistungen sowie deren Bewertung vorgenommen werden. Diese kann dadurch erfolgen, dass die im Rahmen der einzelnen Leistungsphasen vorgesehenen, aber nicht erbrachten Grundleistungen jeweils mit einem Prozentsatz bewertet und in Abzug gebracht werden.[149] Da die Leistungsphase die kleinste Abrechnungseinheit der HOAI ist, darf auf die einschlägigen Bewertungstabellen für Grundleistungen zu-

---

[147] BGH, Urteil v. 30.09.1999- VII ZR 231/97, NZBau 2000, 141, 142; OLG Düsseldorf, Urteil v. 14.05.2009- 5 U 131/08, IBR 2009, 657, 2010, 151; Werner/Pastor, Der Bauprozess, Rn 979, m. w. N.
[148] OLG Bamberg, Urteil vom 26.08.2009 – 3 U 290/05, IBR 2011, 597; Nichtzulassungsbeschwerde zurück gewiesen durch BGH, Beschluss vom 19.05.2011 – VII ZR 166/09.
[149] OLG Koblenz, Urteil vom 15.04.2010 – 6 U 1000/09, IBR 2011, 598; Nichtzulassungsbeschwerde zurück gewiesen durch Beschluss des BGH vom 20.04.2010 – VII ZR 82/10.

rückgegriffen werden.[150] Diese Rechtsprechung erleichtert damit eine prüfbare Abrechnung gekündigter Verträge.

Allerdings enthalten die Tabellen für jede Grundleistung einen Bewertungsrahmen (anstelle starrer Prozentwerte), sodass dem Auftragnehmer ein gewisser Begründungsaufwand für seine konkreten Bewertungsansätze nicht erspart bleibt.

Einwendungen gegen die Prüfbarkeit muss der Auftraggeber seit einer Entscheidung des BGH aus dem Jahre 2003 binnen zwei Monaten nach Zugang der Schlussrechnung substantiiert geltend machen, anderenfalls ist er hiermit ausgeschlossen.[151] Der BGH hat sich dabei an der auf Bauverträge zugeschnittenen früher geltenden Regelung in § 16 Nr. 3 Absatz 1 VOB/B orientiert. Mittlerweile wurde die Vorschrift jedoch zur Umsetzung der Zahlungsverzugs-Richtlinie der EU geändert. § 16 Absatz 3 Nr. 1 Satz 1 VOB/B 2012 sieht vor, dass der Anspruch auf die Schlusszahlung spätestens innerhalb von 30 Tagen nach Rechnungszugang fällig wird. Nur so lange darf eine Prüfbarkeitsrüge erhoben werden. Diese Frist verlängert sich nur dann auf höchstens 60 Tage, wenn dies aufgrund der besonderen Natur oder Merkmale der Vereinbarung sachlich gerechtfertigt ist und ausdrücklich vereinbart wurde. Auch diese veränderte Prüffrist dürfte auf den Architektenvertrag übertragbar sein. Auftraggeber müssen eine Prüfbarkeitsrüge folglich binnen 30 Tagen nach Zugang der Schlussrechnung erheben, um keinen Ausschluss der Rüge zu riskieren, soweit keine längere Prüffrist wirksam vereinbart wurde.

> **Praxis-Tipp**
> Um als ausreichende Beanstandung zur Prüfbarkeit angesehen werden zu können, müssen die vom Auftraggeber erhobenen Rügen dem Auftragnehmer verdeutlichen, dass er nicht bereit ist, in die sachliche Auseinandersetzung einzutreten, solange er keine prüfbare Rechnung erhalten hat.

Die Schlussrechnung wird dann trotz fehlender Prüfbarkeit fällig, wenn die Prüfbarkeitsrüge zu spät erhoben wurde.

> **Praxis-Tipp**
> Dies ist für den Auftragnehmer zunächst günstig, kann aber zu einem gefährlichen Bumerang werden. Ist die Schlussrechnung nämlich nicht prüfbar und rügt der Auftraggeber dies zu spät, so gilt dies als Rüge der materiellen Richtigkeit der Rechnung. Wenn der Auftragnehmer diesem Fehler dann nicht auf Hinweis des Gerichts im

---

[150] BGH, Urteil vom 16.12.2004 – VII ZR 174/03, BauR 2005, 588; NZBau 2005, 163; IBR 2005, 159; OLG Bamberg, Urteil vom 26.08.2009 – 3 U 290/05, IBR 2011, 597; Nichtzulassungsbeschwerde zurück gewiesen durch BGH, Beschluss vom 19.05.2011 – VII ZR 166/09. KG, Urteil vom 13.04.2012 – 21 U 191/08; BGH, Beschluss vom 24.05.2012 – VII ZR 80/10 (Nichtzulassungsbeschwerde zurückgewiesen). Siehe hierzu beispielsweise die Siemon-Tabellen im Anhang 1.
[151] BGH, Urteil vom 27.11.2003 – VII ZR 288/02, BauR 2004, 316; NZBau 2004, 216; IBR 2004, 79, 80, 148; BGH, Urteil vom 22.04.2010 – VII ZR 48/07, IBR 2010, 395 – 398; dem folgend: OLG Frankfurt, Urteil vom 03.05.2007, 12 U 255/04, Nichtzulassungsbeschwerde zurückgewiesen durch Beschluss des BGH vom 04.03.2010 – VII ZR 107/07, IBR 2010, 338.

Praxis-Tipp: Honorarprozess kurzfristig abhelfen kann, ist die Klage endgültig abzuweisen und der Honoraranspruch verloren. Ginge es nur um die Prüfbarkeit, so wäre die Klage nur als derzeit unbegründet abzuweisen. Der Honoraranspruch wäre dann noch vorhanden und könnte erneut, diesmal prüfbar, eingeklagt werden.

## c) Verjährung

Die Verjährungsfrist des Honoraranspruchs beträgt gemäß § 195 BGB drei Jahre und beginnt gemäß § 199 Abs. 1 Nr. 1 BGB mit dem Schluss des Jahres der Anspruchsentstehung. Für den Verjährungsbeginn kommt es demnach auf die Fälligkeit des Honoraranspruchs an. Auftragnehmer haben es daher – nach der Abnahme – in der Hand, über den Zeitpunkt der Rechnungslegung grundsätzlich (bis zur Verwirkung) den Verjährungsbeginn zu steuern.

### Beispiel 1 (prüfbare Schlussrechnung)

*Der Auftragnehmer übergab seine prüfbare Schlussrechnung am 30.09.2012 an den Auftraggeber. Die Verjährung des Honoraranspruchs begann mit dem Schluss des Jahres 2012 und endet am 31.12.2015.*

*Übergab der Auftragnehmer seine prüfbare Schlussrechnung dagegen erst am 02.01.2013 an den Auftraggeber, wird der Honoraranspruch erst dann fällig, sodass die Verjährung erst mit dem Schluss des Jahres 2013 beginnt und zum 31.12.2016 abläuft. Hierdurch hat der Auftragnehmer den Verjährungseintritt um ein Jahr hinausgeschoben.*

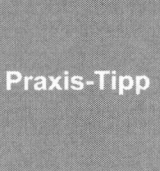

Praxis-Tipp: Um dies zu vermeiden, kann der Auftraggeber dem Auftragnehmer nach vertragsgemäßer Leistungserbringung eine angemessene Frist zur Schlussabrechnung setzen, mit deren Ablauf dann die Verjährungsfrist beginnen dürfte. Hat der Auftragnehmer seine Leistungen zum Beispiel im Frühjahr 2013 vertragsgemäß erbracht und der Auftraggeber ihm im Sommer 2013 eine Frist zur Vorlage der Schlussrechnung bis zum 30.11.2013 gesetzt, so würde der Honoraranspruch zum 31.12.2016 verjähren. Legt der Auftragnehmer seine Schlussrechnung tatsächlich erst im Jahr 2014 und erhebt er die Honorarklage erst im Jahr 2017, so wäre der Honoraranspruch verjährt und damit nicht mehr durchsetzbar.

### Beispiel 2 (nicht prüfbare Schlussrechnung)

*Geht dem Auftraggeber am 10.12.2012 eine nicht prüfbare Schlussrechnung zu und erhebt er bis zum 09.01.2013 eine qualifizierte Prüfbarkeitsrüge, so wird der Honoraranspruch nicht fällig und die Verjährung beginnt nicht zu laufen.*
*Unterlässt der Auftraggeber jedoch eine fristgemäße Rüge bzw. ist die fristgemäß erhobene Rüge nicht qualifiziert, so wird der Honoraranspruch nach Ablauf der 30-Tage-Frist fällig. Im Beispielsfall beginnt die Verjährung dann mit dem Schluss des Jahres 2013 und endet zum 31.12.2016.*

### 3. Öffnungsklausel

Mit dem Halbsatz „es sei denn, es wurde etwas anderes schriftlich vereinbart", enthält die Vorschrift eine Öffnungsklausel für abweichende Regelungen der Parteien zur Fälligkeit.

So könnte z. B. die Abnahme als Fälligkeitsvoraussetzung abbedungen und stattdessen wieder die Abnahmereife (vertragsgemäße Leistungserbringung) wie in § 15 Absatz 1 HOAI 2009 vereinbart werden, sofern sich der Auftraggeber darauf einlässt. In AGB des Auftragnehmers (z. B. zur Verwendung ggb. Häuslebauern) dürfte dies allerdings unwirksam sein.

Ob die Öffnungsklausel für die Fälle der vorzeitigen Vertragsbeendigung praktische Bedeutung erlangen wird,[152] bleibt abzuwarten. Die prüfbare Abrechnung eines gekündigten Pauschalpreisvertrages stellt für den Auftragnehmer regelmäßig eine überwindbare, aber hohe Hürde dar. Auch diesen Vorteil wird kein erfahrener Auftraggeber ohne weiteres aus der Hand geben.

### 4. Abschlagszahlungen

Gemäß Absatz 2 kann der Auftragnehmer, wenn kein Zahlungsplan vereinbart wurde, in angemessenen zeitlichen Abständen Abschlagszahlungen für nachgewiesene Leistungen verlangen. Dies stellt eine für Auftragnehmer günstige Abweichung vom Gesetz dar, denn nach § 632 a Absatz 1 Satz 1 BGB setzt das Verlangen einer Abschlagszahlung voraus, dass der Auftraggeber in dieser Höhe einen Wertzuwachs erlangt hat. Zudem kann der Auftraggeber die Abschlagszahlung bei wesentlichen Mängeln verweigern. Es ist nicht zu erwarten, dass der BGH diese Regelung in Absatz 2 beanstandet.[153]

---

[152] So die Hoffnung von Digel, Abschied von der Prüffähigkeit als Voraussetzung für die Fälligkeit des Honorars von Architekten und Ingenieuren?, www.werner-baurecht.de (Forum HOAI).

[153] Der BGH hatte bereits die Abweichung von § 8 Absatz 2 HOAI 1996 von § 632 a BGB a. F. für wirksam erachtet, BGH, Urteil vom 22.12.2005-VII ZB 84/05, BGHZ 165, 332 = NZBau 2006, 245, BauR 2006, 674, 676. BGH, Urteil vom vom 09.07.1981 – VII ZR 139/80, BauR 1981, 582, 588. Nach anderer Ansicht ist § 15 Absatz 2 nicht von der gesetzlichen Ermächtigungsgrundlage gedeckt: Orlowski, ZfBR 2013, 315, 323; Koeble, in: Locher/Koeble/Frik, HOAI 2009, 11. Auflage, § 15, Rn. 8 f.; Wirth, in: Korbion/Mantscheff/Vygen, HOAI 2009, 7. Auflage, § 15, Rn. 6 ff.; Scholtissek, HOAI 2009, § 15 Rn. 3 f; noch zu § 8 Absatz 2 HOAI 1996.: Scholtissek, NZBau 2009, 91, 92, und 2008, 409, 412.

§ 15 Zahlungen

Die Vertragspartner sollen durch die Regelung angehalten werden, Zahlungspläne zu vereinbaren.[154]

**Praxis-Tipp**  Höhe und Zeitpunkt von Abschlagszahlungen für nachgewiesene Leistungen sollten im Vertrag vereinbart werden.

Eine Klausel in Allgemeinen Geschäftsbedingungen des Auftraggebers, nach der dem Auftragnehmer Abschlagszahlungen nur in Höhe von 95 % des Honorars für die nachgewiesenen Leistungen erhält, ist nach einem Urteil des BGH zu § 8 Absatz 2 HOAI 2002 jedenfalls in einem Vertrag über eine Vollarchitektur unwirksam, wenn eine Teilschlusszahlung erst nach Fertigstellung der Genehmigungsplanung vereinbart ist und die Schlusszahlung erst nach Erbringung der Objektbetreuung (Leistungsphasen 9) fällig wird.[21] Für Absatz 2 dürfte nichts anderes gelten.

Allerdings gilt auch Absatz 2 nicht für die Leistungsbilder in der unverbindlichen Anlage 1. Die Möglichkeit, Abschlagszahlungen zu verlangen, richtet sich daher für diese Leistungen nach dem strengen § 632 a BGB, was die betroffenen Fachingenieure bei der Vertragsgestaltung beachten sollten.[155]

Nicht klar geregelt ist, ob Besondere Leistungen unter § 15 Absatz 2 fallen.[156] Dies sollten Auftragnehmer daher im Vertrag und Zahlungsplan vereinbaren.

### 5. Fälligkeit von Nebenkosten

Die Regelung in **Absatz 3** zu den Nebenkosten ist sprachlich an § 14 Abs. 3 (pauschal oder nach Einzelnachweis) angepasst worden. Hinsichtlich der Fälligkeit ist Absatz 3 wie folgt zu verstehen: Die Nebenkosten sind auf Einzelnachweis fällig oder die Nebenkosten sind bei pauschaler Abrechnung mit der Honorarrechnung fällig.[157]

### 6. Vereinbarung anderer Zahlungsweisen

Absatz 4 ist unverändert geblieben. Mit anderen Zahlungsweisen, die schriftlich vereinbart werden können, sind z. B. Vorauszahlungen oder Ratenzahlungen gemeint.[158]

---

[154] Begründung der BReg, BR-Drs. 395/09 vom 30.04.2009, S. 173.
[154] BGH, Urteil vom 22.12.2005-VII ZB 84/05, BGHZ 165, 332, NZBau 2006, 245, BauR 2006, 674, 676.
[155] Siehe dazu näher die Kommentierung oben zu § 3 Absatz 1 Satz 2.
[156] Dies bejahen Fuchs/Berger/Seifert, NZBau 2013, 729, 749.
[157] BR Drucksache 334/13 vom 25.04.2013, S. 145.
[158] Koeble, in: Locher/Koeble/Frik, HOAI 11. Auflage, § 15, Rn. 11 (noch zur HOAI 2009).

## § 16 Umsatzsteuer

(1) Der Auftragnehmer hat Anspruch auf Ersatz der gesetzlich geschuldeten Umsatzsteuer für nach dieser Verordnung abrechenbare Leistungen, sofern nicht die Kleinunternehmerregelung nach § 19 des Umsatzsteuergesetzes angewendet wird. Satz 1 ist auch hinsichtlich der um die nach § 15 des Umsatzsteuergesetzes abziehbaren Vorsteuer gekürzten Nebenkosten anzuwenden, die nach § 14 dieser Verordnung weiterberechenbar sind.

(2) Auslagen gehören nicht zum Entgelt für die Leistung des Auftragnehmers. Sie sind als durchlaufende Posten im umsatzsteuerrechtlichen Sinn einschließlich einer gegebenenfalls enthaltenen Umsatzsteuer weiter zu berechnen.

## Kurzkommentar zu § 16

§ 16 entspricht weitestgehend § 16 HOAI 2009.

Auftragnehmer, die nicht Kleinunternehmer sind, haben Anspruch auf die Umsatzsteuer (**Absatz 1 Satz 1**).

Die Nebenkosten werden gemäß **Absatz 1 Satz 2** netto weiter berechnet und mit Umsatzsteuer belastet. Auftragnehmer können die in den Nebenleistungen enthaltene Umsatzsteuer als Vorsteuer abziehen. Dies bedeutet, dass der Auftraggeber wirtschaftlich die Umsatzsteuer nur auf die Netto-Nebenkosten trägt und nicht auf die Brutto-Nebenkosten.

**Absatz 2** stellt klar, dass echte Auslagen (durchlaufende Posten) keine Nebenkosten sind (siehe § 14).

# Teil 2 Flächenplanung

## Abschnitt 1 Bauleitplanung

### § 17 Anwendungsbereich

(1) Leistungen der Bauleitplanung umfassen die Vorbereitung der Aufstellung von Flächennutzungs- und Bebauungsplänen im Sinne des § 1 Absatz 2 des Baugesetzbuches in der Fassung der Bekanntmachung vom 23. September 2004 (BGBl. I S. 2414), das zuletzt durch Artikel 1 des Gesetzes vom 22. Juli 2011 (BGBl. I S. 1509) geändert worden ist, die erforderlichen Ausarbeitungen und Planfassungen sowie die Mitwirkung beim Verfahren.

(2) Honorare für Leistungen beim Städtebaulichen Entwurf können als Besondere Leistungen frei vereinbart werden.

### Kurzkommentar zu § 17

Die Regelungen des neuen § 17 wurden neu gefasst und um die Regelung in Absatz 2 zum städtebaulichen Entwurf ergänzt. Die Regelungen nach Absatz 1 gelten auch für vorhabenbezogene Bebauungspläne, die von Investoren finanziert werden, soweit bei Bauvorhaben auf das Projekt bezogene Bebauungspläne erforderlich sind. Vorhabenbezogene Bebauungspläne werden häufig vom Investor unmittelbar beauftragt. Das ändert aber nichts am satzungsmäßigen Charakter dieser Planung, die durch Ortssatzung verbindlich wird, nachdem das Planverfahren alle Planungsstufen durchlaufen hat.

Die Regelung in Absatz 2 zieht eine Schnittstelle zu den städtebaulichen Entwürfen als Besondere Leistung, die sich von den Bebauungsplänen dadurch unterscheiden, dass der Bebauungsplan lediglich zum Ziel hat, die satzungsmäßig festzulegenden Bauleitplanerischen Vorgaben zu machen. In Anlage 9 zur HOAI sind Besondere Leistungen bei der Bauleitplanung aufgeführt.

Der städtebauliche Entwurf kann inhaltlich sehr unterschiedlich ausgestaltet werden, so dass es angemessen ist die hier zu erbringenden Leistungen einzelfallbezogen zu vereinbaren. Die inhaltlichen Unterschiede können sich bereits aus den unterschiedlichen Entwicklungszielen ergeben. Mit der Aufnahme des städtebaulichen Entwurfs als Besondere Leistung ist klargestellt, dass sich diese Leistung nicht in den Grundleistungsumfang hineinzulesen lässt.

### § 18 Leistungsbild Flächennutzungsplan

(1) Die Grundleistungen bei Flächennutzungsplänen sind in drei Leistungsphasen unterteilt und werden wie folgt in Prozentsätzen der Honorare des § 20 bewertet:

## § 18

1. **für die Leistungsphase 1 (Vorentwurf für die frühzeitigen Beteiligungen)**

   Vorentwurf für die frühzeitigen Beteiligungen nach den Bestimmungen des Baugesetzbuches mit 60 Prozent,

2. **für die Leistungsphase 2 (Entwurf zur öffentlichen Auslegung)**

   Entwurf für die öffentliche Auslegung nach den Bestimmungen des Baugesetzbuches mit 30 Prozent,

3. **für die Leistungsphase 3 (Plan zur Beschlussfassung)**

   Plan für den Beschluss durch die Gemeinde mit 10 Prozent.

   Der Vorentwurf, Entwurf oder Plan ist jeweils in der vorgeschriebenen Fassung mit Begründung anzufertigen.

(2) Anlage 2 regelt, welche Grundleistungen jede Leistungsphase umfasst. Anlage 9 enthält Beispiele für Besondere Leistungen.

### Kurzkommentar zu § 18

Die Leistungsphasen wurden sprachlich neu erfasst, neu aufgestellt und neu geordnet. Sie entsprechen in ihrer Abfolge nun dem typischen Ablauf eines formellen Aufstellungsverfahrens. Im Ergebnis sind damit 3 Leistungsphasen entstanden, die grundlegend neu bewertet wurden. Auf die Beschreibung von inhaltlich/fachlichen Anforderungen wurde im Rahmen der Aufstellung des Leistungsbildes insoweit verzichtet, wie sich diese Anforderungen bereits aus gesetzlichen Regelungen oder Verordnungen ergeben.

Damit sind die textlichen Inhalte der Leistungsbilder zwar ausgedünnt, aber inhaltlich nicht wesentlich verändert worden.

Die in der Leistungsphase 3 HOAI 2009 noch enthaltene Darstellung von sich wesentlich unterscheidenden Lösungen nach gleichen Anforderungen findet sich in dieser Form nicht in der Fassung von 2013 wieder.

Die bisherigen sogenannten Spreizungen der %-Sätze in den Leistungsphasen 1 und 2 sind im Zuge der Aktualisierung der Leistungsbilder weggefallen. Die vorgenannten Spreizungen wurden 1977 eingeführt und begründeten sich früher durch unterschiedliche Planungsbedingungen bei der Ausstattung in den Kommunen. Geeignete Planungsgrundlagen (Kartenmaterial oder Datenmaterial) war in kleineren Kommunen nicht in dem Maße vorhanden wie in größeren Kommunen.

**Praxis-Tipp**

In Bezug auf die Sitzungsteilnahmen gemäß § 18 Abs.2 HOAI 2009 (politische Gremien) haben sich ebenfalls Veränderungen ergeben. Diese Sitzungsteilnahmen bei Änderung und Neuaufstellung von Flächennutzungsplänen sind nicht mehr preisrechtlich geregelt.

Die Sitzungsteilnahmen sind in Anlage 9 zur HOAI als Besondere Leistung erfasst. Unberührt davon sind Besprechungen zur Abstimmung der Planung.

## § 19 Leistungsbild Bebauungsplan

(1) Die Grundleistungen bei Bebauungsplänen sind in drei Leistungsphasen unterteilt und werden wie folgt in Prozentsätzen der Honorare des § 21 bewertet:

1. für die Leistungsphase 1 (Vorentwurf für die frühzeitigen Beteiligungen)

Vorentwurf für die frühzeitigen Beteiligungen nach den Bestimmungen des Baugesetzbuches mit 60 Prozent,

2. für die Leistungsphase 2 (Entwurf zur öffentlichen Auslegung)

Entwurf für die öffentliche Auslegung nach den Bestimmungen des Baugesetzbuches mit 30 Prozent,

3. für die Leistungsphase 3 (Plan zur Beschlussfassung)

Plan für den Beschluss durch die Gemeinde mit 10 Prozent.

Der Vorentwurf, Entwurf oder Plan ist jeweils in der vorgeschriebenen Fassung mit Begründung anzufertigen.

(2) Anlage 3 regelt, welche Grundleistungen jede Leistungsphase umfasst. Anlage 9 enthält Beispiele für Besondere Leistungen.

## Kurzkommentar zu § 19

Hier gilt das zu § 18 Geschriebene sinngemäß. Auch in diesem Leistungsbild wurden die Leistungsphasen und die Bewertung der Leistungsphasen neu aufgestellt und dem Regelablauf der Aufstellungs- und Genehmigungsverfahren angepasst. Die Leistungspflichten im Rahmen der Grundleistungen sind im Wesentlichen geblieben. Auch diesbezüglich wird auf den Kurzkommentar zu § 18 Bezug genommen.

Der städtebauliche Entwurf[159] ist als Besondere Leistung geregelt, er stellt eine eigenständige Leistung dar. Die Abgrenzung zu den Grundleistungen ergibt sich u.a. durch die abschließende Beschreibung der Honorartatbestände der Grundleistungen.

Falls im Zuge der Erarbeitung eines städtebaulichen Entwurfs auch Elemente der Grundleistungen aus dem Leistungsbild Bebauungsplan vereinbart und erbracht werden, ist das Honorar nach HOAI für den preisrechtlich geregelten Anteil zu ermitteln, siehe § 8 Absatz 2 HOAI). Dabei kann unter den sonstigen Voraussetzungen der HOAI (z. B. § 7 Abs. 1 und Abs. 5) auch eine Honorarpauschale vereinbart werden.

Hinsichtlich der Sitzungsteilnahmen (politische Gremien) wird auf die Regelungen zu den Flächennutzungsplänen Bezug genommen, diese Sitzungsteilnahmen sind Besondere Leistungen.

---

[159] Siehe auch Hinweise in Kurzkommentar zu § 17 HOAI

## § 20 Honorare für Leistungen bei Flächennutzungsplänen

**(1)** Die Mindest- und Höchstsätze der Honorare für die in § 18 und Anlage 2 aufgeführten Grundleistungen bei Flächennutzungsplänen sind in der folgenden Honorartafel festgesetzt:

| Flächen in Hektar | Honorarzone I geringe Anforderungen | | Honorarzone II durchschnittliche Anforderungen | | Honorarzone III hohe Anforderungen | |
|---|---|---|---|---|---|---|
| | von | bis | von | bis | von | bis |
| | Euro | | Euro | | Euro | |
| 1.000 | 70.439 | 85.269 | 85.269 | 100.098 | 100.098 | 114.927 |
| 1.250 | 78.957 | 95.579 | 95.579 | 112.202 | 112.202 | 128.824 |
| 1.500 | 86.492 | 104.700 | 104.700 | 122.909 | 122.909 | 141.118 |
| 1.750 | 93.260 | 112.894 | 112.894 | 132.527 | 132.527 | 152.161 |
| 2.000 | 99.407 | 120.334 | 120.334 | 141.262 | 141.262 | 162.190 |
| 2.500 | 111.311 | 134.745 | 134.745 | 158.178 | 158.178 | 181.612 |
| 3.000 | 121.868 | 147.525 | 147.525 | 173.181 | 173.181 | 198.838 |
| 3.500 | 131.387 | 159.047 | 159.047 | 186.707 | 186.707 | 214.367 |
| 4.000 | 140.069 | 169.557 | 169.557 | 199.045 | 199.045 | 228.533 |
| 5.000 | 155.461 | 188.190 | 188.190 | 220.918 | 220.918 | 253.647 |
| 6.000 | 168.813 | 204.352 | 204.352 | 239.892 | 239.892 | 275.431 |
| 7.000 | 180.589 | 218.607 | 218.607 | 256.626 | 256.626 | 294.645 |
| 8.000 | 191.097 | 231.328 | 231.328 | 271.559 | 271.559 | 311.790 |
| 9.000 | 200.556 | 242.779 | 242.779 | 285.001 | 285.001 | 327.224 |
| 10.000 | 209.126 | 253.153 | 253.153 | 297.179 | 297.179 | 341.206 |
| 12.000 | 223.912 | 271.052 | 271.052 | 318.191 | 318.191 | 365.331 |
| 13.000 | 230.331 | 278.822 | 278.822 | 327.313 | 327.313 | 375.804 |
| 14.000 | 236.214 | 285.944 | 285.944 | 335.673 | 335.673 | 385.402 |
| 15.000 | 241.614 | 292.480 | 292.480 | 343.346 | 343.346 | 394.213 |

**(2)** Das Honorar für die Aufstellung von Flächennutzungsplänen ist nach der Fläche des Plangebiets in Hektar und nach der Honorarzone zu berechnen.

**(3)** Welchen Honorarzonen die Grundleistungen zugeordnet werden, richtet sich nach folgenden Bewertungsmerkmalen:

1. zentralörtliche Bedeutung und Gemeindestruktur,
2. Nutzungsvielfalt und Nutzungsdichte,
3. Einwohnerstruktur, Einwohnerentwicklung und Gemeinbedarfsstandorte,
4. Verkehr und Infrastruktur,
5. Topografie, Geologie und Kulturlandschaft,
6. Klima-, Natur- und Umweltschutz.

**(4)** Sind auf einen Flächennutzungsplan Bewertungsmerkmale aus mehreren Honorarzonen anwendbar und bestehen deswegen Zweifel, welcher Honorarzone der Flächennutzungsplan zugeordnet werden kann, so ist zunächst die Anzahl der Bewertungspunkte zu ermitteln. Zur Ermittlung der Bewertungspunkte werden die Bewertungsmerkmale wie folgt gewichtet:

1. geringe Anforderungen: 1 Punkt,
2. durchschnittliche Anforderungen: 2 Punkte,
3. hohe Anforderungen: 3 Punkte.

(5) Der Flächennutzungsplan ist anhand der nach Absatz 4 ermittelten Bewertungspunkte einer der Honorarzonen zuzuordnen:

1. Honorarzone I: bis zu 9 Punkte,
2. Honorarzone II: 10 bis 14 Punkte,
3. Honorarzone III: 15 bis 18 Punkte.

(6) Werden Teilflächen bereits aufgestellter Flächennutzungspläne (Planausschnitte) geändert oder überarbeitet, so ist das Honorar frei zu vereinbaren.

## Kurzkommentar zu § 20

Die Regelungen des § 20 sind grundlegend neu. Die Honorarbemessungsgrundlagen wurden geändert. Abrechnungsgrundlagen sind nun Flächen[160]. Dadurch entfallen die auf Verrechnungseinheiten bezogenen Regelungen.

Die Honorartafelwerte sind bedarfsgerecht angehoben worden. Die bisherige strukturelle Unterdeckung in den unteren Werten wurde dabei ebenfalls berücksichtigt.

Die Anzahl der Honorarzonen ist auf nun 3 reduziert und neu inhaltlich ausgestaltet worden. Der Verordnungsgeber wollte die Honorarzonen bei der Flächenplanung formal vereinheitlichen.

Absatz 3 enthält die Neuregelung der Bewertungsmerkmale, die bislang in § 20 Absatz 7 der HOAI 2009 enthalten waren. Das Bewertungsmerkmal „Infrastruktur" betrifft sowohl die technische als auch die soziale Infrastruktur.

Die Regelung in § 20 Absatz 6 sieht vor, dass in diesem dort geregelten Fall das Honorar frei zu vereinbaren ist. Planausschnitte kommen in der Planungspraxis im Regelfall nach der amtlichen Begründung für Flächennutzungspläne und Landschaftspläne vor.

## § 21 Honorare für Leistungen bei Bebauungsplänen

(1) Die Mindest- und Höchstsätze der Honorare für die in § 19 und Anlage 3 aufgeführten Grundleistungen bei Bebauungsplänen sind in der folgenden Honorartafel festgesetzt:

---

[160] Siehe Gutachten für das BMWI zum Aktualisierungsbedarf zur Honorarstruktur: http://www.bmwi.de/DE/Themen/Mittelstand/mittelstandspolitik,did=429064.html

## § 21

| Fläche in Hektar | Honorarzone I geringe Anforderungen | | Honorarzone II durchschnittliche Anforderungen | | Honorarzone III hohe Anforderungen | |
|---|---|---|---|---|---|---|
| | von | bis | von | bis | von | bis |
| | Euro | | Euro | | Euro | |
| 0,5 | 5.000 | 5.335 | 5.335 | 7.838 | 7.838 | 10.341 |
| 1 | 5.000 | 8.799 | 8.799 | 12.926 | 12.926 | 17.054 |
| 2 | 7.699 | 14.502 | 14.502 | 21.305 | 21.305 | 28.109 |
| 3 | 10.306 | 19.413 | 19.413 | 28.521 | 28.521 | 37.628 |
| 4 | 12.669 | 23.866 | 23.866 | 35.062 | 35.062 | 46.258 |
| 5 | 14.864 | 28.000 | 28.000 | 41.135 | 41.135 | 54.271 |
| 6 | 16.931 | 31.893 | 31.893 | 46.856 | 46.856 | 61.818 |
| 7 | 18.896 | 35.595 | 35.595 | 52.294 | 52.294 | 68.992 |
| 8 | 20.776 | 39.137 | 39.137 | 57.497 | 57.497 | 75.857 |
| 9 | 22.584 | 42.542 | 42.542 | 62.501 | 62.501 | 82.459 |
| 10 | 24.330 | 45.830 | 45.830 | 67.331 | 67.331 | 88.831 |
| 15 | 32.325 | 60.892 | 60.892 | 89.458 | 89.458 | 118.025 |
| 20 | 39.427 | 74.270 | 74.270 | 109.113 | 109.113 | 143.956 |
| 25 | 46.385 | 87.376 | 87.376 | 128.366 | 128.366 | 169.357 |
| 30 | 52.975 | 99.791 | 99.791 | 146.606 | 146.606 | 193.422 |
| 40 | 65.342 | 123.086 | 123.086 | 180.830 | 180.830 | 238.574 |
| 50 | 76.901 | 144.860 | 144.860 | 212.819 | 212.819 | 280.778 |
| 60 | 87.599 | 165.012 | 165.012 | 242.425 | 242.425 | 319.838 |
| 80 | 107.471 | 202.445 | 202.445 | 297.419 | 297.419 | 392.393 |
| 100 | 125.791 | 236.955 | 236.955 | 348.119 | 348.119 | 459.282 |

(2) Das Honorar für die Aufstellung von Bebauungsplänen ist nach der Fläche des Plangebiets in Hektar und nach der Honorarzone zu berechnen.

(3) Welchen Honorarzonen die Grundleistungen zugeordnet werden, richtet sich nach folgenden Bewertungsmerkmalen:
1. Nutzungsvielfalt und Nutzungsdichte,
2. Baustruktur und Baudichte,
3. Gestaltung und Denkmalschutz,
4. Verkehr und Infrastruktur,
5. Topografie und Landschaft,
6. Klima-, Natur- und Umweltschutz.

(4) Für die Ermittlung der Honorarzone bei Bebauungsplänen ist § 20 Absatz 4 und 5 entsprechend anzuwenden.

(5) Wird die Größe des Plangebiets im förmlichen Verfahren während der Leistungserbringung geändert, so ist das Honorar für die Leistungsphasen, die bis zur Änderung noch nicht erbracht sind, nach der geänderten Größe des Plangebiets zu berechnen.

# § 21 Honorare für Leistungen bei Bebauungsplänen

## Kurzkommentar zu § 21

Die Regelungen des § 21 sind ebenfalls grundlegend neu. Die Honorarbemessungsgrundlagen wurden geändert. Abrechnungsgrundlagen sind hier, wie bereits früher auch, Flächen.

Die Honorartafelwerte sind bedarfsgerecht angehoben worden. Die bisherige strukturelle Unterdeckung in den unteren Werten wurde dabei ebenfalls berücksichtigt.

Die Anzahl der Honorarzonen ist von 5 auf nun 3 reduziert und neu inhaltlich ausgestaltet worden. Der Verordnungsgeber wollte die Honorarzonen bei der Flächenplanung formal vereinheitlichen.

Absatz 3 enthält die Neuregelung der Bewertungsmerkmale. Das Bewertungsmerkmal „Infrastruktur" betrifft sowohl die technische als auch die soziale Infrastruktur.

**Praxis-Tipp**

Eine Regelung entsprechend § 20 Absatz 6 (freie Honorarvereinbarung in bestimmten Fällen), sieht § 21 nicht vor.

Bei Leistungs- und Honorarvereinbarungen für Bebauungspläne wird vorgeschlagen, den Vertragsgegenstand einzelfallbezogen konkret zu vereinbaren. Damit wird u. a. eine Abgrenzung zu gesondert zu vergütenden Leistungen geschaffen.

# Abschnitt 2 Landschaftsplanung

## § 22 Anwendungsbereich

(1) Landschaftsplanerische Leistungen umfassen das Vorbereiten und das Erstellen der für die Pläne nach Absatz 2 erforderlichen Ausarbeitungen.

(2) Die Bestimmungen dieses Abschnitts sind für folgende Pläne anzuwenden:

1. Landschaftspläne
2. Grünordnungspläne und landschaftsplanerische Fachbeiträge,
3. Landschaftsrahmenpläne,
4. Landschaftspflegerische Begleitpläne,
5. Pflege- und Entwicklungspläne.

## Kurzkommentar zu § 22

Die Regelungen zu § 22 Absatz 2 wurden grundsätzlich neu bearbeitet. Die Regelung erfasst die relevanten 5 Pläne der Landschaftsplanung, nämlich die

- Landschaftspläne,
- Grünordnungspläne mit den landschaftsplanerischen Fachbeiträgen,
- Landschaftsrahmenpläne,
- Landschaftspflegerischen Begleitpläne,
- Pflege- und Entwicklungspläne.

In § 22 Absatz 2 Nummer 2 werden neben den Grünordnungsplänen jetzt die Landschaftsplanerischen Fachbeiträge neu aufgeführt. Das erfolgt vor dem Hintergrund, dass in verschiedenen Bundesländern der Grünordnungsplan teilweise als landschaftsplanerischer Fachbeitrag[161] beauftragt wird.

Durch diese Neufassung wird klargestellt, dass für die Anforderungen an Leistungen im Rahmen eines Landschaftsplanerischen Fachbeitrags denen des Leistungsbilds Grünordnungsplan entsprechen. Die sonstigen landschaftsplanerischen Leistungen sind nicht mehr geregelt.

Für den Abschnitt 2, Landschaftsplanung, wird empfohlen, die Vertragsinhalte inhaltlich hinreichend genau zu definieren. Damit werden einerseits Auslegungsunterschiede der Beteiligten in Bezug auf die geschuldeten Leistungen im Projektverlauf möglichst vermieden und andererseits bei Änderungen im Verlauf der Planung eine fachliche Grundlage geschaffen.

---

[161] Als Ergänzung zum Bauleitplan

## § 23 Leistungsbild Landschaftsplan

(1) Die Grundleistungen bei Landschaftsplänen sind in vier Leistungsphasen unterteilt und werden wie folgt in Prozentsätzen der Honorare des § 28 bewertet:

1. für die Leistungsphase 1 (Klären der Aufgabenstellung und Ermitteln des Leistungsumfangs) mit 3 Prozent,
2. für die Leistungsphase 2 (Ermittlung der Planungsgrundlagen) mit 37 Prozent,
3. für die Leistungsphase 3 (Vorläufige Fassung) mit 50 Prozent,
4. für die Leistungsphase 4 (Abgestimmte Fassung) mit 10 Prozent.

(2) Anlage 4 regelt die Grundleistungen jeder Leistungsphase. Anlage 9 enthält Beispiele für Besondere Leistungen.

## Kurzkommentar zu § 23

§ 23 wurde neu bearbeitet. Die Bewertungen der jeweiligen Leistungsphasen sind neu aufgestellt. Die Spreizung[162] bei den Leistungsphasen 1 und 2 ist entfallen. In Bezug auf die Sitzungsteilnahmen (politische Gremien) gilt das oben zu Flächennutzungsplänen und Bebauungsplänen ausgeführte hier ebenfalls. Diese Sitzungsteilnahmen stellen nun Besondere Leistungen dar.

Die konkreten Honorartatbestände der jeweiligen Leistungsphasen sind in Anlage 4 zur HOAI erfasst.

Beim Leistungsbild für die Leistungen des Landschaftsplanes wird vorgeschlagen, die Arbeitsschritte projektbezogen einzeln in unmittelbaren Zusammenhang mit den Honorarregelungen zu formulieren, um einen hinreichend konkreten Leistungsinhalt zu erzielen.

## § 24 Leistungsbild Grünordnungsplan

(1) Die Grundleistungen bei Grünordnungsplänen und Landschaftsplanerischen Fachbeiträgen sind in vier Leistungsphasen zusammengefasst und werden wie folgt in Prozentsätzen der Honorare des § 29 bewertet:

1. für die Leistungsphase 1 (Klären der Aufgabenstellung und Ermitteln des Leistungsumfangs) mit 3 Prozent,
2. für die Leistungsphase 2 (Ermittlung der Planungsgrundlagen) mit 37 Prozent,
3. für die Leistungsphase 3 (Vorläufige Fassung) mit 50 Prozent,
4. für die Leistungsphase 4 (Abgestimmte Fassung) mit 10 Prozent.

---

[162] Siehe Kurzkommentar zu Flächennutzungsplänen

(2) Anlage 5 regelt die Grundleistungen jeder Leistungsphase. Anlage 9 enthält Beispiele für Besondere Leistungen.

## Kurzkommentar zu § 24

§ 24 wurde überarbeitet. Die Bewertungen der jeweiligen Leistungsphasen sind einheitlich mit den anderen Leistungsbildern des Abschnitts 2 aufgestellt. Die Spreizung bei den Leistungsphasen 1 und 2 ist entfallen. In Bezug auf die Sitzungsteilnahmen (politische Gremien) gilt das oben zu Flächennutzungsplänen und Bebauungsplänen ausgeführte hier ebenfalls. Diese Sitzungsteilnahmen stellen nun Besondere Leistungen dar.

Die konkreten Honorartatbestände der jeweiligen Leistungsphasen sind in Anlage 5 zur HOAI erfasst.

Es wird vorgeschlagen, die Arbeitsschritte innerhalb des Leistungsbildes projektbezogen einzeln in unmittelbaren Zusammenhang mit den Honorarregelungen zu formulieren, um einen hinreichend konkreten Leistungsinhalt zu erzielen.

## § 25 Leistungsbild Landschaftsrahmenplan

(1) Die Grundleistungen bei Landschaftsrahmenplänen sind in vier Leistungsphasen unterteilt und werden wie folgt in Prozentsätzen der Honorare des § 30 bewertet:

1. für die Leistungsphase 1 (Klären der Aufgabenstellung und Ermitteln des Leistungsumfangs) mit 3 Prozent,
2. für die Leistungsphase 2 (Ermitteln und Bewerten der Planungsgrundlagen) mit 37 Prozent,
3. für die Leistungsphase 3 (Vorläufige Fassung) mit 50 Prozent,
4. für die Leistungsphase 4 (Abgestimmte Fassung) mit 10 Prozent.

(2) Anlage 6 regelt die Grundleistungen jeder Leistungsphase. Anlage 9 enthält Beispiele für Besondere Leistungen.

## Kurzkommentar zu § 25

Die Regelungen des § 25 wurden überarbeitet. Die früher in § 25 Absatz 2 (HOAI 2009) erfasste Minderung der Bewertung der Leistungsphase 1 bei einer Planfortschreibung des Landschaftsrahmenplans entfällt künftig.

Die Bewertung der Leistungsphasen innerhalb des Leistungsbildes ist neu aufgestellt und damit im Ergebnis einheitlich mit den anderen Leistungsbildern der landschaftsplanerischen Flächenplanungen.

# § 26 Leistungsbild Landschaftspflegerischer Begleitplan

Die konkreten Honorartatbestände der jeweiligen Leistungsphasen sind in Anlage 6 zur HOAI erfasst. Die Besonderen Leistungen sind in Anlage 9 dargestellt.

## § 26 Leistungsbild Landschaftspflegerischer Begleitplan

(1) Die Grundleistungen bei Landschaftspflegerischen Begleitplänen sind in vier Leistungsphasen unterteilt und werden wie folgt in Prozentsätzen der Honorare des § 31 bewertet:

1. für die Leistungsphase 1 (Klären der Aufgabenstellung und Ermitteln des Leistungsumfangs) mit 3 Prozent,
2. für die Leistungsphase 2 (Ermitteln und Bewerten der Planungsgrundlagen) mit 37 Prozent,
3. für die Leistungsphase 4 (Vorläufige Fassung) mit 50 Prozent,
4. für die Leistungsphase 4 (Abgestimmte Fassung) mit 10 Prozent.

(2) Anlage 7 regelt die Grundleistungen jeder Leistungsphase. Anlage 9 enthält Beispiele für Besondere Leistungen.

## Kurzkommentar zu § 26

§ 26 wurde überarbeitet. Die Bewertungen der jeweiligen Leistungsphasen sind einheitlich mit den anderen Leistungsbildern des Abschnitts 2 aufgestellt. In Bezug auf die Sitzungsteilnahmen (politische Gremien) gilt das oben zu Flächennutzungsplänen und Bebauungsplänen ausgeführte hier sinngemäß ebenfalls. Diese Sitzungsteilnahmen stellen nun Besondere Leistungen dar.

Die bisher in § 26 Absatz 2 Satz 2 (HOAI 2009) geregelte Möglichkeit der freien Honorarvereinbarung ist nun ebenfalls entfallen.

Die konkreten Honorartatbestände der jeweiligen Leistungsphasen sind in Anlage 7 zur HOAI erfasst.

Es wird vorgeschlagen, die Arbeitsschritte innerhalb des Leistungsbildes projektbezogen einzeln in unmittelbaren Zusammenhang mit den Honorarregelungen zu formulieren, um einen hinreichend konkreten Leistungsinhalt zu erzielen.

## § 27 Leistungsbild Pflege- und Entwicklungsplan

(1) Die Grundleistungen bei Pflege- und Entwicklungsplänen sind in vier Leistungsphasen zusammengefasst und werden wie folgt in Prozentsätzen der Honorare des § 32 bewertet:

1. für die Leistungsphase 1 (Zusammenstellen der Ausgangsbedingungen) mit 3 Prozent,
2. für die Leistungsphase 2 (Ermitteln der Planungsgrundlagen) mit 37 Prozent,
3. für die Leistungsphase 3 Vorläufige Fassung) mit 50 Prozent und
4. für die Leistungsphase 4 (Abgestimmte Fassung) mit 10 Prozent.

(2) Anlage 8 regelt die Grundleistungen jeder Leistungsphase. Anlage 9 enthält Beispiele für Besondere Leistungen.

### Kurzkommentar zu § 27

§ 27 wurde überarbeitet. Die Bewertungen der jeweiligen Leistungsphasen sind einheitlich mit den anderen Leistungsbildern des Abschnitts 2 aufgestellt. Die Leistungsphase 3 ist neu beschrieben. Die Spreizung der Leistungsphasen 1 – 3 nach HOAI 2009 ist entfallen. In Bezug auf die Sitzungsteilnahmen (politische Gremien) gilt das oben zu Flächennutzungsplänen und Bebauungsplänen ausgeführte hier sinngemäß ebenfalls. Diese Sitzungsteilnahmen stellen nun Besondere Leistungen dar.

Die konkreten Honorartatbestände der jeweiligen Leistungsphasen sind in Anlage 8 zur HOAI erfasst.

Es wird vorgeschlagen, die Arbeitsschritte innerhalb des Leistungsbildes projektbezogen einzeln in unmittelbaren Zusammenhang mit den Honorarregelungen zu formulieren, um einen hinreichend konkreten Leistungsinhalt zu erzielen.

## § 28 Honorare für Grundleistungen bei Landschaftsplänen

(1) Die Mindest- und Höchstsätze der Honorare für die in § 23 und Anlage 4 aufgeführten Grundleistungen bei Landschaftsplänen sind in der folgenden Honorartafel festgesetzt:

§ 28 Honorare für Grundleistungen bei Landschaftsplänen

| Fläche in Hektar | Honorarzone I geringe Anforderungen von bis Euro | | Honorarzone II durchschnittliche Anforderungen von bis Euro | | Honorarzone III hohe Anforderungen von bis Euro | |
|---|---|---|---|---|---|---|
| 1.000 | 23.403 | 27.963 | 27.963 | 32.826 | 32.826 | 37.385 |
| 1.250 | 26.560 | 31.735 | 31.735 | 37.254 | 37.254 | 42.428 |
| 1.500 | 29.445 | 35.182 | 35.182 | 41.300 | 41.300 | 47.036 |
| 1.750 | 32.119 | 38.375 | 38.375 | 45.049 | 45.049 | 51.306 |
| 2.000 | 34.620 | 41.364 | 41.364 | 48.558 | 48.558 | 55.302 |
| 2.500 | 39.212 | 46.851 | 46.851 | 54.999 | 54.999 | 62.638 |
| 3.000 | 43.374 | 51.824 | 51.824 | 60.837 | 60.837 | 69.286 |
| 3.500 | 47.199 | 56.393 | 56.393 | 66.201 | 66.201 | 75.396 |
| 4.000 | 50.747 | 60.633 | 60.633 | 71.178 | 71.178 | 81.064 |
| 5.000 | 57.180 | 68.319 | 68.319 | 80.200 | 80.200 | 91.339 |
| 6.000 | 63.562 | 75.944 | 75.944 | 89.151 | 89.151 | 101.533 |
| 7.000 | 69.505 | 83.045 | 83.045 | 97.487 | 97.487 | 111.027 |
| 8.000 | 75.095 | 89.724 | 89.724 | 105.329 | 105.329 | 119.958 |
| 9.000 | 80.394 | 96.055 | 96.055 | 112.761 | 112.761 | 128.422 |
| 10.000 | 85.445 | 102.090 | 102.090 | 119.845 | 119.845 | 136.490 |
| 11.000 | 89.986 | 107.516 | 107.516 | 126.214 | 126.214 | 143.744 |
| 12.000 | 94.309 | 112.681 | 112.681 | 132.278 | 132.278 | 150.650 |
| 13.000 | 98.438 | 117.615 | 117.615 | 138.069 | 138.069 | 157.246 |
| 14.000 | 102.392 | 122.339 | 122.339 | 143.615 | 143.615 | 163.562 |
| 15.000 | 106.187 | 126.873 | 126.873 | 148.938 | 148.938 | 169.623 |

(2) Das Honorar für die Aufstellung von Landschaftsplänen ist nach der Fläche des Planungsgebiets in Hektar und nach der Honorarzone zu berechnen.

(3) Welchen Honorarzonen die Grundleistungen zugeordnet werden, richtet sich nach folgenden Bewertungsmerkmalen:

1. topographische Verhältnisse,
2. Flächennutzung,
3. Landschaftsbild,
4. Anforderungen an Umweltsicherung und Umweltschutz,
5. ökologische Verhältnisse,
6. Bevölkerungsdichte.

(4) Sind auf einen Landschaftsplan Bewertungsmerkmale aus mehreren Honorarzonen anwendbar und bestehen deswegen Zweifel, welcher Honorarzone der Landschaftsplan zugeordnet werden kann, so ist zunächst die Anzahl der Bewertungspunkte zu ermitteln Zur Ermittlung der Bewertungspunkte werden die Bewertungsmerkmale wie folgt gewichtet:

1. die Bewertungsmerkmale gemäß Absatz 3 Nummern 1, 2, 3 und 6 mit je bis zu 6 Punkten und

2. die Bewertungsmerkmale gemäß Absatz 3 Nummern 4 und 5 und mit je bis zu 9 Punkten.

(5) Der Landschaftsplan ist anhand der nach Absatz 4 ermittelten Bewertungspunkte einer der Honorarzonen zuzuordnen:

1. Honorarzone I: bis zu 16 Punkte,
2. Honorarzone II: 17 bis 30 Punkte,
3. Honorarzone III: 31 bis 42 Punkte.

(6) Werden Teilflächen bereits aufgestellter Landschaftspläne (Planausschnitte) geändert oder überarbeitet, so ist das Honorar frei zu vereinbaren.

## Kurzkommentar zu § 28

Die Honorartafelwerte sind bedarfsgerecht angehoben worden. Die bisherige strukturelle Unterdeckung in den unteren Werten wurde dabei ebenfalls berücksichtigt.

§ 28 Absatz 6 regelt die bislang in § 12 des allgemeinen Teils der HOAI 2009 enthaltene Regelung der freien Vereinbarkeit des Honorars im Falle der Änderung oder Überarbeitung von Planausschnitten. neu. Planausschnitte kommen im Tagesgeschäft für Landschaftspläne vor. Landschaftspläne umfassen das gesamte Gebiet einer Kommune, so dass dieser Ansatz nicht selten eine Rolle spielt.

Honorare bei Leistungen für Landschaftspläne sollten konkrete Leistungsinhalte und unmittelbar darauf bezogene Honorarregelungen enthalten. Es sollte darüber hinaus bereits im Planungsvertrag vorsorglich eine Leistungs- und Honorarregelung für Besondere Leistungen getroffen werden, die etwaige Honorarunterdeckungen bei schwierigen Projekten verhindert.

## § 29 Honorare für Grundleistungen bei Grünordnungsplänen

(1) Die Mindest- und Höchstsätze der Honorare für die in § 24 und Anlage 5 aufgeführten Grundleistungen bei Grünordnungsplänen sind in der folgenden Honorartafel festgesetzt:

## § 29 Honorare für Grundleistungen bei Grünordnungsplänen

| Fläche in Hektar | Honorarzone I geringe Anforderungen | | Honorarzone II durchschnittliche Anforderungen | | Honorarzone III hohe Anforderungen | |
|---|---|---|---|---|---|---|
| | von Euro | bis Euro | von Euro | bis Euro | von Euro | bis Euro |
| 1,5 | 5.219 | 6.067 | 6.067 | 6.980 | 6.980 | 7.828 |
| 2 | 6.008 | 6.985 | 6.985 | 8.036 | 8.036 | 9.013 |
| 3 | 7.450 | 8.661 | 8.661 | 9.965 | 9.965 | 11.175 |
| 4 | 8.770 | 10.195 | 10.195 | 11.730 | 11.730 | 13.155 |
| 5 | 10.006 | 11.632 | 11.632 | 13.383 | 13.383 | 15.009 |
| 10 | 15.445 | 17.955 | 17.955 | 20.658 | 20.658 | 23.167 |
| 15 | 20.183 | 23.462 | 23.462 | 26.994 | 26.994 | 30.274 |
| 20 | 24.513 | 28.496 | 28.496 | 32.785 | 32.785 | 36.769 |
| 25 | 28.560 | 33.201 | 33.201 | 38.199 | 38.199 | 42.840 |
| 30 | 32.394 | 37.658 | 37.658 | 43.326 | 43.326 | 48.590 |
| 40 | 39.580 | 46.011 | 46.011 | 52.938 | 52.938 | 59.370 |
| 50 | 46.282 | 53.803 | 53.803 | 61.902 | 61.902 | 69.423 |
| 75 | 61.579 | 71.586 | 71.586 | 82.362 | 82.362 | 92.369 |
| 100 | 75.430 | 87.687 | 87.687 | 100.887 | 100.887 | 113.145 |
| 125 | 88.255 | 102.597 | 102.597 | 118.042 | 118.042 | 132.383 |
| 150 | 100.288 | 116.585 | 116.585 | 134.136 | 134.136 | 150.433 |
| 175 | 111.675 | 129.822 | 129.822 | 149.366 | 149.366 | 167.513 |
| 200 | 122.516 | 142.425 | 142.425 | 163.866 | 163.866 | 183.774 |
| 225 | 133.555 | 155.258 | 155.258 | 178.630 | 178.630 | 200.333 |
| 250 | 144.284 | 167.730 | 167.730 | 192.980 | 192.980 | 216.426 |

(2) Das Honorar für Grundleistungen bei Grünordnungsplänen ist nach der Fläche des Planungsgebiets in Hektar und nach der Honorarzone zu berechnen.

(3) Welchen Honorarzonen die Grundleistungen zugeordnet werden, richtet sich nach folgenden Bewertungsmerkmalen:
1. Topographie,
2. ökologische Verhältnisse,
3. Flächennutzungen und Schutzgebiete,
4. Umwelt-, Klima-, Denkmal- und Naturschutz,
5. Erholungsvorsorge,
6. Anforderung an die Freiraumgestaltung.

(4) Sind auf einen Grünordnungsplan Bewertungsmerkmale aus mehreren Honorarzonen anwendbar und bestehen deswegen Zweifel, welcher Honorarzone der Grünordnungsplan zugeordnet werden kann, so ist zunächst die Anzahl der Bewertungspunkte zu ermitteln. Zur Ermittlung der Bewertungspunkte werden die Bewertungsmerkmale wie folgt gewichtet:
1. die Bewertungsmerkmale gemäß Absatz 3 Nummer 1, 2, 3 und 5 mit je bis zu 6 Punkten und

## § 30

2. die Bewertungsmerkmale gemäß Absatz 3 Nummer 4 und 6 mit je bis zu 9 Punkten.

(5) Der Grünordnungsplan ist anhand der nach Absatz 4 ermittelten Bewertungspunkte einer der Honorarzonen zuzuordnen:

1. Honorarzone I: bis zu 16 Punkte,
2. Honorarzone II: 17 bis 30 Punkte,
3. Honorarzone III: 31 bis 42 Punkte.

(6) Wird die Größe des Planungsgebiets während der Leistungserbringung geändert, so ist das Honorar für die Leistungsphasen, die bis zur Änderung noch nicht erbracht sind, nach der geänderten Größe des Planungsgebiets zu berechnen.

## Kurzkommentar zu § 29

Die Honorartafelwerte sind bedarfsgerecht angehoben worden. Die bisherige strukturelle Unterdeckung in den unteren Werten wurde dabei ebenfalls berücksichtigt. Es sind nun 3 Honorarzonen gebildet worden. Die Honorarberechnungsgrundlage bildet nun die Flächeneinheit Hektar für das Plangebiet, statt der früher angewendeten Verrechnungseinheiten.

In Absatz 3 wird die Liste der bislang fünf Bewertungsmerkmale erweitert auf nunmehr sechs Bewertungsmerkmale. Die Bewertungsmerkmale werden an das aktualisierte Leistungsbild und die aktuellen Planungsanforderungen angepasst.

§ 29 Absatz 4 und 5 lehnen sich inhaltlich an der Struktur des § 28 an.

§ 29 Absatz 6 regelt die Vorgehensweise bei Änderungen des Plangebietes während der Planerstellung.

Honorare bei Leistungen für Landschaftspläne sollten konkrete Leistungsinhalte und unmittelbar darauf bezogene Honorarregelungen enthalten. Es sollte darüber hinaus bereits im Planungsvertrag vorsorglich eine Leistungs- und Honorarregelung für Besondere Leistungen getroffen werden, die etwaige Honorarunterdeckungen bei schwierigen Projekten verhindert.

Zu den Mindest- und Höchstsätzen gelten die Vorschriften aus dem allgemeinen Teil der HOAI entsprechend.

## § 30 Honorare für Grundleistungen bei Landschaftsrahmenplänen

(1) Die Mindest- und Höchstsätze der Honorare für die in § 25 und Anlage 6 aufgeführten Grundleistungen bei Landschaftsrahmenplänen sind in der folgenden Honorartafel festgesetzt.

## § 30 Honorare für Grundleistungen bei Landschaftsrahmenplänen

| Fläche in Hektar | Honorarzone I geringe Anforderungen | | Honorarzone II durchschnittliche Anforderungen | | Honorarzone III hohe Anforderungen | |
|---|---|---|---|---|---|---|
| | von Euro | bis Euro | von Euro | bis Euro | von Euro | bis Euro |
| 5.000 | 61.880 | 71.935 | 71.935 | 82.764 | 82.764 | 92.820 |
| 6.000 | 67.933 | 78.973 | 78.973 | 90.861 | 90.861 | 101.900 |
| 7.000 | 73.473 | 85.413 | 85.413 | 98.270 | 98.270 | 110.210 |
| 8.000 | 78.600 | 91.373 | 91.373 | 105.128 | 105.128 | 117.901 |
| 9.000 | 83.385 | 96.936 | 96.936 | 111.528 | 111.528 | 125.078 |
| 10.000 | 87.880 | 102.161 | 102.161 | 117.540 | 117.540 | 131.820 |
| 12.000 | 96.149 | 111.773 | 111.773 | 128.599 | 128.599 | 144.223 |
| 14.000 | 103.631 | 120.471 | 120.471 | 138.607 | 138.607 | 155.447 |
| 16.000 | 110.477 | 128.430 | 128.430 | 147.763 | 147.763 | 165.716 |
| 18.000 | 116.791 | 135.769 | 135.769 | 156.208 | 156.208 | 175.186 |
| 20.000 | 122.649 | 142.580 | 142.580 | 164.043 | 164.043 | 183.974 |
| 25.000 | 138.047 | 160.480 | 160.480 | 184.638 | 184.638 | 207.070 |
| 30.000 | 152.052 | 176.761 | 176.761 | 203.370 | 203.370 | 228.078 |
| 40.000 | 177.097 | 205.875 | 205.875 | 236.867 | 236.867 | 265.645 |
| 50.000 | 199.330 | 231.721 | 231.721 | 266.604 | 266.604 | 298.995 |
| 60.000 | 219.553 | 255.230 | 255.230 | 293.652 | 293.652 | 329.329 |
| 70.000 | 238.243 | 276.958 | 276.958 | 318.650 | 318.650 | 357.365 |
| 80.000 | 253.946 | 295.212 | 295.212 | 339.652 | 339.652 | 380.918 |
| 90.000 | 268.420 | 312.038 | 312.038 | 359.011 | 359.011 | 402.630 |
| 100.000 | 281.843 | 327.643 | 327.643 | 376.965 | 376.965 | 422.765 |

(2) Das Honorar für Grundleistungen bei Landschaftsrahmenplänen ist nach der Fläche des Planungsgebiets in Hektar und nach der Honorarzone zu berechnen.

(3) Welchen Honorarzonen die Grundleistungen zugeordnet werden, richtet sich nach folgenden Bewertungsmerkmalen:

1. topographische Verhältnisse,
2. Raumnutzung und Bevölkerungsdichte,
3. Landschaftsbild,
4. Anforderungen an Umweltsicherung, Klima- und Naturschutz,
5. ökologische Verhältnisse,
6. Freiraumsicherung und Erholung.

(4) Sind für einen Landschaftsrahmenplan Bewertungsmerkmale aus mehreren Honorarzonen anwendbar und bestehen deswegen Zweifel, welcher Honorarzone der Landschaftsrahmenplan zugeordnet werden kann, so ist zunächst die Anzahl der Bewertungspunkte zu ermitteln. Zur Ermittlung der Bewertungspunkte werden die Bewertungsmerkmale wie folgt gewichtet:

1. die Bewertungsmerkmale gemäß Absatz 3 Nummer 1, 2, 3 und 6 mit je bis zu 6 Punkten und
2. die Bewertungsmerkmale gemäß Absatz 3 Nummer 4 und 5 mit je bis zu 9 Punkten.

(5) Der Landschaftsrahmenplan ist anhand der nach Absatz 4 ermittelten Bewertungspunkte einer der Honorarzonen zuzuordnen:

1. Honorarzone I: bis zu 16 Punkte,
2. Honorarzone II: 17 bis 30 Punkte,
3. Honorarzone III: 31 bis 42 Punkte.

(6) Wird die Größe des Planungsgebiets während der Leistungserbringung geändert, so ist das Honorar für die Leistungsphasen, die bis zur Änderung noch nicht erbracht sind, nach der geänderten Größe des Planungsgebiets zu berechnen.

## Kurzkommentar zu § 30

Die Honorartafelwerte sind bedarfsgerecht angehoben worden. Die bisherige strukturelle Unterdeckung in den unteren Werten wurde dabei ebenfalls berücksichtigt. Es sind nun 3 Honorarzonen gebildet worden. Die Honorarberechnungsgrundlage bildet nach wie vor die Flächeneinheit Hektar für das Plangebiet.

In Absatz 3 wird die Liste der Bewertungsmerkmale erweitert auf nunmehr sechs Bewertungsmerkmale. Die Bewertungsmerkmale werden an das aktualisierte Leistungsbild und die aktuellen Planungsanforderungen angepasst.

§ 30 Absatz 4 und 5 lehnen sich inhaltlich an der Struktur des § 29 an.

§ 30 Absatz 6 regelt die Vorgehensweise bei Änderungen des Plangebietes während der Planerstellung.

Honorare bei Leistungen für Landschaftspläne sollten konkrete Leistungsinhalte und unmittelbar darauf bezogene Honorarregelungen enthalten. Es sollte darüber hinaus bereits im Planungsvertrag vorsorglich eine Leistungs- und Honorarregelung für Besondere Leistungen getroffen werden, die etwaige Honorarunterdeckungen bei schwierigen Projekten verhindert.

Zu den Mindest- und Höchstsätzen gelten die Vorschriften aus dem allgemeinen Teil der HOAI entsprechend.

## § 31 Honorare für Grundleistungen bei Landschaftspflegerischen Begleitplänen

(1) Die Mindest- und Höchstsätze der Honorare für die in § 26 und Anlage 7 aufgeführten Grundleistungen bei Landschaftspflegerischen Begleitplänen sind in der folgenden Honorartafel festgesetzt:

§ 31 Honorare für Grundleistungen bei Landschaftspflegerischen Begleitplänen

| Fläche in Hektar | Honorarzone I geringe Anforderungen von bis Euro | | Honorarzone II durchschnittliche Anforderungen von bis Euro | | Honorarzone III hohe Anforderungen von bis Euro | |
|---|---|---|---|---|---|---|
| 6 | 5.324 | 6.189 | 6.189 | 7.121 | 7.121 | 7.986 |
| 8 | 6.130 | 7.126 | 7.126 | 8.199 | 8.199 | 9.195 |
| 12 | 7.600 | 8.836 | 8.836 | 10.166 | 10.166 | 11.401 |
| 16 | 8.947 | 10.401 | 10.401 | 11.966 | 11.966 | 13.420 |
| 20 | 10.207 | 11.866 | 11.866 | 13.652 | 13.652 | 15.311 |
| 40 | 15.755 | 18.315 | 18.315 | 21.072 | 21.072 | 23.632 |
| 100 | 29.126 | 33.859 | 33.859 | 38.956 | 38.956 | 43.689 |
| 200 | 47.180 | 54.846 | 54.846 | 63.103 | 63.103 | 70.769 |
| 300 | 62.748 | 72.944 | 72.944 | 83.925 | 83.925 | 94.121 |
| 400 | 76.829 | 89.314 | 89.314 | 102.759 | 102.759 | 115.244 |
| 500 | 89.855 | 104.456 | 104.456 | 120.181 | 120.181 | 134.782 |
| 600 | 102.062 | 118.647 | 118.647 | 136.508 | 136.508 | 153.093 |
| 700 | 113.602 | 132.062 | 132.062 | 151.942 | 151.942 | 170.402 |
| 800 | 124.575 | 144.819 | 144.819 | 166.620 | 166.620 | 186.863 |
| 1.200 | 167.729 | 194.985 | 194.985 | 224.338 | 224.338 | 251.594 |
| 1.600 | 207.279 | 240.961 | 240.961 | 277.235 | 277.235 | 310.918 |
| 2.000 | 244.349 | 284.056 | 284.056 | 326.817 | 326.817 | 366.524 |
| 2.400 | 279.559 | 324.987 | 324.987 | 373.910 | 373.910 | 419.338 |
| 3.200 | 343.814 | 399.683 | 399.683 | 459.851 | 459.851 | 515.720 |
| 4.000 | 400.847 | 465.985 | 465.985 | 536.133 | 536.133 | 601.270 |

(2) Das Honorar für Grundleistungen bei Landschaftspflegerischen Begleitplänen ist nach der Fläche des Planungsgebiets in Hektar und nach der Honorarzone zu berechnen.

(3) Welchen Honorarzonen die Grundleistungen zugeordnet werden, richtet sich nach folgenden Bewertungsmerkmalen:

1. ökologisch bedeutsame Strukturen und Schutzgebiete,
2. Landschaftsbild und Erholungsnutzung,
3. Nutzungsansprüche,
4. Anforderungen an die Gestaltung von Landschaft und Freiraum,
5. Empfindlichkeit gegenüber Umweltbelastungen und Beeinträchtigungen von Natur und Landschaft,
6. potenzielle Beeinträchtigungsintensität der Maßnahme.

(4) Sind für einen Landschaftspflegerischen Begleitplan Bewertungsmerkmale aus mehreren Honorarzonen anwendbar und bestehen deswegen Zweifel, welcher Honorarzone der Landschaftspflegerische Begleitplan zugeordnet werden kann, so ist zunächst die Anzahl der Bewertungspunkte zu ermitteln. Zur Ermittlung der Bewertungspunkte werden die Bewertungsmerkmale wie folgt gewichtet:

1. die Bewertungsmerkmale gemäß Absatz 3 Nummer 1, 2, 3 und 4 mit je bis zu 6 Punkten und

## § 31

2. die Bewertungsmerkmale gemäß Absatz 3 Nummer 5 und 6 mit je bis zu 9 Punkten.

(5) Der Landschaftspflegerische Begleitplan ist anhand der nach Absatz 4 ermittelten Bewertungspunkte einer der Honorarzonen zuzuordnen:

1. Honorarzone I: bis zu 16 Punkte,
2. Honorarzone II: 17 bis 30 Punkte,
3. Honorarzone III: 31 bis 42 Punkte.

(6) Wird die Größe des Planungsgebiets während der Leistungserbringung geändert, so ist das Honorar für die Leistungsphasen, die bis zur Änderung noch nicht erbracht sind, nach der geänderten Größe des Planungsgebiets zu berechnen.

## Kurzkommentar zu § 31

Für Landschaftspflegerische Begleitpläne wurde nunmehr eine eigene Honorarvorschrift aufgestellt.

Die Honorartafelwerte sind bedarfsgerecht angehoben worden. Die bisherige strukturelle Unterdeckung in den unteren Werten der bisher herangezogenen Honorartafeln wurde dabei ebenfalls berücksichtigt. Es sind nun 3 Honorarzonen gebildet worden. Die Honorarberechnungsgrundlage bildet die Flächeneinheit Hektar für das Plangebiet.

In Absatz 3 wird die Liste der Bewertungsmerkmale für die Honorarzoneneingruppierung aufgestellt. Die Bewertungsmerkmale werden an das aktualisierte Leistungsbild und die aktuellen Planungsanforderungen neu angepasst.

§ 30 Absatz 4 und 5 lehnen sich inhaltlich an der Struktur des § 30 an.

§ 30 Absatz 6 regelt die Vorgehensweise bei Änderungen des Plangebietes während der Planerstellung.

Honorare bei Leistungen für Landschaftspläne sollten konkrete Leistungsinhalte und unmittelbar darauf bezogene Honorarregelungen enthalten. Es sollte darüber hinaus bereits im Planungsvertrag vorsorglich eine Leistungs- und Honorarregelung für Besondere Leistungen getroffen werden, die etwaige Honorarunterdeckungen bei schwierigen Projekten verhindert.

Zu den Mindest- und Höchstsätzen gelten die Vorschriften aus dem allgemeinen Teil der HOAI entsprechend.

§ 32 Honorare für Grundleistungen bei Pflege- und Entwicklungsplänen

**§ 32 Honorare für Grundleistungen bei Pflege- und Entwicklungsplänen**

(1) Die Mindest- und Höchstsätze der Honorare für die in § 27 aufgeführten Grundleistungen bei Pflege- und Entwicklungsplänen sind in der folgenden Honorartafel festgesetzt:

| Fläche in Hektar | Honorarzone I geringe Anforderungen | | Honorarzone II durchschnittliche Anforderungen | | Honorarzone III hohe Anforderungen | |
|---|---|---|---|---|---|---|
| | von Euro | bis Euro | von Euro | bis Euro | von Euro | bis Euro |
| 5 | 3.852 | 7.704 | 7.704 | 11.556 | 11.556 | 15.408 |
| 10 | 4.802 | 9.603 | 9.603 | 14.405 | 14.405 | 19.207 |
| 15 | 5.481 | 10.963 | 10.963 | 16.444 | 16.444 | 21.925 |
| 20 | 6.029 | 12.058 | 12.058 | 18.087 | 18.087 | 24.116 |
| 30 | 6.906 | 13.813 | 13.813 | 20.719 | 20.719 | 27.626 |
| 40 | 7.612 | 15.225 | 15.225 | 22.837 | 22.837 | 30.450 |
| 50 | 8.213 | 16.425 | 16.425 | 24.638 | 24.638 | 32.851 |
| 75 | 9.433 | 18.866 | 18.866 | 28.298 | 28.298 | 37.731 |
| 100 | 10.408 | 20.816 | 20.816 | 31.224 | 31.224 | 41.633 |
| 150 | 11.949 | 23.899 | 23.899 | 35.848 | 35.848 | 47.798 |
| 200 | 13.165 | 26.330 | 26.330 | 39.495 | 39.495 | 52.660 |
| 300 | 15.318 | 30.636 | 30.636 | 45.954 | 45.954 | 61.272 |
| 400 | 17.087 | 34.174 | 34.174 | 51.262 | 51.262 | 68.349 |
| 500 | 18.621 | 37.242 | 37.242 | 55.863 | 55.863 | 74.484 |
| 750 | 21.833 | 43.666 | 43.666 | 65.500 | 65.500 | 87.333 |
| 1.000 | 24.507 | 49.014 | 49.014 | 73.522 | 73.522 | 98.029 |
| 1.500 | 28.966 | 57.932 | 57.932 | 86.898 | 86.898 | 115.864 |
| 2.500 | 36.065 | 72.131 | 72.131 | 108.196 | 108.196 | 144.261 |
| 5.000 | 49.288 | 98.575 | 98.575 | 147.863 | 147.863 | 197.150 |
| 10.000 | 69.015 | 138.029 | 138.029 | 207.044 | 207.044 | 276.058 |

(2) Das Honorar für Grundleistungen bei Pflege- und Entwicklungsplänen ist nach der Fläche des Planungsgebiets in Hektar und nach der Honorarzone zu berechnen.

(3) Welchen Honorarzonen die Grundleistungen zugeordnet werden, richtet sich nach folgenden Bewertungsmerkmalen:

1. fachliche Vorgaben,
2. Differenziertheit des floristischen Inventars oder der Pflanzengesellschaften,
3. Differenziertheit des faunistischen Inventars,
4. Beeinträchtigungen oder Schädigungen von Naturhaushalt und Landschaftsbild,
5. Aufwand für die Festlegung von Zielaussagen sowie für Pflege- und Entwicklungsmaßnahmen.

(4) Sind für einen Pflege- und Entwicklungsplan Bewertungsmerkmale aus mehreren Honorarzonen anwendbar und bestehen deswegen Zweifel, welcher Honorarzone der Pflege- und Entwicklungsplan zugeordnet werden kann, so ist zunächst die Anzahl

**§ 32**

der Bewertungspunkte zu ermitteln. Zur Ermittlung der Bewertungspunkte werden die Bewertungsmerkmale wie folgt gewichtet:

1. das Bewertungsmerkmal gemäß Absatz 3 Nummer 1 mit bis zu 4 Punkten,
2. die Bewertungsmerkmale gemäß Absatz 3 Nummer 4 und 5 mit je bis zu 6 Punkten und
3. die Bewertungsmerkmale gemäß Absatz 3 Nummer 2 und 3 mit je bis zu 9 Punkten.

(5) Der Pflege- und Entwicklungsplan ist anhand der nach Absatz 4 ermittelten Bewertungspunkte einer der Honorarzonen zuzuordnen:

1. Honorarzone I: bis zu 13 Punkte,
2. Honorarzone II: 14 bis 24 Punkte,
3. Honorarzone III: 25 bis 34 Punkte.

(6) Wird die Größe des Planungsgebiets während der Leistungserbringung geändert, so ist das Honorar für die Leistungsphasen, die bis zur Änderung noch nicht erbracht sind, nach der geänderten Größe des Planungsgebiets zu berechnen.

## Kurzkommentar zu § 32

Die Honorartafelwerte sind bedarfsgerecht angehoben worden. Die bisherige strukturelle Unterdeckung in den unteren Werten der bisher herangezogenen Honorartafeln wurde dabei ebenfalls berücksichtigt. Es sind 3 Honorarzonen gebildet worden. Die Honorarberechnungsgrundlage bildet die Flächeneinheit Hektar für das Plangebiet.

In Absatz 3 wird die Liste der Bewertungsmerkmale für die Honorarzoneneingruppierung aufgestellt. Die Bewertungsmerkmale werden an das aktualisierte Leistungsbild und die aktuellen Planungsanforderungen neu angepasst.

§ 30 Absatz 4 und 5 lehnen sich inhaltlich an der Struktur des § 31 an.

§ 30 Absatz 6 regelt die Vorgehensweise bei Änderungen des Plangebietes während der Planerstellung.

Honorare bei Leistungen für Landschaftspläne sollten konkrete Leistungsinhalte und unmittelbar darauf bezogene Honorarregelungen enthalten. Es sollte darüber hinaus bereits im Planungsvertrag vorsorglich eine Leistungs- und Honorarregelung für Besondere Leistungen getroffen werden, die etwaige Honorarunterdeckungen bei schwierigen Projekten verhindert.

Zu den Mindest- und Höchstsätzen gelten die Vorschriften aus dem allgemeinen Teil der HOAI entsprechend.

# Teil 3 Objektplanung

## Abschnitt 1 Gebäude Innenräume

### § 33 Besondere Grundlagen des Honorars

(1) Für Grundleistungen bei Gebäuden und Innenräumen sind die Kosten der Baukonstruktion anrechenbar.

(2) Für Grundleistungen bei Gebäuden und Innenräumen sind auch die Kosten für Technische Anlagen, die der Auftragnehmer nicht fachlich plant oder deren Ausführung er nicht fachlich überwacht,
   1. vollständig anrechenbar bis zu einem Betrag von 25 Prozent der sonstigen anrechenbaren Kosten und
   2. zur Hälfte anrechenbar mit dem Betrag, der 25 Prozent der sonstigen anrechenbaren Kosten übersteigt.

(3) Nicht anrechenbar sind insbesondere die Kosten für das Herrichten, für die nichtöffentliche Erschließung sowie für Leistungen zur Ausstattung und zu Kunstwerken, soweit der Auftragnehmer die Leistungen weder plant noch bei der Beschaffung mitwirkt oder ihre Ausführung oder ihren Einbau fachlich überwacht.

## Kurzkommentar zu § 33

In § 33 HOAI werden die jeweils unterschiedlich anrechenbaren Kosten geregelt. Nach HOAI wird unterschieden zwischen folgenden anrechenbaren Kosten:

– voll auf das Honorar anrechenbar (Baukonstruktion),
– beschränkt anrechenbar (Technische Anlagen),
– bedingt anrechenbar (Herrichten, nichtöffentliche Erschließung, Ausstattung, Kunstwerke)
– nicht anrechenbar.

Gebäude und Innenräume sind nach der § 2 Nr. 1 HOAI jeweils Objekte. Die getrennte Abrechnung wie in HOAI 2009 geregelt, wird nicht mehr aufrechterhalten. In der Praxis hat sich die Regelung der HOAI 2009 nicht bewährt. Denn die Kostengruppensystematik der DIN 276 ist nicht auf diese Objektgliederung eingerichtet.

Die anrechenbaren Kosten der Baukonstruktion gemäß Absatz 1 entsprechen den Kosten der Kostengruppe 300 gemäß DIN 276-1:2008:12. Damit ist für die Kostengruppe 370 eine Regelung in Bezug auf die Anrechenbarkeit getroffen, denn die Kostengruppe 370 unterfällt der Kostengruppe 300.

In Absatz 2 wird ebenfalls die Anrechenbarkeit der Kosten der Kostengruppe 400 geregelt. Hier gilt für die Kosten der Kostengruppe 470 sinngemäß das Gleiche wie zur Kostengruppe 370. Die Kosten der Kostengruppe 470 sind damit Bestandteil der an-

§ 33

rechenbaren Kosten in Verbindung mit der Maßgabe nach Absatz 2 (sog. 25 %-Regel).

Einige Kostengruppen die das Bauwerk betreffen, wie z. B. die Kostengruppe 400 (Bauwerk – Technische Anlagen) sind von Fachplanern fachtechnisch zu planen und gehören somit nicht zum fachlichen Planungsbereich der Architektenleistungen. Das bedeutet, die Fachbeiträge der Kostenplanung und der Kostenkontrolle sind von den Fachbüros zu liefern und vom Objektplaner zu integrieren. Im Zuge der Erstellung von Kostenermittlungen ist jeweils zunächst zu klären, welcher Planungsbeteiligte welche Fachbeiträge zur Erstellung der vollständigen Kostenermittlung gemäß seinem Planungsvertrag zu liefern hat.

**Praxis-Tipp**

Werden Grundleistungen für Gebäude und für Innenräume von einem Auftragnehmer einheitlich erbracht, kann dies bei den anrechenbaren Kosten zum Beispiel durch Zusammenfassung der jeweiligen anrechenbaren Kosten in Verbindung mit einem Zuschlag wegen des Degressionsnachteils) vereinbart werden. Dabei ist das Schriftformerfordernis nach § 7 Absatz 1 bzw. Absatz 5 zu beachten. Weiters hierzu: § 37 Absatz 2.

Soweit hinsichtlich der anrechenbaren Kosten § 4 (2) HOAI anzuwenden ist, können die entsprechenden Baustoffe oder Bauteile ebenfalls nach der Systematik der Kostengruppen gem. DIN 276 gegliedert und bei den anrechenbaren Kosten berücksichtigt werden.

*Beispiel*

*Werden bei einem Umbau eines Gebäudes die auf dem umzubauenden Gebäude vorhandenen Dachziegel abgenommen, auf der Baustelle zwischengelagert und anschließend wieder aufgelegt, dann gehören die Kosten für diese Baustoffe (Dachziegel) nach der Maßgabe des § 4 (2) HOAI zu den anrechenbaren Kosten der Kostengruppe 363 bzw. 300 und sind danach voll anrechenbar.*

**Nachvollziehbarkeit der anrechenbaren Kosten**

Sind die auf das Honorar anrechenbaren Kosten in Bezug auf die Kostengruppenzugehörigkeit der einzelnen Kosten nicht nachvollziehbar, bzw. nicht prüfbar in der Honorarrechnung dargestellt, dann fehlt eine Voraussetzung für die Fälligkeit des Honorars.

Es ist aber nicht erforderlich alle Kostengruppen (z. B. 100 oder 700) in der Honorarrechnung aufzuführen, es reichen die anrechenbaren Kosten.

Das Oberlandesgericht Düsseldorf (Baurecht 1985, 587) hat mit einer älteren Entscheidung zur Prüffähigkeit von Honorarrechnungen den folgenden, bis heute gültigen Leitsatz, formuliert:

„Prüffähigkeit der Honorarrechnung bedeutet, dass die Rechnung so aufgegliedert sein muss, dass der Auftraggeber die sachliche und rechnerische Richtigkeit überprüfen und daraus entnehmen kann, welche Leistungen im Einzelnen berechnet worden sind und auf welchem Wege und unter Zugrundelegung welcher Faktoren die Berechnung vorgenommen worden ist."

**Anrechenbare Kosten aus mitverarbeiteter vorhandener Bausubstanz**

Neu in die HOAI aufgenommen wurde die Regelung zu den anrechenbaren Kosten aus mitverarbeiteter, vorhandener Bausubstanz in § 2 Absatz 7 und § 4 Absatz 3.

Danach sollen die entsprechenden anrechenbaren Kosten zum Zeitpunkt der Kostenberechnung vereinbart werden.

Um zu diesem Zeitpunkt möglichst angemessene anrechenbare Kosten ermitteln zu können, müssen alle Beiträge (deren Erfordernis ohnehin bereits in der Leistungsphase 1 geprüft werden soll) der weiteren an der Planung beteiligten vorliegen. Das gilt insbesondere auch für Gutachterliche Ausarbeitungen oder Besondere Leistungen wie z. B. Bestandsaufnahme, technische Substanzerkundung, Schadstoffgutachten, Baugrundgutachten, die Auswirkungen auf die Planung des Entwurfs und die anrechenbaren Kosten aus mitverarbeiteter vorhandener Bausubstanz ausüben.

## § 34 Leistungsbild Gebäude und Innenräume

(1) Das Leistungsbild Gebäude und Innenräume umfasst Leistungen für Neubauten, Neuanlagen, Wiederaufbauten, Erweiterungsbauten, Umbauten, Modernisierungen, Instandsetzungen und Instandhaltungen.

(2) Leistungen für Innenräume sind die Gestaltung oder Erstellung von Innenräumen ohne wesentliche Eingriffe in Bestand oder Konstruktion.

(3) Die Grundleistungen sind in neun Leistungsphasen unterteilt und werden wie folgt in Prozentsätzen der Honorare des § 35 bewertet:

1. für die Leistungsphase 1 (Grundlagenermittlung) mit je 2 Prozent für Gebäude und Innenräume,
2. für die Leistungsphase 2 (Vorplanung) mit je 7 Prozent für Gebäude und Innenräume,
3. für die Leistungsphase 3 (Entwurfsplanung) mit 15 Prozent für Gebäude und Innenräume,
4. für die Leistungsphase 4 (Genehmigungsplanung) mit 3 Prozent für Gebäude und 2 Prozent für Innenräume,
5. für die Leistungsphase 5 (Ausführungsplanung) mit 25 Prozent für Gebäude und 30 Prozent für Innenräume,
6. für die Leistungsphase 6 (Vorbereitung der Vergabe) mit 10 Prozent für Gebäude und 7 Prozent für Innenräume,
7. für die Leistungsphase 7 (Mitwirkung bei der Vergabe) mit 4 Prozent für Gebäude und 3 Prozent für Innenräume,

**§ 34**

8. für die Leistungsphase 8 (Objektüberwachung – Bauüberwachung und Dokumentation) mit 32 Prozent für Gebäude und Innenräume,

9. für die Leistungsphase 9 (Objektbetreuung) mit je 2 Prozent für Gebäude und Innenräume.

(4) Anlage 10 Nummer 10.1 regelt die Grundleistungen jeder Leistungsphase und enthält Beispiele für Besondere Leistungen.

### Kurzkommentar zu § 34

Die Gewichtung der Leistungsphasen untereinander wurde durch den Verordnungsgeber geändert. Grund dafür sind Veränderungen bei den Honorartatbeständen in den jeweiligen Leistungsphasen sowie strukturelle Veränderungen durch Veränderung der unterschiedlichen Aufwände (insbesondere bei Leistungsphase 4).

Die Gewichtung der Leistungsphase 3 wurde auf 15 % des Gesamthonorars erhöht, was sich mit dementsprechend gestiegenem Aufwand und Komplexität der Entwurfsplanung begründen. Die Leistungsphase 4 wurde von bisherigen 6 % auf 3 % bei Gebäuden reduziert. Die Leistungsphase 6 ist, obwohl mit der Erstellung bepreister Leistungsverzeichnisse und deren Vergleich mit einer vorangehenden Kostenermittlung erheblicher Aufwand hinzugekommen ist, nach wie vor mit 10 % des Gesamthonorars bewertet. Die Leistungsphase 9 wird mit nur noch 2 % des Gesamthonorars bewertet.

Die Veränderungen bei Leistungsbild Gebäude im Einzelnen:

| Leistungsphase | HOAI 2009 | HOAI 2013 |
| --- | --- | --- |
| 1 | 3 % | 2 % |
| 2 | 7 % | 7 % |
| 3 | 11 % | 15 % |
| 4 | 6 % | 3 % |
| 5 | 25 % | 25 % |
| 6 | 10 % | 10 % |
| 7 | 4 % | 4 % |
| 8 | 31% | 32 % |
| 9 | 3 % | 2 % |

Beim Leistungsbild Innenräume wurde die Gewichtung der Leistungsphasen ebenfalls aktualisiert. Die Veränderungen bei Leistungsbild Innenräume im Einzelnen:

§ 34 Leistungsbild Gebäude und Innenräume 93

| Leistungsphase | HOAI 2009 | HOAI 2013 |
|---|---|---|
| 1 | 3 % | 2 % |
| 2 | 7 % | 7 % |
| 3 | 14 % | 15 % |
| 4 | 2 % | 2 % |
| 5 | 30 % | 30 % |
| 6 | 7 % | 7 % |
| 7 | 3 % | 3 % |
| 8 | 31 % | 32 % |
| 9 | 3 % | 2 % |

Die Regelungen des § 34 HOAI sind für die Honorarberechnung von zentraler Bedeutung. Hier wird das Leistungsbild für Gebäude und Innenräume bei Neubauten, Um- und Erweiterungsbauten, Modernisierungen, Instandsetzungen und Instandhaltungen geregelt.

**Leistungsbild und Besondere Leistungen in den jeweiligen Leistungsphasen**

In Absatz 4 wird Bezug genommen auf die Anlage Nr. 10 zur HOAI. Dort werden die Grundleistungen geregelt und die beispielhaft genannten Besonderen Leistungen erfasst. Die Grundleistungen sind abschließend aufgestellt. Die Besonderen Leistungen sind jedoch nicht abschließend, sondern nur beispielhaft aufgeführt.

**Beauftragung nicht aller Grundleistungen einer Leistungsphase**

In der HOAI stellen die Leistungsphasen die kleinste rechnerisch geregelte Einheit dar.
Es bleibt den Vertragsparteien jedoch überlassen, auch nur Anteile von Leistungsphasen gem. § 8 Abs. 2 zu beauftragen. Dabei sollen aber Leistungen, die zur Erfüllung des geschuldeten Erfolgs notwendig sind, nicht aus dem Vertrag herausgelassen werden. Bei reduzierter Beauftragung können die Prozentsätze entsprechend angepasst werden.

Grundsätzlich gilt, dass die HOAI keine Leistungsinhalte von Planungsleistungen regelt, sondern eine Preisrechtsverordnung ist. Sind jedoch die Teilleistungen in den jeweiligen Leistungsphasen konkret als Vertragsinhalt vereinbart, dann sind diese Leistungen in den jeweiligen Leistungsphasen auch im erforderlichen Zeitrahmen geschuldet.

## § 35

**Honorar beim Bauen im Bestand**

Die Leistungsphasen sind jeweils mit anteiligen Prozentsätzen je Leistungsphase bewertet und ergeben in der Summe mit 100 % die Gesamthonorierung aller Leistungen des Leistungsbildes. Diese Honorartatbestände, die zusammen 100 % ergeben, sollen die üblicherweise anfallenden planerischen Leistungen darstellen.

Das wird beim Bauen im Bestand nicht einheitlich beurteilt, denn bereits beim Bauen im Bestand gehört es aus baufachlicher Betrachtung i. d. R. dazu, sich mit der vorhandenen Bausubstanz – z. B. durch Bestandsaufnahme oder technische Substanzerkundung – zu befassen.

Bereits aus diesem Grund ist davon auszugehen, dass beim Bauen im Bestand die Leistungen der jeweiligen Leistungsbilder im Allgemeinen nicht ausreichen, um eine fachlich einwandfreie Planung zu erstellen.

Beim Bauen im Bestand sind die notwendigen Maßnahmen zu klären. Hierzu gehört die Bestandsaufnahme, die auch Bauschäden erfasst. Nur eine sorgfältige Bestandserkundung kann die Beurteilungsgrundlage schaffen, ob und inwieweit das vorhandene Altgebäude umgebaut werden kann. Dazu gehört die Prüfung, inwieweit sich die Bausubstanz hinsichtlich der vorhandenen Baustoffe, der Bauart und des altersbedingten Abnutzungsgrades für einen Umbau eignet. OLG Brandenburg vom 13.03.2008 (Az.: 12 U 180/07

Vorrangig ist die Beurteilung der Bauqualität, so dass festgestellt werden kann, welche Baumängel vorliegen. Die Bauwerkserkundungsnotwendigkeit wird umso intensiver, je stärker in den Bestand des Gebäudes eingegriffen werden soll.

Beim Bauen im Bestand reichen die Leistungen des Leistungsbildes in der Regel somit nicht aus, um die üblicherweise erforderlichen Leistungen zu erbringen. Die HOAI sieht in der Anlage Nr. 2.6 ergänzend Besondere Leistungen vor (nicht abschließende Beispielauflistung).

### § 35 Honorare für Grundleistungen bei Gebäuden und Innenräumen

(1) Die Mindest- und Höchstsätze der Honorare für die in § 34 und der Anlage 10, Nummer 10.1 aufgeführten Grundleistungen für Gebäude und Innenräume sind in der folgenden Honorartafel festgesetzt.

# § 35 Honorare für Grundleistungen bei Gebäuden und Innenräumen

| Anrechenbare Kosten in Euro | Honorarzone I sehr geringe Anforderungen (Euro) | | Honorarzone II geringe Anforderungen (Euro) | | Honorarzone III durchschnittliche Anforderungen (Euro) | | Honorarzone IV hohe Anforderungen (Euro) | | Honorarzone V sehr hohe Anforderungen (Euro) | |
|---|---|---|---|---|---|---|---|---|---|---|
| | von | bis | von | bis | von | bis | von | bis | von | bis |
| 25.000 | 3.120 | 3.657 | 3.657 | 4.339 | 4.339 | 5.412 | 5.412 | 6.094 | 6.094 | 6.631 |
| 35.000 | 4.217 | 4.942 | 4.942 | 5.865 | 5.865 | 7.315 | 7.315 | 8.237 | 8.237 | 8.962 |
| 50.000 | 5.804 | 6.801 | 6.801 | 8.071 | 8.071 | 10.066 | 10.066 | 11.336 | 11.336 | 12.333 |
| 75.000 | 8.342 | 9.776 | 9.776 | 11.601 | 11.601 | 14.469 | 14.469 | 16.293 | 16.293 | 17.727 |
| 100.000 | 10.790 | 12.644 | 12.644 | 15.005 | 15.005 | 18.713 | 18.713 | 21.074 | 21.074 | 22.928 |
| 150.000 | 15.500 | 18.164 | 18.164 | 21.555 | 21.555 | 26.883 | 26.883 | 30.274 | 30.274 | 32.938 |
| 200.000 | 20.037 | 23.480 | 23.480 | 27.863 | 27.863 | 34.751 | 34.751 | 39.134 | 39.134 | 42.578 |
| 300.000 | 28.750 | 33.692 | 33.692 | 39.981 | 39.981 | 49.864 | 49.864 | 56.153 | 56.153 | 61.095 |
| 500.000 | 45.232 | 53.006 | 53.006 | 62.900 | 62.900 | 78.449 | 78.449 | 88.343 | 88.343 | 96.118 |
| 750.000 | 64.666 | 75.781 | 75.781 | 89.927 | 89.927 | 112.156 | 112.156 | 126.301 | 126.301 | 137.416 |
| 1.000.000 | 83.182 | 97.479 | 97.479 | 115.675 | 115.675 | 144.268 | 144.268 | 162.464 | 162.464 | 176.761 |
| 1.500.000 | 119.307 | 139.813 | 139.813 | 165.911 | 165.911 | 206.923 | 206.923 | 233.022 | 233.022 | 253.527 |
| 2.000.000 | 153.965 | 180.428 | 180.428 | 214.108 | 214.108 | 267.034 | 267.034 | 300.714 | 300.714 | 327.177 |
| 3.000.000 | 220.161 | 258.002 | 258.002 | 306.162 | 306.162 | 381.843 | 381.843 | 430.003 | 430.003 | 467.843 |
| 5.000.000 | 343.879 | 402.984 | 402.984 | 478.207 | 478.207 | 596.416 | 596.416 | 671.640 | 671.640 | 730.744 |
| 7.500.000 | 493.923 | 578.816 | 578.816 | 686.862 | 686.862 | 856.648 | 856.648 | 964.694 | 964.694 | 1.049.587 |
| 10.000.000 | 638.277 | 747.981 | 747.981 | 887.604 | 887.604 | 1.107.012 | 1.107.012 | 1.246.635 | 1.246.635 | 1.356.339 |
| 15.000.000 | 915.129 | 1.072.416 | 1.072.416 | 1.272.601 | 1.272.601 | 1.587.176 | 1.587.176 | 1.787.360 | 1.787.360 | 1.944.648 |
| 20.000.000 | 1.180.414 | 1.383.298 | 1.383.298 | 1.641.513 | 1.641.513 | 2.047.281 | 2.047.281 | 2.305.496 | 2.305.496 | 2.508.380 |
| 25.000.000 | 1.436.874 | 1.683.837 | 1.683.837 | 1.998.153 | 1.998.153 | 2.492.079 | 2.492.079 | 2.806.395 | 2.806.395 | 3.053.358 |

§ 35

(2) Welchen Honorarzonen die Grundleistungen für Gebäude zugeordnet werden, richtet sich nach folgenden Bewertungsmerkmalen:

1. Anforderungen an die Einbindung in die Umgebung,
2. Anzahl der Funktionsbereiche,
3. gestalterische Anforderungen,
4. konstruktive Anforderungen,
5. technische Ausrüstung,
6. Ausbau.

(3) Welchen Honorarzonen die Grundleistungen für Innenräume zugeordnet werden, richtet sich nach folgenden Bewertungsmerkmalen:

1. Anzahl der Funktionsbereiche,
2. Anforderungen an die Lichtgestaltung,
3. Anforderungen an die Raum-Zuordnung und Raum-Proportion,
4. technische Ausrüstung,
5. Farb- und Materialgestaltung,
6. konstruktive Detailgestaltung.

(4) Sind für ein Gebäude Bewertungsmerkmale aus mehreren Honorarzonen anwendbar und bestehen deswegen Zweifel, welcher Honorarzone das Gebäude oder der Innenraum zugeordnet werden kann, so ist zunächst die Anzahl der Bewertungspunkte zu ermitteln. Zur Ermittlung der Bewertungspunkte werden die Bewertungsmerkmale wie folgt gewichtet:

1. die Bewertungsmerkmale gemäß Absatz 2 Nummer 1, 4 bis 6 mit je bis zu 6 Punkten und
2. die Bewertungsmerkmale gemäß Absatz 2 Nummer 2 und 3 mit je bis zu 9 Punkten.

(5) Sind für Innenräume Bewertungsmerkmale aus mehreren Honorarzonen anwendbar und bestehen deswegen Zweifel, welcher Honorarzone das Gebäude oder der Innenraum zugeordnet werden kann, so ist zunächst die Anzahl der Bewertungspunkte zu ermitteln. Zur Ermittlung der Bewertungspunkte werden die Bewertungsmerkmale wie folgt gewichtet:

1. die Bewertungsmerkmale gemäß Absatz 3 Nummer 1 bis 4 mit je bis zu 6 Punkten und
2. die Bewertungsmerkmale gemäß Absatz 3 Nummer 5 und 6 mit je bis zu 9 Punkten.

(6) Das Gebäude oder der Innenraum ist anhand der nach Absatz 5 ermittelten Bewertungspunkte einer der Honorarzonen zuzuordnen:

1. Honorarzone I: bis zu 10 Punkte,
2. Honorarzone II: 11 bis 18 Punkte,
3. Honorarzone III: 19 bis 26 Punkte,
4. Honorarzone IV: 27 bis 34 Punkte,

§ 35 Honorare für Grundleistungen bei Gebäuden und Innenräumen

5. Honorarzone V: 35 bis 42 Punkte.

(7) Für die Zuordnung zu den Honorarzonen ist die Objektliste der Anlage 10, Nummer 10.2 und Nummer 10.3, zu berücksichtigen.

## Kurzkommentar zu § 35

Die Honorare wurden aufgrund der gestiegenen Komplexität der Planungs- und Überwachungsleistungen, der inhaltlichen Veränderungen in den einzelnen Leistungsphasen und den allgemeinen Kostensteigerungen der Höhe nach aktualisiert und entsprechend der Höhe nach angepasst.

Die Honorarzonen sind eine der wesentlichen Säulen der Honorarberechnung. Mit der Eingruppierung in verschiedene Honorarzonen wird den unterschiedlichen Schwierigkeitsgraden von Planung und Bauüberwachung bei der Honorarermittlung Rechnung getragen.

### Verfahren zur Bestimmung der Honorarzone

Die Honorarzonen sind in verschiedenen Regelungen enthalten. In § 5 sind zunächst die leistungsbildüberreifenden Regelungen enthalten. Darin werden die 5 Honorarzonen mit 5 unterschiedlichen Planungsanforderungen für Gebäude und Innenräume beschrieben.

In § 5 Absatz 3 wird die Verfahrensweise zur Honorarzoneneingruppierung beschrieben. Diese Regelung lässt jedoch Ermessensspielräume. Zunächst heißt es, dass die Honorarzonen anhand der Bewertungsmerkmale zu ermitteln sind. Dann heißt es weiter, dass die Zurechnung zu den Honorarzonen nach Maßgabe der Bewertungsmerkmale und gegebenenfalls der Bewertungspunkte sowie unter Berücksichtigung der Regelbeispiele in den Objektlisten vorzunehmen ist.

In den Absätzen 2–7 des § 35 werden die Honorarzonen für Gebäude und Innenräume geregelt.

### Rechtsprechung zur Honorarzone

Die je Planung individuell zutreffende Honorarzone ist somit nicht verhandelbar und unterliegt keinem Spielraum bei der Ausgestaltung des Honorars. Der BGH hat klargestellt, dass sich die Honorarzone jeweils aus der Aufgabenstellung und dem Planungsinhalt selbst ergibt und nach objektiven Kriterien zu bestimmen ist, nicht nach dem individuellen Willen der jeweiligen Vertragsparteien.

 Die Honorarzone wird ausschließlich anhand der Regelungen der HOAI bestimmt und bedarf deshalb keiner zwingenden Regelung im Planungsvertrag.

Der BGH hat mit Urteil vom 11.12.2008 - VII ZR 235/06 folgende weitere Klarstellung zur Ermittlung der **Honorarzone** nur bei anteiligen Aufträgen vorgenommen:

§ 35

Die Honorarzone bestimmt sich nur nach den Planungsinhalten, die im (räumlichen) Planungsumfang des Vertrags enthalten sind (Vertragsgegenstand). Wird z. B. die Planung für einen Umbau von 4 Verwaltungsräumen in einer Universitätsklinik durchgeführt, dann bestimmt sich die Honorarzone nach dem Vertragsgegenstand, den 4 Verwaltungsräumen.

Beim Planen und Bauen im Bestand kann der räumliche Vertragsumfang konkret anhand zeichnerischer Unterlagen wie Pläne von vorh. Bausubstanz vereinbart werden, in denen der Vertragsgegenstand farbig markiert eingetragen wird. Soll z. B. bei einer Modernisierung eines Gebäudes das Kellergeschoss nicht Vertragsgegenstand sein, wird empfohlen, dies auch im Vertragsgegenstand zu vereinbaren.

**Objektlisten**

Die Objektlisten sind neu aufgestellt und textlich neu gefasst. Sie sind gegliedert nach Gebäudearten.

Es sind auch neue Objekte aufgenommen worden, z. B. Gebäude für den Strafvollzug in Honorarzone V. Labor- und Institutsgebäude sind jetzt in Honorarzone IV und V eingruppiert, ebenso Großsportstätten und Hallenbäder. Die zugehörigen **Objektlisten** sind in

- Anlage 10.2 Objektliste Gebäude
- Anlage 10.3 Objektliste Innenräume

zur HOAI abgebildet.

Absatz 4 regelt die Eingruppierung in die Honorarzonen, wenn einzelne Bewertungsmerkmale bei den jeweiligen Bewertungskriterien vorliegen, die unterschiedlichen Honorarzonen zuzuordnen sind und deswegen Zweifel bestehen, welcher Honorarzone das Gebäude oder der Innenraum zugeordnet werden können. In diesen Fällen ist die Punktebewertung vorzunehmen.

Abs. 5 regelt die maximal zulässigen Punkte, die bei der Punktebewertung möglich sind. Dabei werden die Kriterien

- Anzahl der Funktionsbereiche und
- gestalterische Anforderungen

mit maximal 9 Punkten deutlich höher bewertet als die anderen Bewertungsmerkmale. Ungeklärt im Verordnungstext ist die Mindestpunktzahl als Untergrenze.

So kann die Mindestpunktzahl bei null liegen oder auch bei einem Punkt. Damit können unterschiedliche Bewertungsergebnisse einhergehen. Außerdem bestehen zwischen der (nicht geregelten) Mindestpunktzahl und der in der maximalen Punktzahl Ermessensspielräume bei den Zwischenschritten (z. B. bei durchschnittlichen Anforderungen). Auf Grundlage dieser nennenswerten Ermessensspielräume haben sich unterschiedliche Bewertungstabellen entwickelt.

## Bauen im Bestand

Beim Bauen im Bestand können in Bezug auf das Kriterium Nr.1 Einbindung in die Umgebung Fragen bestehen. Aus fachlicher Sicht ist es schlüssig und plausibel bei Umbauten oder Modernisierungen bzw. Instandsetzungen die Anforderungen an die Einbindung in die Umgebung gleichermaßen als Einbindung in die Substanz bzw. bauliche Struktur des vorhandenen Objekts zu verstehen. Diese Auslegung entspricht am ehesten dem Sinn dieses Bewertungsmerkmals. Alle anderen Auslegungen die allein auf Neubauten ausgerichtet sind, ergeben aus fachlicher Sicht keine schlüssige Ausrichtung. Ein älteres Urteil des OLG Düsseldorf bestätigt diese Auslegung.

Die nachstehende Tabelle kann als Ausgangspunkt für die Eingruppierung in die Honorarzone nach § 34 HOAI angewendet werden, sie hat sich in der Praxis durchgesetzt und gilt als anerkannt. Daneben gibt es noch alternative Tabellen.

Für jedes Bewertungskriterium werden die zutreffenden Bewertungspunkte vergeben. Die Summe der Bewertungspunkte entscheidet über die Eingruppierung in die Honorarzone.

| Honorarzone | I | II | III | IV | V |
|---|---|---|---|---|---|
| Planungsanforderungen | sehr gering | gering | durch-schnittl. | über-durch-schnittl. | sehr hoch |
| Bewertungsmerkmale | Punkte je Merkmal | | | | |
| 1  Einbindung in die Umgebung | 1 | 2 | 3–4 | 5 | 6 |
| 2  Anzahl der Funktionsbereiche | 1–2 | 3–4 | 5–6 | 7–8 | 9 |
| 3  Gestalterische Anforderungen | 1–2 | 3–4 | 5–6 | 7–8 | 9 |
| 4  Konstruktive Anforderungen | 1 | 2 | 3–4 | 5 | 6 |
| 5  Technische Ausrüstung | 1 | 2 | 3–4 | 5 | 6 |
| 6  Ausbau | 1 | 2 | 3–4 | 5 | 6 |
| Summe der Punkte | bis 10 | 11–18 | 19–26 | 27–34 | 35–42 |

### Beispiel

*Bei der Eingruppierung in die zutreffende Honorarzone hat es sich in Fällen, bei denen die Eingruppierung nicht von vornherein eindeutig ist, bewährt, für jedes der 6 Eingruppierungskriterien sog. Unterkriterien zu bilden, diese zu erläutern und anschließend in die Kriterien nach HOAI einfließen zu lassen. Damit wird eine objektivierte Methode angewendet, die in der Praxis im Regelfall belastbar ist.*

Nach dem Einführungserlass vom 19.08.2013 des Bundesbauministeriums zur HOAI 2013 (Az.: B 10-8111.4.3-) ist zunächst aufgrund der Bewertungsmerkmale und ggfs. der Bewertungspunkte zu ermitteln. Durch Regelbeispiele in den Objektlisten soll die

## § 36

Zuordnung erleichtert werden. Damit ist durch diesen Erlass an die entsprechenden Dienststellen geregelt, dass die Objektliste nur zur Erleichterung der Eingruppierung dienen kann. Das ist bedeutend, da ein Teil der Bewertungskriterien (z. B. Anforderungen an die Gestaltung) ohnehin nur einzelfallbezogen beurteilt werden kann.

### § 36 Umbauten und Modernisierungen von Gebäuden und Innenräumen

(1) Für Umbauten und Modernisierungen von Gebäuden kann bei einem durchschnittlichen Schwierigkeitsgrad ein Zuschlag gemäß § 6 Absatz 2 Satz 3 bis 33 Prozent auf das ermittelte Honorar schriftlich vereinbart werden.

(2) Für Umbauten und Modernisierungen von Innenräumen in Gebäuden kann bei einem durchschnittlichen Schwierigkeitsgrad ein Zuschlag gemäß § 6 Absatz 2 Satz 3 bis 50 Prozent auf das ermittelte Honorar schriftlich vereinbart werden.

## Kurzkommentar zu § 36

Der Umbauzuschlag – im Verordnungstext hier als Zuschlag[163] bezeichnet – regelt die allgemeinen Mehraufwendungen, die bei Umbauten oder Modernisierungen im Bestand im Zuge der Gebäudeplanung oder bei Innenräumen anfallen. Der Umbauzuschlag ist daher kein „kalkulatorischer Ersatz" für etwaige Besondere Leistungen bei Umbauten, wie z. B. eine Bestandsaufnahme oder eine technische Substanzerkundung. Der Umbauzuschlag ist ein von Besonderen Leistungen unberührter übergreifender Zuschlag auf das Honorar der die allgemeinen Komplexitäts- und aufwandsbezogenen Zusatzaufwände berücksichtigen soll.

Für Instandsetzungen und Instandhaltungen gibt es keine Regelung mehr.

Der Umbau- oder Modernisierungszuschlag steht unberührt neben der Regelung zur mitverarbeiteten vorhandenen Bausubstanz, so dass eine *entweder – oder – Argumentation* nicht sachgemäß ist.

Die Regelung in § 36 steht im Zusammenhang mit der übergreifenden Regelung in § 6 Absatz 2 Nr.5. Dort ist geregelt, dass der Umbau- oder Modernisierungszuschlag unter Berücksichtigung des **Schwierigkeitsgrads** der Leistungen schriftlich zu vereinbaren ist. Die Höhe der prozentualen Wertspanne (des Umbauzuschlags) auf das Honorar ist in den jeweiligen Honorarregelungen der Leistungsbilder der Teile 2 bis 4 geregelt.

Sofern keine schriftliche Vereinbarung getroffen wurde, gilt ein Zuschlag von 20 Prozent ab einem durchschnittlichen Schwierigkeitsgrad als vereinbart.

---

[163] In § 6 Abs. 2 Nr.5 auch als Umbau- und Modernisierungszuschlag bezeichnet

## Untere Grenze des Umbauzuschlags

Der Verordnungsgeber regelt für den Fall, dass keine schriftliche Vereinbarung getroffen wurde, dass ab mittlerem Schwierigkeitsgrad (gemeint ist offenbar ab Honorarzone III) ein Zuschlag von 20 % anzusetzen ist.

Umbauzuschläge oberhalb von 20 % bedürfen generell einer schriftlichen Honorarvereinbarung.

Falls eine schriftliche Vereinbarung getroffen wird, gibt es jedoch keine untere Grenze für den Umbauzuschlag.

Diese „nach unten offene" Regelung ist nach herrschender Auffassung aus der Fachwelt bzw. aus der Planungspraxis nicht angemessen und kann zu Nachteilen für Planungsbüros führen. Diese Regelung widerspricht auch der Formulierung aus § 6 Absatz 2 Nr. 5 HOAI wonach der Umbau- oder Modernisierungszuschlag unter Berücksichtigung des Schwierigkeitsgrads der Leistungen zu vereinbaren ist. Insofern sollte der Mindestzuschlag von 20 % ab mittlerem Schwierigkeitsgrad bereits aus Angemessenheitsaspekten heraus generell als unterer Grenzwert ab Honorarzone III befürwortet werden.

Schlüssig und kalkulatorisch angemessen ist daher, dass ein Umbau- oder Modernisierungszuschlag ab mittlerem Schwierigkeitsgrad in keinem Fall – also auch bei schriftlicher Vereinbarung - unter 20 % liegen sollte. Denn ein niedrigerer Zuschlag würde dem Verständnis der Regelung nach § 6 Absatz 2 Nr. 5 HOAI wonach der Schwierigkeitsgrad bei der Bemessung des Umbauzuschlags zu berücksichtigen ist, widersprechen.

## Zuschlag bei Honorarzone IV und V sowie I und II

Für die Honorarzonen IV und V – ist bei schriftlicher Vereinbarung – ebenfalls keine untere Grenze des Zuschlags vorgesehen. Nur für den Fall, dass keine schriftliche Vereinbarung getroffen wurde, gilt der Zuschlag in Höhe von 20 %. Auch hier gilt, dass ein geringerer Zuschlag als 20 % dem Verständnis der Regelung nach § 6 Absatz 2 Nr. 5 HOAI, wonach der Schwierigkeitsgrad[164] bei der Bemessung des Umbauzuschlags zu berücksichtigen ist, widersprechen würde.

Für die Honorarzonen I und II sind keine Regelungen zum Umbauzuschlag enthalten, so dass hier Regelungsfreiheit besteht. § 6 Absatz 2 gilt aber auch hier.

---

[164] Der Schwierigkeitsgrad wird durch die Honorarzone ausgedrückt

## § 37 Aufträge für Gebäude und Freianlagen oder für Gebäude und Innenräume

(1) § 11 Absatz 1 ist nicht anzuwenden, wenn die getrennte Berechnung der Honorare für Freianlagen weniger als 7 500 Euro anrechenbare Kosten ergeben würde.

(2) Werden Grundleistungen für Innenräume in Gebäuden, die neu gebaut, wiederaufgebaut, erweitert oder umgebaut werden, einem Auftragnehmer übertragen, dem auch Grundleistungen für dieses Gebäude nach § 34 übertragen werden, so sind die Grundleistungen für Innenräume im Rahmen der festgesetzten Mindest- und Höchstsätze bei der Vereinbarung des Honorars für die Grundleistungen am Gebäude zu berücksichtigen. Ein gesondertes Honorar nach § 11 Absatz 1 darf für die Grundleistungen für Innenräume nicht berechnet werden.

### Kurzkommentar zu § 37

Absatz 1 regelt, dass bei anrechenbaren Kosten von weniger als 7.500 EUR für Freianlagen keine getrennte Honorarabrechnung, sondern eine einheitliche Honorarabrechnung im Leistungsbild Gebäude erfolgt. Sinngemäß das Gleiche gilt, falls ein Auftrag Innenräume betrifft und Freianlagen mit anrechenbaren Kosten von weniger als 7.500 EUR.

Absatz 2 regelt, dass das Honorar für Gebäude und Innenräume einheitlich zu berechnen ist, wenn der Auftrag an einen Auftragnehmer erteilt wird. In diesem Fall soll eine Berücksichtigung im Rahmen der Mindest- und Höchstsätze erfolgen. Das bedeutet, dass innerhalb des Rahmens zwischen Mindest- und Höchstsatz der sog. Degressionsverlust, der bei einheitlicher Abrechnung[165] gegenüber der getrennten Abrechnung (Gebäude und Innenräume) entsteht, ausgeglichen werden soll.

Die Berücksichtigung im Rahmen der Mindest- und Höchstsätze gem. Absatz 2 erfordert, wie eine Abweichung vom Mindestsatz, die Einhaltung der Schriftform bei Auftragserteilung.

---

[165] Zusammengefasste anrechenbare Kosten

# Abschnitt 2 Freianlagen

### § 38 Besondere Grundlagen des Honorars

(1) Für Grundleistungen bei Freianlagen sind die Kosten für Außenanlagen anrechenbar, insbesondere für folgende Bauwerke und Anlagen, soweit diese durch den Auftragnehmer geplant oder überwacht werden:
1. Einzelgewässer mit überwiegend ökologischen und landschaftsgestalterischen Elementen,
2. Teiche ohne Dämme,
3. flächenhafter Erdbau zur Geländegestaltung,
4. einfache Durchlässe und Uferbefestigungen als Mittel zur Geländegestaltung, soweit keine Grundleistungen nach Teil 4 Abschnitt 1 erforderlich sind,
5. Lärmschutzwälle als Mittel zur Geländegestaltung,
6. Stützbauwerke und Geländeabstützungen ohne Verkehrsbelastung als Mittel zur Geländegestaltung, soweit keine Tragwerke mit durchschnittlichem Schwierigkeitsgrad erforderlich sind,
7. Stege und Brücken, soweit keine Grundleistungen nach Teil 4 Abschnitt 1 erforderlich sind,
8. Wege ohne Eignung für den regelmäßigen Fahrverkehr mit einfachen Entwässerungsverhältnissen sowie andere Wege und befestigte Flächen, die als Gestaltungselement der Freianlagen geplant werden und für die keine Grundleistungen nach Teil 3 Abschnitt 3 und 4 erforderlich sind.

(2) Nicht anrechenbar sind für Grundleistungen bei Freianlagen die Kosten für
1. das Gebäude sowie die in § 33 Absatz 3 genannten Kosten und
2. den Unter- und Oberbau von Fußgängerbereichen, ausgenommen die Kosten für die Oberflächenbefestigung.

## Kurzkommentar zu § 38

§ 38 betrifft die Anrechenbarkeit der Kosten von Freianlagen.

**Absatz 1** regelt, dass die Kosten für Außenanlagen (DIN 276 Teil 1, KG 500) anrechenbar sind und hierzu insbesondere die unter Nr. 1 bis 8 genannten Bauwerke und Anlagen als Regelbeispiele zählen. Die Anrechenbarkeit setzt voraus, dass der Auftragnehmer diese plant oder überwacht.

## § 39

Die Vorschrift dient weiterhin dazu, Freianlagen von Ingenieurbauwerken und Verkehrsanlagen abzugrenzen.[166]

**Absatz 2** stimmt mit dem bisherigen § 37 Absatz 2 HOAI 2009 überein.

Die Regelung des § 37 Absatz 3 HOAI 2009, nach der die anrechenbaren Kosten von Gebäuden und kleinen Freianlagen (mit anrechenbaren Kosten unter EUR 7.500) ausnahmsweise zu addieren sind, ist nicht in § 38 übernommen worden, sondern findet sich in § 37 Absatz 1.

### § 39 Leistungsbild Freianlagen

(1) Freianlagen sind planerisch gestaltete Freiflächen und Freiräume sowie entsprechend gestaltete Anlagen in Verbindung mit Bauwerken oder in Bauwerken und landschaftspflegerische Freianlagenplanungen in Verbindung mit Objekten.

(2) § 34 Absatz 1 gilt entsprechend.

(3) Die Grundleistungen bei Freianlagen sind in neun Leistungsphasen unterteilt und werden wie folgt in Prozentsätzen der Honorare des § 40 bewertet:

1. für die Leistungsphase 1 (Grundlagenermittlung) mit 3 Prozent,
2. für die Leistungsphase 2 (Vorplanung) mit 10 Prozent,
3. für die Leistungsphase 3 (Entwurfsplanung) mit 16 Prozent,
4. für die Leistungsphase 4 (Genehmigungsplanung) mit 4 Prozent,
5. für die Leistungsphase 5 (Ausführungsplanung) mit 25 Prozent,
6. für die Leistungsphase 6 (Vorbereitung der Vergabe) mit 7 Prozent,
7. für die Leistungsphase 7 (Mitwirkung bei der Vergabe) mit 3 Prozent,
8. für die Leistungsphase 8 (Objektüberwachung – Bauüberwachung und Dokumentation) mit 30 Prozent und
9. für die Leistungsphase 9 (Objektbetreuung ) mit 2 Prozent.

(4) Anlage 11 Nummer 11.1 regelt die Grundleistungen jeder Leistungsphase und enthält Beispiele für Besondere Leistungen.

### Kurzkommentar zu § 39

Die Vorschrift entspricht weitestgehend § 38 HOAI 2009.

Neu eingefügt wurde in **Absatz 1** die Definition der Freianlagen, die sich bisher in § 2 Nr. 11 HOAI 2009 fand. Ergänzt wurden die landschaftspflegerischen Freianlagenplanungen.

---

[166] Siehe bereits die Begründung der BReg zur HOAI 2009, BR.-Drs. 395/09 vom 30.04.2009, S. 195.

Der Verweis in **Absatz 2** auf § 34 Absatz 1 beinhaltet u. a. eine Bezugnahme auf Umbauten.

**Absatz 3** enthält die Bewertung der neun Leistungsphasen. Die Leistungsphasen 3, 5 und 8 werden jeweils um einen Prozentpunkt höher bewertet als nach der HOAI 2009. Im Gegenzug fällt die Bewertung der Leistungsphasen 4 und 9 etwas niedriger aus. Die Stärkung der Leistungsphase 3 beruht darauf, dass alle erforderlichen Abstimmungen mit Behörden bereits in der Entwurfsplanung und Kostenberechnung zu berücksichtigen sind, sodass für die Genehmigungsplanung nur noch das formale Zusammenstellen und Einreichen der Vorlagen verbleibt. In der Ausführungsplanung wurde die erforderliche Detailplanung stärker gewichtet. Schließlich war für die Bewertung zu berücksichtigen, dass die Dokumentation von der Leistungsphase 9 in die Leistungsphase 8 vorverlagert wurde.

Die Leistungen im Leistungsbild Freianlagen waren bisher zusammen mit Gebäuden und Innenräumen in der Anlage 11 zur HOAI 2009 enthalten. In der Anlage 11 zur HOAI 2013 sind die Grundleistungen im Leistungsbild Freianlagen nunmehr selbständig geregelt (siehe den Verweis in **Absatz 4**). Ferner finden sich in der Anlage 11 Beispiele für Besondere Leistungen und die Objektliste.

### § 40 Honorare für Grundleistungen bei Freianlagen

(1) Die Mindest- und Höchstsätze der Honorare für die in § 39 und der Anlage 11 Nummer 11.1 aufgeführten Grundleistungen für Freianlagen sind in der folgenden Honorartafel festgesetzt:

§ 40

| Anrechenbare Kosten in Euro | Honorarzone I sehr geringe Anforderungen | | Honorarzone II geringe Anforderungen | | Honorarzone III durchschnittliche Anforderungen | | Honorarzone IV hohe Anforderungen | | Honorarzone V sehr hohe Anforderungen | |
|---|---|---|---|---|---|---|---|---|---|---|
| | von Euro | bis Euro | von Euro | bis Euro | von Euro | bis Euro | von Euro | bis Euro | von Euro | bis Euro |
| 20.000 | 3.643 | 4.348 | 4.348 | 5.229 | 5.229 | 6.521 | 6.521 | 7.403 | 7.403 | 8.108 |
| 25.000 | 4.406 | 5.259 | 5.259 | 6.325 | 6.325 | 7.888 | 7.888 | 8.954 | 8.954 | 9.807 |
| 30.000 | 5.147 | 6.143 | 6.143 | 7.388 | 7.388 | 9.215 | 9.215 | 10.460 | 10.460 | 11.456 |
| 35.000 | 5.870 | 7.006 | 7.006 | 8.426 | 8.426 | 10.508 | 10.508 | 11.928 | 11.928 | 13.064 |
| 40.000 | 6.577 | 7.850 | 7.850 | 9.441 | 9.441 | 11.774 | 11.774 | 13.365 | 13.365 | 14.638 |
| 50.000 | 7.953 | 9.492 | 9.492 | 11.416 | 11.416 | 14.238 | 14.238 | 16.162 | 16.162 | 17.701 |
| 60.000 | 9.287 | 11.085 | 11.085 | 13.332 | 13.332 | 16.627 | 16.627 | 18.874 | 18.874 | 20.672 |
| 75.000 | 11.227 | 13.400 | 13.400 | 16.116 | 16.116 | 20.100 | 20.100 | 22.816 | 22.816 | 24.989 |
| 100.000 | 14.332 | 17.106 | 17.106 | 20.574 | 20.574 | 25.659 | 25.659 | 29.127 | 29.127 | 31.901 |
| 125.000 | 17.315 | 20.666 | 20.666 | 24.855 | 24.855 | 30.999 | 30.999 | 35.188 | 35.188 | 38.539 |
| 150.000 | 20.201 | 24.111 | 24.111 | 28.998 | 28.998 | 36.166 | 36.166 | 41.053 | 41.053 | 44.963 |
| 200.000 | 25.746 | 30.729 | 30.729 | 36.958 | 36.958 | 46.094 | 46.094 | 52.323 | 52.323 | 57.306 |
| 250.000 | 31.053 | 37.063 | 37.063 | 44.576 | 44.576 | 55.594 | 55.594 | 63.107 | 63.107 | 69.117 |
| 350.000 | 41.147 | 49.111 | 49.111 | 59.066 | 59.066 | 73.667 | 73.667 | 83.622 | 83.622 | 91.586 |
| 500.000 | 55.300 | 66.004 | 66.004 | 79.383 | 79.383 | 99.006 | 99.006 | 112.385 | 112.385 | 123.088 |
| 650.000 | 69.114 | 82.491 | 82.491 | 99.212 | 99.212 | 123.736 | 123.736 | 140.457 | 140.457 | 153.834 |
| 800.000 | 82.430 | 98.384 | 98.384 | 118.326 | 118.326 | 147.576 | 147.576 | 167.518 | 167.518 | 183.472 |
| 1.000.000 | 99.578 | 118.851 | 118.851 | 142.942 | 142.942 | 178.276 | 178.276 | 202.368 | 202.368 | 221.641 |
| 1.250.000 | 120.238 | 143.510 | 143.510 | 172.600 | 172.600 | 215.265 | 215.265 | 244.355 | 244.355 | 267.627 |
| 1.500.000 | 140.204 | 167.340 | 167.340 | 201.261 | 201.261 | 251.011 | 251.011 | 284.931 | 284.931 | 312.067 |

# § 40 Honorare für Grundleistungen bei Freianlagen

(2) Welchen Honorarzonen die Grundleistungen zugeordnet werden, richtet sich nach folgenden Bewertungsmerkmalen:
1. Anforderungen an die Einbindung in die Umgebung,
2. Anforderungen an Schutz, Pflege und Entwicklung von Natur und Landschaft,
3. Anzahl der Funktionsbereiche,
4. gestalterische Anforderungen,
5. Ver- und Entsorgungseinrichtungen.

(3) Sind für eine Freianlage Bewertungsmerkmale aus mehreren Honorarzonen anwendbar und bestehen deswegen Zweifel, welcher Honorarzone die Freianlage zugeordnet werden kann, so ist zunächst die Anzahl der Bewertungspunkte zu ermitteln. Zur Ermittlung der Bewertungspunkte werden die Bewertungsmerkmale wie folgt gewichtet:
1. die Bewertungsmerkmale gemäß Absatz 2 Nummer 1, 2 und 4 mit je bis zu 8 Punkten,
2. die Bewertungsmerkmale gemäß Absatz 2 Nummer 3 und 5 mit je bis zu 6 Punkten.

(4) Die Freianlage ist anhand der nach Absatz 3 ermittelten Bewertungspunkte einer der Honorarzonen zuzuordnen:
1. Honorarzone I: bis zu 8 Punkte,
2. Honorarzone II: 9 bis 15 Punkte,
3. Honorarzone III: 16 bis 22 Punkte,
4. Honorarzone IV: 23 bis 29 Punkte,
5. Honorarzone V: 30 bis 36 Punkte.

(5) Für die Zuordnung zu den Honorarzonen ist die Objektliste der Anlage 11 Nummer 11.2 zu berücksichtigen.

(6) § 36 Absatz 1 ist für Freianlagen entsprechend anzuwenden.


## Kurzkommentar zu § 40

§ 40 entspricht weitestgehend § 39 HOAI 2009.

**Absatz 1** enthält die Honorartafel, deren Eingangs- und Ausgangswerte auf glatte Beträge abgerundet wurden (EUR 20.000,00 bzw. 1,5 Mio.). Die Tafelwerte selbst sind im Zuge der Novelle gestiegen, im unteren Tafelbereich um bis zu 41,9 Prozent.

Die Zuordnung zu den Honorarzonen ist in den Absätzen 2 bis 5 näher geregelt:
- **Absatz 2** enthält die Bewertungsmerkmale,
- **Absatz 3** deren Gewichtung zur Ermittlung der maximal 36 Bewertungspunkte,
- **Absatz 4** die Zuordnung der Punkte zu den fünf Honorarzonen und
- **Absatz 5** den Verweis auf die Objektliste in der Anlage 11 Nummer 11.2.

**40** Der in **Absatz 6** enthaltene Verweis auf § 36 Absatz 1 bedeutet, dass der Umbau- und Modernisierungszuschlag auch auf Freianlagen anzuwenden ist. Dies ist für die HOAI 2009 umstritten.[167] Der Verordnungsgeber hält die umbaubedingten Erschwernisse nunmehr ausdrücklich auch bei Freianlagen für gegeben.[168]

Ab der Honorarzone III kann ein Zuschlag bis 33 Prozent schriftlich vereinbart werden; anderenfalls gilt der vermutete Zuschlag von 20 Prozent.

Für Verträge mit dem Bund ist zu beachten, dass das Bundesbauministerium einen Umbauzuschlag im Zusammenhang mit landschaftspflegerischen Maßnahmen grundsätzlich ablehnt.[169]

Zum Umbauzuschlag siehe ergänzend die Kommentierungen oben zu § 6 Absatz 2 und § 36 Absatz 1.

---

[167] Siehe die Kommentierung zu § 38 HOAI 2009 bei Siemon/Averhaus, Die HOAI 2009 verstehen und richtig anwenden, 2. Auflage 2012; Motzke, ZfBR 2012, 3.
[168] BR-Drs. 334/13 vom 25.04.2013, S. 158.
[169] Siehe den Erlass des BMVBS vom 19.08./06.09.2013, B 10 -8111.4.3.

# Abschnitt 3 Ingenieurbauwerke

## § 41 Anwendungsbereich

**Ingenieurbauwerke umfassen:**
1. **Bauwerke und Anlagen der Wasserversorgung**
2. **Bauwerke und Anlagen der Abwasserentsorgung,**
3. **Bauwerke und Anlagen des Wasserbaus, ausgenommen Freianlagen nach § 39 Absatz 1,**
4. **Bauwerke und Anlagen für Ver- und Entsorgung mit Gasen, Feststoffen und wassergefährdenden Flüssigkeiten, ausgenommen Anlagen der Technischen Ausrüstung nach § 53 Absatz 2,**
5. **Bauwerke und Anlagen der Abfallentsorgung,**
6. **konstruktive Ingenieurbauwerke für Verkehrsanlagen,**
7. **sonstige Einzelbauwerke, ausgenommen Gebäude und Freileitungsmaste.**

## Kurzkommentar zu § 41

§ 41 beschreibt den Anwendungsbereich der HOAI für Ingenieurbauwerke so wie bisher schon § 40 HOAI 2009. Lediglich die Verweise in Nr. 3 und 4 wurden aktualisiert.

Leistungen für Bauwerke und Anlage, die nicht in § 41 genannt sind, fallen nicht unter die HOAI.

> **Beispiel**
>
> *Dies betrifft z. B. Elektrizitätswerke und Stromversorgungsleitungen.[170] Leistungen hierfür sind frei honorierbar.*

Die Abgrenzung zwischen Ingenieurbauwerken und Gebäuden ist dadurch wieder einfacher geworden, dass der mit der HOAI 2009 ausgedehnte Gebäudebegriff entfallen ist. So sind z. B. eigenständige Tiefgaragen und Untergrundbahnhöfe über die Objektliste in der Anlage 12 den Ingenieurbauwerken zuzuordnen. Die Frage, ob es sich auch um Gebäude im honorarrechtlichen Sinne handeln könnte, stellt sich nicht mehr.

In der Objektliste finden sich hilfreiche Hinweise zur Abgrenzung gegenüber anderen Leistungsbildern. So heißt es dort etwa ausdrücklich, dass

---

[170] BR-Drs. 334/13 vom 25.04.2013, S. 158.

§ 42

- Entwässerungsanlagen, die der Zweckbestimmung von Verkehrsanlagen dienen,
- Freileitungs- und Oberleitungsmaste (Verkehrsanlagen),
- Regenwasserversickerung (Freianlagen) und
- Freianlagen nach § 39 Absatz 1

nicht zu den Ingenieurbauwerken gehören.

Die Frage, ob Bauwerke oder Anlagen ein Objekt oder mehrere Objekte bilden, richtet sich danach, ob sie funktional eine Einheit bilden.

### Beispiel

*Bei einem Planungsauftrag über eine Abwasserbehandlungsanlage (Reinigungsfunktion) und ein Abwasser-Kanalnetz (Transportfunktion) liegt keine funktionale Einheit vor.[171] Demnach handelt es sich um zwei Objekte, die getrennt abzurechnen sind.*

### § 42 Besondere Grundlagen des Honorars

(1) Für Grundleistungen bei Ingenieurbauwerken sind die Kosten der Baukonstruktion anrechenbar. Die Kosten für die Anlagen der Maschinentechnik, die der Zweckbestimmung des Ingenieurbauwerks dienen, sind anrechenbar, soweit der Auftragnehmer diese plant oder deren Ausführung überwacht.

(2) Für Grundleistungen bei Ingenieurbauwerken sind auch die Kosten für Technische Anlagen, die der Auftragnehmer nicht fachlich plant oder deren Ausführung der Auftragnehmer nicht fachlich überwacht,

1. vollständig anrechenbar bis zum Betrag von 25 Prozent der sonstigen anrechenbaren Kosten und

2. zur Hälfte anrechenbar mit dem Betrag, der 25 Prozent der sonstigen anrechenbaren Kosten übersteigt.

(3) Nicht anrechenbar sind, soweit der Auftragnehmer die Anlagen weder plant noch ihre Ausführung überwacht, die Kosten für:

1. das Herrichten des Grundstücks,

2. die öffentliche und die nichtöffentliche Erschließung, die Außenanlagen, das Umlegen und Verlegen von Leitungen,

3. verkehrsregelnde Maßnahmen während der Bauzeit,

4. die Ausstattung und Nebenanlagen von Ingenieurbauwerken.

---

[171] BR-Drs. 334/13 vom 25.04.2013, S. 158.

## Kurzkommentar zu § 42

Die Vorschrift entspricht weitgehend § 41 HOAI 2009. Sie regelt die Anrechenbarkeit der Kosten.

Gemäß **Absatz 1 Satz 1** sind die Kosten der Baukonstruktion stets voll anrechenbar.

Dasselbe gilt für die Kosten für die dem Bauwerkszweck dienenden Anlagen der Maschinentechnik, sofern der Auftragnehmer sie plant oder deren Ausführung überwacht (**Satz 2**). Damit werden diese Anlagenkosten der Baukonstruktion zugeordnet. Gemeint sind Anlagen ohne Anschlusstechnik, die als Einheit vom Hersteller geliefert werden, nach der Begründung zur HOAI. Ob diese Abgrenzung in der Praxis hilfreich ist bleibt abzuwarten, da Anlagen der Maschinentechnik in der Regel über Anschlusstechnik verfügen.

### Beispiel

*In der Begründung zur HOAI werden folgende Beispiele genannt:*
- *Räumer für Absetzbecken bei Kläranlagen und Wasserwerken,*
- *Kammerfilterpressen,*
- *Oberflächenentlüfter oder Gasentschwefler,*
- *Gasspeicher von Abwasserbehandlungsanlagen,*
- *reine Stahlbauteile bei Schleusen und Wehren sowie*
- *Grob- und Feinrechen.*[172]

Für die Planungsleistung des Auftragnehmers soll bereits eine planerische Einflussnahme genügen, d. h. der Verordnungsgeber geht von einem weiten Verständnis aus.[173]

Anders behandelt wird dagegen die nicht dem Zweck des Bauwerks dienende Technische Ausrüstung. Deren Kosten sind gemäß **Absatz 2** nur teilweise anrechenbar.

### Beispiel

*Die Kosten der Technischen Anlagen betragen EUR 3,5 Mio. und die sonstigen anrechenbaren Kosten EUR 10 Mio. Von den Kosten der Technischen Anlagen sind EUR 2,5 Mio. voll anrechenbar (25 % von EUR 10 Mio.) Der Restbetrag (EUR 1 Mio.) ist nur zur Hälfte anrechenbar, also in Höhe von EUR 0,5 Mio. Im Ergebnis belaufen sich die anrechenbaren Kosten insgesamt auf EUR 13 Mio.*

Nach hier vertretener Ansicht sind die Kosten für Technische Anlagen auch dann (teilweise) anrechenbar, wenn der Auftragnehmer diese ebenfalls – etwa als Generalplaner – plant oder überwacht.[174]

---

[172] BR-Drs. 334/13 vom 25.04.2013, S. 159.
[173] BR-Drs. 334/13 vom 25.04.2013, S. 159.

## § 43

Weitere bedingt anrechenbare Kosten sind in **Absatz 3** geregelt. Diese Kosten sind nach dem Umkehrschluss aus dem Wortlaut dann anrechenbar, soweit der Auftragnehmer sie plant oder deren Ausführung überwacht.[175]

Die in § 42 nicht genannten Kosten sind nicht anrechenbar. Dies betrifft insbesondere folgende Kosten:

- Baugrundstück einschließlich Erwerb und Freimachen,
- andere einmalige Abgaben für die Erschließung,
- Vermessung und Vermarkung,
- Kunstwerke, soweit sie nicht wesentliche Bestandteile des Objektes sind,
- Winterbauschutzvorkehrungen und sonstige zusätzliche Maßnahmen bei der Erschließung, beim Bauwerk und bei den Außenanlagen für den Winterbau,
- Entschädigungen und Schadensersatzleistungen sowie
- Baunebenkosten.

### § 43 Leistungsbild Ingenieurbauwerke

(1) § 34 Absatz 1 Satz 1 gilt entsprechend. Die Grundleistungen für Ingenieurbauwerke sind in neun Leistungsphasen unterteilt und werden wie folgt in Prozentsätzen der Honorare des § 44 bewertet:

1. für die Leistungsphase 1 (Grundlagenermittlung) mit 2 Prozent,
2. für die Leistungsphase 2 (Vorplanung) mit 20 Prozent,
3. für die Leistungsphase 3 (Entwurfsplanung) mit 25 Prozent,
4. für die Leistungsphase 4 (Genehmigungsplanung) mit 5 Prozent,
5. für die Leistungsphase 5 (Ausführungsplanung) mit 15 Prozent,
6. für die Leistungsphase 6 (Vorbereitung der Vergabe) mit 13 Prozent,
7. für die Leistungsphase 7 (Mitwirkung bei der Vergabe) mit 4 Prozent,
8. für die Leistungsphase 8 (Bauoberleitung) mit 15 Prozent,
9. für die Leistungsphase 9 (Objektbetreuung) mit 1 Prozent.

(2) Abweichend von Absatz 1 Nummer 2 wird die Leistungsphase 2 bei Objekten nach § 41 Nummer 6 und 7, die eine Tragwerksplanung erfordern, mit 10 Prozent bewertet.

(3) Die Vertragsparteien können abweichend von Absatz 1 schriftlich vereinbaren, dass

---

[174] So auch Welter, Vergabe Navigator 2010, Heft 5, S. 8-10.
[175] Zur HOAI 2009, unter Hinweis auf BGH, Urteil vom 30.09.2004- VII ZR 192/03, BGHZ 160, 284; BauR 2004, 1963; NJW 2005, 63; NZBau 2004, 680; IBR 2004, 702, 703: Simmendinger, IBR 2010, 1230 (nur online), mit Ausführungen zu den einzelnen in § 41 Absatz 3 HOAI 2009 (jetzt § 42 Absatz 3) geregelten Kostengruppen; Welter, Vergabe Navigator 2010, Heft 2, S. 10, 12.

1. die Leistungsphase 4 mit 5 bis 8 Prozent bewertet wird, wenn dafür ein eigenständiges Planfeststellungsverfahren erforderlich ist.
2. die Leistungsphase 5 mit 15 bis 35 Prozent bewertet wird, wenn ein überdurchschnittlicher Aufwand an Ausführungszeichnungen erforderlich wird.

(4) Anlage 12 Nummer 12.1 regelt die Grundleistungen jeder Leistungsphase und enthält Beispiele für Besondere Leistungen.

## Kurzkommentar zu § 43

Die Vorschrift geht auf § 42 HOAI 2009 zurück. Entfallen ist aber § 42 Absatz 2 HOAI 2009 mit dem Verweis auf die §§ 35 und 36 Absatz 2 HOAI 2009, da der Umbau- und Modernisierungszuschlag nunmehr (ergänzend zu § 6 Absatz 2) spezifisch in § 44 Absatz 6 geregelt ist und sich die Regelung zum Honorar für Instandhaltungen und -setzungen nunmehr in § 12 findet. Entfallen ist auch § 42 Absatz 3 HOAI 2009, da die Teilnahme an Erläuterungs- und Erörterungsterminen bei den Grundleistungen der Leistungsphasen 2 bis 4 in der Anlage 12 konkretisiert wurde.

**Absatz 1** enthält die Bewertung der neun Leistungsphasen. Die Bewertung der Vorplanung wurde von 15 auf 20 Punkte deutlich angehoben, weil hier eine ausführliche Diskussion alternativer Lösungsmöglichkeiten stattfinden hat, um Sicherheit für die Entwurfsplanung zu schaffen. Ebenfalls höher bewertet wird die Leistungsphase 6 mit 13 statt bisher zehn Punkten. Reduziert wurde die prozentuale Bewertung der Leistungsphasen 3 (deutlich um fünf Punkte), 7 und 9.

Bei konstruktiven Ingenieurbauwerken für Verkehrsanlagen und sonstigen Einzelbauwerken, die eine Tragwerksplanung erfordern, wird die Vorplanung nur mit zehn Prozent (statt 20 Prozent) bewertet (**Absatz 2**).

Wird ein Planfeststellungsverfahren durchgeführt, kann der Prozentsatz für die Phase 4 auf bis zu acht Prozent angehoben werden. Voraussetzung ist eine schriftliche Vereinbarung (**Absatz 3 Nr. 1**).

Deutlich (auf bis zu 35 Prozent) angehoben werden kann auch der Prozentsatz für die Ausführungsplanung bei einem überdurchschnittlichen Aufwand an Ausführungszeichnungen (**Absatz 3 Nr. 2**). Dies betrifft vor allem schwierige wasser-, abwasser- und abfalltechnische Bauwerke und Anlagen. Damit ist die sogenannte „lex Wasserbau", die früher in § 55 Absatz 4 HOAI 1996 geregelt und zwischenzeitlich zu einer Besonderen Leistungen (Anlage 2 zur HOAI 2009, Ziffer 2.8.5) degradiert war, wieder zurückgekehrt.[176]

**Absatz 4** enthält den Verweis auf die Grundleistungen und die Beispiele für Besondere Leistungen in der Anlage 12 Nummer 12.1.

Es ist dabei geblieben, dass die Leistungsphase 8 nur die Bauoberleitung betrifft und die örtliche Bauüberwachung daneben eine Besondere Leistung darstellt (siehe die rechte Spalte der LPH 8 der Anlage 12 Nummer 12.1.), für die das Honorar weiterhin frei vereinbar ist. Ohne Vereinbarung gibt es folglich kein festgelegtes Mindesthonorar

---

[176] Siehe dazu Welter, Vergabe Navigator 2010, Heft 2, S. 10, 12: „Die Lex Wasserbau ist tot."

(gemäß § 57 HOAI 1996 waren das früher 2,1 Prozent der anrechenbaren Kosten), sondern die übliche Vergütung, über die sich trefflich streiten lässt. Die Bundesregierung ist den bereits im Zuge der 6. Novelle geäußerten Bedenken des Bundesrates[177] nicht gefolgt und hat die örtliche Bauüberwachung bewusst nicht wieder dem Preisrecht unterworfen.[178] Es bleibt aber bei der berechtigten Kritik, dass es sich um ein Bündel von Grundleistungen handelt, sodass die Einordnung als Besondere Leistung einen Systembruch darstellt.[179] Deshalb hat der Bundesrat seine Bedenken wiederholt und den Prüfauftrag an die Bundesregierung erneuert.[180]

**Praxis-Tipp**

Auftragnehmer, die mit der örtlichen Bauüberwachung beauftragt werden, sollten darauf achten, hierfür ein auskömmliches Honorar - möglichst schriftlich - zu vereinbaren, entweder als Prozentwert der anrechenbaren Kosten oder als Festbetrag. Grundlage sollte eine klare Leistungsbeschreibung im Vertrag sein, da bei der örtlichen Bauüberwachung zahlreiche Leistungen in Betracht kommen.[181] Darüber hinaus sollte im Vertrag die zugrunde gelegte Bauzeit und eine Honoraranpassung für den Fall einer Überschreitung der Bauzeit konkret vereinbart werden.

Die Planung von Anlagen der Verfahrens- und Prozesstechnik bei Bauwerken und Anlagen der (Ab-) Wasserversorgung, des Wasserbaus und der Abfallentsorgung, stellt weiterhin eine Besondere Leistung dar, wenn der Auftragnehmer zugleich die Grundleistungen hierfür erbringt (siehe die rechte Spalte zur LPH 5 der Anlage 12 Nummer 12.1).

## § 44 Honorare für Grundleistungen bei Ingenieurbauwerken

(1) Die Mindest- und Höchstsätze der Honorare für die in § 43 und der Anlage 12 Nummer 12.1 aufgeführten Grundleistungen bei Ingenieurbauwerken sind in der folgenden Honorartafel für den Anwendungsbereich des § 41 festgesetzt:

---

[177] Beschluss des BRates, BR-Drs. 395/09 vom 12.06.2009, B. 8.
[178] Siehe den Erlasse des BMVBS vom 16.08./06.09.2013 – B 10 -8.111..4.3.
[179] Ebert/Schmid/Karstedt, Fachliche und redaktionelle Anmerkungen des AHO, der BArchK und der BIngK zum modifizierten Entwurf einer Verordnung über die Honorare für Architekten- und Ingenieurleistungen (HOAI) vom 07.04.2009, www.ibr-online.de.
[180] Beschluss des BRates, BR-Drs. 334/13 vom 07.06.2013, S. 2 f.
[181] Siehe hierzu weiterführend die ausführliche Tabelle mit möglichen Leistungen der örtlichen Bauüberwachung bei Welter, Vergabe Navigator 2010, Heft 3, S. 12, 13 ff.

# § 44 Honorare für Grundleistungen bei Ingenieurbauwerken

| Anrechenbare Kosten in Euro | Honorarzone I sehr geringe Anforderungen | | Honorarzone II geringe Anforderungen | | Honorarzone III durchschnittliche Anforderungen | | Honorarzone IV hohe Anforderungen | | Honorarzone V sehr hohe Anforderungen | |
|---|---|---|---|---|---|---|---|---|---|---|
| | von | bis | von | bis | von | bis | von | bis | von | bis |
| | Euro | | Euro | | Euro | | Euro | | Euro | |
| 25.000 | 3.449 | 4.109 | 4.109 | 4.768 | 4.768 | 5.428 | 5.428 | 6.036 | 6.036 | 6.696 |
| 35.000 | 4.475 | 5.331 | 5.331 | 6.186 | 6.186 | 7.042 | 7.042 | 7.831 | 7.831 | 8.687 |
| 50.000 | 5.897 | 7.024 | 7.024 | 8.152 | 8.152 | 9.279 | 9.279 | 10.320 | 10.320 | 11.447 |
| 75.000 | 8.069 | 9.611 | 9.611 | 11.154 | 11.154 | 12.697 | 12.697 | 14.121 | 14.121 | 15.663 |
| 100.000 | 10.079 | 12.005 | 12.005 | 13.932 | 13.932 | 15.859 | 15.859 | 17.637 | 17.637 | 19.564 |
| 150.000 | 13.786 | 16.422 | 16.422 | 19.058 | 19.058 | 21.693 | 21.693 | 24.126 | 24.126 | 26.762 |
| 200.000 | 17.215 | 20.506 | 20.506 | 23.797 | 23.797 | 27.088 | 27.088 | 30.126 | 30.126 | 33.417 |
| 300.000 | 23.534 | 28.033 | 28.033 | 32.532 | 32.532 | 37.031 | 37.031 | 41.185 | 41.185 | 45.684 |
| 500.000 | 34.865 | 41.530 | 41.530 | 48.195 | 48.195 | 54.861 | 54.861 | 61.013 | 61.013 | 67.679 |
| 750.000 | 47.576 | 56.672 | 56.672 | 65.767 | 65.767 | 74.863 | 74.863 | 83.258 | 83.258 | 92.354 |
| 1.000.000 | 59.264 | 70.594 | 70.594 | 81.924 | 81.924 | 93.254 | 93.254 | 103.712 | 103.712 | 115.042 |
| 1.500.000 | 80.998 | 96.482 | 96.482 | 111.967 | 111.967 | 127.452 | 127.452 | 141.746 | 141.746 | 157.230 |
| 2.000.000 | 101.054 | 120.373 | 120.373 | 139.692 | 139.692 | 159.011 | 159.011 | 176.844 | 176.844 | 196.163 |
| 3.000.000 | 137.907 | 164.272 | 164.272 | 190.636 | 190.636 | 217.001 | 217.001 | 241.338 | 241.338 | 267.702 |
| 5.000.000 | 203.584 | 242.504 | 242.504 | 281.425 | 281.425 | 320.345 | 320.345 | 356.272 | 356.272 | 395.192 |
| 7.500.000 | 278.415 | 331.642 | 331.642 | 384.868 | 384.868 | 438.095 | 438.095 | 487.227 | 487.227 | 540.453 |
| 10.000.000 | 347.568 | 414.014 | 414.014 | 480.461 | 480.461 | 546.908 | 546.908 | 608.244 | 608.244 | 674.690 |
| 15.000.000 | 474.901 | 565.691 | 565.691 | 656.480 | 656.480 | 747.270 | 747.270 | 831.076 | 831.076 | 921.866 |
| 20.000.000 | 592.324 | 705.563 | 705.563 | 818.801 | 818.801 | 932.040 | 932.040 | 1.036.568 | 1.036.568 | 1.149.806 |
| 25.000.000 | 702.770 | 837.123 | 837.123 | 971.476 | 971.476 | 1.105.829 | 1.105.829 | 1.229.848 | 1.229.848 | 1.364.201 |

§ 44

## § 44

(2) Welchen Honorarzonen die Grundleistungen zugeordnet werden, richtet sich nach folgenden Bewertungsmerkmalen:

1. geologische und baugrundtechnische Gegebenheiten,
2. technische Ausrüstung und Ausstattung,
3. Einbindung in die Umgebung oder in das Objektumfeld,
4. Umfang der Funktionsbereiche oder der konstruktiven oder technischen Anforderungen,
5. fachspezifische Bedingungen.

(3) Sind für Ingenieurbauwerke Bewertungsmerkmale aus mehreren Honorarzonen anwendbar und bestehen deswegen Zweifel, welcher Honorarzone das Objekt zugeordnet werden kann, so ist zunächst die Anzahl der Bewertungspunkte zu ermitteln. Zur Ermittlung der Bewertungspunkte werden die Bewertungsmerkmale wie folgt gewichtet:

1. die Bewertungsmerkmale gemäß Absatz 2 Nummer 1, 2 und 3 mit bis zu 5 Punkten,
2. das Bewertungsmerkmal gemäß Absatz 2 Nummer 4 mit bis zu 10 Punkten,
3. das Bewertungsmerkmal gemäß Absatz 2 Nummer 5 mit bis zu 15 Punkten.

(4) Das Ingenieurbauwerk ist anhand der nach Absatz 3 ermittelten Bewertungspunkte einer der Honorarzonen zuzuordnen:

1. Honorarzone I:     bis zu 10 Punkte,
2. Honorarzone II:    11 bis 17 Punkte,
3. Honorarzone III:   18 bis 25 Punkte,
4. Honorarzone IV:    26 bis 33 Punkte,
5. Honorarzone V:     34 bis 40 Punkte.

(5) Für die Zuordnung zu den Honorarzonen ist die Objektliste der Anlage 12 Nummer 12.2 zu berücksichtigen.

(6) Für Umbauten und Modernisierungen von Ingenieurbauwerken kann bei einem durchschnittlichen Schwierigkeitsgrad ein Zuschlag gemäß § 6 Absatz 2 Satz 3 bis 33 Prozent schriftlich vereinbart werden.

(7) Steht der Planungsaufwand für Ingenieurbauwerke mit großer Längenausdehnung, die unter gleichen baulichen Bedingungen errichtet werden, in einem Missverhältnis zum ermittelten Honorar, ist § 7 Absatz 3 anzuwenden

## Kurzkommentar zu § 44

§ 44 regelt die Honorierung von Grundleistungen bei Ingenieurbauwerken. Die Vorschrift entspricht weitestgehend § 43 HOAI 2009.

**Absatz 1** enthält die Honorartafel mit den (um bis zu 34,06 Prozent) gestiegenen Tafelwerten, wobei die Eingangs- und Ausgangswerte auf glatte Beträge abgerundet wurden (EUR 25.000,00 bzw. EUR 25,0 Mio.).

Die Zuordnung zu den Honorarzonen ist in den Absätzen 2 bis 5 näher geregelt:
- **Absatz 2** enthält die Bewertungsmerkmale,
- **Absatz 3** deren Gewichtung zur Ermittlung der maximal 40 Bewertungspunkte,
- **Absatz 4** die Zuordnung der Punkte zu den fünf Honorarzonen und
- **Absatz 5** den Verweis auf die Objektliste in der Anlage 12 Nummer 12.2.

Gemäß **Absatz 6** kann ab der Honorarzone III ein Zuschlag bis 33 Prozent schriftlich vereinbart werden; anderenfalls gilt der vermutete Zuschlag von 20 Prozent. Hintergrund für die Absenkung der Obergrenze für den Umbauzuschlag (nach der HOAI 2009: 80 Prozent) ist die wieder eingeführte Anrechenbarkeit der Kosten der mitverarbeiteten Bausubstanz. Voraussetzung für den Zuschlag ist zudem, dass der Eingriff in Konstruktion oder Bestand wesentlich ist (siehe § 2 Nr. 5). Entgegen der Begründung[182] muss der Zuschlag nicht bereits bei Auftragserteilung vereinbart werden (siehe die Kommentierung zu § 6 Absatz 2).

Zum Umbauzuschlag siehe ergänzend die Kommentierungen oben zu § 6 Absatz 2 und § 36 Absatz 1.

**Absatz 7** enthält einen Ausnahmefall im Sinne von § 7 Absatz 3 für Ingenieurbauwerke mit großer Längenausdehnung wie etwa Deiche und Kaimauern. Das Planungshonorar darf daher ausnahmsweise unter den Mindestsätzen liegen, wenn solche Bauwerke unter gleichen baulichen Bedingungen errichtet werden. Erforderlich ist eine schriftliche Vereinbarung (§ 7 Absatz 3) bei Auftragserteilung (§ 7 Absatz 1), siehe oben die Kommentierung zu § 7 Abs. 3.[183]

---

[182] BR-Drs. 334/13 vom 25.04.2013, S. 161.
[183] So auch Weber, BauR 2013, 1747, 1758.

# Abschnitt 4 Verkehrsanlagen

### § 45 Anwendungsbereich

Verkehrsanlagen sind:
1. Anlagen des Straßenverkehrs, ausgenommen selbstständige Rad-, Geh- und Wirtschaftswege und Freianlagen nach § 39 Absatz 1,
2. Anlagen des Schienenverkehrs,
3. Anlagen des Flugverkehrs.

## Kurzkommentar zu § 45

§ 44 beschreibt den Anwendungsbereich der HOAI für Verkehrsanlagen so wie bisher schon § 44 HOAI 2009. Lediglich der Verweis zu den Freianlagen wurde angepasst.

Anlagen des Schienenverkehrs nach § 45 Nr. 2 schließen Seilbahn, Standseilbahnen und Magnetschwebebahnen mit ein.[184]

Im Einzelfall kann die Abgrenzung zu anderen Objekten (zum Beispiel zu Gebäuden oder Ingenieurbauwerken) schwierig sein.

**Praxis-Tipp** Zur Abgrenzung kann die Objektliste in der Anlage 12 Nummer 12.2 zu Ingenieurbauwerken herangezogen werden.

### § 46 Besondere Grundlagen des Honorars

(1) Für Grundleistungen bei Verkehrsanlagen sind die Kosten der Baukonstruktion anrechenbar. Soweit der Auftragnehmer die Ausstattung von Anlagen des Straßen-, Schienen- und Flugverkehrs einschließlich der darin enthaltenen Entwässerungsanlagen, die der Zweckbestimmung der Verkehrsanlagen dienen, plant oder deren Ausführung überwacht, sind die dadurch entstehenden Kosten anrechenbar.

(2) Für Grundleistungen bei Verkehrsanlagen sind auch die Kosten für Technische Anlagen, die der Auftragnehmer nicht fachlich plant oder deren Ausführung der Auftragnehmer nicht fachlich überwacht,
1. vollständig anrechenbar bis zu einem Betrag von 25 Prozent der sonstigen anrechenbaren Kosten und

---

[184] Begründung der BReg, BR-Drs. 395/09 vom 30.04.2009, Seite 200.

§ 46 Besondere Grundlagen des Honorars

2. zur Hälfte anrechenbar mit dem Betrag, der 25 Prozent der sonstigen anrechenbaren Kosten übersteigt.

(3) Nicht anrechenbar sind, soweit der Auftragnehmer die Anlagen weder plant noch ihre Ausführung überwacht, die Kosten für:

1. das Herrichten des Grundstücks,
2. die öffentliche und die nichtöffentliche Erschließung, die Außenanlagen, das Umlegen und Verlegen von Leitungen,
3. die Nebenanlagen von Anlagen des Straßen-, Schienen- und Flugverkehrs,
4. verkehrsregelnde Maßnahmen während der Bauzeit.

(4) Für Grundleistungen der Leistungsphasen 1 bis 7 und 9 bei Verkehrsanlagen sind:

1. die Kosten für Erdarbeiten einschließlich Felsarbeiten anrechenbar bis zu einem Betrag von 40 Prozent der sonstigen anrechenbaren Kosten nach Absatz 1 und
2. 10 Prozent der Kosten für Ingenieurbauwerke anrechenbar, wenn dem Auftragnehmer für diese Ingenieurbauwerke nicht gleichzeitig Grundleistungen nach § 43 übertragen werden.

(5) Die nach den Absätzen 1 bis 4 ermittelten Kosten sind für Grundleistungen des § 47 Satz 2 Nummer 1 bis 7 und 9

1. bei Straßen, die mehrere durchgehende Fahrspuren mit einer gemeinsamen Entwurfsachse und einer gemeinsamen Entwurfsgradiente haben, wie folgt anteilig anrechenbar:

    a) bei dreistreifigen Straßen zu 85 Prozent,

    b) bei vierstreifigen Straßen zu 70 Prozent und

    c) bei mehr als vierstreifigen Straßen zu 60 Prozent,

2. bei Gleis- und Bahnsteiganlagen, die zwei Gleise mit einem gemeinsamen Planum haben, zu 90 Prozent anrechenbar. Das Honorar für Gleis- und Bahnsteiganlagen mit mehr als zwei Gleisen oder Bahnsteigen kann frei vereinbart werden.

## Kurzkommentar zu § 46

§ 46 baut auf § 45 HOAI 2009 auf, regelt aber nun die Anrechenbarkeit der Kosten eigenständig, sodass der bisher in § 45 Absatz 1 HOAI 2009 enthaltene Verweis auf die Regelung zu den Ingenieurbauwerken entfallen konnte.

Absatz 1 behandelt die anrechenbaren Kosten für Verkehrsanlagen, während die Absätze 2 und 3 das Integrationshonorar bei der Objektplanung von Verkehrsanlagen regeln, also die Anrechnung der Kosten der Technischen Ausrüstung und weiterer Kostengruppen. Ebenfalls um Integrationshonorare geht es im neuen Absatz 4 (Kosten für Erdarbeiten und Ingenieurbauwerke). Absatz 5 entspricht § 45 Absatz 3 HOAI 2009, regelt also eine Minderung bei mehrspurigen Straßen und mehrgleisigen Gleis- und Bahnsteiganlagen.

Gemäß **Absatz 1 Satz 2** wird die Ausstattung der genannten Anlagen, soweit der Auftragnehmer sie plant oder deren Ausführung überwacht, der Baukonstruktion und nicht der Technischen Ausrüstung zugeordnet, sodass die Kosten voll anrechenbar sind.

### Beispiel

*Die Bundesregierung nennt folgende Beispiele für Ausstattungen:[185]*
- *Straßen- und Flugverkehr: Signalanlagen, Schutzplanken und Beschilderungen.*
- *Entwässerung: Straßenabläufe, Sammelleitungen nebst Anschlussleitungen, Regenversickerungen (soweit nicht in der Objektliste Ingenieurbauwerke aufgeführt).*
- *Schienenverkehr: Oberleitungs- und Signalanlagen, Telekommunikationsanlagen, die den Zugbetrieb beeinflussen, und Weichenheizungsanlagen.*

Regenwassersammelkanäle unterhalb von Straßen dürften jedoch entgegen der Begründung Ingenieurbauwerke sowie Lichtsignalanlagen als Technische Ausrüstung und nicht als Ausstattung von Straßenverkehrsanlagen abzurechnen sein.[186]

Gemäß **Absatz 2** sind die Kosten der Technischen Ausrüstung teilweise anrechenbar. Das Berechnungsbeispiel zu § 42 Absatz 2 kann entsprechend herangezogen werden.[187]

Die Kosten der Nebenanlagen von Straßen-, Schienen- und Flugverkehrsanlagen sind nunmehr bedingt anrechenbar (**Absatz 3 Nr. 3**). Nebenanlagen und Ausstattungen sind voneinander abzugrenzen.

**Absatz 4 Nr. 1** regelt, dass die Kosten für Erdarbeiten nur teilweise anrechenbar sind, weil der Aufwand nicht proportional zu den Kosten steigt. Ausgenommen hiervon ist die Bauoberleitung (Phase 8).

Wird ein Ingenieurbauwerk in die Verkehrsanlage integriert, das vom Auftragnehmer nicht selbst geplant wird, so sind zehn Prozent der Kosten anrechenbar (**Absatz 4 Nr. 2**). Auch dies gilt nicht für die Bauoberleitung (Phase 8). Erfasst von der Anrechnung werden alle Ingenieurbauwerke, also sind nicht nur die konstruktiven Ingenieurbauwerke für Verkehrsanlagen gemäß § 41 Nr. 6.[188]

Die von **Absatz 5** vorgesehene Minderung der anrechenbaren Kosten gilt nur für Straßen sowie Gleis- und Bahnsteiganlagen.[189] Grund ist der Wiederholungseffekt bei der Planung mehrspuriger Straßen und Gleisanlagen. Dieser wirkt sich jedoch nicht bei der Bauoberleitung (Phase 8) aus, die deshalb von der Minderung ausgenommen ist.

---

[185] BR-Drs. 334/13 vom 25.04.2013, Seite 162.
[186] DIB 2013, S. 42-44. A.A.: Weber, BauR 2013, 1747, 1757.
[187] Zur beispielhaften Abrechnung einer Straßenbaumaßnahme mit Querung einer Bahnlinie und Unterführung eines Bachlaufs nach der HOAI 2009 siehe Simmendinger, IBR 2010, 1189 (nur online).
[188] Simmendinger, IBR 2010, 1442, und IBR 2010, 1189 (jeweils nur online).
[189] Zur HOAI 2009 siehe näher Simmendinger, IBR 2010, 1444 (nur online).

Das Honorar für Gleis- und Bahnsteiganlagen mit mehr als zwei Gleisen oder Bahnsteigen kann frei vereinbart werden (**Nr. 2 Satz 2**). Dies war schon vor der HOAI 2009 so geregelt[190] und betrifft insbesondere Rangieranlagen und Zugbildungsanlagen.[191]

Sind bei Straßen sowie Gleis- und Bahnsteiganlagen sowohl Absatz 4 als auch Absatz 5 anwendbar, sind die anrechenbaren Kosten zunächst nach § 46 Absatz 1 bis 4 zu ermitteln. Hiervon sind dann die in Absatz 5 festgelegten Prozentsätze anzusetzen.

## § 47 Leistungsbild Verkehrsanlagen

(1) § 34 Absatz 1 gilt entsprechend. Die Grundleistungen für Verkehrsanlagen sind in neun Leistungsphasen unterteilt und werden wie folgt in Prozentsätzen der Honorare des § 48 bewertet:

1. für die Leistungsphase 1 (Grundlagenermittlung) mit 2 Prozent,
2. für die Leistungsphase 2 (Vorplanung) mit 20 Prozent,
3. für die Leistungsphase 3 (Entwurfsplanung) mit 25 Prozent,
4. für die Leistungsphase 4 (Genehmigungsplanung) mit 8 Prozent,
5. für die Leistungsphase 5 (Ausführungsplanung) mit 15 Prozent,
6. für die Leistungsphase 6 (Vorbereitung der Vergabe) mit 10 Prozent,
7. für die Leistungsphase 7 (Mitwirkung bei der Vergabe) mit 4 Prozent,
8. für die Leistungsphase 8 (Bauoberleitung) mit 15 Prozent,
9. für die Leistungsphase 9 (Objektbetreuung) mit 1 Prozent.

(2) Anlage 13 Nr. 13.1 regelt die Grundleistungen jeder Leistungsphase und enthält Beispiele für Besondere Leistungen.

### Kurzkommentar zu § 47

Die Vorschrift geht auf § 46 HOAI 2009 zurück. Entfallen ist aber § 46 Absatz 3 HOAI 2009 mit dem Verweis auf die §§ 35 und 36 Absatz 2 HOAI 2009, da der Umbau- und Modernisierungszuschlag nunmehr (ergänzend zu § 6 Absatz 2) spezifisch in § 48 Absatz 6 geregelt ist und sich die Regelung zum Honorar für Instandhaltungen und -setzungen nunmehr in § 12 findet.

**Absatz 1** enthält die Bewertung der neun Leistungsphasen. Die Bewertung der Vorplanung wurde von 15 auf 20 Punkte deutlich angehoben, weil hier eine ausführliche

---

[190] Siehe § 52 Abs. 9 HOAI 1996.
[191] BR-Drs. 334/13 vom 25.04.2013, S. 162.

Diskussion alternativer Lösungsmöglichkeiten stattzufinden hat, um Sicherheit für die Entwurfsplanung zu schaffen. Ebenfalls höher bewertet wird die Leistungsphase 4 mit acht statt bisher fünf Punkten, weil die Verkehrsanlagenplanung regelmäßig mit aufwändigen Planfeststellungsverfahren verbunden ist. Reduziert wurde die prozentuale Bewertung der Leistungsphasen 3 (deutlich um fünf Punkte), 7 und 9.

**Absatz 2** enthält den Verweis auf die Grundleistungen und die Beispiele für Besondere Leistungen in der Anlage 13 Nummer 13.1. Damit werden die Leistungsbilder Ingenieurbauwerke und Verkehrsanlagen nicht mehr in einer einheitlichen Anlage erfasst, sondern in den Anlagen 12 und 13 getrennt behandelt.

Zur fortgeltenden Regelung der örtlichen Bauüberwachung bei Verkehrsanlagen als Besondere Leistung wird auf die Kommentierung zu § 43 Absatz 4 Bezug genommen.

> **Praxis-Tipp**
>
> Auftragnehmer, die mit der örtlichen Bauüberwachung beauftragt werden, sollten das Honorar hierfür im Vertrag regeln. Vereinbart werden sollten dort auch die zugrunde gelegte Bauzeit und eine Honoraranpassung für den Fall der Bauzeitüberschreitung.

## § 48 Honorare für Grundleistungen bei Verkehrsanlagen

**(1) Die Mindest- und Höchstsätze der Honorare für die in § 47 und der Anlage 13 Nummer 13.1 aufgeführten Grundleistungen bei Verkehrsanlagen sind in der folgenden Honorartafel für den Anwendungsbereich des § 45 festgesetzt.**

# § 48 Honorare für Grundleistungen bei Verkehrsanlagen

| Anrechenbare Kosten in Euro | Honorarzone I sehr geringe Anforderungen | | Honorarzone II geringe Anforderungen | | Honorarzone III durchschnittliche Anforderungen | | Honorarzone IV hohe Anforderungen | | Honorarzone V sehr hohe Anforderungen | |
|---|---|---|---|---|---|---|---|---|---|---|
| | von | bis | von | bis | von | bis | von | bis | von | bis |
| | Euro | | Euro | | Euro | | Euro | | Euro | |
| 25.000 | 3.882 | 4.624 | 4.624 | 5.366 | 5.366 | 6.108 | 6.108 | 6.793 | 6.793 | 7.535 |
| 35.000 | 4.981 | 5.933 | 5.933 | 6.885 | 6.885 | 7.837 | 7.837 | 8.716 | 8.716 | 9.668 |
| 50.000 | 6.487 | 7.727 | 7.727 | 8.967 | 8.967 | 10.207 | 10.207 | 11.352 | 11.352 | 12.592 |
| 75.000 | 8.759 | 10.434 | 10.434 | 12.108 | 12.108 | 13.783 | 13.783 | 15.328 | 15.328 | 17.003 |
| 100.000 | 10.839 | 12.911 | 12.911 | 14.983 | 14.983 | 17.056 | 17.056 | 18.968 | 18.968 | 21.041 |
| 150.000 | 14.634 | 17.432 | 17.432 | 20.229 | 20.229 | 23.027 | 23.027 | 25.610 | 25.610 | 28.407 |
| 200.000 | 18.106 | 21.567 | 21.567 | 25.029 | 25.029 | 28.490 | 28.490 | 31.685 | 31.685 | 35.147 |
| 300.000 | 24.435 | 29.106 | 29.106 | 33.778 | 33.778 | 38.449 | 38.449 | 42.761 | 42.761 | 47.433 |
| 500.000 | 35.622 | 42.433 | 42.433 | 49.243 | 49.243 | 56.053 | 56.053 | 62.339 | 62.339 | 69.149 |
| 750.000 | 48.001 | 57.178 | 57.178 | 66.355 | 66.355 | 75.532 | 75.532 | 84.002 | 84.002 | 93.179 |
| 1.000.000 | 59.267 | 70.597 | 70.597 | 81.928 | 81.928 | 93.258 | 93.258 | 103.717 | 103.717 | 115.047 |
| 1.500.000 | 80.009 | 95.305 | 95.305 | 110.600 | 110.600 | 125.896 | 125.896 | 140.015 | 140.015 | 155.311 |
| 2.000.000 | 98.962 | 117.881 | 117.881 | 136.800 | 136.800 | 155.719 | 155.719 | 173.183 | 173.183 | 192.102 |
| 3.000.000 | 133.441 | 158.951 | 158.951 | 184.462 | 184.462 | 209.973 | 209.973 | 233.521 | 233.521 | 259.032 |
| 5.000.000 | 194.094 | 231.200 | 231.200 | 268.306 | 268.306 | 305.412 | 305.412 | 339.664 | 339.664 | 376.770 |
| 7.500.000 | 262.407 | 312.573 | 312.573 | 362.739 | 362.739 | 412.905 | 412.905 | 459.212 | 459.212 | 509.378 |
| 10.000.000 | 324.978 | 387.107 | 387.107 | 449.235 | 449.235 | 511.363 | 511.363 | 568.712 | 568.712 | 630.840 |
| 15.000.000 | 439.179 | 523.140 | 523.140 | 607.101 | 607.101 | 691.062 | 691.062 | 768.564 | 768.564 | 852.525 |
| 20.000.000 | 543.619 | 647.546 | 647.546 | 751.473 | 751.473 | 855.401 | 855.401 | 951.333 | 951.333 | 1.055.260 |
| 25.000.000 | 641.265 | 763.860 | 763.860 | 886.454 | 886.454 | 1.009.049 | 1.009.049 | 1.122.213 | 1.122.213 | 1.244.808 |

§ 48

(2) Welchen Honorarzonen die Grundleistungen zugeordnet werden, richtet sich nach folgenden Bewertungsmerkmalen:
1. geologische und baugrundtechnische Gegebenheiten,
2. technische Ausrüstung und Ausstattung,
3. Einbindung in die Umgebung oder das Objektumfeld,
4. Umfang der Funktionsbereiche oder der konstruktiven oder technischen Anforderungen,
5. fachspezifische Bedingungen.

(3) Sind für Verkehrsanlagen Bewertungsmerkmale aus mehreren Honorarzonen anwendbar und bestehen deswegen Zweifel, welcher Honorarzone das Objekt zugeordnet werden kann, so ist zunächst die Anzahl der Bewertungspunkte zu ermitteln. Zur Ermittlung der Bewertungspunkte werden die Bewertungsmerkmale wie folgt gewichtet:
1. die Bewertungsmerkmale gemäß Absatz 2 Nummer 1, 2 mit bis zu 5 Punkten,
2. das Bewertungsmerkmal gemäß Absatz 2 Nummer 3 mit bis zu 15 Punkten,
3. das Bewertungsmerkmal gemäß Absatz 2 Nummer 4 mit bis zu 10 Punkten,
4. das Bewertungsmerkmal gemäß Absatz 2 Nummer 5 mit bis zu 5 Punkten,

(4) Die Verkehrsanlage ist anhand der nach Absatz 3 ermittelten Bewertungspunkte einer der Honorarzonen zuzuordnen:
1. Honorarzone I:   bis zu 10 Punkte,
2. Honorarzone II:  11 bis 17 Punkte,
3. Honorarzone III: 18 bis 25 Punkte,
4. Honorarzone IV:  26 bis 33 Punkte,
5. Honorarzone V:   34 bis 40 Punkte.

(5) Für die Zuordnung zu den Honorarzonen ist die Objektliste der Anlage 13 Nummer 13.2 zu berücksichtigen.

(6) Für Umbauten und Modernisierungen von Verkehrsanlagen kann bei einem durchschnittlichen Schwierigkeitsgrad ein Zuschlag gemäß § 6 Absatz 2 Satz 3 bis 33 Prozent schriftlich vereinbart werden.

## Kurzkommentar zu § 48

§ 48 regelt die Honorierung von Grundleistungen bei Verkehrsanlagen nunmehr eigenständig, sodass der Verweis auf die Regelung zu den Ingenieurbauwerken in § 43 HOAI 2009 entfallen konnte.

**Absatz 1** enthält die Honorartafel mit den (um bis zu 37,23 Prozent) gestiegenen Tafelwerten, wobei die Eingangs- und Ausgangswerte auf glatte Beträge abgerundet wurden.

Die Zuordnung zu den Honorarzonen ist in den Absätzen 2 bis 5 näher geregelt:
- **Absatz 2** enthält die Bewertungsmerkmale,

- **Absatz 3** deren Gewichtung zur Ermittlung der maximal 40 Bewertungspunkte,
- **Absatz 4** die Zuordnung der Punkte zu den fünf Honorarzonen und
- **Absatz 5** den Verweis auf die Objektliste in der Anlage 13 Nummer 13.2.

Gemäß **Absatz 6** kann ab der Honorarzone III ein Zuschlag bis 33 Prozent schriftlich vereinbart werden; anderenfalls gilt der vermutete Zuschlag von 20 Prozent (siehe die Kommentierung zu § 6 Absatz 2). Hintergrund für die Absenkung der Obergrenze für den Umbauzuschlag (nach der HOAI 2009: 80 Prozent) ist die wieder eingeführte Anrechenbarkeit der Kosten der mitverarbeiteten Bausubstanz. Voraussetzung für den Zuschlag ist zudem, dass der Eingriff in Konstruktion oder Bestand wesentlich ist (siehe § 2 Nr. 5). Entgegen der Begründung[192] muss der Zuschlag nicht bereits bei Auftragserteilung vereinbart werden (siehe die Kommentierung zu § 6 Absatz 2).

Zum Umbauzuschlag siehe ergänzend die Kommentierungen oben zu § 6 Absatz 2 und § 36 Absatz 1.

---

[192] BR-Drs. 334/13 vom 25.04.2013, S. 161.

# Teil 4 Fachplanung

## Abschnitt 1 Tragwerksplanung

### § 49 Anwendungsbereich

(1) Leistungen der Tragwerksplanung sind die statische Fachplanung für die Objektplanung Gebäude und Ingenieurbauwerke.

(2) Das Tragwerk bezeichnet das statische Gesamtsystem der miteinander verbundenen, lastabtragenden Konstruktionen, die für die Standsicherheit von Gebäuden, Ingenieurbauwerken, und Traggerüsten bei Ingenieurbauwerken maßgeblich sind.

### Kurzkommentar zu § 49

Die Regelungen in §49 definieren den Anwendungsbereich der Tragwerksplanung. Danach wird das Tragwerk als das Gesamtsystem der miteinander verbundenen lastabtragenden Konstruktionen die für die Standsicherheit von Gebäuden maßgeblich sind, bezeichnet.

Mit dieser Definition ist der Anwendungsbereich abschließend beschrieben mit der Folge, dass die nicht darunter fallenden Konstruktionen in Bezug auf das anfallende Honorar preisrechtlich nicht geregelt sind.

Beispiel: Treppengeländer in Versammlungsstätten die eine bestimmte Linienlast aufnehmen müssen oder Absturzsicherungen in Versammlungsstätten gehören demnach nicht zum Tragwerk im Sinne der Regelung des §49. Ebenfalls nicht von Teil 4 Abschnitt 1 sind nichttragende Fassaden erfasst, die zwar mit ihren Lasten bei der Tragwerksplanung zu berücksichtigen sind, aber deren „eigene Standsicherheit" als Fassade nicht im Rahmen der Grundleistungen zu bearbeiten ist.

### § 50 Besondere Grundlagen des Honorars

(1) Bei Gebäuden und zugehörigen baulichen Anlagen sind 55 Prozent der Baukonstruktionskosten und 10 Prozent der Kosten der Technischen Anlagen anrechenbar.

(2) Die Vertragsparteien können bei Gebäuden mit einem hohen Anteil an Kosten der Gründung und der Tragkonstruktionen schriftlich vereinbaren, dass die anrechenbaren Kosten abweichend von Absatz 1 nach Absatz 3 ermittelt werden.

(3) Bei Ingenieurbauwerken sind 90 Prozent der Baukonstruktionskosten und 15 Prozent der Kosten der Technischen Anlagen anrechenbar.

(4) Für Traggerüste bei Ingenieurbauwerken sind die Herstellkosten einschließlich der zugehörigen Kosten für Baustelleneinrichtungen anrechenbar. Bei mehrfach verwendeten Bauteilen ist der Neuwert anrechenbar.

(5) Die Vertragsparteien können vereinbaren, dass Kosten von Arbeiten, die nicht in den Absätzen 1 bis 3 erfasst sind, ganz oder teilweise anrechenbar sind, wenn der Auftragnehmer wegen dieser Arbeiten Mehrleistungen für das Tragwerk nach § 51 erbringt.

## Kurzkommentar zu § 50

In Absatz 1 werden die anrechenbaren Kosten geregelt. Die Regelung entspricht dem ehemaligen §48 Absatz 1.

Für Gebäude mit einem hohen Anteil an Kosten der Gründung und der Tragkonstruktionen wurde eine neue Regelung bezüglich der Höhe der anrechenbaren Kosten gewählt. Die veraltete Regelung die sich auf bestimmte Gewerke bezog, war nicht mehr praxisgerecht, weil eine Ermittlung der anrechenbaren Kosten nur erschwert möglich war. Die neue Regelung findet sich in den Absätzen 2 und 3.

Absatz 4 regelt das Honorar für Leistungen bei Traggerüsten bei Ingenieurbauwerken.

 Die Einbeziehung der in Absatz 1 genannten zugehörigen baulichen Anlagen in die anrechenbaren Kosten sollte zwischen den Parteien rechtzeitig vereinbart werden.

## § 51 Leistungsbild Tragwerksplanung

(1) Die Grundleistungen der Tragwerksplanung sind für Gebäude und zugehörige bauliche Anlagen sowie für Ingenieurbauwerke nach § 41 Nummer 1 bis 5 in den Leistungsphasen 1 bis 6 sowie für Ingenieurbauwerke nach § 41 Nummer 6 und 7 in den Leistungsphasen 2 bis 6 zusammengefasst und werden wie folgt in Prozentsätzen der Honorare des § 52 bewertet:

1. für die Leistungsphase 1 (Grundlagenermittlung) mit 3 Prozent,
2. für die Leistungsphase 2 (Vorplanung) mit 10 Prozent,
3. für die Leistungsphase 3 (Entwurfsplanung) mit 15 Prozent,
4. für die Leistungsphase 4 (Genehmigungsplanung) mit 30 Prozent,
5. für die Leistungsphase 5 (Ausführungsplanung) mit 40 Prozent,
6. für die Leistungsphase 6 (Vorbereitung der Vergabe) mit 2 Prozent.

(2) Die Leistungsphase 5 ist abweichend von Absatz 1 mit 30 Prozent der Honorare des § 52 zu bewerten:
1. im Stahlbetonbau, sofern keine Schalpläne in Auftrag gegeben werden,
2. im Holzbau mit unterdurchschnittlichem Schwierigkeitsgrad.

## § 51

(3) Die Leistungsphase 5 ist abweichend von Absatz 1 mit 20 Prozent der Honorare des § 52 zu bewerten, sofern nur Schalpläne in Auftrag gegeben werden.

(4) Bei sehr enger Bewehrung kann die Bewertung der Leistungsphase 5 um bis zu 4 Prozent erhöht werden.

(5) Anlage 14 Nummer 14.1 regelt die Grundleistungen jeder Leistungsphase und enthält Beispiele für Besondere Leistungen. Für Ingenieurbauwerke nach § 41 Nummer 6 und 7 sind die Grundleistungen der Tragwerksplanung zur Leistungsphase 1 im Leistungsbild der Ingenieurbauwerke gemäß § 43 enthalten.

### Kurzkommentar zu § 51

Die Gewichtung der einzelnen Leistungsphasen am Gesamthonorar hat sich verändert. Die Entwurfsplanung ist mit 15 % satt ursprünglich 12 % (HOAI 2009) neu geregelt worden. Im Gegenzug wurden die Ausführungsplanung und die Vorbereitung der Vergabe entsprechend reduziert. Die nachstehende Tabelle zeigt die Veränderungen.

**Leistungsbild Tragwerksplanung (Veränderungen zur HOAI 2009)**

| Version | LPH 1 | LPH 2 | *LPH 3* | LPH 4 | *LPH 5* | *LPH 6* | LPH 7 | LPH 8 | LPH 9 | Gesamt |
|---|---|---|---|---|---|---|---|---|---|---|
| HOAI 2009 | 3 | 10 | *12* | 30 | *42* | *3* | | | | 100 |
| HOAI 2013 | 3 | 10 | *15* | 30 | *40* | *2* | | | | 100 |

Neu gefasst wurden die Regelungen für die Fälle in denen keine Schalpläne beauftragt werden oder beim Holzbau mit unterdurchschnittlichem Schwierigkeitsgrad. Werden nur Schalpläne in der Leistungsphase 5 beauftragt, wird diese Leistungsphase mit 20 % des Honorars nach §52 bewertet.

Die Regelung in Absatz 4 als sogenannte „Kann-Regelung" unterfällt dem Ermessensspielraum der Vertragsparteien.

Absatz 5 nimmt u.a. Bezug auf das Leistungsbild für die Tragwerksplanung in Anlage 14 zur HOAI.

In der Leistungsphase 1 ist das Zusammenfassen, Erläutern und Dokumentieren der Ergebnisse hinzugekommen. In Leistungsphase 2 ist die Analyse der Grundlagen und die bereits in Leistungsphase 1 hinzugekommene Zusammenfassung, Erläuterung und Dokumentation der Ergebnisse ergänzt worden. Darüber hinaus wurde die Mitwirkung bei der Terminplanung in Leistungsphase 2 neu eingestellt.

In der Leistungsphase 3 wurde ebenfalls die Mitwirkung bei der Terminplanung neu erfasst, ebenso die bereits in den Leistungsphasen 1 und 2 ergänzten Erläuterungs- und Dokumentationsaufgaben sowie deren Zusammenfassung.

Die überschlägige Ermittlung der Betonstahlmengen bzw. Stahlmengen bzw. der Holzmengen ist in Leistungsphase 3 neu erfasst worden.

## § 51 Leistungsbild Tragwerksplanung

Die grundlegenden Festlegungen der konstruktiven Details und Hauptabmessungen des Tragwerks sind bedeutend für die Objektplanung, die ihrerseits diese Angaben in die Objektplanung an wichtiger Stelle integriert.

Die Leistungsphase 4 entspricht dem bisherigen Verordnungstext. Das Vervollständigen und Berichtigen der Berechnungen und Pläne in der Leistungsphase 4 stellt einen Honoraratbestand dar, der dafür gedacht ist, dass auch alle relevanten Angaben aus dem Prüfbericht in die weitere Planungsvertiefung übernommen werden.

In der Leistungsphase 5 wird die Fortführung der Abstimmungen mit den Prüfingenieuren neu geregelt. Der Tragwerksplaner schuldet ohnehin eine mangelfreie Planungsleistung.

In der Leistungsphase 6 fand keine Änderung gegenüber der bisherigen Regelung statt. Hier sind die Beiträge des Tragwerksplaners für die Objektplanung geregelt.

Die Leistungsphasen 7-9 enthalten nur Besondere Leistungen. Hervorzuheben ist die ingenieurtechnische Kontrolle der Ausführung des Tragwerks auf Übereinstimmung mit den geprüften statischen Unterlagen.

> **Praxis-Tipp**
> Die Leistungen der Objektüberwachung im Bereich der Tragwerksplanung (ingenieurtechnische Kontrolle) sind nicht zu verwechseln mit den Leistungen des Prüfingenieurs. Der Prüfingenieur wird in der Regel nur hoheitlich tätig und haftet deshalb lediglich im Rahmen der Amtshaftung, nicht jedoch nach Werkvertragsrecht.

Diese Leistung ist in sehr vielen Fällen wichtig, sie unterscheidet sich von der Bauüberwachung der Objektplanung, so dass keine Mehrfachvergütung diesbezüglich anfallen wird, soweit die ingenieurtechnische Kontrolle beauftragt wird. Die Bedeutung der ingenieurtechnischen Kontrolle bezieht sich auf die qualitative bzw. werkvertraglich ausgerichtete Überwachungsleistung.

> **Beispiel**
> *Bauüberwachungsleistungen im Planbereich der Tragwerksplanung können beim konstruktiven Stahlbau, im Holzbau und im Stahlbetonbau gleichermaßen notwendig werden, wenn Tragwerke vorliegen, die nicht mehr in Honorarzone I oder II eingegliedert werden. Sobald es sich um ein Tragwerk der Honorarzone III und mehr handelt, ist die Bauüberwachung des Tragwerks auf Übereinstimmung mit dem Standsicherheitsnachweis nicht mehr in dem Leistungsbild der Gebäudeplanung enthalten.*

## § 52 Honorare für Grundleistungen bei Tragwerksplanungen

(1) Die Mindest- und Höchstsätze der Honorare für die in § 51 und der Anlage 14 Nummer 14.1 aufgeführten Grundleistungen der Tragwerksplanungen sind in der folgenden Honorartafel festgesetzt:

(2) Die Honorarzone wird nach dem statisch-konstruktiven Schwierigkeitsgrad anhand der in Anlage 14 Nummer 14.2 dargestellten Bewertungsmerkmale ermittelt.

(3) Sind für ein Tragwerk Bewertungsmerkmale aus mehreren Honorarzonen anwendbar und bestehen deswegen Zweifel, welcher Honorarzone das Tragwerk zugeordnet werden kann, so ist für die Zuordnung die Mehrzahl der in den jeweiligen Honorarzonen nach Absatz 2 aufgeführten Bewertungsmerkmale und ihre Bedeutung im Einzelfall maßgebend.

(4) Für Umbauten und Modernisierungen kann bei einem durchschnittlichen Schwierigkeitsgrad ein Zuschlag gemäß § 6 Absatz 2 Satz 3 bis 50 Prozent schriftlich vereinbart werden.

(5) Steht der Planungsaufwand für Tragwerke bei Ingenieurbauwerken mit großer Längenausdehnung, die unter gleichen baulichen Bedingungen errichtet werden, in einem Missverhältnis zum ermittelten Honorar, ist § 7 Absatz 3 anzuwenden.

## 52 Honorare für Grundleistungen bei Tragwerksplanungen

| Anrechenbare Kosten in Euro | Honorarzone I sehr geringe Anforderungen | | Honorarzone II geringe Anforderungen | | Honorarzone III durchschnittliche Anforderungen | | Honorarzone IV hohe Anforderungen | | Honorarzone V sehr hohe Anforderungen | |
|---|---|---|---|---|---|---|---|---|---|---|
| | von | bis | von | bis | von | bis | von | bis | von | bis |
| | Euro | | Euro | | Euro | | Euro | | Euro | |
| 10.000 | 1.461 | 1.624 | 1.624 | 2.064 | 2.064 | 2.575 | 2.575 | 3.015 | 3.015 | 3.178 |
| 15.000 | 2.011 | 2.234 | 2.234 | 2.841 | 2.841 | 3.543 | 3.543 | 4.149 | 4.149 | 4.373 |
| 25.000 | 3.006 | 3.340 | 3.340 | 4.247 | 4.247 | 5.296 | 5.296 | 6.203 | 6.203 | 6.537 |
| 50.000 | 5.187 | 5.763 | 5.763 | 7.327 | 7.327 | 9.139 | 9.139 | 10.703 | 10.703 | 11.279 |
| 75.000 | 7.135 | 7.928 | 7.928 | 10.080 | 10.080 | 12.572 | 12.572 | 14.724 | 14.724 | 15.517 |
| 100.000 | 8.946 | 9.940 | 9.940 | 12.639 | 12.639 | 15.763 | 15.763 | 18.461 | 18.461 | 19.455 |
| 150.000 | 12.303 | 13.670 | 13.670 | 17.380 | 17.380 | 21.677 | 21.677 | 25.387 | 25.387 | 26.754 |
| 250.000 | 18.370 | 20.411 | 20.411 | 25.951 | 25.951 | 32.365 | 32.365 | 37.906 | 37.906 | 39.947 |
| 350.000 | 23.909 | 26.565 | 26.565 | 33.776 | 33.776 | 42.125 | 42.125 | 49.335 | 49.335 | 51.992 |
| 500.000 | 31.594 | 35.105 | 35.105 | 44.633 | 44.633 | 55.666 | 55.666 | 65.194 | 65.194 | 68.705 |
| 750.000 | 43.463 | 48.293 | 48.293 | 61.401 | 61.401 | 76.578 | 76.578 | 89.686 | 89.686 | 94.515 |
| 1.000.000 | 54.495 | 60.550 | 60.550 | 76.984 | 76.984 | 96.014 | 96.014 | 112.449 | 112.449 | 118.504 |
| 1.250.000 | 64.940 | 72.155 | 72.155 | 91.740 | 91.740 | 114.418 | 114.418 | 134.003 | 134.003 | 141.218 |
| 1.500.000 | 74.938 | 83.265 | 83.265 | 105.865 | 105.865 | 132.034 | 132.034 | 154.635 | 154.635 | 162.961 |
| 2.000.000 | 93.923 | 104.358 | 104.358 | 132.684 | 132.684 | 165.483 | 165.483 | 193.808 | 193.808 | 204.244 |
| 3.000.000 | 129.059 | 143.398 | 143.398 | 182.321 | 182.321 | 227.389 | 227.389 | 266.311 | 266.311 | 280.651 |
| 5.000.000 | 192.384 | 213.760 | 213.760 | 271.781 | 271.781 | 338.962 | 338.962 | 396.983 | 396.983 | 418.359 |
| 7.500.000 | 264.487 | 293.874 | 293.874 | 373.640 | 373.640 | 466.001 | 466.001 | 545.767 | 545.767 | 575.154 |
| 10.000.000 | 331.398 | 368.220 | 368.220 | 468.166 | 468.166 | 583.892 | 583.892 | 683.838 | 683.838 | 720.660 |
| 15.000.000 | 455.117 | 505.686 | 505.686 | 642.943 | 642.943 | 801.873 | 801.873 | 939.131 | 939.131 | 989.699 |

§ 52

## § 52

**Kurzkommentar zu § 52**

Die Tafelwerte der Honorartafel wurden aktualisiert und den aktuellen Anforderungen angepasst. Die Regelungen zur Honorarzone wurden neu aufgestellt. Die Objektliste ist neu, sie ist in Anlage 14.2 zur HOAI abgebildet.

**Beispiel**

*Falls Standsicherheitsnachweise schwierige Berechnungsmethoden erfordern, wie z. B. die Anwendung der Elastizitätstheorie bei Flächentragwerken, ist eine höhere Honorarzone angemessen. Schwierige Berechnungsverfahren können häufig zu Materialkosteneinsparungen bei den Baukosten führen. Der mithin hohe Berechnungsaufwand mit der Folge einer ggfs. höheren Honorarzoneneingruppierung kann im Gesamtergebnis zu Einsparungen führen, was jedoch in jedem Einzelfall gesondert zu ermitteln ist.*

Die Objektliste ist eine Hilfestellung zur Ermittlung aber keine insgesamt entscheidungserhebliche Vorgabe, wenn man den o. e. Einführungserlass des Bundesbauministeriums[193] zur HOAI 2013 sinngemäß zugrunde legt. Dieser Erlass ist jedoch eine sog. Untergesetzliche Maßgabe die nur für die dort angeschriebenen Dienststellen verbindlich ist.

Gegenüberstellende Bewertungen verschiedener Tragwerkslösungen und ihre spezifischen Baukostenunterschiede sowie Unterschiede in Bezug auf die spätere Umnutzung des Bauwerks gehören nicht zu den Grundleistungen des Leistungsbildes.

---

[193] Erlass vom 19.08.2013 Az.: B 10-8111.4.3- des Bundesbauministeriums

# Abschnitt 2 Technische Ausrüstung

## § 53 Anwendungsbereich

(1) Die Leistungen der Technischen Ausrüstung umfassen die Fachplanungen für die Objekte.

(2) Zur Technischen Ausrüstung gehören folgende Anlagegruppen:
1. Abwasser-, Wasser- und Gasanlagen,
2. Wärmeversorgungsanlagen,
3. Lufttechnische Anlagen,
4. Starkstromanlagen,
5. Fernmelde- und informationstechnische Anlagen,
6. Förderanlagen,
7. nutzungsspezifische Anlagen und verfahrenstechnische Anlagen,
8. Gebäudeautomation und Automation von Ingenieurbauwerken.

## Kurzkommentar zu § 53

Klargestellt ist mit dem 1. Absatz, dass die Fachplanung als solche für die Objektplanung verstanden wird. Damit wird der Unterschied zur Objektplanung herausgestellt aber auch geregelt, dass die Fachplanung für alle Objekte[194] zu verstehen ist. Geht man davon aus, dass die Freianlagen einerseits und Gebäude andererseits je eigenständige Objekte sind, ist demzufolge die Fachplanung, einerseits die Fachplanung für das Objekt Freianlagen und andererseits für das Objekt Gebäude. Das bedeutet, dass der Fachplaner in dieser Konstellation von zwei Objektplanern „koordiniert" wird, falls die Objektplanung für Gebäude und die für Freianlagen von unterschiedlichen Auftragnehmern erbracht wird.

Die Anlagengruppe Nr. 8 Gebäudeautomation und Automation gilt teilweise als gewerke- bzw.- Anlagengruppenübergreifend, so dass vorgeschlagen wird, den räumlichen Umfang in entsprechenden Schnittstellenvereinbarungen zu regeln, damit spätere Abgrenzungsfragen vermieden werden. Das kann insbesondere dann auftreten, wenn eine getrennte Vergabe dieser Planungsleistungen erfolgt oder auch wenn die Anlagengruppe 8 von einem Subplaner erbracht wird. Die Automation von Ingenieurbauwerken (Anlagengruppe 8) dürfte im Tagesgeschäft ebenfalls besser zu bearbeiten sein, wenn eine konkrete Leistungsgrenze zu den anderen Anlagengruppen zu Beginn der Planung vereinbart wird.

---

[194] Siehe auch § 54 HOAI

**§ 54**

Die Maschinentechnik (vergl. §42, Abs. 1 HOAI), die verfahrenstechnischen Anlagen, die nutzungsspezifischen Anlagen, die Automation, können im Tagesgeschäft bei Anwendern der HOAI durchaus Verständnisfragen aufwerfen. Daher wird vorgeschlagen, die inhaltlichen Schnittstellen, die Einfluss auf das Honorar ausüben, schriftlich im Vertrag zu regeln, da im Verordnungstext eine Definition (siehe §2 Begriffsbestimmungen) nicht mit hinreichender Übersichtlichkeit vorliegt.

### Das ist neu in § 53

> Die Automation von Ingenieurbauwerken ist in Anlagengruppe 8 aufgenommen worden.

Im Zuge der Kostenberechnungen ist darauf zu achten, dass die Kosten der Gebäudeautomation fachgerecht von den weiteren Anlagengruppen abgegrenzt werden.

### § 54 Besondere Grundlagen des Honorars

(1) Das Honorar für Grundleistungen bei der Technischen Ausrüstung richtet sich für das jeweilige Objekt im Sinne des § 2 Absatz 1 Satz 1 nach der Summe der anrechenbaren Kosten der Anlagen jeder Anlagengruppe. Dies gilt für nutzungsspezifische Anlagen nur, wenn die Anlagen funktional gleichartig sind. Anrechenbar sind auch sonstige Maßnahmen für technische Anlagen.

(2) Umfasst ein Auftrag für unterschiedliche Objekte im Sinne des § 2 Absatz 1 Satz 1 mehrere Anlagen, die unter funktionalen und technischen Kriterien eine Einheit bilden, werden die anrechenbaren Kosten der Anlagen jeder Anlagengruppe zusammengefasst. Dies gilt für nutzungsspezifische Anlagen nur, wenn diese Anlagen funktional gleichartig sind. § 11 Absatz 1 ist nicht anzuwenden.

(3) Umfasst ein Auftrag im Wesentlichen gleiche Anlagen, die unter weitgehend vergleichbaren Bedingungen für im Wesentlichen gleiche Objekte geplant werden, ist die Rechtsfolge des § 11 Absatz 3 anzuwenden. Umfasst ein Auftrag im Wesentlichen gleiche Anlagen, die bereits Gegenstand eines anderen Vertrags zwischen den Vertragsparteien waren, ist die Rechtsfolge des § 11 Absatz 4 anzuwenden.

(4) Nicht anrechenbar sind die Kosten für die nichtöffentliche Erschließung und die Technischen Anlagen in Außenanlagen, soweit der Auftragnehmer diese nicht plant oder ihre Ausführung nicht überwacht.

(5) Werden Teile der Technischen Ausrüstung in Baukonstruktionen ausgeführt, so können die Vertragsparteien schriftlich vereinbaren, dass die Kosten hierfür ganz oder teilweise zu den anrechenbaren Kosten gehören. Satz 1 ist entsprechend für Bauteile der Kostengruppe Baukonstruktionen anzuwenden, deren Abmessung oder Konstruktion durch die Leistung der Technischen Ausrüstung wesentlich beeinflusst wird.

## § 54 Besondere Grundlagen des Honorars

## Kurzkommentar zu § 54

Der Verordnungstext spricht zunächst für sich. In Absatz 1 ist als Bezugssumme die Summe der anrechenbaren Kosten der jeweiligen Anlagengruppe für die Honorarermittlung genannt, mit der Bezugnahme auf §2 Absatz 1. Darüber hinaus ist diesbezüglich eine Einschränkung in Bezug auf die nutzungsspezifischen Anlagen gemacht. Für Nutzungsspezifische Anlagen gilt die Zusammenfassung nur dann, wenn die Anlagen funktional gleichartig sind. Das bedeutet, dass beispielsweise badetechnische Anlagen und Medizintechnische Anlagen zwar der Anlagengruppe 7 zugehören, jedoch getrennte Honorarberechnungsgrundlagen bilden, wenn sie nicht funktional gleichartig sind. Für lagertechnische Anlagen[195] gilt das ebenfalls. Bei den Nutzungsspezifischen Anlagen ist stets zu prüfen, ob eine funktionale Gleichartigkeit vorliegt.

Anrechenbar sind auch sonstige Maßnahmen für technische Anlagen. Es ist jedoch nicht hinreichend genau erkennbar was damit gemeint im Einzelnen sein könnte. Es wird daher vorgeschlagen, diesbezüglich eine klarstellende vertragliche Regelung zu den sonstigen Maßnahmen zu treffen.

**Praxis-Tipp** Die Technische Ausrüstung in den Außenanlagen und bei der nichtöffentlichen Erschließung ist Bestandteil der preisrechtlichen Regelungen, siehe § 54 Abs. 4.

In Abs. 2 wird eine spezielle Regelung für unterschiedliche Objekte im Bereich der Technischen Ausrüstung getroffen. Hier geht es um die evtl. zusammengefasste Honorarabrechnung für mehrere Objekte im Sinne des § 2 Abs. 1 Satz 1 HOAI. Es kommt also zunächst darauf an, ob es sich um unterschiedliche Objekte handelt. Dann greift die Frage, ob mehrere Anlagen unter funktionalen und technischen Kriterien eine Einheit bilden. Diese Formulierung ist in Bezug auf den Begriff Einheit mit Ermessensspielräumen versehen.

Absatz 3 betrifft einen Auftrag mit im Wesentlichen gleichen Anlagen bei unterschiedlichen Objekten. Allein diese Anforderungen (ohne die noch im Verordnungstext eingefügten weitgehend vergleichbaren Bedingungen), sind nur selten als gegeben zu bezeichnen, so dass diese Regelung eher geringe Bedeutung im Tagesgeschäft erlangen dürfte.

Absatz 4 regelt die Anrechenbarkeit der Kosten für die nichtöffentliche Erschließung und die Technischen Anlagen in den Außenanlagen. In diesem Zusammenhang ist jedoch § 53 Abs. 1 zu beachten, der regelt, dass die Fachplanung die Fachplanung für Objekte ist (Freianlagen sind ebenfalls Objekte) und daher die Technische Ausrüstung in den Freianlagen nach § 53 Absatz 1 zu berücksichtigen ist.

Die Regelung des Absatz 5 als sog. „Kann-Regelung" bedarf der einvernehmlichen Vereinbarung beider Vertragspartner.

---

[195] Amtl. Begründung zur HOAI zu §54 Abs. 1

## § 55 Leistungsbild Technische Ausrüstung

(1) Das Leistungsbild Technische Ausrüstung umfasst Grundleistungen für Neuanlagen, Wiederaufbauten, Erweiterungsbauten, Umbauten, Modernisierungen, Instandhaltungen und Instandsetzungen. Die Grundleistungen bei der Technischen Ausrüstung sind in neun Leistungsphasen zusammengefasst und werden wie folgt in Prozentsätzen der Honorare des § 56 bewertet:

1. für die Leistungsphase 1 (Grundlagenermittlung) mit 2 Prozent,
2. für die Leistungsphase 2 (Vorplanung) mit 9 Prozent,
3. für die Leistungsphase 3 (Entwurfsplanung) mit 17 Prozent,
4. für die Leistungsphase 4 (Genehmigungsplanung) mit 2 Prozent,
5. für die Leistungsphase 5 (Ausführungsplanung) mit 22 Prozent,
6. für die Leistungsphase 6 (Vorbereitung der Vergabe) mit 7 Prozent,
7. für die Leistungsphase 7 (Mitwirkung bei der Vergabe) mit 5 Prozent,
8. für die Leistungsphase 8 (Objektüberwachung – Bauüberwachung) mit 35 Prozent,
9. für die Leistungsphase 9 (Objektbetreuung) mit 1 Prozent.

(2) Die Leistungsphase 5 ist abweichend von Absatz 1 Satz 2 mit einem Abschlag von jeweils 4 Prozent zu bewerten, sofern das Anfertigen von Schlitz- und Durchbruchsplänen oder das Prüfen der Montage- und Werkstattpläne der ausführenden Firmen nicht in Auftrag gegeben wird.

(3) Anlage 15 Nummer 15.1 regelt die Grundleistungen jeder Leistungsphase und enthält Beispiele für Besondere Leistungen.

## Kurzkommentar zu § 55

Das Leistungsbild ist in wesentlichen Teilen verändert worden. Auf die Anlage 15 zur HOAI (siehe Anhang) wird Bezug genommen. Die Gewichtung der Leistungsphasen innerhalb der gesamten Grundleistungen ist ebenfalls nachhaltig geändert worden. Die nachstehende Tabelle zeigt die Veränderungen (kursiv) der Gewichtung. Auf die inhaltlichen Einzelheiten der Änderungen im Leistungsbild wird im Anhang eingegangen.

Die Regelungen in Absatz 2 sind zum Teil geändert. Geblieben ist die Regelung in Bezug auf die Schlitz- und Durchbruchpläne. Neu ist die Regelung hinsichtlich der Montage- und Werkstattpläne der ausführenden Unternehmen, soweit diese Pläne nicht geprüft werden. Der Verordnungstext ist so zu verstehen dass die genannten 4 % jeweils gelten.

§ 56 Honorare für Grundleistungen der Technischen Ausrüstung

**Leistungsbild Fachplanung Technische Ausrüstung**

| Version | LPH 1 | LPH 2 | LPH 3 | LPH 4 | LPH 5 | LPH 6 | LPH 7 | LPH 8 | LPH 9 | Gesamt |
|---|---|---|---|---|---|---|---|---|---|---|
| HOAI 2009 | 3 | 11 | 15 | 6 | 18 | 6 | 5 | 33 | 3 | 100 |
| HOAI 2013 | 2 | 9 | 17 | 2 | 22 | 7 | 5 | 35 | 1 | 100 |

## Das ist neu in § 55

> Die Grundleistungen sind gravierend verändert worden, wesentliche fachtechnische Elemente der Änderungen sind u. a. die zu erstellenden bepreisten LV's und die Prüfung der Montage- und Werkstattpläne.

**Praxis-Tipp**
In Bezug auf die Berücksichtigung des Umbauzuschlags beim Bauen im Bestand ist zu prüfen, ob die betreffende Technische Anlage umgebaut oder lediglich erweitert wird.

**Beispiel**

Werden bei einer vorhandenen Heizungsanlage Pumpen ausgetauscht, eine neue Verteilung (im Tausch mit der vorhandenen Verteilung) eingebaut und die Regeltechnik erneuert, liegt ein Umbau einer Heizungsanlage vor.

## § 56 Honorare für Grundleistungen der Technischen Ausrüstung

(1) Die Mindest- und Höchstsätze der Honorare für die in § 55 und der Anlage 15.1 aufgeführten Grundleistungen bei einzelnen Anlagen sind in der folgenden Honorartafel festgesetzt:

§ 56

| Anrechenbare Kosten in Euro | Honorarzone I geringe Anforderungen von bis Euro | | Honorarzone II durchschnittliche Anforderungen von bis Euro | | Honorarzone III hohe Anforderungen von bis Euro | |
|---:|---:|---:|---:|---:|---:|---:|
| 5.000 | 2.132 | 2.547 | 2.547 | 2.990 | 2.990 | 3.405 |
| 10.000 | 3.689 | 4.408 | 4.408 | 5.174 | 5.174 | 5.893 |
| 15.000 | 5.084 | 6.075 | 6.075 | 7.131 | 7.131 | 8.122 |
| 25.000 | 7.615 | 9.098 | 9.098 | 10.681 | 10.681 | 12.164 |
| 35.000 | 9.934 | 11.869 | 11.869 | 13.934 | 13.934 | 15.869 |
| 50.000 | 13.165 | 15.729 | 15.729 | 18.465 | 18.465 | 21.029 |
| 75.000 | 18.122 | 21.652 | 21.652 | 25.418 | 25.418 | 28.948 |
| 100.000 | 22.723 | 27.150 | 27.150 | 31.872 | 31.872 | 36.299 |
| 150.000 | 31.228 | 37.311 | 37.311 | 43.800 | 43.800 | 49.883 |
| 250.000 | 46.640 | 55.726 | 55.726 | 65.418 | 65.418 | 74.504 |
| 500.000 | 80.684 | 96.402 | 96.402 | 113.168 | 113.168 | 128.886 |
| 750.000 | 111.105 | 132.749 | 132.749 | 155.836 | 155.836 | 177.480 |
| 1.000.000 | 139.347 | 166.493 | 166.493 | 195.448 | 195.448 | 222.594 |
| 1.250.000 | 166.043 | 198.389 | 198.389 | 232.891 | 232.891 | 265.237 |
| 1.500.000 | 191.545 | 228.859 | 228.859 | 268.660 | 268.660 | 305.974 |
| 2.000.000 | 239.792 | 286.504 | 286.504 | 336.331 | 336.331 | 383.044 |
| 2.500.000 | 285.649 | 341.295 | 341.295 | 400.650 | 400.650 | 456.296 |
| 3.000.000 | 329.420 | 393.593 | 393.593 | 462.044 | 462.044 | 526.217 |
| 3.500.000 | 371.491 | 443.859 | 443.859 | 521.052 | 521.052 | 593.420 |
| 4.000.000 | 412.126 | 492.410 | 492.410 | 578.046 | 578.046 | 658.331 |

(2) Welchen Honorarzonen die Grundleistungen zugeordnet werden, richtet sich nach folgenden Bewertungsmerkmalen:

1. Anzahl der Funktionsbereiche,

2. Integrationsansprüche,

3. technische Ausgestaltung,

4. Anforderungen an die Technik,

5. konstruktive Anforderungen.

(3) Für die Zuordnung zu den Honorarzonen ist die Objektliste der Anlage 15 Nummer 15.2 zu berücksichtigen.

(4) Werden Anlagen einer Gruppe verschiedenen Honorarzonen zugeordnet, so ergibt sich das Honorar nach Absatz 1 aus der Summe der Einzelhonorare. Ein Einzelhonorar wird dabei für alle Anlagen ermittelt, die einer Honorarzone zugeordnet werden. Für die Ermittlung des Einzelhonorars ist zunächst das Honorar für die Anlagen jeder Honorarzone zu berechnen, das sich ergeben würde, wenn die gesamten anrechenbaren Kosten der Anlagengruppe nur der Honorarzone zugeordnet würden, für die das Einzelhonorar berechnet wird. Das Einzelhonorar ist dann nach dem Verhältnis der Summe der anrechenbaren Kosten der Anlagen einer Honorarzone zu den gesamten anrechenbaren Kosten der Anlagengruppe zu ermitteln.

# § 56 Honorare für Grundleistungen der Technischen Ausrüstung

(5) Für Umbauten und Modernisierungen kann bei einem durchschnittlichen Schwierigkeitsgrad ein Zuschlag gemäß § 6 Absatz 2 Satz 3 bis 50 Prozent schriftlich vereinbart werden.

(6) Steht der Planungsaufwand für die Technische Ausrüstung von Ingenieurbauwerken mit großer Längenausdehnung, die unter gleichen baulichen Bedingungen errichtet werden, in einem Missverhältnis zum ermittelten Honorar, ist § 7 Absatz 3 anzuwenden.

## Kurzkommentar zu § 56

Die Honorartafelwerte wurden aktualisiert. Die Eingruppierung in Honorarzonen ist in Absatz 2 geregelt. Es wird vorgeschlagen, bei der Eingliederung nach den Honorarzonen, im Bedarfsfall weitere objektivierende Aspekte je Bewertungskriterium zu bilden um eine möglichst objektive Bewertung zu erreichen. Die Objektliste ist nach dem Wortlaut in Absatz 3 lediglich zu berücksichtigen. Hier ist auch die übergreifende Regelung in §5 Absatz 2 anzuwenden.

Nach wie vor können Anlagen einer Anlagengruppe unterschiedlichen Honorarzonen zugeordnet werden. Denn mehrere Anlagen können die anrechenbaren Kosten einer Anlagengruppe bilden. Dann ist gemäß Absatz 4 im Rahmen einer Relationsberechnung das entsprechende Honorar zu ermitteln. Danach ergibt sich das Honorar aus folgenden Arbeitsschritten:

1. Zunächst ist das Honorar zu ermitteln, das sich ergeben würde, wenn die gesamten anrechenbaren Kosten nur der betreffenden Honorarzone zuzuordnen wären. Dieser Schritt ist für alle betreffenden Honorarzonen durchzuführen.
2. Das Honorar je Honorarzone ist dann so zu ermitteln, dass der Anteil der anrechenbaren Kosten der betreffenden Honorarzone an den gesamten anrechenbaren Kosten verhältnisgerecht das Honorar der betreffenden Honorarzone ergibt. Dieser Schritt ist für alle betreffenden Honorarzonen durchzuführen.

Der Umbauzuschlag nach Absatz 5 wird nur bei durchschnittlichem Schwierigkeitsgrad nach oben begrenzt. Bei überdurchschnittlichem Schwierigkeitsgrad und bei unterdurchschnittlichem Schwierigkeitsgrad gibt es keine Obergrenze. Die Regelung in Absatz 5 steht in Zusammenhang mit den Regelungen des §6.

Die Regelung des Absatz 6 ist neu. Sie ist ggfs. missverständlich, denn die Formulierung „unter gleichen baulichen Bedingungen" ist nicht genau nachvollziehbar. Unklar ist auch, wann ein Missverhältnis zum ermittelten Honorar nach objektiven Maßstäben vorliegt. Darüber hinaus stellt sich die Frage, ob ein etwaiges Missverhältnis zum Honorar bereits bei Vertragsabschluss hinreichend sicher erkennbar ist, um dann die Folgewirkung des §7 Absatz 3 (Mindestsatzunterschreitung) anzuwenden.

# Teil 5 Übergangs- und Schlussvorschriften

## § 57 Übergangsvorschrift

Diese Verordnung ist nicht auf Grundleistungen anzuwenden, die vor ihrem Inkrafttreten vertraglich vereinbart wurden; insoweit bleiben die bisherigen Vorschriften anwendbar.

## § 58 Inkrafttreten, Außerkrafttreten

Diese Verordnung tritt am Tag nach der Verkündung in Kraft. Gleichzeitig tritt die Honorarordnung für Architekten und Ingenieure vom 11. August 2009 (BGBl. I S. 2732) außer Kraft.

## Kurzkommentar zu den §§ 57 und 58

§ § 57, 58 entsprechen den Übergangs- und Schlussvorschriften in § § 55, 56 HOAI 2009. Die neue HOAI ist am 16.07.2013 verkündet worden[196] und daher am 17.07.2013 in Kraft getreten; gleichzeitig trat die HOAI 2009 außer Kraft. Demnach gilt:

Leistungen, die bis zum 17.08.2009 einschließlich vereinbart wurden, sind nach der HOAI 1996 zu honorieren.

Zwischen dem 18.08.2009 und dem 16.07.2013 vereinbarte Leistungen fallen unter die HOAI 2009.

Ab dem 17.07.2013 geschlossene Verträge unterliegen der HOAI 2013.

Der Übergangsvorschrift liegt der Gedanke zugrunde, dass die vertragliche Einigung von Auftraggeber und Auftragnehmer abgeschlossen ist und das Vertrauen der Vertragsparteien in eine Abwicklung des Vertrags insoweit nicht beeinträchtigt werden soll.[197]

In den neuen, ab dem 17.07.2013 geschlossenen Verträgen dürfen die Vertragspartner vereinbaren, dass sich das Honorar nach der HOAI 2009 (oder 1996) richtet, solange das Honorar im Ergebnis einer Vergleichsrechnung im neuen Satzrahmen liegt, also zwischen Mindest- und Höchstsatz nach der HOAI 2013.[198] Insoweit kann nichts anderes gelten als bei Vereinbarung eines Pauschal- oder Zeithonorars, die sich ebenfalls innerhalb des neuen Satzrahmens bewegen müssen, sofern der Vertrag ab dem 17.07.2013 geschlossen wurde. Der BGH bereits hat bereits zum Stundensatzhonorar entschieden, dass die Honorarvereinbarung autonom und losgelöst

---

[196] BGBl. 2013 Teil I Nr. 37 vom 16.07.2013, Seite 2276.
[197] Sie die Begründung der BReg, BR-Drs. 334/13 vom 25.04.2013, S. 170.
[198] So wie hier: Rauch, DAB Heft 10/2009, S. 24 (26 f.).

von den Honorarbemessungsparametern getroffen werden kann (z. B. auch in Form einer Pauschale), solange sich das rechnerische Endergebnis nur im Rahmen der Mindest- und Höchstsätze hält.[199] Diese Entscheidung ist noch zur HOAI 1996 ergangen, lässt sich aber auf die HOAI 2009 und 2013 übertragen. Die neue HOAI lässt sich also durch Vereinbarung der alten HOAI nicht umgehen.

> **Beispiel**
>
> *Wird der Auftragnehmer nur mit der Objektüberwachung (Leistungsphase 8) beauftragt, so kann – schriftlich bei Auftragserteilung – vereinbart werden, dass das Honorar nach den anrechenbaren Kosten auf der Grundlage der Kostenfeststellung zu ermitteln ist (wie nach der HOAI 1996). Dies ist wirksam, solange das sich hieraus ergebende Honorar weder den auf der Grundlage der Kostenberechnung ermittelten Mindestsatz nach der HOAI 2013 unterschreitet noch den neuen Höchstsatz überschreitet. Im ersten Fall könnte der Auftragnehmer eine Aufstockung des Honorars bis zum neuen Mindestsatz verlangen, im zweiten Fall dagegen könnte er die über den neuen Höchstsatz hinaus gehende Honorardifferenz nicht beanspruchen.*

Bei stufenweiser Beauftragung ist die im Zeitpunkt der Beauftragung der jeweiligen Stufe geltende Fassung der HOAI maßgeblich. Im Stufenvertrag wird in der Regel eine erste Stufe verbindlich beauftragt und behält sich der Auftraggeber vor, weitere Stufen später zu den Bedingungen des Stufenvertrages (einschließlich der dort vereinbarten Honorare) abzurufen. Ein Rechtsanspruch des Architekten auf Abruf weiterer Stufen besteht nicht. Der Stufenvertrag beinhaltet folglich das Angebot des Architekten, die Leistungen der weiteren Stufen zu den Bedingungen des Stufenvertrages und insbesondere zu dem darin vereinbarten Honorar zu erbringen.[200] Diese Angebote kann der Auftraggeber jeweils durch Abruf annehmen, solange die in der Regel vertraglich festgelegten Annahmefristen nicht abgelaufen sind. Infolgedessen kommt der Vertrag über eine weitere Stufe erst mit deren Abruf wirksam zustande.[201]

Dass demnach die bei Abschluss des jeweiligen Einzelvertrags geltende Fassung der HOAI gilt, veranschaulicht das folgende Beispiel.

---

[199] BGH, Urteil v. 17.04.2009-VII ZR 164/07, IBR 2009, 334-337; BGH, Urteil v. 16.12.2004 – VII ZR 16/03, BauR 2005, 735 (738 f.).

[200] Ebenfalls von einem Angebot des Auftragnehmers (und nicht von einer aufschiebenden Bedingung) gehen Grams/Weber, NZBau 2010, 337, 340 (m. w. N.), aus. Nur die Honorarvereinbarung steht unter der aufschiebenden Bedingung des späteren Abrufs der weiteren Stufe.

[201] BGH, Urteil vom 27.11.2008 – VII ZR 211/07, BauR 2009, 523; IBR 2009, 144, 145; OLG Düsseldorf, Urteil vom 21.05.1996 – 12 U 116/45, BauR 1997, 340; Löffelmann, in: Löffelmann/Fleischmann, Architektenrecht, Rn. 5; Averhaus, NZBau 2009, 473, 478; Koeble, in: Locher/Koeble/Frik, HOAI 2009, 11. Auflage, § 55, Rn. 3; Werner/Siegburg, BauR 2013, 1499, 1558, Motzke, NZBau 2013, 742, 743; Budiner/Plankemann, DAB 2014, 46, 47.

## § 58

> **Beispiel**
>
> Wurden die Leistungen bis zur Genehmigungsplanung (LPH 1-4) im Mai 2012 in Auftrag gegeben, während die Ausführungsplanung (LPH 5) erst im September 2013 abgerufen wurde, dann richtet sich das Honorar für die Leistungen der ersten Stufe noch nach der HOAI 2009, hingegen für die zweite Stufe schon nach der HOAI 2013.

Nun ist zu unterscheiden: Haben die Vertragspartner für die zweite Stufe noch kein Honorar vereinbart, so ist das Honorar hierfür nach der HOAI 2013 zu ermitteln. Haben die Vertragspartner das Honorar für die zweite Stufe jedoch bereits – wie im Regelfall – bei Beauftragung der ersten Stufe vereinbart, also noch nach der HOAI 2009, dann wird diese – aufschiebend bedingte – Honorarvereinbarung mit dem Leistungsabruf wirksam.[202] Damit gelten für die zweite Stufe einerseits die HOAI 2013 und andererseits die unter der HOAI 2009 getroffene Honorarvereinbarung. Dieser (nur scheinbare) Konflikt ist dahin gehend aufzulösen, dass die alte Honorarvereinbarung solange wirksam ist, wie sie sich im Rahmen der Mindest- und Höchstsätze der HOAI 2013 bewegt (siehe § 7 Absatz 1), was durch eine Vergleichsrechnung festzustellen ist.[203] Die ursprüngliche Honorarvereinbarung ist also für nach Inkrafttreten der HOAI 2013 abgerufene Stufen am neuen Satzrahmen zu messen. Die Gegenansicht[204] geht davon aus, dass der Vertrag über die neue Stufe nicht erst mit dem Abruf zustande kommt. Dem ist nicht zu folgen. Auch praktische Erwägungen sprechen nicht gegen eine parallele Anwendung der alten und neuen HOAI bei unterschiedlichen Stufen, da die Stufen klar abgrenzbar sind. Liegt die alte Honorarvereinbarung für die neue Stufe unter dem Mindestsatz nach der HOAI 2013, kann der neue Mindestsatz verlangt werden. Insbesondere öffentliche Auftraggeber werden sich mit solchen Aufstockungsverlangen in der Praxis jedoch schwer tun und auf einen Erlass des Bundesbauministeriums berufen, nach dem bei Stufenverträgen, die vor Inkrafttreten der HOAI 2013 mit Honorarvereinbarungen über später zu erbringende Leistungen abgeschlossen wurden, das bisherige Recht fort gelten soll.[205] Der Vertrauensschutz lässt sich für diese Ansicht jedoch nicht anführen, da der Vertrag über die betreffende Stufe eben erst mit dem Abruf zustande kommt (auf den kein Anspruch besteht) und der Auftraggeber kein Vertrauen darauf entwickeln kann, dass die HOAI bis zu seiner Annahme des Angebotes des Auftragnehmers nicht geändert wird. Höchstrichterlich entschieden ist diese Streitfrage bislang noch nicht.[206]

---

[202] BGH, Versäumnisurteil vom 27.11.2008 – VII ZR 211/07, NJW-RR 2009, 447, NZBau 2009, 257.

[203] So auch Rauch, DAB 2009, 24, 28 ff. (auch zu weiteren Übergangsfällen); Grams/Weber, NZBau 2010, 337 (mit Berechnungsbeispielen).

[204] A.A.: Kalte/Wiesner, Angebahnte Verträge und HOAI 2009 – Gültigkeit von HOAI 1996 oder HOAI 2009?, www.ibr-online.de; Deckers, Der zeitliche Geltungsbereich der HOAI 2009, www.werner-baurecht.de (Forum HOAI), S. 2 f.; ausführlich: Kuhn, ZfBR 2014, 3 (m. w. N. für beide Ansichten).

[205] Siehe den Erlass des BMVBS vom 19.08./06.09.2013, B 10 -8111.4.3.

[206] Nach LG Koblenz, Urteil vom 28.02.2013 – 4 O 103/12, unterfallen weitere Vertragsstufen bei Abruf ab dem 18.08.2009 der HOAI 2009. Dieses erstinstanzliche Urteil wurde durch das OLG Koblenz mit Urteil vom 06.12.2013 – 10 U 344/13 – bestätigt, ist aber noch nicht rechtskräftig. Bei

## § 58 Inkrafttreten, Außerkrafttreten

Folgt man der hier vertretenen Auffassung, ist allerdings zu beachten, dass der durchzuführende Vergleich der nach der HOAI geschlossenen alten Honorarvereinbarung mit dem neuen Mindestsatzhonorar nach der HOAI 2013 dadurch erschwert wird, dass der Grundleistungskatalog im Zuge der Novelle erweitert wurde. Um zu vermeiden, dass „Äpfel mit Birnen" verglichen werden, muss der Auftragnehmer zunächst die Vergleichbarkeit der Leistungen herstellen, die einerseits der Honorarvereinbarung und andererseits dem neuen Mindestsatzhonorar zugrunde liegen. In dem oben genannten Beispiel müsste der Ausführungsplaner mithin darlegen, welcher Anteil des neuen Mindestsatzhonorars auf die neuen Grundleistungen der Phase 5 (Fortschreiben des Terminplans und Überprüfen der Montagepläne) entfällt, mit denen er nicht beauftragt wurde und auf die sich das vereinbarte Honorar folglich nicht bezieht. Gelingt ihm diese Abgrenzung nicht, wird sein Aufstockungsverlangen scheitern.

Wird nach Inkrafttreten der neuen HOAI ein Planungsauftrag auf der Grundlage eines noch unter der HOAI 2009 abgeschlossenen Rahmenvertrages beauftragt, so gilt für den neuen Einzelauftrag die neue HOAI.[207]

**Praxis-Tipp** Alte Rahmenverträge sollten an die neue HOAI angepasst werden.

Auf Besondere Leistungen finden die Übergangsvorschriften keine Anwendung, da das Honorar für Besondere Leistungen preisrechtlich nicht geregelt ist, sondern frei vereinbart werden kann. Es macht insofern keinen Unterschied, ob zu einem bis zum 16.07.2013 geschlossenen Vertrag weitere Besondere Leistungen vor oder nach diesem Datum ergänzend beauftragt werden.

Nicht eindeutig ist die Übergangsregelung in denjenigen Fällen, in denen es bei Verträgen, die unter die HOAI 2009 fallen, ab dem 17.07.2013 zur Beauftragung von Änderungsleistungen kommt, sodass z. B. Grundleistungen wiederholt werden müssen. Der Wortlaut des § 57 spricht dafür, dass solche Änderungsleistungen nach der HOAI 2013 abzurechnen sind, mithin nach § 10 Absatz 1 und 2 und nicht nach § 3 Absatz 2 Satz 2 und § 7 Absatz 5 HOAI 2009.[208]

Die HOAI gilt auch in der neuen Fassung weiterhin unbefristet. Der Bundesrat hat seine Zustimmung zur HOAI 2013 mit einem erneuten Prüfauftrag an die Bundesregierung verbunden.[209] Die Rückführung der in der Anlage 1 geführten Leistungsbilder in den verbindlichen Verordnungstext soll erneut geprüft werden. Dasselbe gilt für eine preisrechtliche Regelung der örtlichen Bauüberwachung für Ingenieurbauwerke und Verkehrsanlagen. Zu der erfolgten Erhöhung der Honorare solle eine Evaluierung stattfinden.

---

Abrufen ab dem 17.07.2013 gilt die HOAI 2013. Ebenso Orlowski, ZfBR 2013, 315, 316; Morlock, DAB 2013, 42, 43.

[207] So (für den Übergang von der HOAI 2002 auf die HOAI 2009) auch Kalte/Wiesner, Angebahnte Verträge und HOAI 2009 – Gültigkeit von HOAI 1996 oder HOAI 2009?, www.ibr-online.de.

[208] So (zum Übergang von der HOAI 2002 zur HOAI 2009) auch Deckers, Der zeitliche Geltungsbereich der HOAI 2009, www.werner-baurecht.de (Forum HOAI), S. 8; ebenso für wiederholte Grundleistungen und Alternativen bei „wesentlich andersartiger Aufgabenstellung": Kalte/Wiesner, IBR 2010, 1229 (nur online).

[209] Beschluss des BRates, BR-Drs. 334/13 vom 07.06.2013, S. 1–3.

# Anlagen

## Kurzkommentar zu den Anlagen

Die Anlagen stellen keine Regelungen des Preisrechts dar und können daher allenfalls als Hinweise des Verordnungsgebers verstanden werden. Soweit im Folgenden aus Gründen der Übersichtlichkeit von „Regelungen" geschrieben wird ist dies in diesem Sinne zu verstehen.

Die Kurzkommentare zu den Leistungsbildern der Flächenplanungen befinden sich aus Gründen der Übersichtlichkeit im Verordnungstextteil als Kommentar.

## Anlage 1 Beratungsleistungen

### 1.1 Leistung Umweltverträglichkeitsstudie

#### 1.1.1 Leistungsbild Umweltverträglichkeitsstudie

(1) Die Grundleistungen bei Umweltverträglichkeitsstudien können in vier Leistungsphasen unterteilt und wie folgt in Prozentsätzen der Honorare in Nummer 1.1.2 bewertet werden. Die Bewertung der Leistungsphasen der Honorare erfolgt

1. für die Leistungsphase 1 (Klären der Aufgabenstellung und Ermitteln des Leistungsumfangs) mit 3 Prozent,
2. für die Leistungsphase 2 (Grundlagenermittlung) mit 37 Prozent,
3. für die Leistungsphase 3 (Vorläufige Fassung) mit 50 Prozent,
4. für die Leistungsphase 4 (Abgestimmte Fassung) mit 10 Prozent.

(2) Das Leistungsbild kann sich wie folgt zusammensetzen:

Leistungsphase 1: Klären der Aufgabenstellung und Ermitteln des Leistungsumfangs

– Zusammenstellen und Prüfen der vom Auftraggeber zur Verfügung gestellten untersuchungsrelevanten Unterlagen,
– Ortsbesichtigungen,
– Abgrenzen der Untersuchungsräume,
– Ermitteln der Untersuchungsinhalte,
– Konkretisieren weiteren Bedarfs an Daten und Unterlagen,
– Beraten zum Leistungsumfang für ergänzende Untersuchungen und Fachleistungen,
– Aufstellen eines verbindlichen Arbeitsplans unter Berücksichtigung der sonstigen Fachbeiträge.

Leistungsphase 2: Grundlagenermittlung

– Ermitteln und Beschreiben der untersuchungsrelevanten Sachverhalte aufgrund vorhandener Unterlagen,

## A 1

- Beschreiben der Umwelt einschließlich des rechtlichen Schutzstatus, der fachplanerischen Vorgaben und Ziele sowie der für die Bewertung relevanten Funktionselemente für jedes Schutzgut einschließlich der Wechselwirkungen,
- Beschreiben der vorhandenen Beeinträchtigungen der Umwelt,
- Bewerten der Funktionselemente und der Leistungsfähigkeit der einzelnen Schutzgüter hinsichtlich ihrer Bedeutung und Empfindlichkeit,
- Raumwiderstandsanalyse, soweit nach Art des Vorhabens erforderlich, einschließlich des Ermittelns konfliktarmer Bereiche,
- Darstellen von Entwicklungstendenzen des Untersuchungsraumes für den Prognose-Null-Fall,
- Überprüfen der Abgrenzung des Untersuchungsraumes und der Untersuchungsinhalte,
- Zusammenfassendes Darstellen der Erfassung und Bewertung als Grundlage für die Erörterung mit dem Auftraggeber.

Leistungsphase 3: Vorläufige Fassung

- Ermitteln und Beschreiben der Umweltauswirkungen und Erstellen der vorläufigen Fassung,
- Mitwirken bei der Entwicklung und der Auswahl vertieft zu untersuchender planerischer Lösungen,
- Mitwirken bei der Optimierung von bis zu drei planerischen Lösungen (Hauptvarianten) zur Vermeidung von Beeinträchtigungen,
- Ermitteln, Beschreiben und Bewerten der unmittelbaren und mittelbaren Auswirkungen von bis zu drei planerischen Lösungen (Hauptvarianten) auf die Schutzgüter im Sinne des Gesetzes über die Umweltverträglichkeitsprüfung vom 24. Februar 2010 (BGBl. I S. 94) einschließlich der Wechselwirkungen,
- Einarbeiten der Ergebnisse vorhandener Untersuchungen zum Gebiets- und Artenschutz sowie zum Boden- und Wasserschutz,
- Vergleichendes Darstellen und Bewerten der Auswirkungen von bis zu drei planerischen Lösungen,
- Zusammenfassendes vergleichendes Bewerten des Projekts mit dem Prognose-Null-Fall,
- Erstellen von Hinweisen auf Maßnahmen zur Vermeidung und Verminderung von Beeinträchtigungen sowie zur Ausgleichbarkeit der unvermeidbaren Beeinträchtigungen,
- Erstellen von Hinweisen auf Schwierigkeiten bei der Zusammenstellung der Angaben,
- Zusammenführen und Darstellen der Ergebnisse als vorläufige Fassung in Text und Karten einschließlich des Herausarbeitens der grundsätzlichen Lösung der wesentlichen Teile der Aufgabe,
- Abstimmen der Vorläufigen Fassung mit dem Auftraggeber.

Leistungsphase 4: Abgestimmte Fassung

Darstellen der mit dem Auftraggeber abgestimmten Fassung der Umweltverträglichkeitsstudie in Text und Karte einschließlich einer Zusammenfassung.

(3) Im Leistungsbild Umweltverträglichkeitsstudie können insbesondere die Besonderen Leistungen der Anlage 9 Anwendung finden.

## Kurzkommentar zu Anlage 1.1.1

Das Leistungsbild wurde an wenigen Stellen aktualisiert. In der Leistungsphase 1 ist das Konkretisieren des weiteren Bedarfs an Grundlagen und Daten hinzugekommen. Neu ist auch die Aufstellung eines Arbeitsplanes. Die Leistungsphase 2 wurde ergänzt um das Darstellen von Entwicklungstendenzen des Untersuchungsraumes für den Prognose-Null-Fall. In der Leistungsphase 3 fand eine umfassende Aktualisierung statt. Die Leistungsphase 4 ist im Wesentlichen gleich geblieben.

### 1.1.2 Honorare für Grundleistungen bei Umweltverträglichkeitsstudien

(1) Die Mindest- und Höchstsätze der Honorare für die in Nummer 1.1.1 aufgeführten Grundleistungen bei Umweltverträglichkeitsstudien können anhand der folgenden Honorartafel bestimmt werden:

| Fläche in Hektar | Honorarzone I geringe Anforderungen von bis Euro | | Honorarzone II durchschnittliche Anforderungen von bis Euro | | Honorarzone III hohe Anforderungen von bis Euro | |
|---|---|---|---|---|---|---|
| 50 | 10.176 | 12.862 | 12.862 | 15.406 | 15.406 | 18.091 |
| 100 | 14.972 | 18.923 | 18.923 | 22.666 | 22.666 | 26.617 |
| 150 | 18.942 | 23.940 | 23.940 | 28.676 | 28.676 | 33.674 |
| 200 | 22.454 | 28.380 | 28.380 | 33.994 | 33.994 | 39.919 |
| 300 | 28.644 | 36.203 | 36.203 | 43.364 | 43.364 | 50.923 |
| 400 | 34.117 | 43.120 | 43.120 | 51.649 | 51.649 | 60.653 |
| 500 | 39.110 | 49.431 | 49.431 | 59.209 | 59.209 | 69.530 |
| 750 | 50.211 | 63.461 | 63.461 | 76.014 | 76.014 | 89.264 |
| 1.000 | 60.004 | 75.838 | 75.838 | 90.839 | 90.839 | 106.674 |
| 1.500 | 77.182 | 97.550 | 97.550 | 116.846 | 116.846 | 137.213 |
| 2.000 | 92.278 | 116.629 | 116.629 | 139.698 | 139.698 | 164.049 |
| 2.500 | 105.963 | 133.925 | 133.925 | 160.416 | 160.416 | 188.378 |
| 3.000 | 118.598 | 149.895 | 149.895 | 179.544 | 179.544 | 210.841 |
| 4.000 | 141.533 | 178.883 | 178.883 | 214.266 | 214.266 | 251.615 |
| 5.000 | 162.148 | 204.937 | 204.937 | 245.474 | 245.474 | 288.263 |
| 6.000 | 182.186 | 230.263 | 230.263 | 275.810 | 275.810 | 323.887 |
| 7.000 | 201.072 | 254.133 | 254.133 | 304.401 | 304.401 | 357.461 |
| 8.000 | 218.466 | 276.117 | 276.117 | 330.734 | 330.734 | 388.384 |
| 9.000 | 234.394 | 296.247 | 296.247 | 354.846 | 354.846 | 416.700 |
| 10.000 | 249.492 | 315.330 | 315.330 | 377.704 | 377.704 | 443.542 |

(2) Das Honorar für die Erstellung von Umweltverträglichkeitsstudien kann nach der Gesamtfläche des Untersuchungsraumes in Hektar und nach der Honorarzone berechnet werden.

(3) Umweltverträglichkeitsstudien können folgenden Honorarzonen zugeordnet werden:

1. Honorarzone I (Geringe Anforderungen),
2. Honorarzone II (Durchschnittliche Anforderungen),
3. Honorarzone III (Hohe Anforderungen).

(4) Die Zuordnung zu den Honorarzonen kann anhand folgender Bewertungsmerkmale für zu erwartende nachteilige Auswirkungen auf die Umwelt ermittelt werden:

1. Bedeutung des Untersuchungsraumes für die Schutzgüter im Sinne des Gesetzes über die Umweltverträglichkeitsprüfung (UVPG),
2. Ausstattung des Untersuchungsraumes mit Schutzgebieten,
3. Landschaftsbild und -struktur,
4. Nutzungsansprüche,
5. Empfindlichkeit des Untersuchungsraumes gegenüber Umweltbelastungen und -beeinträchtigungen,
6. Intensität und Komplexität potenzieller nachteiliger Wirkfaktoren auf die Umwelt.

(5) Sind für eine Umweltverträglichkeitsstudie Bewertungsmerkmale aus mehreren Honorarzonen anwendbar und bestehen deswegen Zweifel, welcher Honorarzone die Umweltverträglichkeitsstudie zugeordnet werden kann, kann die Anzahl der Bewertungspunkte nach Absatz 4 ermittelt werden; die Umweltverträglichkeitsstudie kann nach der Summe der Bewertungspunkte folgenden Honorarzonen zugeordnet werden:

1. Honorarzone I: Umweltverträglichkeitsstudien mit bis zu 16 Punkten
2. Honorarzone II: Umweltverträglichkeitsstudien mit 17 bis 30 Punkten
3. Honorarzone III: Umweltverträglichkeitsstudien mit 31 bis 42 Punkten.

(6) Bei der Zuordnung einer Umweltverträglichkeitsstudie zu den Honorarzonen können nach dem Schwierigkeitsgrad der Anforderungen die Bewertungsmerkmale wie folgt gewichtet werden:

1. die Bewertungsmerkmale gemäß Absatz 4 Nummern 1 bis 4 mit je bis zu 6 Punkten und
2. die Bewertungsmerkmale gemäß Absatz 4 Nummern 5 und 6 mit je bis zu 9 Punkten.

(7) Wird die Größe des Untersuchungsraumes während der Leistungserbringung geändert, so kann das Honorar für die Leistungsphasen, die bis zur Änderung noch nicht erbracht sind, nach der geänderten Größe des Untersuchungsraumes berechnet werden.

## Kurzkommentar zu Anlage 1.1.2

Die Leistungen wurden auf nun 4 Leistungsphasen reduziert und neu aufgestellt sowie hinsichtlich der jeweiligen Gewichtung aktualisiert. Damit entsprechen die Leistungsphasen im Wesentlichen den verfahrenstechnischen Arbeitsschritten.

Das Leistungsbild wurde ebenfalls neu formuliert und den aktuellen Anforderungen entsprechend angepasst. Die Honorartafelwerte sind aktualisiert worden, sie entsprechen den Vorschlägen gemäß dem sogenannten BMWI-Gutachten. Die Anzahl der Honorarzonen ist unverändert geblieben.

### 1.2 Leistungen für Thermische Bauphysik

#### 1.2.1 Anwendungsbereich

(1) Zu den Grundleistungen für Bauphysik können gehören:
- Wärmeschutz und Energiebilanzierung,
- Bauakustik (Schallschutz),
- Raumakustik.

(2) Wärmeschutz und Energiebilanzierung kann den Wärmeschutz von Gebäuden und Ingenieurbauwerken und die fachübergreifende Energiebilanzierung umfassen.

(3) Die Bauakustik kann den Schallschutz von Objekten zur Erreichung eines regelgerechten Luft- und Trittschallschutzes und zur Begrenzung der von außen einwirkenden Geräusche sowie der Geräusche von Anlagen der Technischen Ausrüstung umfassen. Dazu kann auch der Schutz der Umgebung vor schädlichen Umwelteinwirkungen durch Lärm (Schallimmissionsschutz) gehören.

(4) Die Raumakustik kann die Beratung zu Räumen mit besonderen raumakustischen Anforderungen umfassen.

(5) Die Besonderen Grundlagen der Honorare werden gesondert in den Teilgebieten Wärmeschutz und Energiebilanzierung, Bauakustik, Raumakustik aufgeführt.

## Kurzkommentar zu Anlage 1.2.1

Die Leistungen und Honorare sind nicht preisrechtlich geregelt. Der Anwendungsbereich der Leistungen ist grundlegend neu ausformuliert worden die Leistungen für Wärmeschutz und Energiebilanzierung, Bauakustik (Schallschutz) und Raumakustik sind in einem Leistungsbild zusammengefasst worden.

Damit steht für Planungsprozesse eine parallel zur Objekt-und Fachplanung (ab Leistungsphase 1 beginnende) verlaufende Systematik der Planungsschritte bzw. Planungsvertiefung zur Verfügung. Die jeweiligen Leistungsphasen nehmen erstmals unmittelbar jeweils Bezug auf die Leistungsphasen der Objekt- und Fachplanung.

Unklar bleibt, was der Verordnungsgeber mit Energiebilanzierung konkret gemeint hat. Der Verordnungstext lässt dies teilweise offen. Die fachtechnischen Anforderungen an die Energiebilanzierung können sehr unterschiedlich sein. Da der Verordnungsgeber keine hinreichend genauen Anforderungsprofile formuliert hat, ist davon auszugehen, dass hier allenfalls fachtechnische Mindestanforderungen gemeint sein können. Das Abschätzen von jährlichen Bedarfswerten (z. B. End- oder Primärenergiebedarf) in der Leistungsphase 2 gehört beispielsweise zum Leistungsbild Technische Ausrüstung und kann somit nicht als Bestandteil der Energiebilanzierung verstanden werden.

Die Regelungen in den Absätzen 2–5 sind allgemein gehalten.

## 1.2.2 Leistungsbild Bauphysik

(1) Die Grundleistungen für Bauphysik können in sieben Leistungsphasen unterteilt und wie folgt in Prozentsätzen der Honorare in Nummer 1.2.3 bewertet werden:

1. für die Leistungsphase 1 (Grundlagenermittlung) mit 3 Prozent,
2. für die Leistungsphase 2 (Mitwirken bei der Vorplanung) mit 20 Prozent,
3. für die Leistungsphase 3 (Mitwirken bei der Entwurfsplanung) mit 40 Prozent,
4. für die Leistungsphase 4 (Mitwirken bei der Genehmigungsplanung) mit 6 Prozent,
5. für die Leistungsphase 5 (Mitwirken bei der Ausführungsplanung) mit 27 Prozent,
6. für die Leistungsphase 6 (Mitwirkung bei der Vorbereitung der Vergabe) mit 2 Prozent,
7. für die Leistungsphase 7 (Mitwirkung bei der Vergabe) mit 2 Prozent.

(2) Die Leistungsbild kann sich wie folgt zusammensetzen:

| Grundleistungen | Besondere Leistungen |
|---|---|
| **LPH 1 Grundlagenermittlung** | |
| a) Klären der Aufgabenstellung<br>b) Festlegen der Grundlagen, Vorgaben und Ziele | – Mitwirken bei der Ausarbeitung von Auslobungen und bei Vorprüfungen für Wettbewerbe<br>– Bestandsaufnahme bestehender Gebäude, Ermitteln und Bewerten von Kennwerte<br>– Schadensanalyse bestehender Gebäude<br>– Mitwirken bei Vorgaben für Zertifizierungen |
| **LPH 2 Mitwirkung bei der Vorplanung** | |
| a) Analyse der Grundlagen<br>b) Klären der wesentlichen Zusammenhänge von Gebäude und technischen Anlagen einschließlich Betrachtung von Alternativen<br>c) Vordimensionieren der relevanten Bauteile des Gebäudes<br>d) Mitwirken beim Abstimmen der fachspezifischen Planungskonzepte der Objektplanung<br>und der Fachplanungen<br>e) Erstellen eines Gesamtkonzeptes in Abstimmung mit der Objektplanung und den Fachplanungen<br>f) Erstellen von Rechenmodellen, Auflisten der wesentlichen Kennwerte als Arbeitsgrundlage<br>für Objektplanung und Fachplanungen | – Mitwirken beim Klären von Vorgaben für Fördermaßnahmen und bei deren Umsetzung<br>– Mitwirken an Projekt-, Käufer- oder Mieterbaubeschreibungen<br>– Erstellen eines fachübergreifenden Bauteilkatalogs |

# Anlage 1

| Grundleistungen | Besondere Leistungen |
|---|---|
| **LPH 3 Mitwirkung bei der Entwurfsplanung** | |
| a) Fortschreiben der Rechenmodelle und der wesentlichen Kennwerte für das Gebäude<br>b) Mitwirken beim Fortschreiben der Planungskonzepte der Objektplanung und Fachplanung bis zum vollständigen Entwurf<br>c) Bemessen der Bauteile des Gebäudes<br>d) Erarbeiten von Übersichtsplänen und des Erläuterungsberichtes mit Vorgaben, Grundlagen und Auslegungsdaten | – Simulationen zur Prognose des Verhaltens von Bauteilen, Räumen, Gebäuden und Freiräumen |
| **LPH 4 Mitwirkung bei der Genehmigungsplanung** | |
| a) Mitwirken beim Aufstellen der Genehmigungsplanung und bei Vorgesprächen mit Behörden<br>b) Aufstellen der förmlichen Nachweise<br>c) Vervollständigen und Anpassen der Unterlagen | – Mitwirken bei Vorkontrollen in Zertifizierungsprozessen<br>– Mitwirken beim Einholen von Zustimmungen im Einzelfall |
| **LPH 5 Mitwirkung bei der Ausführungsplanung** | |
| a) Durcharbeiten der Ergebnisse der Leistungsphasen 3 und 4 unter Beachtung der durch die Objektplanung integrierten Fachplanungen<br>b) Mitwirken bei der Ausführungsplanung durch ergänzende Angaben für die Objektplanung und Fachplanungen | – Mitwirken beim Prüfen und Anerkennen der Montage- und Werkstattplanung der ausführenden Unternehmen auf Übereinstimmung mit der Ausführungsplanung |
| **LPH 6 Mitwirkung bei der Vorbereitung der Vergabe** | |
| Beiträge zu Ausschreibungsunterlagen | |
| **LPH 7 Mitwirkung bei der Vergabe** | |
| Mitwirken beim Prüfen und Bewerten der Angebote auf Erfüllung der Anforderungen | – Prüfen von Nebenangeboten |
| **LPH 8 Objektüberwachung u. Dokumentation** | |
| | – Mitwirken bei der Baustellenkontrolle<br>– Messtechnisches Überprüfen der Qualität der Bauausführung und von Bauteil- oder Raumeigenschaften |
| **LPH 9 Objektbetreuung** | |
| | – Mitwirken bei Audits in Zertifizierungsprozessen |

## Kurzkommentar zu Anlage 1.2.2

Die Leistungsphase 1 entspricht im Wesentlichen der Planungstiefe ähnlich der Objektplanung, jedoch mit bauphysikalischer Ausrichtung. Das Vordimensionieren der relevanten Bauteile in Leistungsphase 2 des Gebäudes kann allenfalls so verstanden werden, dass die für das Leistungsbild relevanten Bauteile vordimensioniert werden sollen, soweit bauphysikalisch relevant. Diese Leistung muss zudem die Leistungen der Objekt- und Fachplanung in der Weise berücksichtigen, dass die Planungstiefe hier nicht über die Planungstiefe aus der Vorplanung der Objekt- und Fachplanung hinausgehen kann. So wird es schwerlich möglich sein, einzelne Bauteile, die im Zuge der Objektplanung nur grob, z. B. im Maßstab 1:200 geplant sind, konkret vorzudimensionieren. Im Ergebnis kann die fachliche Leistung Bauphysik in Bezug auf die Planungsvertiefung der Objekt- und Fachplanung nicht vorausgehen, sondern es kann im Zuge der Vordimensionierung allenfalls eine mit der Objektplanung abgestimmte Vordimensionierung gemeint sein.

Das Vorgenannte trifft sinngemäß auch bei der Leistungsphase 3 zu. Das hier unter c) erfasste Bemessen der Bauteile des Gebäudes kann nur auf der erreichten Planungstiefe der Entwurfsplanung aufbauen und darüber hinaus keine weitergehenden Vertiefungsschritte enthalten.

Beispiel: Wenn bei der Objektplanung die Bodenbelagarten und etwaige Materialien und Mengen von Bekleidungen in der Tiefenschärfe der Entwurfsplanung noch nicht endgültig entwurflich ausgearbeitet sind, ist eine genaue Bemessung, beispielsweise im Zuge der Maßnahmen der Raumakustik, noch nicht angezeigt.

Das Erarbeiten von Übersichtsplänen mit Vorgaben, Grundlagen und Auslegungsdaten in Leistungsphase 3 erfolgt auf der Grundlage von Entwurfsplänen der Objektplanung. Das bedeutet, dass etwaige Grundrisse oder Schnittzeichnungen von Objektplaner zur Verfügung gestellt werden in die dann die Fachbeiträge der Bauphysik einzutragen sind. Mit diesem Honorartatbestand ist nicht gemeint, dass im Zuge der Leistungen der Bauphysik eigene Grundrisspläne oder Schnittzeichnungen des Objektes erstellt werden müssen.

Die Leistungsphase 4 beinhaltet nur die formalen Leistungen die im Zuge der Genehmigungsplanung zu erarbeiten und einzureichen sind.

Die Leistungsphase 5 erfordert das Durcharbeiten der Ergebnisse der vorangegangenen Leistungen. Ausdrücklich wurde (z. B. im Vergleich mit der Objektplanung Gebäude) darauf verzichtet, konkrete Vorgaben zu machen die regeln, welche Ergebnisse mit der Durcharbeitung verbunden sein sollen.

Aufgrund der Vielfalt der Planungsaufgaben und der Zusammenfassung der drei Leistungsbereiche (Wärmeschutz und Energiebilanzierung, Raumakustik, Bauakustik) ist eine konkretere Beschreibung im Leistungsbild auch nicht möglich. Hier wird eine individuelle Regelung im Planungsvertrag vorgeschlagen. Im Ergebnis sind im Zuge der Leistungsphase 5 lediglich ergänzende Angaben für die Objektplanung und Fachplanung zu liefern. Die Integration dieser ergänzenden Angaben obliegt dem Objektplaner.

Mit der Bezeichnung „ergänzende Angaben" ist auch klargestellt, dass hier keine eigenen Ausführungsplanungen für bauphysikalisch relevante Bauteile gemeint sind, sondern lediglich entsprechende Angaben.

Die Mitwirkung bei der Prüfung von Montage- und Werkstattplanungen sollte ab durchschnittlichem Schwierigkeitsgrad immer vereinbart werden. Der Objektplaner, der seinerseits Montage- und Werkstattpläne prüfen muss, kann nur dann auf die Mitwirkung aus dem Planbereich Bauphysik zurückgreifen, wenn eine entsprechende Leistungs- und Honorarvereinbarung für den Planbereich Bauphysik abgeschlossen wurde. Bei komplexen Produktabhängigen bauphysikalischen Eigenschaften wird eine entsprechende Vereinbarung vorgeschlagen (z. B. bei Fassadenmontagen auf der Grundlage eines Nebenangebotes).

Im Zuge der Leistungsphase 6 sind Beiträge zu Ausschreibungsunterlagen zu erarbeiten. Auch hier sind die Form und die inhaltliche Ausgestaltung der Beiträge nicht näher beschrieben. Die hier erarbeiteten Beiträge sind vom Objektplaner in seine von ihm zu erstellenden Ausschreibungsunterlagen zu integrieren.

In der Leistungsphase 7 erfolgt die Mitwirkung beim Prüfen und Bewerten der Angebote auf Erfüllung der Anforderungen. Gemeint sind damit die Anforderungen, die in den Beiträgen gemäß Leistungsphasen 6 angegeben sind.

Eine preisliche Würdigung der Angebotspreise bauphysikalisch relevanter Bauteile (z. B. Bauteile für die in Leistungsphase 6 Beiträge erarbeitet wurden) ist nicht gemeint, dies obliegt dem Objektplaner, der die Ausschreibungsunterlagen erstellt und dabei die Beiträge aus dem Leistungsbereich Bauphysik berücksichtigt hat.

Das Mitwirken beim Prüfen und Bewerten beschränkt sich im Ergebnis auf die Einhaltung der bauphysikalischen Anforderungen die mit den Beiträgen vorgegeben waren.

Leistungen der Objektüberwachung sind nicht in den Grundleistungen[210] enthalten. Alle Maßnahmen der Objektüberwachung sollten daher einzelfallbezogen mit jeweiligen Leistungs- und Honorarvereinbarungen geregelt werden.

### 1.2.3 Honorare für Grundleistungen für Wärmeschutz und Energiebilanzierung

(1) Das Honorar für die Grundleistungen nach Nummer 1.2.2 Absatz 2 kann sich nach den anrechenbaren Kosten des Gebäudes nach § 33 nach der Honorarzone nach § 35, der das Gebäude zuzuordnen ist und nach der Honorartafel in Absatz 2 richten.

(2) Die Mindest- und Höchstsätze der Honorare für die in Nummer 1.2.2 Absatz 2 aufgeführten Grundleistungen für Wärmeschutz und Energiebilanzierung können anhand der folgenden Honorartafel bestimmt werden:

(3) Für Umbauten und Modernisierungen kann bei einem durchschnittlichen Schwierigkeitsgrad ein Zuschlag bis 33 Prozent auf das Honorar schriftlich vereinbart werden.

---

[210] Der Begriff Grundleistungen wird auch im unverbindlichen Teil der HOAI verwendet, obwohl unter Grundleistungen im Allgemeinen nach Preisrecht geregelte Leistungen zu verstehen sind.

## A 1

| Anrechenbare Kosten in Euro | Honorarzone I sehr geringe Anforderungen | | Honorarzone II geringe Anforderungen | | Honorarzone III durchschnittliche Anforderungen | | Honorarzone IV hohe Anforderungen | | Honorarzone V sehr hohe Anforderungen | |
|---|---|---|---|---|---|---|---|---|---|---|
| | von Euro | bis Euro | von Euro | bis Euro | von Euro | bis Euro | von Euro | bis Euro | von Euro | bis Euro |
| 250.000 | 1.757 | 2.023 | 2.023 | 2.395 | 2.395 | 2.928 | 2.928 | 3.300 | 3.300 | 3.566 |
| 275.000 | 1.789 | 2.061 | 2.061 | 2.440 | 2.440 | 2.982 | 2.982 | 3.362 | 3.362 | 3.633 |
| 300.000 | 1.821 | 2.097 | 2.097 | 2.484 | 2.484 | 3.036 | 3.036 | 3.422 | 3.422 | 3.698 |
| 350.000 | 1.883 | 2.168 | 2.168 | 2.567 | 2.567 | 3.138 | 3.138 | 3.537 | 3.537 | 3.822 |
| 400.000 | 1.941 | 2.235 | 2.235 | 2.647 | 2.647 | 3.235 | 3.235 | 3.646 | 3.646 | 3.941 |
| 500.000 | 2.049 | 2.359 | 2.359 | 2.793 | 2.793 | 3.414 | 3.414 | 3.849 | 3.849 | 4.159 |
| 600.000 | 2.146 | 2.471 | 2.471 | 2.926 | 2.926 | 3.576 | 3.576 | 4.031 | 4.031 | 4.356 |
| 750.000 | 2.273 | 2.617 | 2.617 | 3.099 | 3.099 | 3.788 | 3.788 | 4.270 | 4.270 | 4.614 |
| 1.000.000 | 2.440 | 2.809 | 2.809 | 3.327 | 3.327 | 4.066 | 4.066 | 4.583 | 4.583 | 4.953 |
| 1.250.000 | 2.748 | 3.164 | 3.164 | 3.747 | 3.747 | 4.579 | 4.579 | 5.162 | 5.162 | 5.579 |
| 1.500.000 | 3.050 | 3.512 | 3.512 | 4.159 | 4.159 | 5.083 | 5.083 | 5.730 | 5.730 | 6.192 |
| 2.000.000 | 3.639 | 4.190 | 4.190 | 4.962 | 4.962 | 6.065 | 6.065 | 6.837 | 6.837 | 7.388 |
| 2.500.000 | 4.213 | 4.851 | 4.851 | 5.745 | 5.745 | 7.022 | 7.022 | 7.916 | 7.916 | 8.554 |
| 3.500.000 | 5.329 | 6.136 | 6.136 | 7.266 | 7.266 | 8.881 | 8.881 | 10.012 | 10.012 | 10.819 |
| 5.000.000 | 6.944 | 7.996 | 7.996 | 9.469 | 9.469 | 11.573 | 11.573 | 13.046 | 13.046 | 14.098 |
| 7.500.000 | 9.532 | 10.977 | 10.977 | 12.999 | 12.999 | 15.887 | 15.887 | 17.909 | 17.909 | 19.354 |
| 10.000.000 | 12.033 | 13.856 | 13.856 | 16.408 | 16.408 | 20.055 | 20.055 | 22.607 | 22.607 | 24.430 |
| 15.000.000 | 16.856 | 19.410 | 19.410 | 22.986 | 22.986 | 28.094 | 28.094 | 31.670 | 31.670 | 34.224 |
| 20.000.000 | 21.516 | 24.776 | 24.776 | 29.339 | 29.339 | 35.859 | 35.859 | 40.423 | 40.423 | 43.683 |
| 25.000.000 | 26.056 | 30.004 | 30.004 | 35.531 | 35.531 | 43.427 | 43.427 | 48.954 | 48.954 | 52.902 |

Anlage 1

## Kurzkommentar zu Anlage 1.2.3

Die Honorartabelle für Grundleistungen beim Wärmeschutz und Energiebilanzierung wurde vollständig neu aufgestellt.

Nicht nachvollziehbar ist, warum bei den Honorarempfehlungen eine konkrete Regelung zur Berücksichtigung der mitverarbeiteten vorhandenen Bausubstanz bei den anrechenbaren Kosten fehlt. Beim Planen und Bauen im Bestand besteht diesbezüglich ganz offensichtlich eine Regelungslücke, die durch entsprechende vertragliche Regelung geschlossen werden sollte um eine angemessene Honorierung zu erreichen.

In Absatz 3 ist eine Regelung zu einem Zuschlag bei Umbauten und Modernisierungen aufgenommen. Die als sogenannte „Kann-Regelung" formulierte Honorarempfehlung betrifft Leistungen mit durchschnittlichem Schwierigkeitsgrad. Bei höherem als durchschnittlichem Schwierigkeitsgrad sind somit höhere Zuschläge möglich und erfahrungsgemäß auch angemessen.

### 1.2.4 Honorare für Grundleistungen der Bauakustik

(1) Die Kosten für Baukonstruktionen und Anlagen der Technischen Ausrüstung können zu den anrechenbaren Kosten gehören. Der Umfang der mitzuverarbeitenden Bausubstanz kann angemessen berücksichtigt werden.

(2) Die Vertragsparteien können vereinbaren, dass die Kosten für besondere Bauausführungen ganz oder teilweise zu den anrechenbaren Kosten gehören, wenn hierdurch dem Auftragnehmer ein erhöhter Arbeitsaufwand entsteht.

(3) Die Mindest- und Höchstsätze der Honorare für die in Nummer 1.2.2 Absatz 2 aufgeführten Grundleistungen der Bauakustik können anhand der folgenden Honorartafel bestimmt werden:

## A 1

| Anrechenbare Kosten in Euro | Honorarzone I geringe Anforderungen | | Honorarzone II durchschnittliche Anforderungen | | Honorarzone III hohe Anforderungen | |
|---|---|---|---|---|---|---|
| | von | bis | von | bis | von | bis |
| | Euro | | Euro | | Euro | |
| 250.000 | 1.729 | 1.985 | 1.985 | 2.284 | 2.284 | 2.625 |
| 275.000 | 1.840 | 2.113 | 2.113 | 2.431 | 2.431 | 2.794 |
| 300.000 | 1.948 | 2.237 | 2.237 | 2.574 | 2.574 | 2.959 |
| 350.000 | 2.156 | 2.475 | 2.475 | 2.847 | 2.847 | 3.273 |
| 400.000 | 2.353 | 2.701 | 2.701 | 3.108 | 3.108 | 3.573 |
| 500.000 | 2.724 | 3.127 | 3.127 | 3.598 | 3.598 | 4.136 |
| 600.000 | 3.069 | 3.524 | 3.524 | 4.055 | 4.055 | 4.661 |
| 750.000 | 3.553 | 4.080 | 4.080 | 4.694 | 4.694 | 5.396 |
| 1.000.000 | 4.291 | 4.927 | 4.927 | 5.669 | 5.669 | 6.516 |
| 1.250.000 | 4.968 | 5.704 | 5.704 | 6.563 | 6.563 | 7.544 |
| 1.500.000 | 5.599 | 6.429 | 6.429 | 7.397 | 7.397 | 8.503 |
| 2.000.000 | 6.763 | 7.765 | 7.765 | 8.934 | 8.934 | 10.270 |
| 2.500.000 | 7.830 | 8.990 | 8.990 | 10.343 | 10.343 | 11.890 |
| 3.500.000 | 9.766 | 11.213 | 11.213 | 12.901 | 12.901 | 14.830 |
| 5.000.000 | 12.345 | 14.174 | 14.174 | 16.307 | 16.307 | 18.746 |
| 7.500.000 | 16.114 | 18.502 | 18.502 | 21.287 | 21.287 | 24.470 |
| 10.000.000 | 19.470 | 22.354 | 22.354 | 25.719 | 25.719 | 29.565 |
| 15.000.000 | 25.422 | 29.188 | 29.188 | 33.582 | 33.582 | 38.604 |
| 20.000.000 | 30.722 | 35.273 | 35.273 | 40.583 | 40.583 | 46.652 |
| 25.000.000 | 35.585 | 40.857 | 40.857 | 47.008 | 47.008 | 54.037 |

(4) Für Umbauten und Modernisierungen kann bei einem durchschnittlichen Schwierigkeitsgrad ein Zuschlag bis 33 Prozent auf das Honorar schriftlich vereinbart werden.

(5) Die Leistungen der Bauakustik können den Honorarzonen anhand folgender Bewertungsmerkmale zugeordnet werden:

1. Art der Nutzung,
2. Anforderungen des Immissionsschutzes,
3. Anforderungen des Emissionsschutzes,
4. Art der Hüllkonstruktion, Anzahl der Konstruktionstypen,
5. Art und Intensität der Außenlärmbelastung,
6. Art und Umfang der Technischen Ausrüstung.

(6) § 52 Absatz 3 kann sinngemäß angewendet werden.

(7) Objektliste für die Bauakustik

Die nachstehend aufgeführten Innenräume können in der Regel den Honorarzonen wie folgt zugeordnet werden:

# Anlage 1

| Objektliste – Bauakustik | Honorarzone I | Honorarzone II | Honorarzone III |
|---|---|---|---|
| Wohnhäuser, Heime, Schulen, Verwaltungsgebäude oder Banken mit jeweils durchschnittlicher Technischer Ausrüstung oder entsprechendem Ausbau | x | | |
| Heime, Schulen, Verwaltungsgebäude mit jeweils überdurchschnittlicher Technischer Ausrüstung oder entsprechendem Ausbau | | x | |
| Wohnhäuser mit versetzten Grundrissen | | x | |
| Wohnhäuser mit Außenlärmbelastungen | | x | |
| Hotels, soweit nicht in Honorarzone III erwähnt | | x | |
| Universitäten oder Hochschulen | | x | |
| Krankenhäuser, soweit nicht in Honorarzone III erwähnt | | x | |
| Gebäude für Erholung, Kur oder Genesung | | x | |
| Versammlungsstätten, soweit nicht in Honorarzone III erwähnt | | x | |
| Werkstätten mit schutzbedürftigen Räumen | | x | |
| Hotels mit umfangreichen gastronomischen Einrichtungen | | | x |
| Gebäude mit gewerblicher Nutzung oder Wohnnutzung | | | x |
| Krankenhäuser in bauakustisch besonders ungünstigen Lagen oder mit ungünstiger Anordnung der Versorgungseinrichtungen | | | x |
| Theater-, Konzert- oder Kongressgebäude | | | x |
| Tonstudios oder akustische Messräume | | | x |

## Kurzkommentar zu Anlage 1.2.4

Die Honorartabelle für Grundleistungen beim Wärmeschutz und Energiebilanzierung wurde vollständig neu aufgestellt.

Die Honorartabelle für Grundleistungen bei der Bauakustik wurde vollständig neu aufgestellt.

Neu ist eine Regelung wonach der Umfang der mitzuverarbeitenden Bausubstanz bei den anrechenbaren Kosten angemessen berücksichtigt werden kann.

In Absatz 4 ist eine Regelung aufgenommen worden nach der bei Umbauten und Modernisierungen ein Zuschlag auf das Honorar vereinbart werden kann. Die als sogenannte „Kann-Regelung" formulierte Honorarempfehlung betrifft Leistungen mit durchschnittlichem Schwierigkeitsgrad. Bei höherem als durchschnittlichem Schwierigkeitsgrad sind somit höhere Zuschläge möglich und erfahrungsgemäß auch angemessen.

In den Absätzen 5-7 sind neue Regelungen zur Eingliederung in die Honorarzonen enthalten. In Absatz 5 sind Bewertungsmerkmale für die Honorarzoneneingruppierung erfasst. In Absatz 7 ist eine Objektliste dargestellt. Nicht geregelt ist das Verhältnis der Eingruppierung nach Bewertungsmerkmalen zur Objektliste.

## 1.2.5 Honorare für Grundleistungen der Raumakustik

(1) Das Honorar für jeden Innenraum, für den Grundleistungen zur Raumakustik erbracht werden, kann sich nach den anrechenbaren Kosten nach Absatz 2, nach der Honorarzone, der der Innenraum zuzuordnen ist, sowie nach der Honorartafel in Absatz 3 richten.

(2) Die Kosten für Baukonstruktionen und Technische Ausrüstung sowie die Kosten für die Ausstattung (DIN 276 – 1: 2008-12, Kostengruppe 610) des Innenraums können zu den anrechenbaren Kosten gehören. Die Kosten für die Baukonstruktionen und Technische Ausrüstung werden für die Anrechnung durch den Bruttorauminhalt des Gebäudes geteilt und mit dem Rauminhalt des Innenraums multipliziert. Der Umfang der mitzuverarbeitenden Bausubstanz kann angemessen berücksichtigt werden.

(3) Die Mindest- und Höchstsätze der Honorare für die in Nummer 1.2.2 Absatz 2 aufgeführten Grundleistungen der Raumakustik können anhand der folgenden Honorartafel bestimmt werden.

(4) Für Umbauten und Modernisierungen kann bei einem durchschnittlichen Schwierigkeitsgrad ein Zuschlag bis 33 Prozent auf das Honorar vereinbart werden.

(5) Innenräume können nach den im Absatz 6 genannten Bewertungsmerkmalen folgenden Honorarzonen zugeordnet werden:

1. Honorarzone I: Innenräume mit sehr geringen Anforderungen,
2. Honorarzone II: Innenräume mit geringen Anforderungen,
3. Honorarzone III: Innenräume mit durchschnittlichen Anforderungen,
4. Honorarzone IV: Innenräume mit hohen Anforderungen,
5. Honorarzone V: Innenräume mit sehr hohen Anforderungen.

(6) Für die Zuordnung zu den Honorarzonen können folgende Bewertungsmerkmale herangezogen werden:

1. Anforderungen an die Einhaltung der Nachhallzeit,
2. Einhalten eines bestimmten Frequenzganges der Nachhallzeit,
3. Anforderungen an die räumliche und zeitliche Schallverteilung,
4. akustische Nutzungsart des Innenraums,
5. Veränderbarkeit der akustischen Eigenschaften des Innenraums.

Anlage 1

| Anrechenbare Kosten in Euro | Honorarzone I sehr geringe Anforderungen | | Honorarzone II geringe Anforderungen | | Honorarzone III durchschnittliche Anforderungen | | Honorarzone IV hohe Anforderungen | | Honorarzone V sehr hohe Anforderungen | |
|---|---|---|---|---|---|---|---|---|---|---|
| | von Euro | bis Euro | von Euro | bis Euro | von Euro | bis Euro | von Euro | bis Euro | von Euro | bis Euro |
| 50.000 | 1.714 | 2.226 | 2.226 | 2.737 | 2.737 | 3.279 | 3.279 | 3.790 | 3.790 | 4.301 |
| 75.000 | 1.805 | 2.343 | 2.343 | 2.882 | 2.882 | 3.452 | 3.452 | 3.990 | 3.990 | 4.528 |
| 100.000 | 1.892 | 2.457 | 2.457 | 3.021 | 3.021 | 3.619 | 3.619 | 4.183 | 4.183 | 4.748 |
| 150.000 | 2.061 | 2.676 | 2.676 | 3.291 | 3.291 | 3.942 | 3.942 | 4.557 | 4.557 | 5.171 |
| 200.000 | 2.225 | 2.888 | 2.888 | 3.551 | 3.551 | 4.254 | 4.254 | 4.917 | 4.917 | 5.581 |
| 250.000 | 2.384 | 3.095 | 3.095 | 3.806 | 3.806 | 4.558 | 4.558 | 5.269 | 5.269 | 5.980 |
| 300.000 | 2.540 | 3.297 | 3.297 | 4.055 | 4.055 | 4.857 | 4.857 | 5.614 | 5.614 | 6.371 |
| 400.000 | 2.844 | 3.693 | 3.693 | 4.541 | 4.541 | 5.439 | 5.439 | 6.287 | 6.287 | 7.136 |
| 500.000 | 3.141 | 4.078 | 4.078 | 5.015 | 5.015 | 6.007 | 6.007 | 6.944 | 6.944 | 7.881 |
| 750.000 | 3.860 | 5.011 | 5.011 | 6.163 | 6.163 | 7.382 | 7.382 | 8.533 | 8.533 | 9.684 |
| 1.000.000 | 4.555 | 5.913 | 5.913 | 7.272 | 7.272 | 8.710 | 8.710 | 10.069 | 10.069 | 11.427 |
| 1.500.000 | 5.896 | 7.655 | 7.655 | 9.413 | 9.413 | 11.275 | 11.275 | 13.034 | 13.034 | 14.792 |
| 2.000.000 | 7.193 | 9.338 | 9.338 | 11.483 | 11.483 | 13.755 | 13.755 | 15.900 | 15.900 | 18.045 |
| 2.500.000 | 8.457 | 10.979 | 10.979 | 13.501 | 13.501 | 16.172 | 16.172 | 18.694 | 18.694 | 21.217 |
| 3.000.000 | 9.696 | 12.588 | 12.588 | 15.479 | 15.479 | 18.541 | 18.541 | 21.433 | 21.433 | 24.325 |
| 4.000.000 | 12.115 | 15.729 | 15.729 | 19.342 | 19.342 | 23.168 | 23.168 | 26.781 | 26.781 | 30.395 |
| 5.000.000 | 14.474 | 18.791 | 18.791 | 23.108 | 23.108 | 27.679 | 27.679 | 31.996 | 31.996 | 36.313 |
| 6.000.000 | 16.786 | 21.793 | 21.793 | 26.799 | 26.799 | 32.100 | 32.100 | 37.107 | 37.107 | 42.113 |
| 7.000.000 | 19.060 | 24.744 | 24.744 | 30.429 | 30.429 | 36.448 | 36.448 | 42.133 | 42.133 | 47.817 |
| 7.500.000 | 20.184 | 26.204 | 26.204 | 32.224 | 32.224 | 38.598 | 38.598 | 44.618 | 44.618 | 50.638 |

A 1

## A 1

(7) Objektliste für die Raumakustik

Die nachstehend aufgeführten Innenräume können in der Regel den Honorarzonen wie folgt zugeordnet werden:

Honorarzone

| Objektliste – Raumakustik | I | II | III | IV | V |
|---|---|---|---|---|---|
| Pausenhallen, Spielhallen, Liege- und Wandelhallen | x | | | | |
| Großraumbüros | | x | | | |
| Unterrichts-, Vortrags- und Sitzungsräume | | | | | |
| – bis 500 m³ | | x | | | |
| – 500 bis 1 500 m³ | | | x | | |
| – über 1 500 m³ | | | | x | |
| Filmtheater | | | | | |
| – bis 1 000 m³ | | x | | | |
| – 1 000 bis 3 000 m³ | | | x | | |
| – über 3 000 m³ | | | | x | |
| Kirchen | | | | | |
| – bis 1 000 m³ | | x | | | |
| – 1 000 bis 3 000 m³ | | | x | | |
| – über 3 000 m³ | | | | x | |
| Sporthallen, Turnhallen | | | | | |
| – nicht teilbar, bis 1 000 m³ | | x | | | |
| – teilbar, bis 3 000 m³ | | | x | | |
| Mehrzweckhallen | | | | | |
| – bis 3 000 m³ | | | | x | |
| – über 3 000 m³ | | | | | x |
| Konzertsäle, Theater, Opernhäuser | x | | | | x |
| Innenräume mit veränderlichen akustischen Eigenschaften | | | | | x |

(8) § 52 Absatz 3 kann sinngemäß angewendet werden.

## Kurzkommentar zu Anlage 1.2.5

In Abschnitt 1.2.5 werden die Honorare für Grundleistungen bei der Raumakustik geregelt. Die Honorarbemessung bezieht sich nach Absatz 1 auf die jeweiligen Innenräume. Bei den Regelungen zur Raumakustik können die anrechenbaren Kosten aus mitverarbeiteter vorhandener Bausubstanz angemessen berücksichtigt werden.

Anlage 1    161

## 1.3 Geotechnik

### 1.3.1 Anwendungsbereich

(1) Die Leistungen für Geotechnik können die Beschreibung und Beurteilung der Baugrund- und Grundwasserverhältnisse für Gebäude und Ingenieurbauwerke im Hinblick auf das Objekt und die Erarbeitung einer Gründungsempfehlung umfassen. Dazu gehört auch die Beschreibung der Wechselwirkung zwischen Baugrund und Bauwerk sowie die Wechselwirkung mit der Umgebung.

(2) Die Leistungen können insbesondere das Festlegen von Baugrundkennwerten und von Kennwerten für rechnerische Nachweise zur Standsicherheit und Gebrauchstauglichkeit des Objektes, die Abschätzung zum Schwankungsbereich des Grundwassers sowie die Einordnung des Baugrundes nach bautechnischen Klassifikationsmerkmalen umfassen.

### 1.3.2 Besondere Grundlagen des Honorars

(1) Das Honorar der Grundleistungen kann sich nach den anrechenbaren Kosten der Tragwerksplanung nach § 50 Absatz 1 bis Absatz 3 für das gesamte Objekt aus Bauwerk und Baugrube richten.

(2) Das Honorar für Ingenieurbauwerke mit großer Längenausdehnung (Linienbauwerke) kann ergänzend frei vereinbart werden.

### 1.3.3 Leistungsbild Geotechnik

(1) Grundleistungen können die Beschreibung und Beurteilung der Baugrund- und Grundwasserverhältnisse sowie die daraus abzuleitenden Empfehlungen für die Gründung einschließlich der Angabe der Bemessungsgrößen für eine Flächen- oder Pfahlgründung, Hinweise zur Herstellung und Trockenhaltung der Baugrube und des Bauwerks, Angaben zur Auswirkung des Bauwerks auf die Umgebung und auf Nachbarbauwerke sowie Hinweise zur Bauausführung umfassen. Die Darstellung der Inhalte kann im Geotechnischen Bericht erfolgen.

(2) Die Grundleistungen können in folgenden Teilleistungen zusammengefasst und wie folgt in Prozentsätzen der Honorare der Nummer 1.3.4 bewertet werden:

1. für die Teilleistung a) (Grundlagenermittlung und Erkundungskonzept) mit 15 Prozent,
2. für die Teilleistung b) (Beschreiben der Baugrund- und Grundwasserverhältnisse) mit 35 Prozent,
3. für die Teilleistung c) (Beurteilung der Baugrund- und Grundwasserverhältnisse, Empfehlungen, Hinweise, Angaben zur Bemessung der Gründung) mit 50 Prozent.

(3) Das Leistungsbild kann sich wie folgt zusammensetzen:

## A 1

| Grundleistungen | Besondere Leistungen |
|---|---|
| **Geotechnischer Bericht** | |
| a) Grundlagenermittlung und Erkundungskonzept<br>– Klären der Aufgabenstellung, Ermitteln der Baugrund- und Grundwasserverhältnisse auf Basis vorhandener Unterlagen<br>– Festlegen und Darstellen der erforderlichen Baugrunderkundungen<br>b) Beschreiben der Baugrund- und Grundwasserverhältnisse<br>– Auswerten und Darstellen der Baugrunderkundungen sowie der Labor- und Felduntersuchungen<br>– Abschätzen des Schwankungsbereiches von Wasserständen und/oder Druckhöhen im Boden<br>– Klassifizieren des Baugrunds und Festlegen der Baugrundkennwerte<br>c) Beurteilung der Baugrund- und Grundwasserverhältnisse, Empfehlungen, Hinweise, Angaben zur Bemessung der Gründung<br>– Beurteilung des Baugrunds<br>– Empfehlung für die Gründung mit Angabe der geotechnischen Bemessungsparameter (zum Beispiel Angaben zur Bemessung einer Flächen- oder Pfahlgründung)<br>– Angabe der zu erwartenden Setzungen für die vom Tragwerksplaner im Rahmen der Entwurfsplanung nach § 49 zu erbringenden Grundleistungen<br>– Hinweise zur Herstellung und Trockenhaltung der Baugrube und des Bauwerks sowie Angaben zur Auswirkung der Baumaßnahme auf Nachbarbauwerke<br>– Allgemeine Angaben zum Erdbau<br>– Angaben zur geotechnischen Eignung von Aushubmaterial zur Wiederverwendung bei der betreffenden Baumaßnahme sowie Hinweise zur Bauausführung | – Beschaffen von Bestandsunterlagen<br>– Vorbereiten und Mitwirken bei der Vergabe von Aufschlussarbeiten und deren Überwachung<br>– Veranlassen von Labor- und Felduntersuchungen<br>– Aufstellen von geotechnischen Berechnungen zur Standsicherheit oder Gebrauchstauglichkeit, wie zum Beispiel Setzungs-, Grundbruch- und Geländebruchberechnungen<br>– Aufstellen von hydrogeologischen, geohydraulischen und besonderen numerischen Berechnungen<br>– Beratung zu Dränanlagen, Anlagen zur Grundwasserabsenkung oder sonstigen ständigen oder bauzeitlichen Eingriffen in das Grundwasser<br>– Beratung zu Probebelastungen sowie fachtechnisches Betreuen und Auswerten<br>– geotechnische Beratung zu Gründungselementen, Baugruben- oder Hangsicherungen und Erdbauwerken, Mitwirkung bei der Beratung zur Sicherung von Nachbarbauwerken<br>– Untersuchungen zur Berücksichtigung dynamischer Beanspruchungen bei der Bemessung des Objekts oder seiner Gründung sowie Beratungsleistungen zur Vermeidung oder Beherrschung von dynamischen Einflüssen<br>– Mitwirken bei der Bewertung von Nebenangeboten aus geotechnischer Sicht<br>– Mitwirken während der Planung oder Ausführung des Objekts sowie Besprechungs- und Ortstermine<br>– geotechnische Freigaben |

Anlage 1

## Kurzkommentar zu Anlage 1.3.3

Nach dem Wortlaut ergibt sich eine Änderung insofern, als in HOAI 2009 Anlage 1.4.2 nur die Festlegung der Bodenkennwerte erwähnt war und der Begriff der Bodenkennwerte nunmehr durch den weiteren Begriff der Baugrundkennwerte ersetzt werden soll.

Die Leistung „Angaben zur geotechnischen Eignung von Aushubmaterial zur Wiederverwendung bei der betreffenden Baumaßnahme sowie Hinweise zur Bauausführung" ist neu. Mit dieser Leistung wird u. a. den aktuellen (auch umweltschutzbedingten) Anforderungen nach möglicher Wiederverwendung von Bodenaushub entsprochen. Soweit z. B. das Aushubmaterial – auch in verschiedenen Lagevorkommen mit geotechnisch gegebenenfalls unterschiedlichen Eigenschaften – verwendbar ist, also die geotechnischen Eigenschaften erfüllt (z. B. Sickerfähigkeit als kapillarbrechende Schicht, Verdichtungseignung, Tragfähigkeit je nach Einzelfall), die eine Verfüllung auf dem Baugelände erfordern, kann es wiederverwendet werden.

### 1.3.4 Honorare Geotechnik

(1) Honorare für die in Nummer 1.3.3 Absatz 3 aufgeführten Grundleistungen können nach der folgenden Honorartafel bestimmt werden:

(2) Die Honorarzone kann bei den geotechnischen Grundleistungen aufgrund folgender Bewertungsmerkmale ermittelt werden:

1. Honorarzone I: Gründungen mit sehr geringem Schwierigkeitsgrad, insbesondere gering setzungsempfindliche Objekte mit einheitlicher Gründungsart bei annähernd regelmäßigem Schichtaufbau des Untergrundes mit einheitlicher Tragfähigkeit und Setzungsfähigkeit innerhalb der Baufläche;

2. Honorarzone II: Gründungen mit geringem Schwierigkeitsgrad, insbesondere
   - setzungsempfindliche Objekte sowie gering setzungsempfindliche Objekte mit bereichsweise unterschiedlicher Gründungsart oder bereichsweise stark unterschiedlichen Lasten bei annähernd regelmäßigem Schichtaufbau des Untergrundes mit einheitlicher Tragfähigkeit und Setzungsfähigkeit innerhalb der Baufläche,
   - gering setzungsempfindliche Objekte mit einheitlicher Gründungsart bei unregelmäßigem Schichtaufbau des Untergrundes mit unterschiedlicher Tragfähigkeit und Setzungsfähigkeit innerhalb der Baufläche;

3. Honorarzone III: Gründungen mit durchschnittlichem Schwierigkeitsgrad, insbesondere
   - stark setzungsempfindliche Objekte bei annähernd regelmäßigem Schichtaufbau des Untergrundes mit einheitlicher Tragfähigkeit und Setzungsfähigkeit innerhalb der Baufläche,
   - setzungsempfindliche Objekte sowie gering setzungsempfindliche Bauwerke mit bereichsweise unterschiedlicher Gründungsart oder bereichsweise stark unterschiedlichen Lasten bei unregelmäßigem Schichtaufbau des Untergrundes mit unterschiedlicher Tragfähigkeit und Setzungsfähigkeit innerhalb der Baufläche,

# A 1

| Anrechenbare Kosten in Euro | Honorarzone I sehr geringe Anforderungen | | Honorarzone II geringe Anforderungen | | Honorarzone III durchschnittliche Anforderungen | | Honorarzone IV hohe Anforderungen | | Honorarzone V sehr hohe Anforderungen | |
|---|---|---|---|---|---|---|---|---|---|---|
| | von | bis | von | bis | von | bis | von | bis | von | bis |
| | Euro | | Euro | | Euro | | Euro | | Euro | |
| 50.000 | 789 | 1.222 | 1.222 | 1.654 | 1.654 | 2.105 | 2.105 | 2.537 | 2.537 | 2.970 |
| 75.000 | 951 | 1.472 | 1.472 | 1.993 | 1.993 | 2.537 | 2.537 | 3.058 | 3.058 | 3.579 |
| 100.000 | 1.086 | 1.681 | 1.681 | 2.276 | 2.276 | 2.896 | 2.896 | 3.491 | 3.491 | 4.086 |
| 125.000 | 1.204 | 1.863 | 1.863 | 2.522 | 2.522 | 3.210 | 3.210 | 3.869 | 3.869 | 4.528 |
| 150.000 | 1.309 | 2.026 | 2.026 | 2.742 | 2.742 | 3.490 | 3.490 | 4.207 | 4.207 | 4.924 |
| 200.000 | 1.494 | 2.312 | 2.312 | 3.130 | 3.130 | 3.984 | 3.984 | 4.802 | 4.802 | 5.621 |
| 300.000 | 1.800 | 2.786 | 2.786 | 3.772 | 3.772 | 4.800 | 4.800 | 5.786 | 5.786 | 6.772 |
| 400.000 | 2.054 | 3.179 | 3.179 | 4.304 | 4.304 | 5.478 | 5.478 | 6.603 | 6.603 | 7.728 |
| 500.000 | 2.276 | 3.522 | 3.522 | 4.768 | 4.768 | 6.069 | 6.069 | 7.315 | 7.315 | 8.561 |
| 750.000 | 2.740 | 4.241 | 4.241 | 5.741 | 5.741 | 7.307 | 7.307 | 8.808 | 8.808 | 10.308 |
| 1.000.000 | 3.125 | 4.836 | 4.836 | 6.548 | 6.548 | 8.334 | 8.334 | 10.045 | 10.045 | 11.756 |
| 1.500.000 | 3.765 | 5.827 | 5.827 | 7.889 | 7.889 | 10.041 | 10.041 | 12.103 | 12.103 | 14.165 |
| 2.000.000 | 4.297 | 6.650 | 6.650 | 9.003 | 9.003 | 11.459 | 11.459 | 13.812 | 13.812 | 16.165 |
| 3.000.000 | 5.175 | 8.009 | 8.009 | 10.842 | 10.842 | 13.799 | 13.799 | 16.633 | 16.633 | 19.467 |
| 5.000.000 | 6.535 | 10.114 | 10.114 | 13.693 | 13.693 | 17.428 | 17.428 | 21.007 | 21.007 | 24.586 |
| 7.500.000 | 7.878 | 12.192 | 12.192 | 16.506 | 16.506 | 21.007 | 21.007 | 25.321 | 25.321 | 29.635 |
| 10.000.000 | 8.994 | 13.919 | 13.919 | 18.844 | 18.844 | 23.983 | 23.983 | 28.909 | 28.909 | 33.834 |
| 15.000.000 | 10.839 | 16.775 | 16.775 | 22.711 | 22.711 | 28.905 | 28.905 | 34.840 | 34.840 | 40.776 |
| 20.000.000 | 12.373 | 19.148 | 19.148 | 25.923 | 25.923 | 32.993 | 32.993 | 39.769 | 39.769 | 46.544 |
| 25.000.000 | 13.708 | 21.215 | 21.215 | 28.722 | 28.722 | 36.556 | 36.556 | 44.063 | 44.063 | 51.570 |

- gering setzungsempfindliche Objekte mit einheitlicher Gründungsart bei unregelmäßigem Schichtenaufbau des Untergrundes mit stark unterschiedlicher Tragfähigkeit und Setzungsfähigkeit innerhalb der Baufläche;
4. Honorarzone IV: Gründungen mit hohem Schwierigkeitsgrad, insbesondere
   - stark setzungsempfindliche Objekte bei unregelmäßigem Schichtenaufbau des Untergrundes mit unterschiedlicher Tragfähigkeit und Setzungsfähigkeit innerhalb der Baufläche,
   - setzungsempfindliche Objekte sowie gering setzungsempfindliche Objekte mit bereichsweise unterschiedlicher Gründungsart oder bereichsweise stark unterschiedlichen Lasten bei unregelmäßigem Schichtenaufbau des Untergrundes mit stark unterschiedlicher Tragfähigkeit und Setzungsfähigkeit innerhalb der Baufläche;
5. Honorarzone V: Gründungen mit sehr hohem Schwierigkeitsgrad, insbesondere stark setzungsempfindliche Objekte bei unregelmäßigem Schichtenaufbau des Untergrundes mit stark unterschiedlicher Tragfähigkeit und Setzungsfähigkeit innerhalb der Baufläche.

(3) § 52 Absatz 3 kann sinngemäß angewendet werden.

(4) Die Aspekte des Grundwassereinflusses auf das Objekt und die Nachbarbebauung können bei der Festlegung der Honorarzone zusätzlich berücksichtigen werden.

## Kurzkommentar zu Anlage 1.3.4

Die Honorartafelwerte wurden aktualisiert. Die weiteren Honorarbemessungshinweise (unverbindlich) sind im Wesentlichen unverändert aus der HOAI 2009 übernommen.

## 1.4 Ingenieurvermessung

### 1.4.1 Anwendungsbereich

(1) Leistungen der Ingenieurvermessung können das Erfassen raumbezogener Daten über Bauwerke und Anlagen, Grundstücke und Topographie, das Erstellen von Plänen, das Übertragen von Planungen in die Örtlichkeit, sowie das vermessungstechnische Überwachen der Bauausführung einbeziehen, soweit die Leistungen mit besonderen instrumentellen und vermessungstechnischen Verfahrensanforderungen erbracht werden müssen. Ausgenommen von Satz 1 sind Leistungen, die nach landesrechtlichen Vorschriften für Zwecke der Landesvermessung und des Liegenschaftskatasters durchgeführt werden.

(2) Zur Ingenieurvermessung können gehören:
1. Planungsbegleitende Vermessungen für die Planung und den Entwurf von Gebäuden, Ingenieurbauwerken, Verkehrsanlagen sowie für Flächenplanungen,
2. Bauvermessung vor und während der Bauausführung und die abschließende Bestandsdokumentation von Gebäuden, Ingenieurbauwerken und Verkehrsanlagen,
3. sonstige Vermessungstechnische Leistungen:
   - Vermessung an Objekten außerhalb der Planungs- und Bauphase,

- Vermessung bei Wasserstraßen,
- Fernerkundungen, die das Aufnehmen, Auswerten und Interpretieren von Luftbildern und anderer raumbezogener Daten umfassen, die durch Aufzeichnung über eine große Distanz erfasst sind, als Grundlage insbesondere für Zwecke der Raumordnung und des Umweltschutzes,
- vermessungstechnische Leistungen zum Aufbau von geographisch-geometrischen Datenbasen für raumbezogene Informationssysteme sowie
- vermessungstechnische Leistungen, soweit sie nicht in Absatz 1 und Absatz 2 erfasst sind.

### 1.4.2 Grundlagen des Honorars bei der Planungsbegleitenden Vermessung

(1) Das Honorar für Grundleistungen der Planungsbegleitenden Vermessung kann sich nach der Summe der Verrechnungseinheiten, der Honorarzone in Nummer 1.4.3 und der Honorartafel in Nummer 1.4.8 richten.

(2) Die Verrechnungseinheiten können sich aus der Größe der aufzunehmenden Flächen und deren Punktdichte berechnen. Die Punktdichte beschreibt die durchschnittliche Anzahl der für die Erfassung der planungsrelevanten Daten je Hektar zu messenden Punkte.

(3) Abhängig von der Punktdichte können die Flächen den nachstehenden Verrechnungseinheiten (VE) je Hektar (ha) zugeordnet werden.

sehr geringe Punktdichte (ca. 70 Punkte / ha) 50 VE

geringe Punktdichte (ca. 150 Punkte / ha) 70 VE

durchschnittliche Punktdichte (ca. 250 Punkte / ha) 100 VE

hohe Punktdichte (ca. 350 Punkte / ha) 130 VE

sehr hohe Punktdichte (ca. 500 Punkte / ha) 150 VE.

(4) Umfasst ein Auftrag Vermessungen für mehrere Objekte, so können die Honorare für die Vermessung jedes Objektes getrennt berechnet werden.

### 1.4.3 Honorarzonen für Grundleistungen bei der Planungsbegleitenden Vermessung

(1) Die Honorarzone kann bei der Planungsbegleitenden Vermessung aufgrund folgender Bewertungsmerkmale ermittelt werden:

a) Qualität der vorhandenen Daten und Kartenunterlagen

sehr hoch .................................................................. 1 Punkt

hoch .......................................................................... 2 Punkte

befriedigend ............................................................. 3 Punkte

kaum ausreichend .................................................... 4 Punkte

mangelhaft ............................................................... 5 Punkte

b) Qualität des vorhandenen geodätischen Raumbezugs

sehr hoch .................................................................. 1 Punkt

hoch .......................................................................... 2 Punkte

| | befriedigend | 3 Punkte |
| | kaum ausreichend | 4 Punkte |
| | mangelhaft | 5 Punkte |

c) Anforderungen an die Genauigkeit
    sehr gering .................................................. 1 Punkt
    gering ........................................................... 2 Punkte
    durchschnittlich ........................................... 3 Punkte
    hoch .............................................................. 4 Punkte
    sehr hoch ..................................................... 5 Punkte

d) Beeinträchtigungen durch die Geländebeschaffenheit und bei der Begehbarkeit
    sehr gering .................................................. 1 bis 2 Punkte
    gering ........................................................... 3 bis 4 Punkte
    durchschnittlich ........................................... 5 bis 6 Punkte
    hoch .............................................................. 7 bis 8 Punkte
    sehr hoch ..................................................... 9 bis 10 Punkte

e) Behinderung durch Bebauung und Bewuchs
    sehr gering .................................................. 1 bis 3 Punkte
    gering ........................................................... 4 bis 6 Punkte
    durchschnittlich ........................................... 7 bis 9 Punkte
    hoch .............................................................. 10 bis 12 Punkte
    sehr hoch ..................................................... 13 bis 15 Punkte

f) Behinderung durch Verkehr
    sehr gering .................................................. 1 bis 3 Punkte
    gering ........................................................... 4 bis 6 Punkte
    durchschnittlich ........................................... 7 bis 9 Punkte
    hoch .............................................................. 10 bis 12 Punkte
    sehr hoch ..................................................... 13 bis 15 Punkte

(2) Die Honorarzone kann sich aus der Summe der Bewertungspunkte wie folgt ergeben:
    Honorarzone I ............................................. bis 13 Punkte
    Honorarzone II ............................................ 14 bis 23 Punkte
    Honorarzone III ........................................... 24 bis 34 Punkte
    Honorarzone IV ........................................... 35 bis 44 Punkte
    Honorarzone V ............................................ 45 bis 55 Punkte.

## 1.4.4 Leistungsbild Planungsbegleitende Vermessung

(1) Das Leistungsbild Planungsbegleitende Vermessung kann die Aufnahme planungsrelevanter Daten und die Darstellung in analoger und digitaler Form für die Planung und den Ent-

wurf von Gebäuden, Ingenieurbauwerken, Verkehrsanlagen sowie für Flächenplanungen umfassen.

(2) Die Grundleistungen können in vier Leistungsphasen zusammengefasst und wie folgt in Prozentsätzen der Honorare der Nummer 1.4.8 Absatz 1 bewertet werden:

1. für die Leistungsphase 1 (Grundlagenermittlung) mit 5 Prozent,
2. für die Leistungsphase 2 (Geodätischer Raumbezug) mit 20 Prozent,
3. für die Leistungsphase 3 (Vermessungstechnische Grundlagen) mit 65 Prozent,
4. für die Leistungsphase 4 (Digitales Geländemodell mit 10 Prozent.

(3) Das Leistungsbild kann sich wie folgt zusammensetzen:

| Grundleistungen | Besondere Leistungen |
|---|---|
| **1. Grundlagenermittlung** | |
| a) Einholen von Informationen und Beschaffen von Unterlagen über die Örtlichkeit und das geplante Objekt<br>b) Beschaffen vermessungstechnischer Unterlagen und Daten<br>c) Ortsbesichtigung<br>d) Ermitteln des Leistungsumfangs in Abhängigkeit von den Genauigkeitsanforderungen und dem Schwierigkeitsgrad | – Schriftliches Einholen von Genehmigungen zum Betreten von Grundstücken, von Bauwerken, zum Befahren von Gewässern und für anordnungsbedürftige Verkehrssicherungsmaßnahmen |
| **2. Geodätischer Raumbezug** | |
| a) Erkunden und Vermarken von Lage und Höhenfestpunkten<br>b) Fertigen von Punktbeschreibungen und Einmessungsskizzen<br>c) Messungen zum Bestimmen der Fest- und Passpunkte<br>d) Auswerten der Messungen und Erstellen des Koordinaten- und Höhenverzeichnisses | – Entwurf, Messung und Auswertung von Sondernetzen hoher Genauigkeit<br>– Vermarken aufgrund besonderer Anforderungen<br>– Aufstellung von Rahmenmessprogrammen |
| **3. Vermessungstechnische Grundlagen** | |
| a) Topographische/morphologische Geländeaufnahme einschließlich Erfassen von Zwangspunkten und planungsrelevanter Objekte<br>b) Aufbereiten und Auswerten der erfassten Daten<br>c) Erstellen eines Digitalen Lagemodells mit ausgewählten planungsrelevanten Höhenpunkten<br>d) Übernehmen von Kanälen, Leitungen, | – Maßnahmen für anordnungsbedürftige Verkehrssicherung<br>– Orten und Aufmessen des unterirdischen Bestandes<br>– Vermessungsarbeiten unter Tage, unter Wasser oder bei Nacht<br>– Detailliertes Aufnehmen bestehender Objekte und Anlagen neben der normalen topographischen Aufnahme wie zum Beispiel Fassaden und Innenräume von Gebäuden |

Anlage 1

| Grundleistungen | Besondere Leistungen |
|---|---|
| Kabeln und unterirdischen Bauwerken aus vorhandenen Unterlagen<br>e) Übernehmen des Liegenschaftskatasters<br>f) Übernehmen der bestehenden öffentlich-rechtlichen Festsetzungen<br>g) Erstellen von Plänen mit Darstellen der Situation im Planungsbereich mit ausgewählten planungsrelevanten Höhenpunkten<br>h) Liefern der Pläne und Daten in analoger und digitaler Form | – Ermitteln von Gebäudeschnitten<br>– Aufnahmen über den festgelegten Planungsbereich hinaus<br>– Erfassen zusätzlicher Merkmale wie zum Beispiel Baumkronen<br>– Eintragen von Eigentümerangaben<br>– Darstellen in verschiedenen Maßstäben<br>– Ausarbeiten der Lagepläne entsprechend der rechtlichen Bedingungen für behördliche Genehmigungsverfahren<br>– Übernahme der Objektplanung in ein digitales Lagemodell |
| **4. Digitales Geländemodell** | |
| a) Selektion der die Geländeoberfläche beschreibenden Höhenpunkte und Bruchkanten aus der Geländeaufnahme<br>b) Berechnung eines digitalen Geländemodells<br>c) Ableitung von Geländeschnitten<br>d) Darstellen der Höhen in Punkt-, Raster- oder Schichtlinienform<br>e) Liefern der Pläne und Daten in analoger und digitaler Form | |

## Kurzkommentar zu Anlage 1.4.1 bis 1.4.4

Die Bezugsgröße für die Honorarermittlung für das Leistungsbild Planungsbegleitende Vermessung ist auf Verrechnungseinheiten aufgebaut worden. Damit wird die Honorarermittlung für das Leistungsbild Planungsbegleitende Vermessung von anrechenbaren Kosten entkoppelt, da der Inhalt der Grundleistungen für das Leistungsbild Planungsbegleitende Vermessung keine unmittelbare Abhängigkeit zu den anrechenbaren Kosten zeigt. Die Ermittlung der zutreffenden Honorarzone erfolgt anhand des Punkteverfahrens gemäß Anlage 1.4.3.

Das Leistungsbild und die Gewichtungen der Leistungsphasen sind aktualisiert worden.

### 1.4.5 Grundlagen des Honorars bei der Bauvermessung

(1) Das Honorar für Grundleistungen bei der Bauvermessung kann sich nach den anrechenbaren Kosten des Objekts, der Honorarzone in Nummer 1.4.6 und der Honorartafel in Nummer 1.4.8 Absatz 2 richten.

(2) Anrechenbare Kosten können die Herstellungskosten des Objekts darstellen. Diese können entsprechend § 4 Absatz 1 und
1. bei Gebäuden entsprechend § 33 ,
2. bei Ingenieurbauwerken entsprechend § 42,
3. bei Verkehrsanlagen entsprechend § 46

ermittelt werden.

Anrechenbar können bei Ingenieurbauwerken 100 Prozent, bei Gebäuden und Verkehrsanlagen 80 Prozent der ermittelten Kosten sein.

(3) Die Absätze 1 und 2 sowie die Nummer 1.4.6 und Nummer 1.4.7 finden keine Anwendung für vermessungstechnische Grundleistungen bei ober- und unterirdischen Leitungen, Tunnel-, Stollen- und Kavernenbauwerken, innerörtlichen Verkehrsanlagen mit überwiegend innerörtlichem Verkehr, bei Geh- und Radwegen sowie Gleis- und Bahnsteiganlagen. Das Honorar für die in Satz 1 genannten Objekte kann ergänzend frei vereinbart werden.

### 1.4.6 Honorarzonen für Grundleistungen bei der Bauvermessung

(1) Die Honorarzone kann bei der Bauvermessung aufgrund folgender Bewertungsmerkmale ermittelt werden:

a) Beeinträchtigungen durch die Geländebeschaffenheit und bei der Begehbarkeit

| | |
|---|---|
| sehr gering | 1 Punkt |
| gering | 2 Punkte |
| durchschnittlich | 3 Punkte |
| hoch | 4 Punkte |
| sehr hoch | 5 Punkte |

b) Behinderungen durch Bebauung und Bewuchs

| | |
|---|---|
| sehr gering | 1 bis 2 Punkte |
| gering | 3 bis 4 Punkte |
| durchschnittlich | 5 bis 6 Punkte |
| hoch | 7 bis 8 Punkte |
| sehr hoch | 9 bis 10 Punkte |

c) Behinderung durch den Verkehr

| | |
|---|---|
| sehr gering | 1 bis 2 Punkte |
| gering | 3 bis 4 Punkte |
| durchschnittlich | 5 bis 6 Punkte |
| hoch | 7 bis 8 Punkte |
| sehr hoch | 9 bis 10 Punkte |

d) Anforderungen an die Genauigkeit

| | |
|---|---|
| sehr gering | 1 bis 2 Punkte |
| gering | 3 bis 4 Punkte |

       durchschnittlich .............................................. 5 bis 6 Punkte
       hoch ...................................................................... 7 bis 8 Punkte
       sehr hoch ............................................................. 9 bis 10 Punkte
  e) Anforderungen durch die Geometrie des Objekts
       sehr gering .......................................................... 1 bis 2 Punkte
       gering .................................................................. 3 bis 4 Punkte
       durchschnittlich .................................................. 5 bis 6 Punkte
       hoch ...................................................................... 7 bis 8 Punkte
       sehr hoch ............................................................. 9 bis 10 Punkte
  f) Behinderung durch den Baubetrieb
       sehr gering .......................................................... 1 bis 3 Punkte
       gering .................................................................. 4 bis 6 Punkte
       durchschnittlich .................................................. 7 bis 9 Punkte
       hoch ...................................................................... 10 bis 12 Punkte
       sehr hoch ............................................................. 13 bis 15 Punkte.

(2) Die Honorarzone kann sich aus der Summe der Bewertungspunkte wie folgt ergeben:

       Honorarzone I ................................................... bis 14 Punkte
       Honorarzone II .................................................. 15 bis 25 Punkte
       Honorarzone III ................................................. 26 bis 37 Punkte
       Honorarzone IV ................................................. 38 bis 48 Punkte
       Honorarzone V .................................................. 49 bis 60 Punkte.

### 1.4.7 Leistungsbild Bauvermessung

(1) Das Leistungsbild Bauvermessung kann die Vermessungsleistungen für den Bau und die abschließende Bestandsdokumentation von Gebäuden, Ingenieurbauwerken und Verkehrsanlagen umfassen.

(2) Die Grundleistungen können in fünf Leistungsphasen zusammengefasst und wie folgt in Prozentsätzen der Honorare der Nummer 1.4.8 Absatz 2 bewertet werden:

1. für die Leistungsphase 1 (Baugeometrische Beratung) mit 2 Prozent
2. für die Leistungsphase 2 (Absteckungsunterlagen) mit 5 Prozent
3. für die Leistungsphase 3 (Bauvorbereitende Vermessung) mit 16 Prozent
4. für die Leistungsphase 4 (Bauausführungsvermessung) mit 62 Prozent
5. für die Leistungsphase 5 (Vermessungstechnische Überwachung der Bauausführung) mit 15 Prozent.

(3) Das Leistungsbild kann sich wie folgt zusammensetzen:

| Grundleistungen | Besondere Leistungen |
|---|---|
| **1. Baugeometrische Beratung** | |
| a) Ermitteln des Leistungsumfanges in Abhängigkeit vom Projekt<br>b) Beraten, insbesondere im Hinblick auf die erforderlichen Genauigkeiten und zur Konzeption eines Messprogramms<br>c) Festlegen eines für alle Beteiligten verbindlichen Maß-, Bezugs- und Benennungssystems | – Erstellen von vermessungstechnischen Leistungsbeschreibungen<br>– Erarbeiten von Organisationsvorschlägen über Zuständigkeiten, Verantwortlichkeit und Schnittstellen der Objektvermessung<br>– Erstellen von Messprogrammen für Bewegungs- und Deformationsmessungen, einschließlich Vorgaben für die Baustelleneinrichtung |
| **2. Absteckungsunterlagen** | |
| a) Berechnen der Detailgeometrie anhand der Ausführungsplanung, Erstellen eines Absteckungsplanes und Berechnen von Absteckungsdaten einschließlich Aufzeigen von Widersprüchen (Absteckungsunterlagen) | – Durchführen von zusätzlichen Aufnahmen und ergänzende Berechnungen, falls keine qualifizierten Unterlagen aus der Leistungsphase vermessungstechnische Grundlagen vorliegen<br>– Durchführen von Optimierungsberechnungen im Rahmen der Baugeometrie (zum Beispiel Flächennutzung, Abstandsflächen)<br>– Erarbeitung von Vorschlägen zur Beseitigung von Widersprüchen bei der Verwendung von Zwangspunkten (zum Beispiel bauordnungsrechtliche Vorgaben) |
| **3. Bauvorbereitende Vermessung** | |
| a) Prüfen und Ergänzen des bestehenden Festpunktfeldes<br>b) Zusammenstellung und Aufbereitung der Absteckungsdaten<br>c) Absteckung: Übertragen der Projektgeometrie (Hauptpunkte) und des Baufeldes in die Örtlichkeit<br>d) Übergabe der Lage- und Höhenfestpunkte, der Hauptpunkte und der Absteckungsunterlagen an das bauausführende Unternehmen | – Absteckung auf besondere Anforderungen (zum Beispiel Archäologie, Ausholzung, Grobabsteckung, Kampfmittelräumung) |
| **4. Bauausführungsvermessung** | |
| a) Messungen zur Verdichtung des Lage und Höhenfestpunktfeldes<br>b) Messungen zur Überprüfung und Sicherung von Fest- und Achspunkten<br>c) Baubegleitende Absteckungen der geometriebestimmenden Bauwerkspunkte nach Lage und Höhe | – Erstellen und Konkretisieren des Messprogramms<br>– Absteckungen unter Berücksichtigung von belastungs- und fertigungstechnischen Verformungen<br>– Prüfen der Maßgenauigkeit von Fertigteilen<br>– Aufmaß von Bauleistungen, soweit beson- |

| Grundleistungen | Besondere Leistungen |
|---|---|
| d) Messungen zur Erfassung von Bewegungen und Deformationen des zu erstellenden Objekts an konstruktiv bedeutsamen Punkten<br>e) Baubegleitende Eigenüberwachungsmessungen und deren Dokumentation<br>f) Fortlaufende Bestandserfassung während der Bauausführung als Grundlage für den Bestandplan | dere vermessungstechnische Leistungen gegeben sind<br>– Ausgabe von Baustellenbestandsplänen während der Bauausführung<br>– Fortführen der vermessungstechnischen Bestandspläne nach Abschluss der Grundleistungen<br>– Herstellen von Bestandsplänen |
| **5. Vermessungstechnische Überwachung der Bauausführung** ||
| a) Kontrollieren der Bauausführung durch stichprobenartige Messungen an Schalungen und entstehenden Bauteilen (Kontrollmessungen)<br>b) Fertigen von Messprotokollen<br>c) Stichprobenartige Bewegungs- und Deformationsmessungen an konstruktiv bedeutsamen Punkten des zu erstellenden Objekts | – Prüfen der Mengenermittlungen<br>– Beratung zu langfristigen vermessungstechnischen Objektüberwachungen im Rahmen der Ausführungskontrolle baulicher Maßnahmen und deren Durchführung<br>– Vermessungen für die Abnahme von Bauleistungen, soweit besondere vermessungstechnische Anforderungen gegeben sind |

(4) Die Leistungsphase 4 ist abweichend von Absatz 2 bei Gebäuden mit 45 bis 62 Prozent zu bewerten.

## Kurzkommentar zu Anlage 1.4.5 bis 1.4.7

Die Bezugsgröße für die Honorarermittlung für das Leistungsbild Planungsbegleitende Vermessung ist auf Verrechnungseinheiten aufgebaut worden. Damit wird die Honorarermittlung für das Leistungsbild Planungsbegleitende Vermessung von anrechenbaren Kosten entkoppelt, da der Inhalt der Grundleistungen für das Leistungsbild Planungsbegleitende Vermessung keine unmittelbare Abhängigkeit zu den anrechenbaren Kosten zeigt. Aus diesem Grund ist der Ansatz zur Honorarermittlung auf der Basis der Punktdichte vorgenommen worden.

Das Leistungsbild und die Gewichtungen der Leistungsphasen sind aktualisiert worden. Die Honorarbezugsgröße stellt hier anrechenbare Kosten dar. Die Ermittlung der zutreffenden Honorarzone erfolgt anhand des Punkteverfahrens gemäß Anlage 1.4.3.

### 1.4.8 Honorare für Grundleistungen bei der Ingenieurvermessung

(1) Die Honorare für die in Nummer 1.4.4 Absatz 3 aufgeführten Grundleistungen der Planungsbegleitenden Vermessung können sich nach der folgenden Honorartafel richten:

(2) Die Honorare für die in Nummer 1.4.7 Absatz 3 Grundleistungen der Bauvermessung können sich nach der folgenden Honorartafel richten *(s. Seite 175)*:

## A 1

| Verrech-nungs-einheiten | Honorarzone I sehr geringe Anforderungen | | Honorarzone II geringe Anforderungen | | Honorarzone III durchschnittliche Anforderungen | | Honorarzone IV hohe Anforderungen | | Honorarzone V sehr hohe Anforderungen | |
|---|---|---|---|---|---|---|---|---|---|---|
| | von | bis | von | bis | von | bis | von | bis | von | bis |
| | Euro | | Euro | | Euro | | Euro | | Euro | |
| 6 | 658 | 777 | 777 | 914 | 914 | 1.051 | 1.051 | 1.170 | 1.170 | 1.289 |
| 20 | 953 | 1.123 | 1.123 | 1.306 | 1.306 | 1.489 | 1.489 | 1.659 | 1.659 | 1.828 |
| 50 | 1.480 | 1.740 | 1.740 | 2.000 | 2.000 | 2.260 | 2.260 | 2.520 | 2.520 | 2.780 |
| 103 | 2.225 | 2.616 | 2.616 | 3.007 | 3.007 | 3.399 | 3.399 | 3.790 | 3.790 | 4.182 |
| 188 | 3.325 | 3.826 | 3.826 | 4.327 | 4.327 | 4.829 | 4.829 | 5.330 | 5.330 | 5.831 |
| 278 | 4.320 | 4.931 | 4.931 | 5.542 | 5.542 | 6.153 | 6.153 | 6.765 | 6.765 | 7.376 |
| 359 | 5.156 | 5.826 | 5.826 | 6.547 | 6.547 | 7.217 | 7.217 | 7.939 | 7.939 | 8.609 |
| 435 | 5.881 | 6.656 | 6.656 | 7.437 | 7.437 | 8.212 | 8.212 | 8.994 | 8.994 | 9.768 |
| 506 | 6.547 | 7.383 | 7.383 | 8.219 | 8.219 | 9.055 | 9.055 | 9.892 | 9.892 | 10.728 |
| 659 | 7.867 | 8.859 | 8.859 | 9.815 | 9.815 | 10.809 | 10.809 | 11.765 | 11.765 | 12.757 |
| 822 | 9.187 | 10.299 | 10.299 | 11.413 | 11.413 | 12.513 | 12.513 | 13.625 | 13.625 | 14.737 |
| 1.105 | 11.332 | 12.667 | 12.667 | 14.002 | 14.002 | 15.336 | 15.336 | 16.672 | 16.672 | 18.006 |
| 1.400 | 13.525 | 14.977 | 14.977 | 16.532 | 16.532 | 18.086 | 18.086 | 19.642 | 19.642 | 21.196 |
| 2.033 | 17.714 | 19.597 | 19.597 | 21.592 | 21.592 | 23.586 | 23.586 | 25.582 | 25.582 | 27.576 |
| 2.713 | 21.894 | 24.217 | 24.217 | 26.652 | 26.652 | 29.086 | 29.086 | 31.522 | 31.522 | 33.956 |
| 3.430 | 26.074 | 28.837 | 28.837 | 31.712 | 31.712 | 34.586 | 34.586 | 37.462 | 37.462 | 40.336 |
| 4.949 | 34.434 | 38.077 | 38.077 | 41.832 | 41.832 | 45.586 | 45.586 | 49.342 | 49.342 | 53.096 |
| 7.385 | 46.974 | 51.937 | 51.937 | 57.012 | 57.012 | 62.086 | 62.086 | 67.162 | 67.162 | 72.236 |
| 11.726 | 67.874 | 75.037 | 75.037 | 82.312 | 82.312 | 89.586 | 89.586 | 96.862 | 96.862 | 104.136 |

# Anlage 1

| Anrechenbare Kosten in Euro | Honorarzone I sehr geringe Anforderungen | | Honorarzone II geringe Anforderungen | | Honorarzone III durchschnittliche Anforderungen | | Honorarzone IV hohe Anforderungen | | Honorarzone V sehr hohe Anforderungen | |
|---|---|---|---|---|---|---|---|---|---|---|
| | von | bis | von | bis | von | bis | von | bis | von | bis |
| | Euro | | Euro | | Euro | | Euro | | Euro | |
| 50.000 | 4.282 | 4.782 | 4.782 | 5.283 | 5.283 | 5.839 | 5.839 | 6.339 | 6.339 | 6.840 |
| 75.000 | 4.648 | 5.191 | 5.191 | 5.734 | 5.734 | 6.338 | 6.338 | 6.881 | 6.881 | 7.424 |
| 100.000 | 5.002 | 5.586 | 5.586 | 6.171 | 6.171 | 6.820 | 6.820 | 7.405 | 7.405 | 7.989 |
| 150.000 | 5.684 | 6.349 | 6.349 | 7.013 | 7.013 | 7.751 | 7.751 | 8.416 | 8.416 | 9.080 |
| 200.000 | 6.344 | 7.086 | 7.086 | 7.827 | 7.827 | 8.651 | 8.651 | 9.393 | 9.393 | 10.134 |
| 250.000 | 6.987 | 7.804 | 7.804 | 8.621 | 8.621 | 9.528 | 9.528 | 10.345 | 10.345 | 11.162 |
| 300.000 | 7.618 | 8.508 | 8.508 | 9.399 | 9.399 | 10.388 | 10.388 | 11.278 | 11.278 | 12.169 |
| 400.000 | 8.848 | 9.883 | 9.883 | 10.917 | 10.917 | 12.066 | 12.066 | 13.100 | 13.100 | 14.134 |
| 500.000 | 10.048 | 11.222 | 11.222 | 12.397 | 12.397 | 13.702 | 13.702 | 14.876 | 14.876 | 16.051 |
| 600.000 | 11.223 | 12.535 | 12.535 | 13.847 | 13.847 | 15.304 | 15.304 | 16.616 | 16.616 | 17.928 |
| 750.000 | 12.950 | 14.464 | 14.464 | 15.978 | 15.978 | 17.659 | 17.659 | 19.173 | 19.173 | 20.687 |
| 1.000.000 | 15.754 | 17.596 | 17.596 | 19.437 | 19.437 | 21.483 | 21.483 | 23.325 | 23.325 | 25.166 |
| 1.500.000 | 21.165 | 23.639 | 23.639 | 26.113 | 26.113 | 28.862 | 28.862 | 31.336 | 31.336 | 33.810 |
| 2.000.000 | 26.393 | 29.478 | 29.478 | 32.563 | 32.563 | 35.990 | 35.990 | 39.075 | 39.075 | 42.160 |
| 2.500.000 | 31.488 | 35.168 | 35.168 | 38.849 | 38.849 | 42.938 | 42.938 | 46.619 | 46.619 | 50.299 |
| 3.000.000 | 36.480 | 40.744 | 40.744 | 45.008 | 45.008 | 49.745 | 49.745 | 54.009 | 54.009 | 58.273 |
| 4.000.000 | 46.224 | 51.626 | 51.626 | 57.029 | 57.029 | 63.032 | 63.032 | 68.435 | 68.435 | 73.838 |
| 5.000.000 | 55.720 | 62.232 | 62.232 | 68.745 | 68.745 | 75.981 | 75.981 | 82.494 | 82.494 | 89.007 |
| 7.500.000 | 78.690 | 87.888 | 87.888 | 97.085 | 97.085 | 107.305 | 107.305 | 116.502 | 116.502 | 125.700 |
| 10.000.000 | 100.876 | 112.667 | 112.667 | 124.458 | 124.458 | 137.559 | 137.559 | 149.350 | 149.350 | 161.140 |

A 1

### 1.4.9 Sonstige vermessungstechnische Leistungen

Für sonstige vermessungstechnische Leistungen nach Nummer 1.4.1 kann ein Honorar ergänzend frei vereinbart werden.

## Anlage 2 zu § 18 Absatz 2
## Grundleistungen im Leistungsbild Flächennutzungsplan

Das Leistungsbild setzt sich aus folgenden Grundleistungen je Leistungsphase zusammen:

1. <u>Leistungsphase 1</u>: Vorentwurf für die frühzeitigen Beteiligungen
   a) Zusammenstellen und Werten des vorhandenen Grundlagenmaterials
   b) Erfassen der abwägungsrelevanten Sachverhalte
   c) Ortsbesichtigungen
   d) Festlegen ergänzender Fachleistungen und Formulieren von Entscheidungshilfen für die Auswahl anderer fachlich Beteiligter, soweit notwendig
   e) Analysieren und Darstellen des Zustandes des Plangebiets, soweit für die Planung von Bedeutung und abwägungsrelevant, unter Verwendung hierzu vorliegender Fachbeiträge
   f) Mitwirken beim Festlegen von Zielen und Zwecken der Planung
   g) Erarbeiten des Vorentwurfes in der vorgeschriebenen Fassung mit Begründung für die frühzeitigen Beteiligungen nach den Bestimmungen des Baugesetzbuchs
   h) Darlegen der wesentlichen Auswirkungen der Planung
   i) Berücksichtigen von Fachplanungen
   j) Mitwirken an der frühzeitigen Öffentlichkeitsbeteiligung einschließlich Erörterung der Planung
   k) Mitwirken an der frühzeitigen Beteiligung der Behörden und Stellen, die Träger öffentlicher Belange sind
   l) Mitwirken an der frühzeitigen Abstimmung mit den Nachbargemeinden
   m) Abstimmen des Vorentwurfes für die frühzeitigen Beteiligungen in der vorgeschriebenen Fassung mit der Gemeinde

2. <u>Leistungsphase 2</u>: Entwurf zur öffentlichen Auslegung
   a) Erarbeiten des Entwurfes in der vorgeschriebenen Fassung mit Begründung für die Öffentlichkeits- und Behördenbeteiligung nach den Bestimmungen des Baugesetzbuchs
   b) Mitwirken an der Öffentlichkeitsbeteiligung
   c) Mitwirken an der Beteiligung der Behörden und Stellen, die Träger öffentlicher Belange sind
   d) Mitwirken an der Abstimmung mit den Nachbargemeinden
   e) Mitwirken bei der Abwägung der Gemeinde zu Stellungnahmen aus frühzeitigen Beteiligungen
   f) Abstimmen des Entwurfs mit der Gemeinde

3. <u>Leistungsphase 3</u>: Plan zur Beschlussfassung
   a) Erarbeiten des Planes in der vorgeschriebenen Fassung mit Begründung für den Beschluss durch die Gemeinde

b) Mitwirken bei der Abwägung der Gemeinde zu Stellungnahmen

c) Erstellen des Planes in der durch Beschluss der Gemeinde aufgestellten Fassung.

**Kurzkommentar zu Anlage 2**

Die neue Leistungsphase 1 fasst die bisherigen Leistungsphasen 1 bis 3 (HOAI 2009) zusammen. Weggefallen ist die in Leistungsphase 3, 1. Spiegelstrich HOAI 2009 genannte Darstellung von sich wesentlich unterscheidenden Lösungen nach gleichen Anforderungen. Ansonsten entspricht das Leistungsbild der HOAI 2009. Die Leistungsphasen wurden den Verfahrensschritten entsprechend ausgerichtet.

## Anlage 3 zu § 19 Absatz 2
## Grundleistungen im Leistungsbild Bebauungsplan

Das Leistungsbild setzt sich aus folgenden Grundleistungen je Leistungsphase zusammen:

1. <u>Leistungsphase 1</u>: Vorentwurf für die frühzeitigen Beteiligungen
   a) Zusammenstellen und Werten des vorhandenen Grundlagenmaterials
   b) Erfassen der abwägungsrelevanten Sachverhalte
   c) Ortsbesichtigungen
   d) Festlegen ergänzender Fachleistungen und Formulieren von Entscheidungshilfen für die Auswahl anderer fachlich Beteiligter, soweit notwendig
   e) Analysieren und Darstellen des Zustandes des Plangebiets, soweit für die Planung von Bedeutung und abwägungsrelevant, unter Verwendung hierzu vorliegender Fachbeiträge
   f) Mitwirken beim Festlegen von Zielen und Zwecken der Planung
   g) Erarbeiten des Vorentwurfes in der vorgeschriebenen Fassung mit Begründung für die frühzeitigen Beteiligungen nach den Bestimmungen des Baugesetzbuchs
   h) Darlegen der wesentlichen Auswirkungen der Planung
   i) Berücksichtigen von Fachplanungen
   j) Mitwirken an der frühzeitigen Öffentlichkeitsbeteiligung einschließlich Erörterung der Planung
   k) Mitwirken an der frühzeitigen Beteiligung der Behörden und Stellen, die Träger öffentlicher Belange sind
   l) Mitwirken an der frühzeitigen Abstimmung mit den Nachbargemeinden
   m) Abstimmen des Vorentwurfes für die frühzeitigen Beteiligungen in der vorgeschriebenen Fassung mit der Gemeinde

2. <u>Leistungsphase 2</u>: Entwurf zur öffentlichen Auslegung
   a) Erarbeiten des Entwurfes in der vorgeschriebenen Fassung mit Begründung für die Öffentlichkeits- und Behördenbeteiligung nach den Bestimmungen des Baugesetzbuchs
   b) Mitwirken an der Öffentlichkeitsbeteiligung
   c) Mitwirken an der Beteiligung der Behörden und Stellen, die Träger öffentlicher Belange sind
   d) Mitwirken an der Abstimmung mit den Nachbargemeinden
   e) Mitwirken bei der Abwägung der Gemeinde zu Stellungnahmen aus frühzeitigen Beteiligungen
   f) Abstimmen des Entwurfs mit der Gemeinde

3. <u>Leistungsphase 3</u>: Plan zur Beschlussfassung
   a) Erarbeiten des Planes in der vorgeschriebenen Fassung mit Begründung für den Beschluss durch die Gemeinde

b) Mitwirken bei der Abwägung der Gemeinde zu Stellungnahmen

c) Erstellen des Planes in der durch Beschluss der Gemeinde aufgestellten Fassung.

## Kurzkommentar zu Anlage 3

Die neue Leistungsphase 1 fasst die bisherigen Leistungsphasen 1 bis 3 (HOAI 2009) zusammen. Weggefallen ist die in Leistungsphase 3, 1. Spiegelstrich HOAI 2009 genannte Darstellung von sich wesentlich unterscheidenden Lösungen nach gleichen Anforderungen. Ansonsten entspricht das Leistungsbild der HOAI 2009. Der städtebauliche Entwurf ist nicht Bestandteil der Grundleistungen. Das Honorar dafür ist frei vereinbar. Soweit ein städtebaulicher Entwurf Elemente der Grundleistungen gemäß Anlage 3 enthalten sollte und im Anschluss nach einem Städtebaulichen Entwurf ein Bebauungsplan zu erarbeiten wäre, würde evtl. die Anwendung des §8 Abs. 2 HOAI in Frage kommen.

Die Komplexität der Aufstellungsverfahren mit den Beteiligungsverfahren sowie die inhaltliche und fachliche Dichte der Festsetzungen in Bebauungsplänen sind erheblich angestiegen. Tendenziell kann nach den bisherigen Erfahrungen aus den letzten Jahren davon ausgegangen werden, dass alle 3 Jahre neue ergänzende Sachverhalte in die Verfahren zur Aufstellung der Bebauungsplanung eingebracht werden.

Verrechtlichung und höhere gesellschaftlich orientierten Risiken bestimmen die Abwicklung dieser Leistungen.

# Anlage 4 zu § 23 Absatz 2
## Grundleistungen im Leistungsbild Landschaftsplan

Das Leistungsbild setzt sich aus folgenden Grundleistungen je Leistungsphase zusammen:

1. <u>Leistungsphase 1</u>: Klären der Aufgabenstellung und Ermitteln des Leistungsumfangs
    a) Zusammenstellen und Prüfen der vom Auftraggeber zur Verfügung gestellten planungsrelevanten Unterlagen
    b) Ortsbesichtigungen
    c) Abgrenzen des Planungsgebiets
    d) Konkretisieren weiteren Bedarfs an Daten und Unterlagen
    e) Beraten zum Leistungsumfang für ergänzende Untersuchungen und Fachleistungen
    f) Aufstellen eines verbindlichen Arbeitsplans unter Berücksichtigung der sonstigen Fachbeiträge

2. <u>Leistungsphase 2</u>: Ermitteln der Planungsgrundlagen
    a) Ermitteln und Beschreiben der planungsrelevanten Sachverhalte auf Grundlage vorhandener Unterlagen und Daten
    b) Landschaftsbewertung nach den Zielen und Grundsätzen des Naturschutzes und der Landschaftspflege
    c) Bewerten von Flächen und Funktionen des Naturhaushalts und des Landschaftsbildes hinsichtlich ihrer Eignung, Leistungsfähigkeit, Empfindlichkeit und Vorbelastung
    d) Bewerten geplanter Eingriffe in Natur und Landschaft
    e) Feststellen von Nutzungs- und Zielkonflikten
    f) Zusammenfassendes Darstellen der Erfassung und Bewertung

3. <u>Leistungsphase 3</u>: Vorläufige Fassung
    a) Formulieren von örtlichen Zielen und Grundsätzen zum Schutz, zur Pflege und Entwicklung von Natur und Landschaft einschließlich Erholungsvorsorge
    b) Darlegen der angestrebten Flächenfunktionen und Flächennutzungen sowie der örtlichen Erfordernisse und Maßnahmen zur Umsetzung der konkretisierten Ziele des Naturschutzes und der Landschaftspflege
    c) Erarbeiten von Vorschlägen zur Übernahme in andere Planungen, insbesondere in die Bauleitpläne
    d) Hinweise auf Folgeplanungen und -maßnahmen
    e) Mitwirken bei der Beteiligung der nach den Bestimmungen des Bundesnaturschutzgesetzes anerkannten Verbände
    f) Mitwirken bei der Abstimmung der Vorläufigen Fassung mit der für Naturschutz- und Landschaftspflege zuständigen Behörde
    g) Abstimmen der Vorläufigen Fassung mit dem Auftraggeber

4. <u>Leistungsphase 4</u>: Abgestimmte Fassung

**A 4**      Darstellen des Landschaftsplans in der mit dem Auftraggeber abgestimmten Fassung in Text und Karte.

## Kurzkommentar zu Anlage 4

Durch den Wegfall der sich wesentlich unterscheidenden Lösungen nach gleichen Anforderungen ergibt sich eine Veränderung im Leistungsbild. Ansonsten entspricht das Leistungsbild der HOAI 2009. Landschaftspläne sind sehr komplex und erfordern ein zunehmend hohes Maß an Integrationsleistungen und Berücksichtigung vielfältiger planungsrechtlicher Anforderungen. Die Honorartechnischen Spreizungen in den Leistungsphasen 1 und 2 sind weggefallen. Damit besteht mehr Honorarklarheit.

Der Landschaftsplan gehört zu den sehr „intensiven" Planungsbereichen; hier werden sehr weitreichende gesellschaftlich relevante Planungsbeiträge erarbeitet.

Die Komplexität der Verfahren ist in weiten Bereichen erheblich gestiegen. Die inhaltliche und fachliche Dichte der Durcharbeitungen und der zu verarbeitenden Informationen und Daten sind erheblich umfangreicher sowie komplexer geworden. Die gegenseitigen Einflüsse untereinander sind gestiegen. Die Anzahl der Akteure und die damit verbundenen zusätzlichen Aufwendungen sind stark angestiegen.

# Anlage 5 zu § 24 Absatz 2
# Grundleistungen im Leistungsbild Grünordnungsplan

Das Leistungsbild setzt sich aus folgenden Grundleistungen je Leistungsphase zusammen:

1. <u>Leistungsphase 1</u>: Klären der Aufgabenstellung und Ermitteln des Leistungsumfangs
   a) Zusammenstellen und Prüfen der vom Auftraggeber zur Verfügung gestellten planungsrelevanten Unterlagen
   b) Ortsbesichtigungen
   c) Abgrenzen des Planungsgebiets
   d) Konkretisieren weiteren Bedarfs an Daten und Unterlagen
   e) Beraten zum Leistungsumfang für ergänzende Untersuchungen und Fachleistungen
   f) Aufstellen eines verbindlichen Arbeitsplans unter Berücksichtigung der sonstigen Fachbeiträge

2. <u>Leistungsphase 2</u>: Ermitteln der Planungsgrundlagen
   a) Ermitteln und Beschreiben der planungsrelevanten Sachverhalte auf Grundlage vorhandener Unterlagen und Daten
   b) Bewerten der Landschaft nach den Zielen des Naturschutzes und der Landschaftspflege einschließlich der Erholungsvorsorge
   c) Zusammenfassendes Darstellen der Bestandsaufnahme und Bewertung in Text und Karte

3. <u>Leistungsphase 3</u>: Vorläufige Fassung
   a) Lösen der Planungsaufgabe und Erläutern der Ziele, Erfordernisse und Maßnahmen in Text und Karte
   b) Darlegen der angestrebten Flächenfunktionen und Flächennutzungen
   c) Darlegen von Gestaltungs-, Schutz-, Pflege- und Entwicklungsmaßnahmen
   d) Vorschläge zur Übernahme in andere Planungen, insbesondere in die Bauleitplanung
   e) Mitwirken bei der Abstimmung der vorläufigen Fassung mit der für den Naturschutz zuständigen Behörde
   f) Bearbeiten der naturschutzrechtlichen Eingriffsregelung
      aa) Ermitteln und Bewerten der durch die Planung zu erwartenden Beeinträchtigungen des Naturhaushalts und des Landschaftsbildes nach Art, Umfang, Ort und zeitlichem Ablauf
      bb) Erarbeiten von Lösungen zur Vermeidung oder Verminderung erheblicher Beeinträchtigungen des Naturhaushalts und des Landschaftsbildes in Abstimmung mit den an der Planung fachlich Beteiligten
      cc) Ermitteln der unvermeidbaren Beeinträchtigungen
      dd) Vergleichendes Gegenüberstellen von unvermeidbaren Beeinträchtigungen und Ausgleich und Ersatz einschließlich Darstellen verbleibender, nicht ausgleichbarer oder ersetzbarer Beeinträchtigungen

ee) Darstellen und Begründen von Maßnahmen des Naturschutzes und der Landschaftspflege, insbesondere Ausgleichs-, Ersatz-, Gestaltungs- und Schutzmaßnahmen sowie Maßnahmen zur Unterhaltung und rechtlichen Sicherung von Ausgleichs- und Ersatzmaßnahmen

ff) Integrieren ergänzender, zulassungsrelevanter Regelungen und Maßnahmen aufgrund des Natura 2000-Gebietsschutzes und der Vorschriften zum besonderen Artenschutz auf Grundlage vorhandener Unterlagen

4. Leistungsphase 4: Abgestimmte Fassung

Darstellen des Grünordnungsplans oder Landschaftsplanerischen Fachbeitrags in der mit dem Auftraggeber abgestimmten Fassung in Text und Karte.

## Kurzkommentar zu Anlage 5

Das Leistungsbild ist in Leistungsphase 1 um das Aufstellen eines Arbeitsplans erweitert worden. Das Integrieren ergänzender zulassungsrelevanter Regelungen und Maßnahmen aufgrund des Natura 2000-Gebietsschutzes und der Vorschriften zum besonderen Artenschutz auf Grundlage vorhandener Unterlagen ist in der Leistungsphase 3 hinzugekommen.

Die Leistungsphasen entsprechen den jeweiligen Verfahrensschritten zur Aufstellung des Grünordnungsplans.

Grünordnungspläne werden in der Regel im Innenbereich erstellt, sie stellen eine dem Bebauungsplan entsprechende Planungstiefe, soweit ein Vergleich überhaupt möglich erscheint, dar.

Die Komplexität der Verfahren ist gestiegen. Die inhaltliche und fachliche Dichte der Durcharbeitungen und der zu verarbeitenden Informationen und Daten sind umfangreicher sowie komplexer geworden.

## Anlage 6 zu § 25 Absatz 2
## Grundleistungen im Leistungsbild Landschaftsrahmenplan

Das Leistungsbild Landschaftsrahmenplan setzt sich aus folgenden Grundleistungen je Leistungsphase zusammen:

1. <u>Leistungsphase 1</u>: Klären der Aufgabenstellung und Ermitteln des Leistungsumfangs
   a) Zusammenstellen und Prüfen der vom Auftraggeber zur Verfügung gestellten planungsrelevanten Unterlagen
   b) Ortsbesichtigungen
   c) Abgrenzen des Planungsgebiets
   d) Konkretisieren weiteren Bedarfs an Daten und Unterlagen
   e) Beraten zum Leistungsumfang für ergänzende Untersuchungen und Fachleistungen
   f) Aufstellen eines verbindlichen Arbeitsplans unter Berücksichtigung der sonstigen Fachbeiträge

2. <u>Leistungsphase 2</u>: Ermitteln der Planungsgrundlagen
   a) Ermitteln und Beschreiben der planungsrelevanten Sachverhalte auf Grundlage vorhandener Unterlagen und Daten
   b) Landschaftsbewertung nach den Zielen und Grundsätzen des Naturschutzes und der Landschaftspflege
   c) Bewerten von Flächen und Funktionen des Naturhaushalts und des Landschaftsbildes hinsichtlich ihrer Eignung, Leistungsfähigkeit, Empfindlichkeit und Vorbelastung
   d) Bewerten geplanter Eingriffe in Natur und Landschaft
   e) Feststellen von Nutzungs- und Zielkonflikten
   f) Zusammenfassendes Darstellen der Erfassung und Bewertung

3. <u>Leistungsphase 3</u>: Vorläufige Fassung
   a) Lösen der Planungsaufgabe und
   b) Erläutern der Ziele, Erfordernisse und Maßnahmen in Text und Karte

   Zu Buchstabe a) und b) gehören:

   aa) Erstellen des Zielkonzepts
   bb) Umsetzen des Zielkonzepts durch Schutz, Pflege und Entwicklung bestimmter Teile von Natur und Landschaft und durch Artenhilfsmaßnahmen für ausgewählte Tier- und Pflanzenarten
   cc) Vorschläge zur Übernahme in andere Planungen, insbesondere in Regionalplanung, Raumordnung und Bauleitplanung
   dd) Mitwirken bei der Abstimmung der vorläufigen Fassung mit der für den Naturschutz zuständigen Behörde
   ee) Abstimmen der Vorläufigen Fassung mit dem Auftraggeber

4. <u>Leistungsphase 4</u>: Abgestimmte Fassung

   Darstellen des Landschaftsrahmenplans in der mit dem Auftraggeber abgestimmten Fassung in Text und Karte.

## Kurzkommentar zu Anlage 6

Das Leistungsbild ist fast das komplett neu ausgestaltet und aufwendiger worden. Entfallen ist die Spezifizierung und beispielhafte Auflistung der zu berücksichtigenden Umstände im Verordnungstext selbst. Neu sind beispielsweise das Prüfen der Unterlagen und das Aufstellen des Arbeitsplans. Hinzuweisen ist auch auf die neue Beratung zum Leistungsbedarf für ergänzende Untersuchungen. Damit einher geht ein aufwandsbezogener Mehraufwand.

Die Leistungsphasen entsprechen den jeweiligen Verfahrensschritten zur Aufstellung des Grünordnungsplans.

## Anlage 7 zu § 26 Absatz 2
## Grundleistungen im Leistungsbild Landschaftspflegerischer Begleitplan

Das Leistungsbild Landschaftspflegerischer Begleitplan setzt sich aus folgenden Grundleistungen je Leistungsphase zusammen:

1. <u>Leistungsphase 1</u>: Klären der Aufgabenstellung und Ermitteln des Leistungsumfangs
   a) Zusammenstellen und Prüfen der vom Auftraggeber zur Verfügung gestellten planungsrelevanten Unterlagen
   b) Ortsbesichtigungen
   c) Abgrenzen des Planungsgebiets anhand der planungsrelevanten Funktionen
   d) Konkretisieren weiteren Bedarfs an Daten und Unterlagen
   e) Beraten zum Leistungsumfang für ergänzende Untersuchungen und Fachleistungen
   f) Aufstellen eines verbindlichen Arbeitsplans unter Berücksichtigung der sonstigen Fachbeiträge
2. <u>Leistungsphase 2</u>: Ermitteln und Bewerten der Planungsgrundlagen
   a) Bestandsaufnahme:
      Erfassen von Natur und Landschaft jeweils einschließlich des rechtlichen Schutzstatus und fachplanerischer Festsetzungen und Ziele für die Naturgüter auf Grundlage vorhandener Unterlagen und örtlicher Erhebungen
   b) Bestandsbewertung:
      aa) Bewerten der Leistungsfähigkeit und Empfindlichkeit des Naturhaushalts und des Landschaftsbildes nach den Zielen und Grundsätzen des Naturschutzes und der Landschaftspflege
      bb) Bewerten der vorhandenen Beeinträchtigungen von Natur und Landschaft (Vorbelastung)
      cc) Zusammenfassendes Darstellen der Ergebnisse als Grundlage für die Erörterung mit dem Auftraggeber
3. <u>Leistungsphase 3</u>: Vorläufige Fassung
   a) Konfliktanalyse
   b) Ermitteln und Bewerten der durch das Vorhaben zu erwartenden Beeinträchtigungen des Naturhaushalts und des Landschaftsbildes nach Art, Umfang, Ort und zeitlichem Ablauf
   c) Konfliktminderung
   d) Erarbeiten von Lösungen zur Vermeidung oder Verminderung erheblicher Beeinträchtigungen des Naturhaushalts und des Landschaftsbildes in Abstimmung mit den an der Planung fachlich Beteiligten
   e) Ermitteln der unvermeidbaren Beeinträchtigungen
   f) Erarbeiten und Begründen von Maßnahmen des Naturschutzes und der Landschaftspflege, insbesondere Ausgleichs-, Ersatz- und Gestaltungsmaßnahmen sowie

von Angaben zur Unterhaltung dem Grunde nach und Vorschläge zur rechtlichen Sicherung von Ausgleichs- und Ersatzmaßnahmen

g) Integrieren von Maßnahmen aufgrund des Natura 2000-Gebietsschutzes sowie aufgrund der Vorschriften zum besonderen Artenschutz und anderer Umweltfachgesetze auf Grundlage vorhandener Unterlagen und Erarbeiten eines Gesamtkonzepts

h) Vergleichendes Gegenüberstellen von unvermeidbaren Beeinträchtigungen und Ausgleich und Ersatz einschließlich Darstellen verbleibender, nicht ausgleichbarer oder ersetzbarer Beeinträchtigungen

i) Kostenermittlung nach Vorgaben des Auftraggebers

j) Zusammenfassendes Darstellen der Ergebnisse in Text und Karte

k) Mitwirken bei der Abstimmung mit der für Naturschutz und Landschaftspflege zuständigen Behörde

l) Abstimmen der Vorläufigen Fassung mit dem Auftraggeber

4. Leistungsphase 4: Abgestimmte Fassung

Darstellen des Landschaftspflegerischen Begleitplans in der mit dem Auftraggeber abgestimmten Fassung in Text und Karte.

## Kurzkommentar zu Anlage 7

Der Landschaftspflegerische Begleitplan ist in der Planungssystematik ähnlich dem Grünordnungsplan jedoch im Außenbereich. Die Leistungsphasen entsprechen den jeweiligen Verfahrensschritten zur Aufstellung des Landschaftspflegerischen Begleitplanes.

Die Änderungen gegenüber dem Leistungsbild aus der HOAI 2009 in der Leistungsphase 1 und 2 sind redaktioneller Natur. Geändert hat sich nur die sprachliche Umschreibung der Begriffe „Bestandsaufnahme" und „Bestandsbewertung". In der Leistungsphase 3 ist neu die Kostenermittlung nach den Vorgaben des Auftraggebers aufgenommen, sowie die Integration von Maßnahmen aufgrund des Natura 2000-Gebietsschutzes sowie aufgrund der Vorschriften zum besonderen Artenschutz und anderer Umweltfachgesetze auf Grundlage vorhandener Unterlagen und Erarbeiten eines Gesamtkonzeptes.

## Anlage 8 zu § 27 Absatz 2
## Grundleistungen im Leistungsbild Pflege- und Entwicklungsplan

Das Leistungsbild Pflege- und Entwicklungsplan setzt sich aus folgenden Grundleistungen je Leistungsphase zusammen:

1. <u>Leistungsphase 1</u>: Klären der Aufgabenstellung und Ermitteln des Leistungsumfangs
   a) Zusammenstellen und Prüfen der vom Auftraggeber zur Verfügung gestellten planungsrelevanten Unterlagen
   b) Ortsbesichtigungen
   c) Abgrenzen des Planungsgebiets anhand der planungsrelevanten Funktionen
   d) Konkretisieren weiteren Bedarfs an Daten und Unterlagen
   e) Beraten zum Leistungsumfang für ergänzende Untersuchungen und Fachleistungen
   f) Aufstellen eines verbindlichen Arbeitsplans unter Berücksichtigung der sonstigen Fachbeiträge

2. <u>Leistungsphase 2</u>: Ermitteln der Planungsgrundlagen
   a) Ermitteln und Beschreiben der planungsrelevanten Sachverhalte aufgrund vorhandener Unterlagen
   b) Auswerten und Einarbeiten von Fachbeiträgen
   c) Bewerten der Bestandsaufnahmen einschließlich vorhandener Beeinträchtigungen sowie der abiotischen Faktoren hinsichtlich ihrer Standort- und Lebensraumbedeutung nach den Zielen und Grundsätzen des Naturschutzes
   d) Beschreiben der Zielkonflikte mit bestehenden Nutzungen
   e) Beschreiben des zu erwartenden Zustands von Arten und ihren Lebensräumen (Zielkonflikte mit geplanten Nutzungen)
   f) Überprüfen der festgelegten Untersuchungsinhalte
   g) Zusammenfassendes Darstellen von Erfassung und Bewertung in Text und Karte

3. <u>Leistungsphase 3</u>: Vorläufige Fassung
   a) Lösen der Planungsaufgabe und Erläutern der Ziele, Erfordernisse und Maßnahmen in Text und Karte
   b) Formulieren von Zielen zum Schutz, zur Pflege, zur Erhaltung und Entwicklungvon Arten, Biotoptypen und naturnahen Lebensräumen bzw. Standortbedingungen
   c) Erfassen und Darstellen von Flächen, auf denen eine Nutzung weiter betrieben werden soll und von Flächen, auf denen regelmäßig Pflegemaßnahmen durchzuführen sind sowie von Maßnahmen zur Verbesserung der ökologischen Standortverhältnisseund zur Änderung der Biotopstruktur
   d) Erarbeiten von Vorschlägen für Maßnahmen zur Förderung bestimmter Tier- und Pflanzenarten, zur Lenkung des Besucherverkehrs, für die Durchführung der Pflege- und Entwicklungsmaßnahmen und für Änderungen von Schutzzweck und -zielen sowie Grenzen von Schutzgebieten

e) Erarbeiten von Hinweisen für weitere wissenschaftliche Untersuchungen (Monitoring), Folgeplanungen und Maßnahmen

f) Kostenermittlung

g) Abstimmen der Vorläufigen Fassung mit dem Auftraggeber

4. Leistungsphase 4: Abgestimmte Fassung

Darstellen des Pflege- und Entwicklungsplans in der mit dem Auftraggeber abgestimmten Fassung in Text und Karte.

## Kurzkommentar zu Anlage 8

Im Leistungsbild Pflege- und Entwicklungsplan ist fast die komplette Leistungsphase 1 neu. Vergleichbare Regelungen gibt es in Anlage 10 HOAI 2009 nur hinsichtlich der Grundleistung des 1. und des 3. Spiegelstrichs. Eine der neuen Leistungen ist das Aufstellen des verbindlichen Arbeitsplans und die Konkretisierung des weiteren Bedarfs an Daten und Unterlagen. Damit soll die Leistungserbringung strukturiert werden. Die Leistungsphase 2 ist umfangreich aktualisiert worden. Wesentliche Neuerungen sind die Bewertung der Bestandsaufnahmen einschließlich vorhandener Beeinträchtigungen und das Zusammenfassende Darstellen von Erfassung und Bewertung in Text und Karte.

## Anlage 9 zu §§ 18 Absatz 2, 19 Absatz 2, 23 Absatz 2, 24 Absatz 2, 25 Absatz 2, 26 Absatz 2, 27 Absatz 2
## Besondere Leistungen zur Flächenplanung

Für die Leistungsbilder der Flächenplanung können insbesondere folgende Besondere Leistungen vereinbart werden:

1. Rahmensetzende Pläne und Konzepte:
   a) Leitbilder
   b) Entwicklungskonzepte
   c) Masterpläne
   d) Rahmenpläne
2. Städtebaulicher Entwurf:
   a) Grundlagenermittlung
   b) Vorentwurf
   c) Entwurf

   Der Städtebauliche Entwurf kann als Grundlage für Leistungen nach § 19 der HOAI dienen und Ergebnis eines städtebaulichen Wettbewerbes sein.
3. Leistungen zur Verfahrens- und Projektsteuerung sowie zur Qualitätssicherung:
   a) Durchführen von Planungsaudits
   b) Vorabstimmungen mit Planungsbeteiligten und Fachbehörden
   c) Aufstellen und Überwachen von integrierten Terminplänen
   d) Vor- und Nachbereiten von planungsbezogenen Sitzungen
   e) Koordinieren von Planungsbeteiligten
   f) Moderation von Planungsverfahren
   g) Ausarbeiten von Leistungskatalogen für Leistungen Dritter
   h) Mitwirken bei Vergabeverfahren für Leistungen Dritter (Einholung von Angeboten, Vergabevorschläge)
   i) Prüfen und Bewerten von Leistungen Dritter
   j) Mitwirken beim Ermitteln von Fördermöglichkeiten
   k) Stellungnahmen zu Einzelvorhaben während der Planaufstellung
4. Leistungen zur Vorbereitung und inhaltlichen Ergänzung:
   a) Erstellen digitaler Geländemodelle
   b) Digitalisieren von Unterlagen
   c) Anpassen von Datenformaten
   d) Erarbeiten einer einheitlichen Planungsgrundlage aus unterschiedlichen Unterlagen
   e) Strukturanalysen
   f) Stadtbildanalysen, Landschaftsbildanalysen

g) Statistische und örtliche Erhebungen sowie Bedarfsermittlungen, zum Beispiel zur Versorgung, zur Wirtschafts-, Sozial- und Baustruktur sowie zur soziokulturellen Struktur

h) Befragungen und Interviews

i) Differenziertes Erheben, Kartieren, Analysieren und Darstellen von spezifischen Merkmalen und Nutzungen

j) Erstellen von Beiplänen, zum Beispiel für Verkehr, Infrastruktureinrichtungen, Flurbereinigungen, Grundbesitzkarten und Gütekarten unter Berücksichtigung der Pläne anderer an der Planung fachlich Beteiligter

k) Modelle

l) Erstellen zusätzlicher Hilfsmittel der Darstellung zum Beispiel Fotomontagen, 3DDarstellungen, Videopräsentationen

5. Verfahrensbegleitende Leistungen:

a) Vorbereiten und Durchführen des Scopings

b) Vorbereiten, Durchführen, Auswerten und Dokumentieren der formellen Beteiligungsverfahren

c) Ermitteln der voraussichtlich erheblichen Umweltauswirkungen für die Umweltprüfung

d) Erarbeiten des Umweltberichtes

e) Berechnen und Darstellen der Umweltschutzmaßnahmen

f) Bearbeiten der Anforderungen aus der naturschutzrechtlichen Eingriffsregelung in Bauleitplanungsverfahren

g) Erstellen von Sitzungsvorlagen, Arbeitsheften und anderen Unterlagen

h) Wesentliche Änderungen oder Neubearbeitung des Entwurfs nach Offenlage oder Beteiligungen, insbesondere nach Stellungnahmen

i) Ausarbeiten der Beratungsunterlagen der Gemeinde zu Stellungnahmen im Rahmen der formellen Beteiligungsverfahren

j) Leistungen für die Drucklegung, Erstellen von Mehrausfertigungen

k) Überarbeiten von Planzeichnungen und von Begründungen nach der Beschlussfassung (zum Beispiel Satzungsbeschluss)

l) Verfassen von Bekanntmachungstexten und Organisation der öffentlichen Bekanntmachungen

m) Mitteilen des Ergebnisses der Prüfung der Stellungnahmen an die Beteiligten

n) Benachrichtigen von Bürgern und Behörden, die Stellungnahmen abgegeben haben, über das Abwägungsergebnis

o) Erstellen der Verfahrensdokumentation

p) Erstellen und Fortschreiben eines digitalen Planungsordners

q) Mitwirken an der Öffentlichkeitsarbeit des Auftraggebers einschließlich Mitwirken an Informationsschriften und öffentlichen Diskussionen sowie Erstellen der dazu notwendigen Planungsunterlagen und Schriftsätze

r) Teilnehmen an Sitzungen von politischen Gremien des Auftraggebers oder an Sitzungen im Rahmen der Öffentlichkeitsbeteiligung
s) Mitwirken an Anhörungs- oder Erörterungsterminen
t) Leiten bzw. Begleiten von Arbeitsgruppen
u) Erstellen der zusammenfassenden Erklärung nach dem Baugesetzbuch
v) Anwenden komplexer Bilanzierungsverfahren im Rahmen der naturschutzrechtlichen Eingriffsregelung
w) Erstellen von Bilanzen nach fachrechtlichen Vorgaben
x) Entwickeln von Monitoringkonzepten und -maßnahmen
y) Ermitteln von Eigentumsverhältnissen, insbesondere Klären der Verfügbarkeit von geeigneten Flächen für Maßnahmen

6. Weitere besondere Leistungen bei landschaftsplanerischen Leistungen:
   a) Erarbeiten einer Planungsraumanalyse im Rahmen einer Umweltverträglichkeitsstudie
   b) Mitwirken an der Prüfung der Verpflichtung, zu einem Vorhaben oder eine Planung eine Umweltverträglichkeitsprüfung durchzuführen (Screening)
   c) Erstellen einer allgemein verständlichen nichttechnischen Zusammenfassung nach dem Gesetz über die Umweltverträglichkeitsprüfung
   d) Daten aus vorhandenen Unterlagen im Einzelnen ermitteln und aufbereiten
   e) Örtliche Erhebungen, die nicht überwiegend der Kontrolle der aus Unterlagen erhobenen Daten dienen
   f) Erstellen eines eigenständigen allgemein verständlichen Erläuterungsberichtes für Genehmigungsverfahren oder qualifizierende Zuarbeiten hierzu
   g) Erstellen von Unterlagen im Rahmen von artenschutzrechtlichen Prüfungen oder Prüfungen zur Vereinbarkeit mit der Fauna-Flora-Habitat-Richtlinie
   h) Kartieren von Biotoptypen, floristischen oder faunistischen Arten oder Artengruppen
   i) Vertiefendes Untersuchen des Naturhaushalts, wie z. B. der Geologie, Hydrogeologie, Gewässergüte und -morphologie, Bodenanalysen
   j) Mitwirken an Beteiligungsverfahren in der Bauleitplanung
   k) Mitwirken an Genehmigungsverfahren nach fachrechtlichen Vorschriften
   l) Fortführen der mit dem Auftraggeber abgestimmten Fassung im Rahmen eines Genehmigungsverfahrens, Erstellen einer genehmigungsfähigen Fassung auf der Grundlage von Anregungen Dritte.

# Anlage 10 zu §§ 34 Absatz 1, 35 Absatz 6
# Grundleistungen im Leistungsbild Gebäude und Innenräume, Besondere Leistungen, Objektlisten

## 10.1 Leistungsbild Gebäude und Innenräume

| Grundleistungen | Besondere Leistungen |
|---|---|
| **LPH 1 Grundlagenermittlung** | |
| a) Klären der Aufgabenstellung auf Grundlage der Vorgaben oder der Bedarfsplanung des Auftraggebers<br>b) Ortsbesichtigung<br>c) Beraten zum gesamten Leistungs- und Untersuchungsbedarf<br>d) Formulieren der Entscheidungshilfen für die Auswahl anderer an der Planung fachlich Beteiligter<br>e) Zusammenfassen, Erläutern und Dokumentieren der Ergebnisse | – Bedarfsplanung<br>– Bedarfsermittlung<br>– Aufstellen eines Funktionsprogramms<br>– Aufstellen eines Raumprogramms<br>– Standortanalyse<br>– Mitwirken bei Grundstücks- und Objektauswahl, -beschaffung und -übertragung<br>– Beschaffen von Unterlagen, die für das Vorhaben erheblich sind<br>– Bestandsaufnahme<br>– technische Substanzerkundung<br>– Betriebsplanung<br>– Prüfen der Umwelterheblichkeit<br>– Prüfen der Umweltverträglichkeit<br>– Machbarkeitsstudie<br>– Wirtschaftlichkeitsuntersuchung<br>– Projektstrukturplanung<br>– Zusammenstellen der Anforderungen aus Zertifizierungssystemen<br>– Verfahrensbetreuung, Mitwirken bei der Vergabe von Planungs- und Gutachterleistungen |
| **LPH 2 Vorplanung (Projekt- und Planungsvorbereitung** | |
| a) Analysieren der Grundlagen, Abstimmen der Leistungen mit den fachlich an der Planung Beteiligten<br>b) Abstimmen der Zielvorstellungen, Hinweisen auf Zielkonflikte<br>c) Erarbeiten der Vorplanung, Untersuchen, Darstellen und Bewerten von Varianten nach gleichen Anforderungen, Zeichnungen im Maßstab nach Art und Größe des Objekts<br>d) Klären und Erläutern der wesentlichen Zusammenhänge, Vorgaben und Bedingun- | – Aufstellen eines Katalogs für die Planung und Abwicklung der Programmziele<br>– Untersuchen alternativer Lösungsansätze nach verschiedenen Anforderungen, einschließlich Kostenbewertung<br>– Beachten der Anforderungen des vereinbarten Zertifizierungssystems<br>– Durchführen des Zertifizierungssystems<br>– Ergänzen der Vorplanungsunterlagen auf Grund besonderer Anforderungen<br>– Aufstellen eines Finanzierungsplanes<br>– Mitwirken bei der Kredit- und Fördermit- |

| Grundleistungen | Besondere Leistungen |
|---|---|
| gen (zum Beispiel städtebauliche, gestalterische, funktionale, technische, wirtschaftliche, ökologische, bauphysikalische, energiewirtschaftliche, soziale, öffentlich-rechtliche)<br>e) Bereitstellen der Arbeitsergebnisse als Grundlage für die anderen an der Planung fachlich Beteiligten sowie Koordination und Integration von deren Leistungen<br>f) Vorverhandlungen über die Genehmigungsfähigkeit<br>g) Kostenschätzung nach DIN 276, Vergleich mit den finanziellen Rahmenbedingungen<br>h) Erstellen eines Terminplans mit den wesentlichen Vorgängen des Planungs- und Bauablaufs<br>i) Zusammenfassen, Erläutern und Dokumentieren der Ergebnisse | telbeschaffung<br>– Durchführen von Wirtschaftlichkeitsuntersuchungen<br>– Durchführen der Voranfrage (Bauanfrage)<br>– Anfertigen von besonderen Präsentationshilfen, die für die Klärung im Vorentwurfsprozess nicht notwendig sind, zum Beispiel<br>– Präsentationsmodelle<br>– Perspektivische Darstellungen<br>– Bewegte Darstellung/Animation<br>– Farb- und Materialcollagen<br>– digitales Geländemodell<br>– 3-D oder 4-D Gebäudemodellbearbeitung (Building Information Modelling BIM)<br>– Aufstellen einer vertieften Kostenschätzung nach Positionen einzelner Gewerke<br>– Fortschreiben des Projektstrukturplanes<br>– Aufstellen von Raumbüchern<br>– Erarbeiten und Erstellen von besonderen bauordnungsrechtlichen Nachweisen für den vorbeugenden und organisatorischen Brandschutz bei baulichen Anlagen besonderer Art und Nutzung, Bestandsbauten oder im Falle von Abweichungen von der Bauordnung |
| **LPH 3 Entwurfsplanung (System- und Integrationsplanung)** ||
| a) Erarbeiten der Entwurfsplanung, unter weiterer Berücksichtigung der wesentlichen Zusammenhänge, Vorgaben und Bedingungen<br>(zum Beispiel städtebauliche, gestalterische, funktionale, technische, wirtschaftliche, ökologische, soziale, öffentlichrechtliche) auf der Grundlage der Vorplanung und als Grundlage für die weiteren Leistungsphasen und die erforderlichen öffentlich-rechtlichen Genehmigungen unter Verwendung der Beiträge anderer an der Planung fachlich Beteiligter.<br>Zeichnungen nach Art und Größe des Objekts im erforderlichen Umfang und Detaillierungsgrad unter Berücksichtigung aller fachspezifischen Anforderungen, zum Beispiel bei Gebäuden im Maßstab 1:100, zum Beispiel bei Innenräumen im Maßstab 1:50 | – Analyse der Alternativen/Varianten und deren Wertung mit Kostenuntersuchung (Optimierung),<br>– Wirtschaftlichkeitsberechnung,<br>– Aufstellen und Fortschreiben einer vertieften Kostenberechnung<br>– Fortschreiben von Raumbüchern |

| Grundleistungen | Besondere Leistungen |
|---|---|
| bis 1:20<br>b) Bereitstellen der Arbeitsergebnisse als Grundlage für die anderen an der Planung fachlich Beteiligten sowie Koordination und Integration von deren Leistungen<br>c) Objektbeschreibung<br>d) Verhandlungen über die Genehmigungsfähigkeit<br>e) Kostenberechnung nach DIN 276 und Vergleich mit der Kostenschätzung,<br>f) Fortschreiben des Terminplans<br>g) Zusammenfassen, Erläutern und Dokumentieren der Ergebnisse | |
| **LPH 4 Genehmigungsplanung** | |
| a) Erarbeiten und Zusammenstellen der Vorlagen und Nachweise für öffentlich-rechtliche Genehmigungen oder Zustimmungen einschließlich der Anträge auf Ausnahmen und Befreiungen, sowie notwendiger Verhandlungen mit Behörden unter Verwendung der Beiträge anderer an der Planung fachlich Beteiligter<br>b) Einreichen der Vorlagen<br>c) Ergänzen und Anpassen der Planungsunterlagen, Beschreibungen und Berechnungen | – Mitwirken bei der Beschaffung der nachbarlichen Zustimmung<br>– Nachweise, insbesondere technischer, konstruktiver und bauphysikalischer Art für die Erlangung behördlicher Zustimmungen im Einzelfall<br>– Fachliche und organisatorische Unterstützung des Bauherrn im Widerspruchsverfahren, Klageverfahren oder ähnlichen Verfahren |
| **LPH 5 Ausführungsplanung** | |
| a) Erarbeiten der Ausführungsplanung mit allen für die Ausführung notwendigen Einzelangaben (zeichnerisch und textlich) auf der Grundlage der Entwurfs- und Genehmigungsplanung bis zur ausführungsreifen Lösung, als Grundlage für die weiteren Leistungsphasen<br>b) Ausführungs-, Detail- und Konstruktionszeichnungen nach Art und Größe des Objekts im erforderlichen Umfang und Detaillierungsgrad unter Berücksichtigung aller fachspezifischen Anforderungen, zum Beispiel bei Gebäuden im Maßstab 1:50 bis 1:1, zum Beispiel bei Innenräumen im Maßstab 1:20 bis 1:1<br>c) Bereitstellen der Arbeitsergebnisse als Grundlage für die anderen an der Planung | – Aufstellen einer detaillierten Objektbeschreibung als Grundlage der Leistungsbeschreibung mit Leistungsprogramm[x)]<br>– Prüfen der vom bauausführenden Unternehmen auf Grund der Leistungsbeschreibung mit Leistungsprogramm ausgearbeiteten Ausführungspläne auf Übereinstimmung mit der Entwurfsplanung[x)]<br>– Fortschreiben von Raumbüchern in detaillierter Form<br>– Mitwirken beim Anlagenkennzeichnungssystem (AKS)<br>– Prüfen und Anerkennen von Plänen Dritter, nicht an der Planung fachlich Beteiligter auf Übereinstimmung mit den Ausführungsplänen (zum Beispiel Werkstattzeichnungen von Unternehmen, Aufstellungs- und Fundament- |

| Grundleistungen | Besondere Leistungen |
|---|---|
| fachlich Beteiligten, sowie Koordination und Integration von deren Leistungen<br>d) Fortschreiben des Terminplans<br>e) Fortschreiben der Ausführungsplanung aufgrund der gewerkeorientierten Bearbeitung während der Objektausführung<br>f) Überprüfen erforderlicher Montagepläne der vom Objektplaner geplanten Baukonstruktionen und baukonstruktiven Einbauten auf Übereinstimmung mit der Ausführungsplanung | pläne nutzungsspezifischer oder betriebstechnischer Anlagen), soweit die Leistungen Anlagen betreffen, die in den anrechenbaren Kosten nicht erfasst sind<br>x) Diese Besondere Leistung wird bei Leistungsbeschreibung mit Leistungsprogramm ganz oder teilweise Grundleistung. In diesem Fall entfallen die entsprechenden Grundleistungen dieser Leistungsphase. |
| **LPH 6 Vorbereitung der Vergabe** | |
| a) Aufstellen eines Vergabeterminplans<br>b) Aufstellen von Leistungsbeschreibungen mit Leistungsverzeichnissen nach Leistungsbereichen, Ermitteln und Zusammenstellen von Mengen auf der Grundlage der Ausführungsplanung unter Verwendung der Beiträge anderer an der Planung fachlich Beteiligter<br>c) Abstimmen und Koordinieren der Schnittstellen zu den Leistungsbeschreibungen der an der Planung fachlich Beteiligten<br>d) Ermitteln der Kosten auf der Grundlage vom Planer bepreister Leistungsverzeichnisse<br>e) Kostenkontrolle durch Vergleich der vom Planer bepreisten Leistungsverzeichnisse mit der Kostenberechnung<br>f) Zusammenstellen der Vergabeunterlagen für alle Leistungsbereiche | – Aufstellen der Leistungsbeschreibungen mit Leistungsprogramm auf der Grundlage der detaillierten Objektbeschreibung[x)]<br>– Aufstellen von alternativen Leistungsbeschreibungen für geschlossene Leistungsbereiche<br>– Aufstellen von vergleichenden Kostenübersichten unter Auswertung der Beiträge anderer an der Planung fachlich Beteiligter<br>x) Diese Besondere Leistung wird bei einer Leistungsbeschreibung mit Leistungsprogramm ganz oder teilweise zur Grundleistung. In diesem Fall entfallen die entsprechenden Grund- leistungen dieser Leistungsphase. |
| **LPH 7 Mitwirkung der Vergabe** | |
| a) Koordinieren der Vergaben der Fachplaner<br>b) Einholen von Angeboten<br>c) Prüfen und Werten der Angebote einschließlich Aufstellen eines Preisspiegels nach Einzelpositionen oder Teilleistungen, Prüfen und Werten der Angebote zusätzlicher und geänderter Leistungen der ausführenden Unternehmen und der Angemessenheit der Preise<br>d) Führen von Bietergesprächen | – Prüfen und Werten von Nebenangeboten mit Auswirkungen auf die abgestimmte Planung<br>– Mitwirken bei der Mittelabflussplanung<br>– Fachliche Vorbereitung und Mitwirken bei Nachprüfungsverfahren<br>– Mitwirken bei der Prüfung von bauwirtschaftlich begründeten Nachtragsangeboten<br>– Prüfen und Werten der Angebote aus Leistungsbeschreibung mit Leistungsprogramm |

| Grundleistungen | Besondere Leistungen |
|---|---|
| e) Erstellen der Vergabevorschläge, Dokumentation des Vergabeverfahrens<br>f) Zusammenstellen der Vertragsunterlagen für alle Leistungsbereiche<br>g) Vergleichen der Ausschreibungsergebnisse mit den vom Planer bepreisten Leistungsverzeichnissen oder der Kostenberechnung<br>h) Mitwirken bei der Auftragserteilung | einschließlich Preisspiegel [x)]<br>– Aufstellen, Prüfen und Werten von Preisspiegeln nach besonderen Anforderungen<br>[x)] Diese Besondere Leistung wird bei Leistungsbeschreibung mit Leistungsprogramm ganz oder teilweise Grundleistung. In diesem Fall entfallen die entsprechenden Grundleistungen dieser Leistungsphase. |
| **LPH 8 Objektüberwachung (Bauüberwachung und Dokumentation)** | |
| a) Überwachen der Ausführung des Objektes auf Übereinstimmung mit der öffentlich-rechtlichen Genehmigung oder Zustimmung, den Verträgen mit ausführenden Unternehmen, den Ausführungsunterlagen, den einschlägigen Vorschriften sowie mit den allgemein anerkannten Regeln der Technik<br>b) Überwachen der Ausführung von Tragwerken mit sehr geringen und geringen Planungsanforderungen auf Übereinstimmung mit dem Standsicherheitsnachweis<br>c) Koordinieren der an der Objektüberwachung fachlich Beteiligten<br>d) Aufstellen, Fortschreiben und Überwachen eines Terminplans (Balkendiagramm)<br>e) Dokumentation des Bauablaufs (zum Beispiel Bautagebuch)<br>f) Gemeinsames Aufmaß mit den ausführenden Unternehmen<br>g) Rechnungsprüfung einschließlich Prüfen der Aufmaße der bauausführenden Unternehmen<br>h) Vergleich der Ergebnisse der Rechnungsprüfungen mit den Auftragssummen einschließlich Nachträgen<br>i) Kostenkontrolle durch Überprüfen der Leistungsabrechnung der bauausführenden Unternehmen im Vergleich zu den Vertragspreisen<br>j) Kostenfeststellung, zum Beispiel nach DIN 276<br>k) Organisation der Abnahme der Bauleistungen unter Mitwirkung anderer an der | – Aufstellen, Überwachen und Fortschreiben eines Zahlungsplanes<br>– Aufstellen, Überwachen und Fortschreiben von differenzierten Zeit-, Kosten- oder Kapazitätsplänen<br>– Tätigkeit als verantwortlicher Bauleiter, soweit diese Tätigkeit nach jeweiligem Landesrecht über die Grundleistungen der LPH 8 hinausgeht |

| Grundleistungen | Besondere Leistungen |
|---|---|
| Planung und Objektüberwachung fachlich Beteiligter, Feststellung von Mängeln, Abnahmeempfehlung für den Auftraggeber<br>l) Antrag auf öffentlich-rechtliche Abnahmen und Teilnahme daran<br>m) Systematische Zusammenstellung der Dokumentation, zeichnerischen Darstellungen und rechnerischen Ergebnisse des Objekts<br>n) Übergabe des Objekts<br>o) Auflisten der Verjährungsfristen für Mängelansprüche<br>p) Überwachen der Beseitigung der bei der Abnahme festgestellten Mängel | |
| **LPH 9 Objektbetreuung** | |
| a) Fachliche Bewertung der innerhalb der Verjährungsfristen für Gewährleistungsansprüche festgestellten Mängel, längstens jedoch bis zum Ablauf von fünf Jahren seit Abnahme der Leistung, einschließlich notwendiger Begehungen<br>b) Objektbegehung zur Mängelfeststellung vor Ablauf der Verjährungsfristen für Mängelansprüche gegenüber den ausführenden Unternehmen<br>c) Mitwirken bei der Freigabe von Sicherheitsleistungen | – Überwachen der Mängelbeseitigung innerhalb der Verjährungsfrist<br>– Erstellen einer Gebäudebestandsdokumentation,<br>– Aufstellen von Ausrüstungs- und Inventarverzeichnissen<br>– Erstellen von Wartungs- und Pflegeanweisungen<br>– Erstellen eines Instandhaltungskonzepts–Objektbeobachtung<br>– Objektverwaltung<br>– Baubegehungen nach Übergabe<br>– Aufbereiten der Planungs- und Kostendaten für eine Objektdatei oder Kostenrichtwerte<br>– Evaluieren von Wirtschaftlichkeitsberechnungen |

## Kurzkommentar zu Anlage 10.1

Die Leistungsphase 1 ist aktualisiert worden. Jetzt sind vom Auftraggeber Vorgaben für die Planung zu machen und ein finanzieller Rahmen vorzugeben. Die Vorgaben sollen sich im Wesentlichen auf das Raumprogramm beziehen, damit der Auftragnehmer in die Lage gesetzt wird, seine Planung konkret darauf einzurichten. Neu ist, dass die Beratung sich auch auf den gesamten Untersuchungsbedarf bezieht (z. B. Bestandsuntersuchungen beim Bauen im Bestand). In der Leistungsphase 1 sind die Ergebnisse zu dokumentieren und zu erläutern.

## A 10

In der Leistungsphase 2 beginnt die Koordinierung der weiteren am Projekt beteiligten Planer und Berater. Dazu sind eigene Arbeitsergebnisse (Zwischenschritte) bereitzustellen. Die Kostenschätzung ist mit den finanziellen Rahmenbedingungen zu vergleichen. Neu in der Leistungsphase 2 ist die Erstellung eines Terminplanes. Die Skizzen in der Leistungsphase 2 sind durch entsprechende Zeichnungen ersetzt worden. Die Kostenschätzung ist mit den finanziellen Rahmenbedingungen – die in Leistungsphase 1 geklärt werden sollen – zu vergleichen.

In der Leistungsphase 3 werden keine Varianten mehr bearbeitet. Die Entscheidung über Varianten fällt in der Leistungsphase 2, wenn man die Grundleistungen ohne Planungsänderungen zugrunde legt. Die Leistungsphase 3 soll die genehmigungsfähige Planungslösung enthalten und schließt mit der Kostenberechnung ab, die mit der Kostenschätzung zu vergleichen ist. Der Terminplan aus Leistungsphase 2 ist fortzuschreiben. Auch in der Leistungsphase 3 sind die Ergebnisse zu erläutern und zu dokumentieren.

Die Leistungsphase 4 ist nur sehr geringfügig aktualisiert worden.

In der Leistungsphase 5 wird die Ausführungsplanung erstellt, sie soll, dem Wortlaut nach, die Grundlage für die Erbringung der Leistungsphase 6 sein. In der Leistungsphase 5 wird auch eine Koordination mit den weiteren Beteiligten vorgenommen. Hinzugekommen ist die Prüfung der Montage- und Werkstattplanung.

Die Leistungsphase 6 wird durch die neu zu erbringenden bepreisten Leistungsverzeichnisse gekennzeichnet, deren Ergebnisse mit der Kostenberechnung zu vergleichen sind. Dabei ist im neuen Verordnungstext klargestellt, dass die Leistungsphase 6 ausdrücklich auf der Leistungsphase 5 aufbaut. Damit sind die Anforderungen an die Einzelgenauigkeit der Leistungsbeschreibungen konkret beschrieben.

In der Leistungsphase 7 ist das Prüfen der Nachtragsangebote als Grundleistung aufgenommen worden. Dabei sollte vertraglich unterschieden werden zu Planungsänderungen gemäß §10 HOAI. Die Erstellung der Vergabedokumentation kann nicht die nicht delegierbaren Auftraggeberleistungen umfassen. Der Kostenanschlag in Leistungsphase 7 ist weggefallen.

Die Leistungsphase 8 ist an verschiedenen Stellen konkretisiert worden und hat die Leistung der Zusammenstellung der Dokumentation aus Leistungsphase 9 übernommen.

Die Leistungsphase 9 enthält als Grundleistung die Fachliche Bewertung der innerhalb der Verjährungsfristen für Gewährleistungsansprüche festgestellten Mängel, längstens jedoch bis zum Ablauf von fünf Jahren seit Abnahme der Leistung, einschließlich notwendiger Begehungen. Die Überwachung dieser Mängelbeseitigungen ist eine Besondere Leistung geworden.

### 10.2 Objektliste Gebäude

Nachstehende Gebäude werden in der Regel folgenden Honorarzonen zugerechnet.

# Anlage 10

**A 10**

| Objektliste Gebäude | Honorarzone | | | | |
|---|:---:|:---:|:---:|:---:|:---:|
| | I | II | III | IV | V |
| **Wohnen** | | | | | |
| – Einfache Behelfsbauten für vorübergehende Nutzung | x | | | | |
| – Einfache Wohnbauten mit gemeinschaftlichen Sanitär und Kücheneinrichtungen | | x | | | |
| – Einfamilienhäuser, Wohnhäuser oder Hausgruppen in verdichteter Bauweise | | | | x | x |
| – Wohnheime, Gemeinschaftsunterkünfte, Jugendherbergen, -freizeitzentren, -stätten | | | | x | x |
| **Ausbildung/Wissenschaft/Forschung** | | | | | |
| – Offene Pausen-, Spielhallen | x | | | | |
| – Studentenhäuser | | | | x | x |
| – Schulen mit durchschnittlichen Planungsanforderungen, zum Beispiel Grundschulen, weiterführende Schulen und Berufsschulen | | | | x | |
| – Schulen mit hohen Planungsanforderungen, Bildungszentren, Hochschulen, Universitäten, Akademien | | | | x | |
| – Hörsaal-, Kongresszentren | | | | x | |
| – Labor- oder Institutsgebäude | | | | x | x |
| **Büro/Verwaltung/Staat/Kommune** | | | | | |
| – Büro-, Verwaltungsgebäude | | | x | x | |
| – Wirtschaftsgebäude, Bauhöfe | | | x | x | |
| – Parlaments-, Gerichtsgebäude | | | | x | |
| – Bauten für den Strafvollzug | | | | x | x |
| – Feuerwachen, Rettungsstationen | | | x | x | |
| – Sparkassen- oder Bankfilialen | | | x | x | |
| – Büchereien, Bibliotheken, Archive | | | x | x | |
| **Gesundheit/Betreuung** | | | | | |
| – Liege- oder Wandelhallen | x | | | | |
| – Kindergärten, Kinderhorte | | | x | | |
| – Jugendzentren, Jugendfreizeitstätten | | | x | | |
| – Betreuungseinrichtungen, Altentagesstätten | | | x | | |
| – Pflegeheime oder Bettenhäuser, ohne oder mit medizinisch-technischer Einrichtungen, | | | | x | x |
| – Unfall-, Sanitätswachen, Ambulatorien | | | x | x | |
| – Therapie- oder Rehabilitations-Einrichtungen, Gebäude für | | | x | x | |

## A 10

Honorarzone

| Objektliste Gebäude | I | II | III | IV | V |
|---|---|---|---|---|---|
| **Erholung, Kur oder Genesung** | | | | | |
| – Hilfskrankenhäuser | | | x | | |
| – Krankenhäuser der Versorgungsstufe I oder II, Krankenhäuser besonderer Zweckbestimmung | | | | x | |
| – Krankenhäuser der Versorgungsstufe III, Universitätskliniken | | | | | x |
| **Handel und Verkauf/Gastgewerbe** | | | | | |
| – Einfache Verkaufslager, Verkaufsstände, Kioske | | x | | | |
| – Ladenbauten, Discounter, Einkaufszentren, Märkte, Messehallen | | | x | x | |
| – Gebäude für Gastronomie, Kantinen oder Mensen | | | x | x | |
| – Großküchen, mit oder ohne Speiseräume | | | | x | |
| – Pensionen, Hotels | | | x | x | |
| **Freizeit/Sport** | | | | | |
| – Einfache Tribünenbauten | | x | | | |
| – Bootshäuser | | x | | | |
| – Turn- oder Sportgebäude | | | | x | x |
| – Mehrzweckhallen, Hallenschwimmbäder, Großsportstätten | | | | x | x |
| **Gewerbe/Industrie/Landwirtschaft** | | | | | |
| – Einfache Landwirtschaftliche Gebäude, zum Beispiel Feldscheunen, Einstellhallen | x | | | | |
| – Landwirtschaftliche Betriebsgebäude, Stallanlagen | | x | x | x | |
| – Gewächshäuser für die Produktion | | x | | | |
| – Einfache geschlossene, eingeschossige Hallen, Werkstätten | | x | | | |
| – Spezielle Lagergebäude, zum Beispiel Kühlhäuser | | | x | | |
| – Werkstätten, Fertigungsgebäude des Handwerks oder der Industrie | | | x | x | x |
| – Produktionsgebäude der Industrie | | | x | x | x |
| **Infrastruktur** | | | | | |
| – Offene Verbindungsgänge, Überdachungen, zum Beispiel Wetterschutzhäuser, Carports | x | | | | |
| – Einfachen Garagenbauten | | x | | | |
| – Parkhäuser, -garagen, Tiefgaragen, jeweils mit integrierten weiteren Nutzungsarten | | | x | x | |

# Anlage 10

| Objektliste Gebäude | I | II | III | IV | V |
|---|---|---|---|---|---|
| – Bahnhöfe oder Stationen verschiedener öffentlicher Verkehrsmittel | | | | x | |
| – Flughäfen | | | | x | x |
| – Energieversorgungszentralen, Kraftwerksgebäude, Großkraftwerke | | | | x | x |
| **Kultur-/Sakralbauten** | | | | | |
| – Pavillons für kulturelle Zwecke | | x | x | | |
| – Bürger-, Gemeindezentren, Kultur-, Sakralbauten, Kirchen | | | | x | |
| – Mehrzweckhallen für religiöse oder kulturelle Zwecke | | | | x | |
| – Ausstellungsgebäude, Lichtspielhäuser | | | | x | x |
| – Museen | | | | x | x |
| – Theater-, Opern-, Konzertgebäude | | | | x | x |
| – Studiogebäude für Rundfunk oder Fernsehen | | | | x | x |

## 10.3 Objektliste Innenräume

Nachstehende Innenräume werden in der Regel folgenden Honorarzonen zugerechnet:

| Objektliste Innenräume | I | II | III | IV | V |
|---|---|---|---|---|---|
| – einfachste Innenräume für vorübergehende Nutzung ohne oder mit einfachsten seriellen Einrichtungsgegenständen | x | | | | |
| – Innenräume mit geringer Planungsanforderung, unter Verwendung von serienmäßig hergestellten Möbeln und Ausstattungsgegenständen einfacher Qualität, ohne technische Ausstattung | | x | | | |
| – Innenräume mit durchschnittlicher Planungsanforderung, zum überwiegenden Teil unter Verwendung von serienmäßig hergestellten Möbeln und Ausstattungsgegenständen oder mit durchschnittlicher technischer Ausstattung | | | x | | |
| – Innenräume mit hohen Planungsanforderungen, unter Mitverwendung von serienmäßig hergestellten Möbeln und Ausstattungsgegenständen gehobener Qualität oder gehobener technischer Ausstattung | | | | x | |
| – Innenräume mit sehr hohen Planungsanforderungen, unter Verwendung von aufwendiger Einrichtung oder Ausstattung oder umfangreicher technischer Ausstattung | | | | | x |

## A 10

| Objektliste Innenräume | I | II | III | IV | V |
|---|---|---|---|---|---|
| **Wohnen** | | | | | |
| – einfachste Räume ohne Einrichtung oder für vorübergehende Nutzung | x | | | | |
| – einfache Wohnräume mit geringen Anforderungen an Gestaltung oder Ausstattung | | x | | | |
| – Wohnräume mit durchschnittlichen Anforderungen, serielle Einbauküchen | | | x | | |
| – Wohnräume in Gemeinschaftsunterkünften oder Heimen | | | x | | |
| – Wohnräume gehobener Anforderungen, individuell geplante Küchen und Bäder | | | | x | |
| – Dachgeschoßausbauten, Wintergärten | | | | x | |
| – individuelle Wohnräume in anspruchsvoller Gestaltung mit aufwendiger Einrichtung, Ausstattung und technischer Ausrüstung | | | | | x |
| **Ausbildung/Wissenschaft/Forschung** | | | | | |
| – einfache offene Hallen | x | | | | |
| – Lager- oder Nebenräume mit einfacher Einrichtung oder Ausstattung | | x | | | |
| – Gruppenräume zum Beispiel in Kindergärten, Kinderhorten, Jugendzentren, Jugendherbergen, Jugendheimen | | | x | x | |
| – Klassenzimmer, Hörsäle, Seminarräume, Büchereien, Mensen | | | x | x | |
| – Aulen, Bildungszentren, Bibliotheken, Labore, Lehrküchen mit oder ohne Speise- oder Aufenthaltsräume, Fachunterrichtsräume mit technischer Ausstattung | | | | x | |
| – Kongress-, Konferenz-, Seminar-, Tagungsbereiche mit individuellem Ausbau und Einrichtung und umfangreicher technischer Ausstattung | | | | x | |
| – Räume wissenschaftlicher Forschung mit hohen Ansprüchen und technischer Ausrüstung | | | | | x |
| **Büro/Verwaltung/Start/Kommune** | | | | | |
| – innere Verkehrsflächen | | x | | | |
| – Post-, Kopier-, Putz- oder sonstige Nebenräume ohne baukonstruktive Einbauten | | x | | | |
| – Büro-, Verwaltungs-, Aufenthaltsräume mit durchschnittlichen Anforderungen, Treppenhäuser, Wartehallen, Teeküchen | | | x | | |
| – Räume für sanitäre Anlagen, Werkräume, Wirtschaftsräume, Technikräume | | | x | | |

Honorarzone

Anlage 10

|  | Honorarzone | | | | |
|---|---|---|---|---|---|
| **Objektliste Innenräume** | I | II | III | IV | V |
| – Eingangshallen, Sitzungs- oder Besprechungsräume, Kantinen, Sozialräume |  |  | x | x |  |
| – Kundenzentren, -ausstellungen, -präsentationen |  |  | x | x |  |
| – Versammlungs-, Konferenzbereiche, Gerichtssäle, Arbeitsbereiche von Führungskräften mit individueller Gestaltung oder Einrichtung oder gehobener technischer Ausstattung |  |  |  | x |  |
| – Geschäfts-, Versammlungs- oder Konferenzräume mit anspruchsvollem Ausbau oder anspruchsvoller Einrichtung, aufwendiger Ausstattung oder sehr hohen technischen Anforderungen |  |  |  |  | x |
| **Gesundheit/Betreuung** | | | | | |
| – offene Spiel- oder Wandelhallen | x |  |  |  |  |
| – einfache Ruhe- oder Nebenräume |  | x |  |  |  |
| – Sprech-, Betreuungs-, Patienten-, Heimzimmer oder Sozialräume mit durchschnittlichen Anforderungen ohne medizintechnische Ausrüstung |  |  | x |  |  |
| – Behandlungs- oder Betreuungsbereiche mit medizintechnischer Ausrüstung oder Einrichtung in Kranken-, Therapie-, Rehabilitations- oder Pflegeeinrichtungen, Arztpraxen |  |  |  | x |  |
| – Operations-, Kreißsäle, Röntgenräume |  |  |  | x | x |
| **Handel/Gastgewerbe** | | | | | |
| – Verkaufsstände für vorübergehende Nutzung | x |  |  |  |  |
| – Kioske, Verkaufslager, Nebenräume mit einfacher Einrichtung und Ausstattung |  | x |  |  |  |
| – durchschnittliche Laden- oder Governmenträume, Einkaufsbereiche, Schnellgaststätten |  |  | x |  |  |
| – Fachgeschäfte, Boutiquen, Showrooms, Lichtspieltheater, Großküchen |  |  |  | x |  |
| – Messestände, bei Verwendung von System- oder Modulbauteilen |  |  | x |  |  |
| – individuelle Messestände |  |  |  | x |  |
| – Governmenträume, Sanitärbereiche gehobener Gestaltung, zum Beispiel in Restaurants, Bars, Weinstuben, Cafés, Clubräumen |  |  |  | x |  |
| – Gast- oder Sanitärbereiche zum Beispiel in Pensionen oder Hotels mit durchschnittlichen Anforderungen oder Einrichtungen oder Ausstattungen |  |  | x |  |  |

A 10

## A 10

Honorarzone

| Objektliste Innenräume | I | II | III | IV | V |
|---|---|---|---|---|---|
| – Gast-, Informations- oder Unterhaltungsbereiche in Hotels mit individueller Gestaltung oder Möblierung oder gehobener Einrichtung oder technischer Ausstattung | | | | x | |
| **Freizeit/Sport** | | | | | |
| – Neben- oder Wirtschafträume in Sportanlagen oder Schwimmbädern | | x | | | |
| – Schwimmbäder, Fitness-, Wellness- oder Saunaanlagen, Großsportstätten | | | x | x | |
| – Sport-, Mehrzweck- oder Stadthallen, Gymnastikräume, Tanzschulen | | | x | x | |
| **Gewerbe/Industrie/Landwirtschaft/Verkehr** | | | | | |
| – einfache Hallen oder Werkstätten ohne fachspezifische Einrichtung, Pavillons | | x | | | |
| – landwirtschaftliche Betriebsbereiche | x | x | | | |
| – Gewerbebereiche, Werkstätten mit technischer oder maschineller Einrichtung | | | x | x | |
| – Umfassende Fabrikations- oder Produktionsanlagen | | | | x | |
| – Räume in Tiefgaragen, Unterführungen | | x | | | |
| – Gast- oder Betriebsbereiche in Flughäfen, Bahnhöfen | | | | x | x |
| **Kultur-/Sakralbauten** | | | | | |
| – Kultur- oder Sakralbereiche, Kirchenräume | | | | x | x |
| – individuell gestaltete Ausstellungs-, Museums- oder Theaterbereiche | | | | x | x |
| – Konzert- oder Theatersäle, Studioräume für Rundfunk, Fernsehen oder Theater | | | | | x |

# Anlage 11 zu §§ 39 Absatz 4, 40 Absatz 5
# Grundleistungen im Leistungsbild Freianlagen, Besondere Leistungen, Objektliste

## 11.1 Leistungsbild Freianlagen

| Grundleistungen | Besondere Leistungen |
|---|---|
| **LPH 1 Grundlagenermittlung** | |
| a) Klären der Aufgabenstellung aufgrund der Vorgaben oder der Bedarfsplanung des Auftraggebers oder vorliegender Planungs- und Genehmigungsunterlagen<br>b) Ortsbesichtigung<br>c) Beraten zum gesamten Leistungs- und Untersuchungsbedarf<br>d) Formulieren von Entscheidungshilfen für die Auswahl anderer an der Planung fachlich Beteiligter<br>e) Zusammenfassen, Erläutern und Dokumentieren der Ergebnisse | – Mitwirken bei der öffentlichen Erschließung<br>– Kartieren und Untersuchen des Bestandes, Floristische oder faunistische Kartierungen<br>– Begutachtung des Standortes mit besonderen Methoden zum Beispiel Bodenanalysen<br>– Beschaffen bzw. Aktualisieren bestehender Planunterlagen, Erstellen von Bestandskarten |
| **LPH 2 Vorplanung (Projekt- und Planungsvorbereitung)** | |
| a) Analysieren der Grundlagen, Abstimmen der Leistungen mit den fachlich an der Planung Beteiligten<br>b) Abstimmen der Zielvorstellungen<br>c) Erfassen, Bewerten und Erläutern der Wechselwirkungen im Ökosystem<br>d) Erarbeiten eines Planungskonzepts einschließlich Untersuchen und Bewerten von Varianten nach gleichen Anforderungen unter Berücksichtigung zum Beispiel<br>– der Topographie und der weiteren standörtlichen und ökologischen Rahmenbedingungen,<br>– der Umweltbelange einschließlich der natur- und artenschutzrechtlichen Anforderungen und der vegetationstechnischen Bedingungen,<br>– der gestalterischen und funktionalen Anforderungen<br>– Klären der wesentlichen Zusammenhänge, Vorgänge und Bedingungen<br>– Abstimmen oder Koordinieren unter In- | – Umweltfolgenabschätzung<br>– Bestandsaufnahme, Vermessung<br>– Fotodokumentationen<br>– Mitwirken bei der Beantragung von Fördermitteln und Beschäftigungsmaßnahmen<br>– Erarbeiten von Unterlagen für besondere technische Prüfverfahren<br>– Beurteilen und Bewerten der vorhanden Bausubstanz, Bauteile, Materialien, Einbauten oder der zu schützenden oder zu erhaltenden Gehölze oder Vegetationsbestände |

| Grundleistungen | Besondere Leistungen |
|---|---|
| tegration der Beiträge anderer an der Planung fachlich Beteiligter<br><br>e) Darstellen des Vorentwurfs mit Erläuterungen und Angaben zum terminlichen Ablauf<br><br>f) Kostenschätzung, zum Beispiel nach DIN 276, Vergleich mit den finanziellen Rahmenbedingungen<br><br>g) Zusammenfassen, Erläutern und Dokumentieren der Vorplanungsergebnisse | |
| **LPH 3 Entwurfsplanung (System- und Integrationsplanung)** ||
| a) Erarbeiten der Entwurfsplanung auf Grundlage der Vorplanung unter Vertiefung zum Beispiel der gestalterischen, funktionalen, wirtschaftlichen, standörtlichen, ökologischen, natur- und artenschutzrechtlichen Anforderungen<br><br>Abstimmen oder Koordinieren unter Integration der Beiträge anderer an der Planung fachlich Beteiligter<br><br>b) Abstimmen der Planung mit zu beteiligenden Stellen und Behörden<br><br>c) Darstellen des Entwurfs zum Beispiel im Maßstab 1:500 bis 1:100, mit erforderlichen Angaben insbesondere<br>– zur Bepflanzung,<br>– zu Materialien und Ausstattungen,<br>– zu Maßnahmen aufgrund rechtlicher Vorgaben,<br>– zum terminlichen Ablauf<br><br>d) Objektbeschreibung mit Erläuterung von Ausgleichs- und Ersatzmaßnahmen nach Maßgabe der naturschutzrechtlichen Eingriffsregelung<br><br>e) Kostenberechnung, zum Beispiel nach DIN 276 einschließlich zugehöriger Mengenermittlung<br><br>f) Vergleich der Kostenberechnung mit der Kostenschätzung<br><br>g) Zusammenfassen, Erläutern und Dokumentieren der Entwurfsplanungsergebnisse | – Mitwirken beim Beschaffen nachbarlicher Zustimmungen<br>– Erarbeiten besonderer Darstellungen, zum Beispiel Modelle, Perspektiven, Animationen<br>– Beteiligung von externen Initiativ- und Betroffenengruppen bei Planung und Ausführung<br>– Mitwirken bei Beteiligungsverfahren oder Workshops<br>– Mieter- oder Nutzerbefragungen<br>– Erarbeiten von Ausarbeitungen nach den Anforderungen der naturschutzrechtlichen Eingriffsregelung sowie des besonderen Arten- und Biotopschutzrechtes, Eingriffsgutachten, Eingriffs- oder Ausgleichsbilanz nach landesrechtlichen Regelungen<br>– Mitwirken beim Erstellen von Kostenaufstellungen und Planunterlagen für Vermarktung und Vertrieb<br>– Erstellen und Zusammenstellen von Unterlagen für die Beauftragung von Dritten (Sachverständigenbeauftragung)<br>– Mitwirken bei der Beantragung und Abrechnung von Fördermitteln und Beschäftigungsmaßnahmen<br>– Abrufen von Fördermitteln nach Vergleich mit den Ist-Kosten (Baufinanzierungsleistung)<br>– Mitwirken bei der Finanzierungsplanung<br>– Erstellen einer Kosten-Nutzen-Analyse<br>– Aufstellen und Berechnen von Lebenszykluskosten |

| Grundleistungen | Besondere Leistungen |
|---|---|
| **LPH 4 Genehmigungsplanung** | |
| a) Erarbeiten und Zusammenstellen der Vorlagen und Nachweise für öffentlich-rechtliche Genehmigungen oder Zustimmungen einschließlich der Anträge auf Ausnahmen und Befreiungen, sowie notwendiger Verhandlungen mit Behörden unter Verwendung der Beiträge anderer an der Planung fachlich Beteiligter<br>b) Einreichen der Vorlagen<br>c) Ergänzen und Anpassen der Planungsunterlagen, Beschreibungen und Berechnungen | – Teilnahme an Sitzungen in politischen Gremien oder im Rahmen der Öffentlichkeitsbeteiligung<br>– Erstellen von landschaftspflegerischen Fachbeiträgen oder natur- und artenschutzrechtlichen Beiträgen<br>– Mitwirken beim Einholen von Genehmigungen und Erlaubnissen nach Naturschutz-, Fach- und Satzungsrecht<br>– Erfassen, Bewerten und Darstellen des Bestandes gemäß Ortssatzung<br>– Erstellen von Rodungs- und Baumfällanträgen<br>– Erstellen von Genehmigungsunterlagen und Anträgen nach besonderen Anforderungen<br>– Erstellen eines Überflutungsnachweises für Grundstücke<br>– Prüfen von Unterlagen der Planfeststellung auf Übereinstimmung mit der Planung |
| **LPH 5 Ausführungsplanung** | |
| a) Erarbeiten der Ausführungsplanung auf Grundlage der Entwurfs- und Genehmigungsplanung bis zur ausführungsreifen Lösung als Grundlage für die weiteren Leistungsphasen<br>b) Erstellen von Plänen oder Beschreibungen, je nach Art des Bauvorhabens zum Beispiel im Maßstab 1:200 bis 1:50<br>c) Abstimmen oder Koordinieren unter Integration der Beiträge anderer an der Planung fachlich Beteiligter<br>d) Darstellen der Freianlagen mit den für die Ausführung notwendigen Angaben, Detail- oder Konstruktionszeichnungen, insbesondere<br>– zu Oberflächenmaterial, -befestigungen und -relief,<br>– zu ober- und unterirdischen Einbauten und Ausstattungen,<br>– zur Vegetation mit Angaben zu Arten, Sorten und Qualitäten,<br>– zu landschaftspflegerischen, naturschutzfachlichen oder artenschutzrechtlichen | – Erarbeitung von Unterlagen für besondere technische Prüfverfahren (zum Beispiel Lastplattendruckversuche)<br>– Auswahl von Pflanzen beim Lieferanten (Erzeuger) |

| Grundleistungen | Besondere Leistungen |
|---|---|
| Maßnahmen<br>e) Fortschreiben der Angaben zum terminlichen Ablauf<br>f) Fortschreiben der Ausführungsplanung während der Objektausführung | |
| **LPH 6 Vorbereitung der Vergabe** | |
| a) Aufstellen von Leistungsbeschreibungen mit Leistungsverzeichnissen<br>b) Ermitteln und Zusammenstellen von Mengen auf Grundlage der Ausführungsplanung<br>c) Abstimmen oder Koordinieren der Leistungsbeschreibungen mit den an der Planung fachlich Beteiligten<br>d) Aufstellen eines Terminplans unter Berücksichtigung jahreszeitlicher, bauablaufbedingter und witterungsbedingter Erfordernisse<br>e) Ermitteln der Kosten auf Grundlage der vom Planer bepreisten Leistungsverzeichnisse<br>f) Kostenkontrolle durch Vergleich der vom Planer bepreisten Leistungsverzeichnisse mit der Kostenberechnung<br>g) Zusammenstellen der Vergabeunterlagen | – Alternative Leistungsbeschreibung für geschlossene Leistungsbereiche<br>– Besondere Ausarbeitungen zum Beispiel für Selbsthilfearbeiten |
| **LPH 7 Mitwirkung der Vergabe** | |
| a) Einholen von Angeboten<br>b) Prüfen und Werten der Angebote einschließlich Aufstellen eines Preisspiegels nach Einzelpositionen oder Teilleistun-gen. Prüfen und Werten der Angebote zusätzlicher und geänderter Leistungen der ausführenden Unternehmen und der Angemessenheit der Preise<br>c) Führen von Bietergesprächen<br>d) Erstellen der Vergabevorschläge Dokumentation des Vergabeverfahrens<br>e) Zusammenstellen der Vertragsunterlagen<br>f) Kostenkontrolle durch Vergleichen der Ausschreibungsergebnisse mit den vom Planer bepreisten Leistungsverzeichnissen und der Kostenberechnung<br>g) Mitwirken bei der Auftragserteilung | |

| Grundleistungen | Besondere Leistungen |
|---|---|
| **LPH 8 Objektüberwachung (Bauüberwachung und Dokumentation)** | |
| a) Überwachen der Ausführung des Objekts auf Übereinstimmung mit der Genehmigung oder Zustimmung, den Verträgen mit ausführenden Unternehmen, den Ausführungsunterlagen, den einschlägigen Vorschriften, sowie mit den allgemein anerkannten Regeln der Technik<br>b) Überprüfen von Pflanzen- und Materiallieferungen<br>c) Abstimmen mit den oder Koordinieren der an der Objektüberwachung fachlich Beteiligten<br>d) Fortschreiben und Überwachen des Terminplans unter Berücksichtigung jahreszeitlicher, bauablaufbedingter und witterungsbedingter Erfordernisse<br>e) Dokumentation des Bauablaufes (zum Beispiel Bautagebuch), Feststellen des Anwuchsergebnisses<br>f) Mitwirken beim Aufmaß mit den bauausführenden Unternehmen<br>g) Rechnungsprüfung einschließlich Prüfen der Aufmaße der ausführenden Unternehmen<br>h) Vergleich der Ergebnisse der Rechnungsprüfungen mit den Auftragssummen einschließlich Nachträgen<br>i) Organisation der Abnahme der Bauleistungen unter Mitwirkung anderer an der Planung und Objektüberwachung fachlich Beteiligter, Feststellung von Mängeln, Abnahmeempfehlung für den Auftraggeber<br>j) Antrag auf öffentlich-rechtliche Abnahmen und Teilnahme daran,<br>k) Übergabe des Objekts<br>l) Überwachen der Beseitigung der bei der Abnahme festgestellten Mängel<br>m) Auflisten der Verjährungsfristen für Mängelansprüche<br>n) Überwachen der Fertigstellungspflege bei vegetationstechnischen Maßnahmen<br>o) Kostenkontrolle durch Überprüfen der Leistungsabrechnung der bauausführenden | – Dokumentation des Bauablaufs nach besonderen Anforderungen des Auftraggebers<br>– fachliches Mitwirken bei Gerichtsverfahren<br>– Bauoberleitung, künstlerische Oberleitung<br>– Erstellen einer Freianlagenbestandsdokumentation |

| Grundleistungen | Besondere Leistungen |
|---|---|
| Unternehmen im Vergleich zu den Vertragspreisen<br><br>p) Kostenfeststellung, zum Beispiel nach DIN 276<br><br>q) Systematische Zusammenstellung der Dokumentation, zeichnerischen Darstellungen und rechnerischen Ergebnisse des Objekts | |
| **LPH 9 Objektbetreuung** | |
| a) Fachliche Bewertung der innerhalb der Verjährungsfristen für Gewährleistungsansprüche festgestellten Mängel, längstens jedoch bis zum Ablauf von 5 Jahren seit Abnahme der Leistung, einschließlich notwendiger Begehungen<br><br>b) Objektbegehung zur Mängelfeststellung vor Ablauf der Verjährungsfristen für Mängelansprüche gegenüber den ausführenden Unternehmen<br><br>c) Mitwirken bei der Freigabe von Sicherheitsleistungen | – Überwachung der Entwicklungs- und Unterhaltungspflege<br>– Überwachen von Wartungsleistungen<br>– Überwachen der Mängelbeseitigung innerhalb der Verjährungsfrist |

## Kurzkommentar zu Anlage 11.1

Das Leistungsbild ist getrennt aufgestellt worden. Es entspricht in den wesentlichen grundlegenden Fragen dem des Leistungsbildes Gebäude. Das betrifft auch die Aktualisierungen, so dass auf das Leistungsbild Gebäude Bezug genommen wird. Die speziellen Hinweise zum Leistungsbild Freianlagen sind nachstehend aufgeführt. Das Erfassen der ökosystemaren Zusammenhänge ist eine Grundleistung in der Leistungsphase 2.

Die Leistungsphase 3 enthält das Erarbeiten der Entwurfsplanung auf Grundlage der Vorplanung unter Vertiefung z. B. der gestalterischen, funktionalen, wirtschaftlichen, standörtlichen, ökologischen, natur- und artenschutzrechtlichen Anforderungen Abstimmen oder Koordinieren unter Integration der Beiträge anderer an der Planung fachlich Beteiligter. Das Abstimmen der Planung mit zu beteiligenden Stellen und Behörden soll sicherstellen, dass alle behördlichen Fragestellungen rechtzeitig erbracht werden.

Das Darstellen des Entwurfs in der Leistungsphase 3, z. B. im Maßstab 1:500 bis 1:100, mit erforderlichen Angaben insbesondere in der zur Bepflanzung, zu Materialien und Ausstattungen, zu Maßnahmen aufgrund rechtlicher Vorgaben, zum terminlichen Ablauf ist neu. Die Kostenberechnung ist einschl. zugehöriger Mengenermittlung aufzustellen.

Anlage 11                                                                                         213

Die zeichnerischen Leistungen in der Leistungsphase 5 sind konkret beschrieben und sollen damit langwierige Vor-Ort-Entscheidungen möglichst entbehrlich machen.

Die Leistungen der Leistungsphase 6 entsprechen in den wesentlichen Punkten denen des Leistungsbildes Gebäude und Innenräume. Gleiches trifft für die weiteren Leistungsphasen zu. In der Leistungsphase 8 ist noch das Überwachen der Pflanzen- und Materiallieferungen speziell auf die Freianlagen ausgerichtet.

### 11.2 Objektliste Freianlagen

| Objekte | I | II | III | IV | V |
|---|---|---|---|---|---|
| **In der freien Landschaft** | | | | | |
| – einfache Geländegestaltung | x | | | | |
| – Einsaaten in der freien Landschaft | x | | | | |
| – Pflanzungen in der freien Landschaft oder Windschutzpflanzungen, mit sehr geringen oder geringen Anforderungen | x | x | | | |
| – Pflanzungen in der freien Landschaft mit natur- und artenschutzrechtlichen Anforderungen (Kompensationserfordernissen) | | | x | | |
| – Flächen für den Arten- und Biotopschutz mit differenzierten Gestaltungsansprüchen oder mit Biotopverbundfunktion | | | | x | |
| – Naturnahe Gewässer- und Ufergestaltung | | | x | | |
| – Geländegestaltungen und Pflanzungen für Deponien, Halden und Entnahmestellen mit geringen oder durchschnittlichen Anforderungen | | x | x | | |
| – Freiflächen mit einfachem Ausbau bei kleineren Siedlungen, bei Einzelbauwerken und bei landwirtschaftlichen Aussiedlungen | | x | | | |
| – Begleitgrün zu Objekten, Bauwerken und Anlagen mit geringen oder durchschnittlichen Anforderungen | | x | x | | |
| **In Stadt- und Ortslagen** | | | | | |
| – Grünverbindungen ohne besondere Ausstattung | | | x | | |
| – innerörtliche Grünzüge, Grünverbindungen mit besonderer Ausstattung | | | | x | |
| – Freizeitparks und Parkanlagen | | | | x | |
| – Geländegestaltung ohne oder mit Abstützungen | | | x | x | |
| – Begleitgrün zu Objekten, Bauwerken und Anlagen sowie an Ortsrändern | | x | x | | |

Honorarzone

## A 11

Honorarzone

| Objekte | I | II | III | IV | V |
|---|---|---|---|---|---|
| – Schulgärten und naturkundliche Lehrpfade und -gebiete | | | | x | |
| – Hausgärten und Gartenhöfe mit Repräsentationsansprüchen | | | | x | x |
| **Gebäudebegrünung** | | | | | |
| – Terrassen- und Dachgärten | | | | | x |
| – Bauwerksbegrünung vertikal und horizontal mit hohen oder sehr hohen Anforderungen | | | | x | x |
| – Innenbegrünung mit hohen oder sehr hohen Anforderungen | | | | x | x |
| – Innenhöfe mit hohen oder sehr hohen Anforderungen | | | | x | x |
| **Spiel- und Sportanlagen** | | | | | |
| – Ski- und Rodelhänge ohne oder mit technischer Ausstattung | x | x | | | |
| – Spielwiesen | | x | | | |
| – Ballspielplätze, Bolzplätze, mit geringen oder durchschnittlichen Anforderungen | | x | x | | |
| – Sportanlagen in der Landschaft, Parcours, Wettkampfstrecken | | | x | | |
| – Kombinationsspielfelder, Sport-, Tennisplätze u. Sportanlagen mit Tennenbelag oder Kunststoff- oder Kunstrasenbelag | | | | x | x |
| – Spielplätze | | | | x | |
| – Sportanlagen Typ A bis C oder Sportstadien | | | | x | x |
| – Golfplätze mit besonderen natur- und artenschutzrechtlichen Anforderungen oder in stark reliefiertem Geländeumfeld | | | | x | x |
| – Freibäder mit besonderen Anforderungen; Schwimmteiche | | | | x | x |
| – Schul- und Pausenhöfe mit Spiel- und Bewegungsangebot | | | | x | |
| **Sonderanlagen** | | | | | |
| – Freilichtbühnen | | | | x | |
| – Zelt- oder Camping- oder Badeplätze, mit durchschnittlicher oder hoher Ausstattung oder Kleingartenanlagen | | | | x | x |
| **Objekte** | | | | | |
| – Friedhöfe, Ehrenmale, Gedenkstätten, mit hoher oder sehr hoher Ausstattung | | | | x | x |
| – Zoologische und botanische Gärten | | | | | x |
| – Lärmschutzeinrichtungen | | | | x | |
| – Garten- und Hallenschauen | | | | | x |

# Anlage 11

Honorarzone

| Objekte | I | II | III | IV | V |
|---|---|---|---|---|---|
| – Freiflächen im Zusammenhang mit historischen Anlagen, historische Park- und Gartenanlagen, Gartendenkmale | | | | | x |
| **Sonstige Freianlagen** | | | | | |
| – Freiflächen mit Bauwerksbezug, mit durchschnittlichen topographischen Verhältnissen oder durchschnittlicher Ausstattung | | | x | | |
| – Freiflächen mit Bauwerksbezug, mit schwierigen oder besonders schwierigen topographischen Verhältnissen oder hoher oder sehr hoher Ausstattung | | | | x | x |
| – Fußgängerbereiche und Stadtplätze mit hoher oder sehr hoher Ausstattungsintensität | | | | x | x |

## Anlage 12 zu §§ 43 Absatz 5, 44 Absatz 5
## Grundleistungen im Leistungsbild Ingenieurbauwerke, Besondere Leistungen, Objektliste

### 12.1 Leistungsbild Ingenieurbauwerke

| Grundleistungen | Besondere Leistungen |
|---|---|
| **LPH 1 Grundlagenermittlung** | |
| a) Klären der Aufgabenstellung aufgrund der Vorgaben oder der Bedarfsplanung des Auftraggebers<br>b) Ermitteln der Planungsrandbedingungen sowie Beraten zum gesamten Leistungsbedarf<br>c) Formulieren von Entscheidungshilfen für die Auswahl anderer an der Planung fachlich Beteiligter<br>d) bei Objekten nach § 41 Nummer 6 und 7, die eine Tragwerksplanung erfordern: Klären der Aufgabenstellung auch auf dem Gebiet der Tragwerksplanung<br>e) Ortsbesichtigung<br>f) Zusammenfassen, Erläutern und Dokumentieren der Ergebnisse | – Auswahl und Besichtigung ähnlicher Objekte |
| **LPH 2 Vorplanung (Projekt- und Planungsvorbereitung** | |
| a) Analysieren der Grundlagen<br>b) Abstimmen der Zielvorstellungen auf die öffentlichrechtlichen Randbedingungen sowie Planungen Dritter<br>c) Untersuchen von Lösungsmöglichkeiten mit ihren Einflüssen auf bauliche und konstruktive Gestaltung, Zweckmäßigkeit, Wirtschaftlichkeit unter Beachtung der Umweltverträglichkeit<br>d) Beschaffen und Auswerten amtlicher Karten<br>e) Erarbeiten eines Planungskonzepts einschließlich Untersuchung der alternativen Lösungsmöglichkeiten nach gleichen Anforderungen mit zeichnerischer Darstellung und Bewertung unter Einarbeitung der Beiträge anderer an der Planung fachlich Beteiligter<br>f) Klären und Erläutern der wesentlichen | – Erstellen von Leitungsbestandsplänen<br>– vertiefte Untersuchungen zum Nachweis von Nachhaltigkeitsaspekten<br>– Anfertigen von Nutzen-Kosten-Untersuchungen<br>– Wirtschaftlichkeitsprüfung<br>– Beschaffen von Auszügen aus Grundbuch, Kataster und anderen amtlichen Unterlagen |

| Grundleistungen | Besondere Leistungen |
|---|---|
| fachspezifischen Zusammenhänge, Vorgänge und Bedingungen<br>g) Vorabstimmen mit Behörden und anderen an der Planung fachlich Beteiligten über die Genehmigungsfähigkeit, gegebenenfalls Mitwirken bei Verhandlungen über die Bezuschussung und Kostenbeteiligung<br>h) Mitwirken beim Erläutern des Planungskonzepts gegenüber Dritten an bis zu 2 Terminen,<br>i) Überarbeiten des Planungskonzept nach Bedenken und Anregungen<br>j) Kostenschätzung, Vergleich mit den finanziellen Rahmenbedingungen<br>k) Zusammenfassen, Erläutern und Dokumentieren der Ergebnisse | |
| **LPH 3 Entwurfsplanung (System- und Integrationsplanung)** ||
| a) Erarbeiten des Entwurfs auf Grundlage der Vorplanung durch zeichnerische Darstellung im erforderlichen Umfang und Detaillierungsgrad unter Berücksichtigung aller fachspezifischen Anforderungen Bereitstellen der Arbeitsergebnisse als Grundlage für die anderen an der Planung fachlich Beteiligten, sowie Integration und Koordination der Fachplanungen<br>b) Erläuterungsbericht unter Verwendung der Beiträge anderer an der Planung fachlich Beteiligter<br>c) fachspezifische Berechnungen, ausgenommen Berechnungen aus anderen Leistungsbildern<br>d) Ermitteln und Begründen der zuwendungsfähigen Kosten, Mitwirken beim Aufstellen des Finanzierungsplans sowie Vorbereiten der Anträge auf Finanzierung<br>e) Mitwirken beim Erläutern des vorläufigen Entwurfs gegenüber Dritten an bis zu 3 Terminen, Überarbeiten des vorläufigen Entwurfs auf Grund von Bedenken und Anregungen<br>f) Vorabstimmen der Genehmigungsfähigkeit mit Behörden und anderen an der Planung fachlich Beteiligten | – Fortschreiben von Nutzen-Kosten-Untersuchungen<br>– Mitwirken bei Verwaltungsvereinbarungen<br>– Nachweis der zwingenden Gründe des überwiegenden öffentlichen Interesses der Notwendigkeit der Maßnahme (zum Beispiel Gebiets- und Artenschutz gemäß der Richtlinie 92/43/EWG des Rates vom 21. Mai 1992 zur Erhaltung der natürlichen Lebensräume sowie der wildlebenden Tiere und Pflanzen (ABl. L 206 vom 22.7.1992, S. 7)<br>– Fiktivkostenberechnungen (Kostenteilung) |

| Grundleistungen | Besondere Leistungen |
|---|---|
| g) Kostenberechnung einschließlich zugehöriger Mengenermittlung, Vergleich der Kostenberechnung mit der Kostenschätzung<br>h) Ermitteln der wesentlichen Bauphasen unter Berücksichtigung der Verkehrslenkung und der Aufrechterhaltung des Betriebes während der Bauzeit<br>i) Bauzeiten- und Kostenplan<br>j) Zusammenfassen, Erläutern und Dokumentieren der Ergebnisse | |
| **LPH 4 Genehmigungsplanung** | |
| a) Erarbeiten und Zusammenstellen der Unterlagen für die erforderlichen öffentlich-rechtlichen Verfahren oder Genehmigungsverfahren einschließlich der Anträge auf Ausnahmen und Befreiungen, Aufstellen des Bauwerksverzeichnisses unter Verwendung der Beiträge anderer an der Planung fachlich Beteiligter<br>b) Erstellen des Grunderwerbsplanes und des Grunderwerbsverzeichnisses unter Verwendung der Beiträge anderer an der Planung fachlich Beteiligter<br>c) Vervollständigen und Anpassen der Planungsunterlagen, Beschreibungen und Berechnungen unter Verwendung der Beiträge anderer an der Planung fachlich Beteiligter<br>d) Abstimmen mit Behörden<br>e) Mitwirken in Genehmigungsverfahren einschließlich der Teilnahme an bis zu 4 Erläuterungs-, Erörterungsterminen<br>f) Mitwirken beim Abfassen von Stellungnahmen zu Bedenken und Anregungen in bis zu 10 Kategorien | – Mitwirken bei der Beschaffung der Zustimmung von Betroffenen |
| **LPH 5 Ausführungsplanung** | |
| a) Erarbeiten der Ausführungsplanung auf Grundlage der Ergebnisse der Leistungsphasen 3 und 4 unter Berücksichtigung aller fachspezifischen Anforderungen und Verwendung der Beiträge anderer an der Planung fachlich Beteiligter bis zur ausführungsreifen Lösung<br>b) Zeichnerische Darstellung, Erläuterungen und zur Objektplanung gehörige Be- | – Objektübergreifende, integrierte Bauablaufplanung<br>– Koordination des Gesamtprojekts<br>– Aufstellen von Ablauf- und Netzplänen<br>– Planen von Anlagen der Verfahrens- und Prozesstechnik für Ingenieurbauwerke gemäß § 41 Nummer 1 bis 3 und 5, die dem Auftragnehmer übertragen werden, der auch die Grundleistungen für die jeweiligen Ingeni- |

| Grundleistungen | Besondere Leistungen |
|---|---|
| rechnungen mit allen für die Ausführung notwendigen Einzelangaben einschließlich Detailzeichnungen in den erforderlichen Maßstäben<br>c) Bereitstellen der Arbeitsergebnisse als Grundlage für die anderen an der Planung fachlich Beteiligten und Integrieren ihrer Beiträge bis zur ausführungsreifen Lösung<br>d) Vervollständigen der Ausführungsplanung während der Objektausführung | eurbauwerke erbringt |
| **LPH 6 Vorbereitung der Vergabe** | |
| a) Ermitteln von Mengen nach Einzelpositionen unter Verwendung der Beiträge anderer an der Planung fachlich Beteiligter<br>b) Aufstellen der Vergabeunterlagen, insbesondere Anfertigen der Leistungsbeschreibungen mit Leistungsverzeichnissen sowie der Besonderen Vertragsbedingungen<br>c) Abstimmen und Koordinieren der Schnittstellen zu den Leistungsbeschreibungen der anderen an der Planung fachlich Beteiligten<br>d) Festlegen der wesentlichen Ausführungsphasen<br>e) Ermitteln der Kosten auf Grundlage der vom Planer (Entwurfsverfasser) bepreisten Leistungsverzeichnisse<br>f) Kostenkontrolle durch Vergleich der vom Planer (Entwurfsverfasser) bepreisten Leistungsverzeichnisse mit der Kostenberechnung<br>g) Zusammenstellen der Vergabeunterlagen | – detaillierte Planung von Bauphasen bei besonderen Anforderungen |
| **LPH 7 Mitwirkung der Vergabe** | |
| a) Einholen von Angeboten<br>b) Prüfen und Werten der Angebote, Aufstellen des Preisspiegels<br>c) Abstimmen und Zusammenstellen der Leistungen der fachlich Beteiligten, die an der Vergabe mitwirken<br>d) Führen von Bietergesprächen<br>e) Erstellen der Vergabevorschläge, Dokumentation des Vergabeverfahrens<br>f) Zusammenstellen der Vertragsunterlagen | – Prüfen und Werten von Nebenangeboten |

| Grundleistungen | Besondere Leistungen |
|---|---|
| g) Vergleichen der Ausschreibungsergebnisse mit den vom Planer bepreisten Leistungsverzeichnissen und der Kostenberechnung<br>h) Mitwirken bei der Auftragserteilung | |
| **LPH 8 Objektüberwachung (Bauüberwachung und Dokumentation)** ||
| a) Aufsicht über die örtliche Bauüberwachung, Koordinierung der an der Objektüberwachung fachlich Beteiligten, einmaliges Prüfen von Plänen auf Übereinstimmung mit dem auszuführenden Objekt und Mitwirken bei deren Freigabe<br>b) Aufstellen, Fortschreiben und Überwachen eines Terminplans (Balkendiagramm)<br>c) Veranlassen und Mitwirken beim Inverzugsetzen der ausführenden Unternehmen<br>d) Kostenfeststellung, Vergleich der Kostenfeststellung mit der Auftragssumme<br>e) Abnahme von Bauleistungen, Leistungen und Lieferungen unter Mitwirkung der örtlichen Bauüberwachung und anderer an der Planung und Objektüberwachung fachlich Beteiligter, Feststellen von Mängeln, Fertigung einer Niederschrift über das Ergebnis der Abnahme<br>f) Überwachen der Prüfungen der Funktionsfähigkeit der Anlagenteile und der Gesamtanlage<br>g) Antrag auf behördliche Abnahmen und Teilnahme daran<br>h) Übergabe des Objekts<br>i) Auflisten der Verjährungsfristen der Mängelansprüche<br>j) Zusammenstellen und Übergeben der Dokumentation des Bauablaufs, der Bestandsunterlagen und der Wartungsvorschriften | – Kostenkontrolle<br>– Prüfen von Nachträgen<br>– Erstellen eines Bauwerksbuchs<br>– Erstellen von Bestandsplänen<br>– Örtliche Bauüberwachung:<br>– Plausibilitätsprüfung der Absteckung<br>– Überwachen der Ausführung der Bauleistungen<br>– Mitwirken beim Einweisen des Auftragnehmers in die Baumaßnahme (Bauanlaufbesprechung)<br>– Überwachen der Ausführung des Objektes auf Übereinstimmung mit den zur Ausführung freigegebenen Unterlagen, dem Bauvertrag und den Vorgaben des Auftraggebers,<br>– Prüfen und Bewerten der Berechtigung von Nachträgen<br>– Durchführen oder Veranlassen von Kontrollprüfungen<br>– Überwachen der Beseitigung der bei der Abnahme der Leistungen festgestellten Mängel<br>– Dokumentation des Bauablaufs<br>– Mitwirken beim Aufmaß mit den ausführenden Unternehmen und Prüfen der Aufmaße<br>– Mitwirken bei behördlichen Abnahmen<br>– Mitwirken bei der Abnahme von Leistungen und Lieferungen<br>– Rechnungsprüfung, Vergleich der Ergebnisse der Rechnungsprüfungen mit der Auftragssumme<br>– Mitwirken beim Überwachen der Prüfung der Funktionsfähigkeit der Anlagenteile und der Gesamtanlage<br>– Überwachen der Ausführung von Tragwerken nach Anlage 14.2 Honorarzone I und II |

| Grundleistungen | Besondere Leistungen |
|---|---|
| | mit sehr geringen und geringen Planungsanforderungen auf Übereinstimmung mit dem Standsicherheitsnachweis |
| **LPH 9 Objektbetreuung** | |
| a) Fachliche Bewertung der innerhalb der Verjährungsfristen für Gewährleistungsansprüche festgestellten Mängel, längstens jedoch bis zum Ablauf von fünf Jahren seit Abnahme der Leistung, einschließlich notwendiger Begehungen<br><br>b) Objektbegehung zur Mängelfeststellung vor Ablauf der Verjährungsfristen für Mängelansprüche gegenüber den ausführenden Unternehmen<br><br>c) Mitwirken bei der Freigabe von Sicherheitsleistungen | – Überwachen der Mängelbeseitigung innerhalb der Verjährungsfrist |

## Kurzkommentar zu Anlage 12.1

Die Leistungsphase 1 erfordert die Angabe der Vorgaben des Auftraggebers. Neu ist die Beratung zum gesamten Leistungsbedarf, die dafür Sorge tragen soll, dass früh über die Notwendigkeit von weiteren Planungs- und Beratungsleistungen entschieden wird. Wie bei den anderen Leistungsbildern ist auch hier die Erläuterung und Dokumentation der Ergebnisse der Leistungsphase neu hinzugekommen (Leistungsphase 1 und 2). Die Kostenschätzung ist um den Vergleich mit den finanziellen Rahmenbedingungen zu ergänzen.

In der Leistungsphase 2 ist Erarbeiten eines Planungskonzepts einschließlich Untersuchung auf alternative Lösungsmöglichkeiten nach gleichen Anforderungen mit zeichnerischer Darstellung geregelt worden. Das Abstimmen der Zielvorstellungen auf die öffentlich-rechtlichen Randbedingungen ist um die Planungen Dritter ergänzt worden. Die Kostenschätzung ist mit den finanziellen Rahmenbedingungen zu vergleichen. Das Erläutern und Dokumentieren der Ergebnisse der Leistungsphase ist ebenfalls neu.

In der Leistungsphase 3 ist die Koordinierung neu hinzugekommen. Das Mitwirken beim Aufstellen des Finanzierungsplanes und das Vorbereiten der Anträge auf Finanzierung sind Grundleistungen. Leistungen der Mitwirkung bei Erläutern des Planungskonzepts gegenüber Dritten sind begrenzt auf bis zu 3 Terminen. Die Kostenberechnung ist einschließlich zugehöriger Mengenermittlung zu erstellen. Das Erläutern und Dokumentieren der Ergebnisse der Leistungsphase ist ebenfalls neu.

Aktualisiert wurden auch das Mitwirken in Genehmigungsverfahren einschließlich der Teilnahme an bis zu 4 Erläuterungs-, Erörterungsterminen sowie das Mitwirken beim Abfassen von Stellungnahmen zu Bedenken und Anregungen in bis zu 10 Kategorien

In der Leistungsphase 5 wird das Vervollständigen der Ausführungsplanung während der Objektausführung ergänzt.

In der Leistungsphase 6 ist das Ermitteln der Kosten auf Grundlage der vom Planer (Entwurfsverfasser) bepreisten Leistungsverzeichnisse ebenso neu wie die Kostenkontrolle durch Vergleich der vom Planer (Entwurfsverfasser) bepreisten Leistungsverzeichnisse mit der Kostenberechnung. Unklar ist in diesem Zusammenhang die Verwendung des Begriffs Entwurfsverfasser.

In der Leistungsphase 7 ist ergänzt um das Führen von Bietergesprächen sowie die Erstellung der Vergabevorschläge, Dokumentation des Vergabeverfahrens und das Zusammenstellen der Vertragsunterlagen. Das Vergleichen der Ausschreibungsergebnisse mit den vom Planer bepreisten Leistungsverzeichnissen und der Kostenberechnung ist ebenfalls neu.

In der Leistungsphase 8 ist zu beachten, dass die ehem. örtliche Bauüberwachung in die Besonderen Leistungen hineingekommen ist. Hier wird eine einzelfallbezogene Vereinbarung der Leistungen zu empfehlen sein. Die Prüfung von Nachträgen ist in diesem Leistungsbild eine Besondere Leistung der Leistungsphase 8, was durchaus nicht immer nachvollziehbar ist, z. B. wenn Nachträge auf Planungsänderungen basieren und die Leistungsphase 8 einem anderen Büro beauftragt ist als die Leistungsphasen 1–7.

In der Leistungsphase 9 ist die Überwachung der Mängelbeseitigung (Mängel die nach der Abnahme erfasst wurden), Besondere Leistung geworden. Die Grundleistungen umfassen nun die Fachliche Bewertung der innerhalb der Verjährungsfristen für Gewährleistungsansprüche festgestellten Mängel, längstens jedoch bis zum Ablauf von fünf Jahren seit Abnahme der Leistung, einschließlich notwendiger Begehungen.

### 12.2 Objektliste Ingenieurbauwerke

Nachstehende Objekte werden in der Regel folgenden Honorarzonen zugerechnet:

| | Honorarzone | | | | |
|---|---|---|---|---|---|
| | I | II | III | IV | V |
| **Gruppe 1 – Bauwerke und Anlagen der Wasserversorgung** | | | | | |
| Zisternen | x | | | | |
| – einfache Anlagen zur Gewinnung und Förderung von Wasser, zum Beispiel Quellfassungen, Schachtbrunnen | | x | | | |
| – Tiefbrunnen | | | | x | |
| – Brunnengalerien und Horizontalbrunnen | | | | | x |
| – Leitungen für Wasser ohne Zwangspunkte | x | | | | |
| – Leitungen für Wasser mit geringen Verknüpfungen und wenigen Zwangspunkten | | | x | | |
| – Leitungen für Wasser mit zahlreichen Verknüpfungen und mehreren Zwangspunkten | | | | x | |

Anlage 12

| | Honorarzone | | | | |
|---|---|---|---|---|---|
| | I | II | III | IV | V |
| – Einfache Leitungsnetze für Wasser | | x | | | |
| – Leitungsnetze mit mehreren Verknüpfungen und zahlreichen Zwangspunkten und mit einer Druckzone | | | x | | |
| – Leitungsnetze für Wasser mit zahlreichen Verknüpfungen und zahlreichen Zwangspunkten | | | | x | |
| – einfache Anlagen zur Speicherung von Wasser, zum Beispiel Behälter in Fertigbauweise, Feuerlöschbecken | | x | | | |
| – Speicherbehälter | | | x | | |
| – Speicherbehälter in Turmbauweise | | | | x | |
| – einfache Wasseraufbereitungsanlagen und Anlagen mit mechanischen Verfahren, Pumpwerke und Druckerhöhungsanlagen | | | x | | |
| – Wasseraufbereitungsanlagen mit physikalischen und chemischen Verfahren, schwierige Pumpwerke und Druckerhöhungsanlagen | | | | x | |
| – Bauwerke und Anlagen mehrstufiger oder kombinierter Verfahren der Wasseraufbereitung | | | | | x |
| **Gruppe 2 – Bauwerke u. Anlagen d. Abwasserentsorgung** mit Ausnahme Entwässerungsanlagen, die der Zweckbestimmung der Verkehrsanlagen dienen, und Regenwasserversickerung (Abgrenzung zu Freianlagen) | | | | | |
| – Leitungen für Abwasser ohne Zwangspunkte | x | | | | |
| – Leitungen für Abwasser mit geringen Verknüpfungen und wenigen Zwangspunkten | | x | | | |
| – Leitungen für Abwasser mit zahlreichen Verknüpfungen und zahlreichen Zwangspunkten | | | x | | |
| – einfache Leitungsnetze für Abwasser | | | x | | |
| – Leitungsnetze für Abwasser mit mehreren Verknüpfungen und mehreren Zwangspunkten | | | | x | |
| – Leitungsnetze für Abwasser mit zahlreichen Zwangspunkten | | | | x | |
| – Erdbecken als Regenrückhaltebecken | | | x | | |
| – Regenbecken und Kanalstauräume mit geringen Verknüpfungen und wenigen Zwangspunkten | | | x | | |
| – Regenbecken und Kanalstauräume mit zahlreichen Verknüpfungen und zahlreichen Zwangspunkten, kombinierte Regenwasserbewirtschaftungsanlagen | | | | x | |
| – Schlammabsetzanlagen, Schlammpolder | | | x | | |
| – Schlammabsetzanlagen mit mechanischen Einrichtungen | | | | x | |

A 12

| | Honorarzone | | | | |
|---|:---:|:---:|:---:|:---:|:---:|
| | I | II | III | IV | V |
| – Schlammbehandlungsanlagen | | | | x | |
| – Bauwerke und Anlagen für mehrstufige oder kombinierte Verfahren der Schlammbehandlung | | | | | x |
| – Industriell systematisierte Abwasserbehandlungsanlagen, einfache Pumpwerke und Hebeanlagen | | x | | | |
| – Abwasserbehandlungsanlagen mit gemeinsamer aerober Stabilisierung, Pumpwerke und Hebeanlagen | | | x | | |
| – Abwasserbehandlungsanlagen, schwierige Pumpwerke und Hebeanlagen | | | | x | |
| – Schwierige Abwasserbehandlungsanlagen | | | | | x |
| **Gruppe 3 – Bauwerke und Anlagen des Wasserbaus** ausgenommen Freianlagen nach § 39 Absatz 1 | | | | | |
| – Berieselung und rohrlose Dränung, flächenhafter Erdbau mit unterschiedlichen Schütthöhen oder Materialien, | | x | | | |
| – Beregnung und Rohrdränung | | | x | | |
| – Beregnung und Rohrdränung bei ungleichmäßigen Boden- und schwierigen Geländeverhältnissen | | | | x | |
| – Einzelgewässer mit gleichförmigem ungegliederten Querschnitt ohne Zwangspunkte, ausgenommen Einzelgewässer mit überwiegend ökologischen und landschaftsgestalterischen Elementen | x | | | | |
| – Einzelgewässer mit gleichförmigem gegliedertem Querschnitt und einigen Zwangspunkten | | x | | | |
| – Einzelgewässer mit ungleichförmigem ungegliedertem Querschnitt und einigen Zwangspunkten, Gewässersysteme mit einigen Zwangspunkten | | | | x | |
| – Einzelgewässer mit ungleichförmigem gegliedertem Querschnitt und vielen Zwangspunkten, Gewässersysteme mit vielen Zwangspunkten, besonders schwieriger Gewässerausbau mit sehr hohen technischen Anforderungen und ökologischen Ausgleichsmaßnahmen | | | | x | |
| – Teiche bis 3 m Dammhöhe über Sohle ohne Hochwasserentlastung, ausgenommen Teiche ohne Dämme; | x | | | | |
| – Teiche mit mehr als 3 m Dammhöhe über Sohle ohne Hochwasserentlastung, Teiche bis 3 m Dammhöhe über Sohle mit Hochwasserentlastung | | x | | | |
| – Hochwasserrückhaltebecken und Talsperren bis 5 m Dammhöhe über Sohle oder bis 100.000 m³ Speicherraum | | | | x | |

Anlage 12

|  | Honorarzone | | | | |
|---|---|---|---|---|---|
|  | I | II | III | IV | V |
| – Hochwasserrückhaltebecken und Talsperren mit mehr als 100.000 m³ und weniger als 5.000.000 m³ Speicherraum |  |  |  | x |  |
| – Hochwasserrückhaltebecken und Talsperren mit mehr als 5.000.000 m³ Speicherraum |  |  |  |  | x |
| – Deich und Dammbauten |  | x |  |  |  |
| – schwierige Deich- und Dammbauten |  |  | x |  |  |
| – besonders schwierige Deich- und Dammbauten |  |  |  | x |  |
| – einfache Pumpanlagen, Pumpwerke und Schöpfwerke |  | x |  |  |  |
| – Pump- und Schöpfwerke, Siele |  |  | x |  |  |
| – schwierige Pump- und Schöpfwerke |  |  |  | x |  |
| – Einfache Durchlässe | x |  |  |  |  |
| – Durchlässe und Düker |  | x |  |  |  |
| – schwierige Durchlässe und Düker |  |  | x |  |  |
| – Besonders schwierige Durchlässe und Düker |  |  |  | x |  |
| – einfache feste Wehre |  | x |  |  |  |
| – feste Wehre |  |  | x |  |  |
| – einfache bewegliche Wehre |  |  | x |  |  |
| – bewegliche Wehre |  |  |  | x |  |
| – einfache Sperrwerke und Sperrtore |  |  | x |  |  |
| – Sperrwerke |  |  |  | x |  |
| – Kleinwasserkraftanlagen |  |  | x |  |  |
| – Wasserkraftanlagen |  |  |  | x |  |
| – Schwierige Wasserkraftanlagen, zum Beispiel Pumpspeicherwerke oder Kavernenkraftwerke |  |  |  |  | x |
| – Fangedämme, Hochwasserwände |  |  | x |  |  |
| – Fangedämme, Hochwasserschutzwände in schwieriger Bauweise |  |  |  | x |  |
| – eingeschwommene Senkkästen, schwierige Fangedämme, Wellenbrecher |  |  |  |  | x |
| – Bootsanlegestellen mit Dalben, Leitwänden, Festmacher und Fenderanlagen an stehenden Gewässern | x |  |  |  |  |
| – Bootsanlegestellen mit Dalben, Leitwänden, Festmacher und Fenderanlagen an fließenden Gewässern, einfache Schiffslösch- u. -ladestellen, einfache Kaimauern und Piers |  | x |  |  |  |
| – Schiffslösch- und -ladestellen, Häfen, jeweils mit Dalben, Leitwänden, Festmacher- und Fenderanlagen mit hohen Be- |  |  | x |  |  |

A 12

## A 12

| | Honorarzone | | | | |
|---|:---:|:---:|:---:|:---:|:---:|
| | I | II | III | IV | V |
| lastungen, Kaimauern und Piers | | | | | |
| – Schiffsanlege-, -lösch- und -ladestellen bei Tide oder Hochwasserbeeinflussung, Häfen bei Tide- und Hochwasserbeeinflussung, schwierige Kaimauern und Piers | | | | x | |
| – Schwierige schwimmende Schiffsanleger, bewegliche Verladebrücken | | | | | x |
| – Einfache Uferbefestigungen | x | | | | |
| – Uferwände und -mauern | | x | | | |
| – Schwierige Uferwände und -mauern, Ufer- und Sohlensicherung an Wasserstraßen | | | x | | |
| – Schifffahrtskanäle, mit Dalben, Leitwänden, bei einfachen Bedingungen | | | x | | |
| – Schifffahrtskanäle, mit Dalben, Leitwänden, bei schwierigen Bedingungen in Dammstrecken, mit Kreuzungsbauwerken | | | | x | |
| – Kanalbrücken | | | | | x |
| – einfache Schiffsschleusen, Bootsschleusen | | x | | | |
| – Schiffsschleusen bei geringen Hubhöhen | | | x | | |
| – Schiffsschleusen bei großen Hubhöhen und Sparschleusen | | | | x | |
| – Schiffshebewerke | | | | | x |
| – Werftanlagen, einfache Docks | | | x | | |
| – schwierige Docks | | | | x | |
| – Schwimmdocks | | | | | x |
| **Gruppe 4 – Bauwerke u. Anlagen für Ver- und Entsorgung** mit Gasen, Energieträgern, Feststoffen einschließlich wassergefährdenden Flüssigkeiten, ausgenommen Anlagen nach § 53 Absatz 2 | | | | | |
| – Transportleitungen für Fernwärme, wassergefährdende Flüssigkeiten und Gase ohne Zwangspunkte | x | | | | |
| – Transportleitungen für Fernwärme, wassergefährdende Flüssigkeiten und Gase mit geringen Verknüpfungen und wenigen Zwangspunkten | | x | | | |
| – Transportleitungen für Fernwärme, wassergefährdende Flüssigkeiten und Gase mit zahlreichen Verknüpfungen oder zahlreichen Zwangspunkten | | | | x | |
| – Transportleitungen für Fernwärme, wassergefährdende Flüssigkeiten und Gase mit zahlreichen Verknüpfungen und zahlreichen Zwangspunkten | | | | x | |
| – Industriell vorgefertigte einstufige Leichtflüssigkeitsabscheider | | x | | | |

Anlage 12

|  | Honorarzone | | | | |
|---|---|---|---|---|---|
|  | I | II | III | IV | V |
| – Einstufige Leichtflüssigkeitsabscheider |  |  | x |  |  |
| – mehrstufige Leichtflüssigkeitsabscheider |  |  |  | x |  |
| – Leerrohrnetze mit wenigen Verknüpfungen |  |  | x |  |  |
| – Leerrohrnetze mit zahlreichen Verknüpfungen |  |  |  | x |  |
| – Handelsübliche Fertigbehälter für Tankanlagen | x |  |  |  |  |
| – Pumpzentralen für Tankanlagen in Ortbetonbauweise |  |  | x |  |  |
| – Anlagen zur Lagerung wassergefährdender Flüssigkeiten in einfachen Fällen |  |  | x |  |  |
| **Gruppe 5 – Bauwerke und Anlagen der Abfallentsorgung** | | | | | |
| – Zwischenlager, Sammelstellen und Umladestationen offener Bauart für Abfälle oder Wertstoffe ohne Zusatzeinrichtungen | x |  |  |  |  |
| – Zwischenlager, Sammelstellen und Umladestationen offener Bauart für Abfälle oder Wertstoffe mit einfachen Zusatzeinrichtungen |  | x |  |  |  |
| – Zwischenlager, Sammelstellen und Umladestationen offener Bauart für Abfälle oder Wertstoffe, mit schwierigen Zusatzeinrichtungen |  |  | x |  |  |
| – Einfache, einstufige Aufbereitungsanlagen für Wertstoffe |  | x |  |  |  |
| – Aufbereitungsanlagen für Wertstoffe |  |  | x |  |  |
| – Mehrstufige Aufbereitungsanlagen für Wertstoffe |  |  |  | x |  |
| – Einfache Bauschuttaufbereitungsanlagen |  | x |  |  |  |
| – Bauschuttaufbereitungsanlagen |  |  | x |  |  |
| – Bauschuttdeponien ohne besondere Einrichtungen |  | x |  |  |  |
| – Bauschuttdeponien |  |  | x |  |  |
| – Pflanzenabfall-Kompostierungsanlagen ohne besondere Einrichtungen |  | x |  |  |  |
| – Biomüll-Kompostierungsanlagen, Pflanzenabfall-Kompostierungsanlagen |  |  | x |  |  |
| – Kompostwerke |  |  |  | x |  |
| – Hausmüll- und Monodeponien |  |  | x |  |  |
| – Hausmülldeponien und Monodeponien mit schwierigen technischen Anforderungen |  |  |  | x |  |
| – Anlagen zur Konditionierung von Sonderabfällen |  |  |  | x |  |
| – Verbrennungsanlagen, Pyrolyseanlagen |  |  |  |  | x |
| – Sonderabfalldeponien |  |  |  | x |  |

A 12

## A 12

| | Honorarzone | | | | |
|---|:---:|:---:|:---:|:---:|:---:|
| | I | II | III | IV | V |
| – Anlagen für Untertagedeponien | | | | x | |
| – Behälterdeponien | | | | x | |
| – Abdichtung v. Altablagerungen u. kontaminierten Standorten | | | x | | |
| – Abdichtung von Altablagerungen und kontaminierten Standorten mit schwierigen technischen Anforderungen | | | | x | |
| – Anlagen zur Behandlung kontaminierter Böden einschließlich Bodenluft | | | | x | |
| – einfache Grundwasserdekontaminierungsanlagen | | | | x | |
| – komplexe Grundwasserdekontaminierungsanlage | | | | | x |
| **Gruppe 6 – konstruktive Ingenieurbauwerke für Verkehrsanlagen** | | | | | |
| – Lärmschutzwälle, ausgenommen Lärmschutzwälle als Mittel der Geländegestaltung, | x | | | | |
| – Einfache Lärmschutzanlagen | | x | | | |
| – Lärmschutzanlagen | | | x | | |
| – Lärmschutzanlagen in schwieriger städtebaulicher Situation | | | | x | |
| – Gerade Einfeldbrücken einfacher Bauart | | x | | | |
| – Einfeldbrücken | | | | x | |
| – Einfache Mehrfeld- und Bogenbrücken | | | | x | |
| – Schwierige Einfeld-, Mehrfeld- und Bogenbrücken | | | | x | |
| – Schwierige, längs vorgespannte Stahlverbundkonstruktionen | | | | | x |
| – Besonders schwierige Brücken | | | | | x |
| – Tunnel- und Trogbauwerke | | | | x | |
| – Schwierige Tunnel- und Trogbauwerke | | | | x | |
| – Besonders schwierige Tunnel- und Trogbauwerke | | | | | x |
| – Untergrundbahnhöfe | | | | x | |
| – schwierige Untergrundbahnhöfe | | | | x | |
| – besonders schwierige Untergrundbahnhöfe und Kreuzungsbahnhöfe | | | | | x |
| **Gruppe 7 – sonstige Einzelbauwerke** sonstige Einzelbauwerke, ausgenommen Gebäude und Freileitungs- und Oberleitungsmaste | | | | | |
| – Einfache Schornsteine | | | x | | |
| – Schornsteine | | | | x | |
| – Schwierige Schornsteine | | | | x | |
| – Besonders schwierige Schornsteine | | | | | x |

Anlage 12

| | Honorarzone | | | | |
|---|:---:|:---:|:---:|:---:|:---:|
| | I | II | III | IV | V |
| – Einfache Masten und Türme ohne Aufbauten | x | | | | |
| – Masten und Türme ohne Aufbauten | | x | | | |
| – Masten und Türme mit Aufbauten | | | x | | |
| – Masten und Türme mit Aufbauten und Betriebsgeschoss | | | | x | |
| – Masten und Türme mit Aufbauten, Betriebsgeschoss und Publikumseinrichtungen | | | | | x |
| – Einfache Kühltürme | | | x | | |
| – Kühltürme | | | | x | |
| – Schwierige Kühltürme | | | | | x |
| – Versorgungsbauwerke und Schutzrohre in sehr einfachen Fällen ohne Zwangspunkte | x | | | | |
| – Versorgungsbauwerke und Schutzrohre mit zugehörigen Schächten für Versorgungssysteme mit wenigen Zwangspunkten | | x | | | |
| – Versorgungsbauwerke mit zugehörigen Schächten für Versorgungssysteme unter beengten Verhältnissen | | | x | | |
| – Versorgungsbauwerke mit zugehörigen Schächten in schwierigen Fällen für mehrere Medien | | | | x | |
| – Flach gegründete, einzeln stehende Silos ohne Anbauten | | x | | | |
| – Einzeln stehende Silos mit einfachen Anbauten, auch in Gruppenbauweise | | | x | | |
| – Silos mit zusammengefügten Zellenblöcken und Anbauten | | | | x | |
| – Schwierige Windkraftanlagen | | | | x | |
| – Unverankerte Stützbauwerke bei geringen Geländesprüngen ohne Verkehrsbelastung als Mittel zur Geländegestaltung und zur konstruktiven Böschungssicherung | x | | | | |
| – Unverankerte Stützbauwerke bei hohen Geländesprüngen mit Verkehrsbelastungen mit einfachen Baugrund-, Belastungs- und Geländeverhältnissen | | | x | | |
| – Stützbauwerke mit Verankerung oder unverankerte Stützbauwerke bei schwierigen Baugrund-, Belastungs- oder Geländeverhältnissen | | | | x | |
| – Stützbauwerke mit Verankerung und schwierigen Baugrund-, Belastungs- oder Geländeverhältnissen, | | | | x | |
| – Stützbauwerke mit Verankerung und ungewöhnlich schwierigen Randbedingungen | | | | | x |
| – Schlitz- und Bohrpfahlwände, Trägerbohlwände | | | x | | |

A 12

## A 12

|  | Honorarzone | | | | |
|---|:---:|:---:|:---:|:---:|:---:|
|  | **I** | **II** | **III** | **IV** | **V** |
| – Einfache Traggerüste und andere einfache Gerüste | | | x | | |
| – Traggerüste und andere Gerüste | | | | x | |
| – Sehr schwierige Gerüste und sehr hohe oder weitgespannte Traggerüste, verschiebliche (Trag-)Gerüste | | | | | x |
| – Eigenständige Tiefgaragen, einfache Schacht- und Kavernenbauwerke, einfache Stollenbauten | | | x | | |
| – schwierige eigenständige Tiefgaragen, schwierige Schacht- und Kavernenbauwerke, schwierige Stollenbauwerke | | | | x | |
| – Besonders schwierige Schacht- und Kavernenbauwerke | | | | | x |

# Anlage 13 zu §§ 47 Absatz 2, 48 Absatz 5
# Grundleistungen im Leistungsbild Verkehrsanlagen, Besondere Leistungen, Objektliste

## 13.1 Leistungsbild Verkehrsanlagen

| Grundleistungen | Besondere Leistungen |
|---|---|
| **LPH 1 Grundlagenermittlung** | |
| a) Klären der Aufgabenstellung aufgrund der Vorgaben oder der Bedarfsplanung des Auftraggebers<br>b) Ermitteln der Planungsrandbedingungen sowie Beraten zum gesamten Leistungsbedarf<br>c) Formulieren von Entscheidungshilfen für die Auswahl anderer an der Planung fachlich Beteiligter<br>d) Ortsbesichtigung<br>e) Zusammenfassen, Erläutern und Dokumentieren der Ergebnisse | – Ermitteln besonderer, in den Normen nicht festgelegter Einwirkungen<br>– Auswahl und Besichtigen ähnlicher Objekte |
| **LPH 2 Vorplanung (Projekt- und Planungsvorbereitung** | |
| a) Beschaffen und Auswerten amtlicher Karten<br>b) Analysieren der Grundlagen<br>c) Abstimmen der Zielvorstellungen auf die öffentlichrechtlichen Randbedingungen sowie Planungen Dritter<br>d) Untersuchen von Lösungsmöglichkeiten mit ihren Einflüssen auf bauliche und konstruktive Gestaltung, Zweckmäßigkeit, Wirtschaftlichkeit unter Beachtung der Umweltverträglichkeit<br>e) Erarbeiten eines Planungskonzepts einschließlich Untersuchung von bis zu 3 Varianten nach gleichen Anforderungen mit zeichnerischer Darstellung und Bewertung unter Einarbeitung der Beiträge anderer an der Planung fachlich Beteiligter<br>Überschlägige verkehrstechnische Bemessung der Verkehrsanlage, Ermitteln der Schallimmissionen von der Verkehrsanlage an kritischen Stellen nach Tabellenwerten Untersuchen der möglichen Schallschutzmaßnahmen, ausgenommen detaillierte schalltechnische Untersuchungen | – Erstellen von Leitungsbestandsplänen<br>– Untersuchungen zur Nachhaltigkeit<br>– Anfertigen von Nutzen-Kosten-Untersuchungen<br>– Wirtschaftlichkeitsprüfung<br>– Beschaffen von Auszügen aus Grundbuch, Kataster und anderen amtlichen Unterlagen |

| Grundleistungen | Besondere Leistungen |
|---|---|
| f) Klären und Erläutern der wesentlichen fachspezifischen Zusammenhänge, Vorgänge und Bedingungen | |
| g) Vorabstimmen mit Behörden und anderen an der Planung fachlich Beteiligten über die Genehmigungsfähigkeit, gegebenenfalls Mitwirken bei Verhandlungen über die Bezuschussung und Kostenbeteiligung | |
| h) Mitwirken bei Erläutern des Planungskonzepts gegenüber Dritten an bis zu 2 Terminen | |
| i) Überarbeiten des Planungskonzepts nach Bedenken und Anregungen | |
| j) Bereitstellen von Unterlagen als Auszüge aus der Voruntersuchung zur Verwendung für ein Raumordnungsverfahren | |
| k) Kostenschätzung, Vergleich mit den finanziellen Rahmenbedingungen | |
| l) Zusammenfassen, Erläutern und Dokumentieren | |
| **LPH 3 Entwurfsplanung (System- und Integrationsplanung)** | |
| a) Erarbeiten des Entwurfs auf Grundlage der Vorplanung durch zeichnerische Darstellung im erforderlichen Umfang und Detaillierungsgrad unter Berücksichtigung aller fachspezifischen Anforderungen Bereitstellen der Arbeitsergebnisse als Grundlage für die anderen an der Planung fachlich Beteiligten, sowie Integration und Koordination der Fachplanungen | – Fortschreiben von Nutzen-Kosten-Untersuchungen<br>– Detaillierte signaltechnische Berechnung<br>– Mitwirken bei Verwaltungsvereinbarungen<br>– Nachweis der zwingenden Gründe des überwiegenden öffentlichen Interesses der Notwendigkeit der Maßnahme (zum Beispiel Gebiets- und Artenschutz gemäß der Richtlinie 92/43/EWG des Rates vom 21. Mai 1992 zur Erhaltung der natürlichen Lebensräume sowie der wildlebenden Tiere und Pflanzen (ABl. L 206 vom 22.7.1992, S. 7)<br>– Fiktivkostenberechnungen (Kostenteilung) |
| b) Erläuterungsbericht unter Verwendung der Beiträge anderer an der Planung fachlich Beteiligter | |
| c) Fachspezifische Berechnungen, ausgenommen Berechnungen aus anderen Leistungsbildern | |
| d) Ermitteln der zuwendungsfähigen Kosten, Mitwirken beim Aufstellen des Finanzierungsplans sowie Vorbereiten der Anträge auf Finanzierung | |
| e) Mitwirken beim Erläutern des vorläufigen Entwurfs gegenüber Dritten an bis zu 3 Terminen, Überarbeiten des vorläufigen Entwurfs auf Grund von Bedenken und | |

Anlage 13

| Grundleistungen | Besondere Leistungen |
|---|---|
| Anregungen | |
| f) Vorabstimmen der Genehmigungsfähigkeit mit Behörden und anderen an der Planung fachlich Beteiligten | |
| g) Kostenberechnung einschließlich zugehöriger Mengenermittlung, Vergleich der Kostenberechnung mit der Kostenschätzung | |
| h) Überschlägige Festlegung der Abmessungen von Ingenieurbauwerken | |
| i) Ermitteln der Schallimmissionen von der Verkehrsanlage nach Tabellenwerten; Festlegen der erforderlichen Schallschutzmaßnahmen an der Verkehrsanlage, gegebenenfalls unter Einarbeitung der Ergebnisse detaillierter schalltechnischer Untersuchungen und Feststellen der Notwendigkeit von Schallschutzmaßnahmen an betroffenen Gebäuden | |
| j) Rechnerische Festlegung des Objekts | |
| k) Darlegen der Auswirkungen auf Zwangspunkte | |
| l) Nachweis der Lichtraumprofile | |
| m) Ermitteln der wesentlichen Bauphasen unter Berücksichtigung der Verkehrslenkung und der Aufrechterhaltung des Betriebes während der Bauzeit | |
| n) Bauzeiten- und Kostenplan | |
| o) Zusammenfassen, Erläutern und Dokumentieren der Ergebnisse | |
| **LPH 4 Genehmigungsplanung** | |
| a) Erarbeiten und Zusammenstellen der Unterlagen für die erforderlichen öffentlich-rechtlichen Verfahren oder Genehmigungsverfahren einschließlich der Anträge auf Ausnahmen und Befreiungen, Aufstellen des Bauwerksverzeichnisses unter Verwendung der Beiträge anderer an der Planung fachlich Beteiligter | – Mitwirken bei der Beschaffung der Zustimmung von Betroffenen |
| b) Erstellen des Grunderwerbsplanes und des Grunderwerbsverzeichnisses unter Verwendung der Beiträge anderer an der Planung fachlich Beteiligter | |
| c) Vervollständigen und Anpassen der Planungsunterlagen, Beschreibungen und Be- | |

| Grundleistungen | Besondere Leistungen |
|---|---|
| rechnungen unter Verwendung der Beiträge anderer an der Planung fachlich Beteiligter<br>d) Abstimmen mit Behörden<br>e) Mitwirken in Genehmigungsverfahren einschließlich der Teilnahme an bis zu 4 Erläuterungs-, Erörterungsterminen<br>f) Mitwirken beim Abfassen von Stellungnahmen zu Bedenken und Anregungen in bis zu 10 Kategorien | |
| **LPH 5 Ausführungsplanung** | |
| a) Erarbeiten der Ausführungsplanung auf Grundlage der Ergebnisse der Leistungsphasen 3 und 4 unter Berücksichtigung aller fachspezifischen Anforderungen und Verwendung der Beiträge anderer an der Planung fachlich Beteiligter bis zur ausführungsreifen Lösung<br>b) Zeichnerische Darstellung, Erläuterungen und zur Objektplanung gehörige Berechnungen mit allen für die Ausführung notwendigen Einzelangaben einschließlich Detailzeichnungen in den erforderlichen Maßstäben<br>c) Bereitstellen der Arbeitsergebnisse als Grundlage für die anderen an der Planung fachlich Beteiligten und Integrieren ihrer Beiträge bis zur ausführungsreifen Lösung<br>d) Vervollständigen der Ausführungsplanung während der Objektausführung | – Objektübergreifende, integrierte Bauablaufplanung<br>– Koordination des Gesamtprojekts<br>– Aufstellen von Ablauf- und Netzplänen |
| **LPH 6 Vorbereitung der Vergabe** | |
| a) Ermitteln von Mengen nach Einzelpositionen unter Verwendung der Beiträge anderer an der Planung fachlich Beteiligter<br>b) Aufstellen der Vergabeunterlagen, insbesondere Anfertigen der Leistungsbeschreibungen mit Leistungsverzeichnissen sowie der Besonderen Vertragsbedingungen<br>c) Abstimmen und Koordinieren der Schnittstellen zu den Leistungsbeschreibungen der anderen an der Planung fachlich Beteiligten<br>d) Festlegen der wesentlichen Ausführungsphasen<br>e) Ermitteln der Kosten auf Grundlage der | – detaillierte Planung von Bauphasen bei besonderen Anforderungen |

# Anlage 13

| Grundleistungen | Besondere Leistungen |
|---|---|
| vom Planer (Entwurfsverfasser) bepreisten Leistungsverzeichnisse.<br>f) Kostenkontrolle durch Vergleich der vom Planer (Entwurfsverfasser) bepreisten Leistungsverzeichnisse mit der Kostenberechnung<br>g) Zusammenstellen der Vergabeunterlagen | |
| **LPH 7 Mitwirkung der Vergabe** | |
| a) Einholen von Angeboten<br>b) Prüfen und Werten der Angebote, Aufstellen der Preisspiegel<br>c) Abstimmen und Zusammenstellen der Leistungen der fachlich Beteiligten, die an der Vergabe mitwirken<br>d) Führen von Bietergesprächen<br>e) Erstellen der Vergabevorschläge, Dokumentation des Vergabeverfahrens<br>f) Zusammenstellen der Vertragsunterlagen<br>g) Vergleichen der Ausschreibungsergebnisse mit den vom Planer bepreisten Leistungsverzeichnissen und der Kostenberechnung<br>h) Mitwirken bei der Auftragserteilung | – Prüfen und Werten von Nebenangeboten |
| **LPH 8 Objektüberwachung (Bauüberwachung und Dokumentation)** | |
| a) Aufsicht über die örtliche Bauüberwachung, Koordinierung der an der Objektüberwachung fachlich Beteiligten, einmaliges Prüfen von Plänen auf Übereinstimmung mit dem auszuführenden Objekt und Mitwirken bei deren Freigabe<br>b) Aufstellen, Fortschreiben und Überwachen eines Terminplans (Balkendiagramm)<br>c) Veranlassen und Mitwirken daran, die ausführenden Unternehmen in Verzug zu setzen<br>d) Kostenfeststellung, Vergleich der Kostenfeststellung mit der Auftragssumme<br>e) Abnahme von Bauleistungen, Leistungen und Lieferungen unter Mitwirkung der örtlichen Bauüberwachung und anderer an der Planung und Objektüberwachung fachlich Beteiligter, Feststellen von Mängeln, Fertigen einer Niederschrift über das Er- | – Kostenkontrolle<br>– Prüfen von Nachträgen<br>– Erstellen eines Bauwerksbuchs<br>– Erstellen von Bestandsplänen<br>– Örtliche Bauüberwachung:<br>– Plausibilitätsprüfung der Absteckung<br>– Überwachen der Ausführung der Bauleistungen<br>– Mitwirken beim Einweisen des Auftragnehmers in die Baumaßnahme (Bauanlaufbesprechung)<br>– Überwachen der Ausführung des Objektes auf Übereinstimmung mit den zur Ausführung freigegebenen Unterlagen, dem Bauvertrag und den Vorgaben des Auftraggebers,<br>– Prüfen und Bewerten der Berechtigung von Nachträgen<br>– Durchführen oder Veranlassen von Kon- |

| Grundleistungen | Besondere Leistungen |
|---|---|
| gebnis der Abnahme<br>f) Antrag auf behördliche Abnahmen und Teilnahme daran<br>g) Überwachen der Prüfungen der Funktionsfähigkeit der Anlagenteile und der Gesamtanlage<br>h) Übergabe des Objekts<br>i) Auflisten der Verjährungsfristen der Mängelansprüche<br>j) Zusammenstellen und Übergeben der Dokumentation des Bauablaufs, der Bestandsunterlagen und der Wartungsvorschriften | trollprüfungen<br>– Überwachen der Beseitigung der bei der Abnahme der Leistungen festgestellten Mängel<br>– Dokumentation des Bauablaufs<br>– Mitwirken beim Aufmaß mit den ausführenden Unternehmen und Prüfen der Aufmaße<br>– Mitwirken bei behördlichen Abnahmen<br>– Mitwirken bei der Abnahme von Leistungen und Lieferungen<br>– Rechnungsprüfung, Vergleich der Ergebnisse der Rechnungsprüfungen mit der Auftragssumme<br>– Mitwirken beim Überwachen der Prüfung der Funktionsfähigkeit der Anlagenteile und der Gesamtanlage<br>– Überwachen der Ausführung von Tragwerken nach Anlage 14.2 Honorarzone I und II mit sehr geringen und geringen Planungsanforderungen auf Übereinstimmung mit dem Standsicherheitsnachweis |
| **LPH 9 Objektbetreuung** | |
| a) Fachliche Bewertung der innerhalb der Verjährungsfristen für Gewährleistungsansprüche festgestellten Mängel, längstens jedoch bis zum Ablauf von fünf Jahren seit Abnahme der Leistung, einschließlich notwendiger Begehungen<br>b) Objektbegehung zur Mängelfeststellung vor Ablauf der Verjährungsfristen für Mängelansprüche gegenüber den ausführenden Unternehmen<br>c) Mitwirken bei der Freigabe von Sicherheitsleistungen | – Überwachen der Mängelbeseitigung innerhalb der Verjährungsfrist |

## Kurzkommentar zu Anlage 13.1

Die Leistungsphase 1 erfordert die Angabe der Vorgaben des Auftraggebers. Neu ist die Beratung zum gesamten Leistungsbedarf, die dafür Sorge tragen soll, dass früh über die Notwendigkeit von weiteren Planungs- und Beratungsleistungen entschieden wird. Wie bei den anderen Leistungsbildern ist auch hier die Erläuterung und Dokumentation der Ergebnisse der Leistungsphase neu hinzugekommen. In der Leistungsphase 2 ist das Erarbeiten eines Planungskonzepts einschließlich Untersuchung auf bis zu 3 Varianten nach gleichen Anforderungen mit zeichnerischer Darstellung und Bewertung begrenzt worden. Das Abstimmen der Zielvorstellungen auf die öffentlich-rechtlichen Randbedingungen ist um die Planungen Dritter ergänzt worden. Leistungen der Mitwirkung bei Erläutern des Planungskonzepts gegenüber Dritten sind begrenzt auf bis zu 2 Terminen. Die Kostenschätzung ist mit den finanziellen Rahmenbedingungen zu vergleichen. Das Erläutern und Dokumentieren der Ergebnisse der Leistungsphase ist ebenfalls neu.

In der Leistungsphase 3 ist die Koordinierung neu hinzugekommen. Das Mitwirken beim Aufstellen des Finanzierungsplanes und das Vorbereiten der Anträge auf Finanzierung sind Grundleistungen. Leistungen der Mitwirkung bei Erläutern des Planungskonzepts gegenüber Dritten sind begrenzt auf bis zu 3 Terminen. Die Kostenberechnung ist einschließlich zugehöriger Mengenermittlung zu erstellen. Das Erläutern und Dokumentieren der Ergebnisse der Leistungsphase ist ebenfalls neu.

Aktualisiert wurden auch das Mitwirken in Genehmigungsverfahren einschließlich der Teilnahme an bis zu 4 Erläuterungs-, Erörterungsterminen sowie das Mitwirken beim Abfassen von Stellungnahmen zu Bedenken und Anregungen in bis zu 10 Kategorien

In der Leistungsphase 5 wird das Vervollständigen der Ausführungsplanung während der Objektausführung ergänzt.

In der Leistungsphase 6 ist das Ermitteln der Kosten auf Grundlage der vom Planer (Entwurfsverfasser) bepreisten Leistungsverzeichnisse ebenso neu wie die Kostenkontrolle durch Vergleich der vom Planer (Entwurfsverfasser) bepreisten Leistungsverzeichnisse mit der Kostenberechnung. Unklar ist in diesem Zusammenhang die Verwendung des Begriffs Entwurfsverfasser.

In der Leistungsphase 7 ist ergänzt um das Führen von Bietergesprächen sowie die Erstellung der Vergabevorschläge, Dokumentation des Vergabeverfahrens und das Zusammenstellen der Vertragsunterlagen. Das Vergleichen der Ausschreibungsergebnisse mit den vom Planer bepreisten Leistungsverzeichnissen und der Kostenberechnung ist ebenfalls neu.

In der Leistungsphase 8 ist zu beachten, dass die ehem. örtliche Bauüberwachung in die Besonderen Leistungen hineingekommen ist. Hier wird eine einzelfallbezogene Vereinbarung der Leistungen zu empfehlen sein. Die Prüfung von Nachträgen ist in diesem Leistungsbild eine Besondere Leistung der Leistungsphase 8, was durchaus nicht immer nachvollziehbar ist, z. B. wenn Nachträge auf Planungsänderungen basieren und die Leistungsphase 8 einem anderen Büro beauftragt ist als die Leistungsphasen 1–7.

In der Leistungsphase 9 ist die Überwachung der Mängelbeseitigung (Mängel die nach der Abnahme erfasst wurden), Besondere Leistung geworden. Die Grundleistungen umfassen nun die Fachliche Bewertung der innerhalb der Verjährungsfristen für Gewährleistungsansprüche festgestellten Mängel, längstens jedoch bis zum Ablauf von fünf Jahren seit Abnahme der Leistung, einschließlich notwendiger Begehungen.

## 13.2 Objektliste Verkehrsanlagen

Nachstehende Verkehrsanlagen werden in der Regel folgenden Honorarzonen zugeordnet:

Honorarzone

| Objekte | I | II | III | IV | V |
|---|---|---|---|---|---|
| **a) Anlagen des Straßenverkehrs** | | | | | |
| **Außerörtliche Straßen** | | | | | |
| – ohne besondere Zwangspunkte oder im wenig bewegten Gelände | | x | | | |
| – mit besonderen Zwangspunkten oder in bewegtem Gelände | | | x | | |
| – mit vielen besonderen Zwangspunkten oder in stark bewegtem Gelände | | | | x | |
| – im Gebirge | | | | | x |
| **Innerörtliche Straßen und Plätze** | | | | | |
| – Anlieger- und Sammelstrassen | | x | | | |
| – sonstige innerörtliche Straßen mit normalen verkehrstechnischen Anforderungen oder normaler städtebaulicher Situation (durchschnittliche Anzahl Verknüpfungen mit der Umgebung) | | | x | | |
| – sonstige innerörtliche Straßen mit hohen verkehrstechnischen Anforderungen oder schwieriger städtebaulicher Situation (hohe Anzahl Verknüpfungen mit der Umgebung) | | | | x | |
| – sonstige innerörtliche Straßen mit sehr hohen verkehrstechnischen Anforderungen oder sehr schwieriger städtebaulicher Situation (sehr hohe Anzahl Verknüpfungen mit der Umgebung) | | | | | x |
| **Wege** | | | | | |
| – im ebenen Gelände mit einfachen Entwässerungsverhältnissen | x | | | | |
| – im bewegtem Gelände mit einfachen Baugrund- und Entwässerungsverhältnissen | | x | | | |
| – im bewegtem Gelände mit schwierigen Baugrund- und Entwässerungsverhältnissen | | | sx | | |
| **Plätze, Verkehrsflächen** | | | | | |
| – einfache Verkehrsflächen, Plätze außerorts | x | | | | |
| – innerörtliche Parkplätze | | x | | | |
| – verkehrsberuhigte Bereiche mit normalen städtebaulichen Anforderungen | | | | x | |
| – verkehrsberuhigte Bereiche mit hohen städtebaulichen Anforderungen | | | | x | |

# Anlage 13

| Objekte | I | II | III | IV | V |
|---|---|---|---|---|---|
| – Flächen für Güterumschlag Straße zu Straße | | | x | | |
| – Flächen für Güterumschlag in kombinierten Ladeverkehr | | | | x | |
| **Tankstellen, Rastanlagen** | | | | | |
| – mit normalen verkehrstechnischen Anforderungen | x | | | | |
| – mit hohen verkehrstechnischen Anforderungen | | | x | | |
| **Knotenpunkte** | | | | | |
| – einfach höhengleich | | x | | | |
| – schwierig höhengleich | | | x | | |
| – sehr schwierig höhengleich | | | | x | |
| – einfach höhenungleich | | | x | | |
| – schwierig höhenungleich | | | | x | |
| – sehr schwierig höhenungleich | | | | | x |
| **b) Anlagen des Schienenverkehrs** | | | | | |
| **Gleis und Bahnsteiganlagen der freien Strecke** | | | | | |
| – ohne Weichen und Kreuzungen | x | | | | |
| – ohne besondere Zwangspunkte oder in wenig bewegtem Gelände | | x | | | |
| – mit besonderen Zwangspunkten oder in bewegtem Gelände | | | x | | |
| – mit vielen Zwangspunkten oder in stark bewegtem Gelände | | | | x | |
| **Gleis- und Bahnsteiganlagen der Bahnhöfe** | | | | | |
| – mit einfachen Spurplänen | | x | | | |
| – mit schwierigen Spurplänen | | | x | | |
| – mit sehr schwierigen Spurplänen | | | | x | |
| **c) Anlagen des Flugverkehrs** | | | | | |
| – einfache Verkehrsflächen für Landeplätze, Segelfluggelände | | x | | | |
| – schwierige Verkehrsflächen für Landeplätze, einfache Verkehrsflächen für Flughäfen | | | | x | |
| – schwierige Verkehrsflächen für Flughäfen | | | | x | |

Honorarzone

A 13

## Anlage 14 zu §§ 51 Absatz 6, 52 Absatz 2
## Grundleistungen im Leistungsbild Tragwerksplanung, Besondere Leistungen, Objektliste

### 14.1 Leistungsbild Tragwerksplanung

| Grundleistungen | Besondere Leistungen |
|---|---|
| **LPH 1 Grundlagenermittlung** | |
| a) Klären der Aufgabenstellung aufgrund der Vorgaben oder der Bedarfsplanung des Auftraggebers im Benehmen mit dem Objektplaner<br>b) Zusammenstellen der die Aufgabe beeinflussenden Planungsabsichten<br>c) Zusammenfassen, Erläutern und Dokumentieren der Ergebnisse | |
| **LPH 2 Vorplanung (Projekt- und Planungsvorbereitung)** | |
| a) Analysieren der Grundlagen<br>b) Beraten in statisch-konstruktiver Hinsicht unter Berücksichtigung der Belange der Standsicherheit, der Gebrauchsfähigkeit und der Wirtschaftlichkeit<br>c) Mitwirken bei dem Erarbeiten eines Planungskonzepts einschließlich Untersuchung der Lösungsmöglichkeiten des Tragwerks unter gleichen Objektbedingungen mit skizzenhafter Darstellung, Klärung und Angabe der für das Tragwerk wesentlichen konstruktiven Festlegungen für zum Beispiel Baustoffe, Bauarten und Herstellungsverfahren, Konstruktionsraster und Gründungsart<br>d) Mitwirken bei Vorverhandlungen mit Behörden und anderen an der Planung fachlich Beteiligten über die Genehmigungsfähigkeit<br>e) Mitwirken bei der Kostenschätzung und bei der Terminplanung<br>f) Zusammenfassen, Erläutern und Dokumentieren der Ergebnisse | – Aufstellen von Vergleichsberechnungen für mehrere Lösungsmöglichkeiten unter verschiedenen Objektbedingungen<br>– Aufstellen eines Lastenplanes, zum Beispiel als Grundlage für die Baugrundbeurteilung und Gründungsberatung<br>– Vorläufige nachprüfbare Berechnung wesentlicher tragender Teile<br>– Vorläufige nachprüfbare Berechnung der Gründung |
| **LPH 3 Entwurfsplanung (System- und Integrationsplanung)** | |
| a) Erarbeiten der Tragwerkslösung, unter Beachtung der durch die Objektplanung integrierten Fachplanungen, bis zum kon- | – Vorgezogene, prüfbare und für die Ausführung geeignete Berechnung wesentlich tragender Teile |

| Grundleistungen | Besondere Leistungen |
|---|---|
| struktiven Entwurf mit zeichnerischer Darstellung<br>b) Überschlägige statische Berechnung und Bemessung<br>c) Grundlegende Festlegungen der konstruktiven Details und Hauptabmessungen des Tragwerks für zum Beispiel Gestaltung der tragenden Querschnitte, Aussparungen und Fugen; Ausbildung der Auflager- und Knotenpunkte sowie der Verbindungsmittel<br>d) Überschlägiges Ermitteln der Betonstahlmengen im Stahlbetonbau, der Stahlmengen im Stahlbau und der Holzmengen im Ingenieurholzbau<br>e) Mitwirken bei der Objektbeschreibung bzw. beim Erläuterungsbericht<br>f) Mitwirken bei Verhandlungen mit Behörden und anderen an<br>der Planung fachlich Beteiligten über die Genehmigungsfähigkeit<br>g) Mitwirken bei der Kostenberechnung und bei der Terminplanung<br>h) Mitwirken beim Vergleich der Kostenberechnung mit der Kostenschätzung<br>i) Zusammenfassen, Erläutern und Dokumentieren der Ergebnisse | – Vorgezogene, prüfbare und für die Ausführung geeignete Berechnung der Gründung<br>– Mehraufwand bei Sonderbauweisen oder Sonderkonstruktionen, zum Beispiel Klären von Konstruktionsdetails<br>– Vorgezogene Stahl- oder Holzmengenermittlung des Tragwerks und der kraftübertragenden Verbindungsteile für eine Ausschreibung, die ohne Vorliegen von Ausführungsunterlagen durchgeführt wird<br>– Nachweise der Erdbebensicherung |
| **LPH 4 Genehmigungsplanung** | |
| a) Aufstellen der prüffähigen statischen Berechnungen für das Tragwerk unter Berücksichtigung der vorgegebenen bauphysikalischen Anforderungen<br>b) Bei Ingenieurbauwerken: Erfassen von normalen Bauzuständen<br>c) Anfertigen der Positionspläne für das Tragwerk oder Eintragen der statischen Positionen, der Tragwerksabmessungen, der Verkehrslasten, der Art und Güte der Baustoffe und der Besonderheiten der Konstruktionen in die Entwurfszeichnungen des Objektsplaners<br>d) Zusammenstellen der Unterlagen der Tragwerksplanung zur Genehmigung<br>e) Abstimmen mit Prüfämtern und Prüfingenieuren oder Eigenkontrolle | – Nachweise zum konstruktiven Brandschutz, soweit erforderlich unter Berücksichtigung der Temperatur (Heißbemessung)<br>– Statische Berechnung und zeichnerische Darstellung für Bergschadenssicherungen und Bauzustände bei Ingenieurbauwerken, soweit diese Leistungen über das Erfassen von normalen Bauzuständen hinausgehen<br>– Zeichnungen mit statischen Positionen und den Tragwerksabmessungen, den Bewehrungs-Querschnitten, den Verkehrslasten und der Art und Güte der Baustoffe sowie Besonderheiten der Konstruktionen zur Vorlage bei der bauaufsichtlichen Prüfung anstelle von Positionsplänen<br>– Aufstellen der Berechnungen nach militärischen Lastenklassen (MLC) |

| Grundleistungen | Besondere Leistungen |
|---|---|
| f) Vervollständigen und Berichtigen der Berechnungen und Pläne | – Erfassen von Bauzuständen bei Ingenieurbauwerken, in denen das statische System von dem des Endzustands abweicht<br>– Statische Nachweise an nicht zum Tragwerk gehörende Konstruktionen (zum Beispiel Fassaden) |
| **LPH 5 Ausführungsplanung** | |
| a) Durcharbeiten der Ergebnisse der Leistungsphasen 3 und 4 unter Beachtung der durch die Objektplanung integrierten Fachplanungen<br>b) Anfertigen der Schalpläne in Ergänzung der fertig gestellten Ausführungspläne des Objektplaners<br>c) Zeichnerische Darstellung der Konstruktionen mit Einbau- und Verlegeanweisungen, zum Beispiel Bewehrungspläne, Stahlbau- oder Holzkonstruktionspläne mit Leitdetails (keine Werkstattzeichnungen)<br>d) Aufstellen von Stahl- oder Stücklisten als Ergänzung zur zeichnerischen Darstellung der Konstruktionen mit Stahlmengenermittlung<br>e) Fortführen der Abstimmung mit Prüfämtern und Prüfingenieuren oder Eigenkontrolle | – Konstruktion und Nachweise der Anschlüsse im Stahl- und Holzbau<br>– Werkstattzeichnungen im Stahl- und Holzbau einschließlich Stücklisten, Elementpläne für Stahlbetonfertigteile einschließlich Stahl- und Stücklisten<br>– Berechnen der Dehnwege, Festlegen des Spannvorganges und Erstellen der Spannprotokolle im Spannbetonbau<br>– Rohbauzeichnungen im Stahlbetonbau, die auf der Baustelle nicht der Ergänzung durch die Pläne des Objektplaners bedürfen |
| **LPH 6 Vorbereitung der Vergabe** | |
| a) Ermitteln der Betonstahlmengen im Stahlbetonbau, der Stahlmengen in Stahlbau und der Holzmengen im Ingenieurholzbau als Ergebnis der Ausführungsplanung und als Beitrag zur Mengenermittlung des Objektplaners<br>b) Überschlägiges Ermitteln der Mengen der konstruktiven Stahlteile und statisch erforderlichen Verbindungs- und Befestigungsmittel im Ingenieurholzbau<br>c) Mitwirken beim Erstellen der Leistungsbeschreibung als Ergänzung zu den Mengenermittlungen als Grundlage für das Leistungsverzeichnis des Tragwerks | – Beitrag zur Leistungsbeschreibung mit Leistungsprogramm des Objektplaners[x]<br>– Beitrag zum Aufstellen von vergleichenden Kostenübersichten des Objektplaners<br>– Beitrag zum Aufstellen des Leistungsverzeichnisses des Tragwerks<br>[x] diese Besondere Leistung wird bei Leistungsbeschreibung mit Leistungsprogramm Grundleistung. In diesem Fall entfallen die Grundleistungen dieser Leistungsphase |
| **LPH 7 Mitwirkung der Vergabe** | |
| | – Mitwirken bei der Prüfung und Wertung der Angebote Leistungsbeschreibung mit |

| Grundleistungen | Besondere Leistungen |
|---|---|
|  | Leistungsprogramm des Objektplaners |
|  | – Mitwirken bei der Prüfung und Wertung von Nebenangeboten |
|  | – Mitwirken beim Kostenanschlag nach DIN 276 oder anderer Vorgaben des Auftraggebers aus Einheitspreisen oder Pauschalangeboten |
| **LPH 8 Objektüberwachung (Bauüberwachung und Dokumentation)** | |
|  | – Ingenieurtechnische Kontrolle der Ausführung des Tragwerks auf Übereinstimmung mit den geprüften statischen Unterlagen |
|  | – Ingenieurtechnische Kontrolle der Bauhelfe, zum Beispiel Arbeits- und Lehrgerüste, Kranbahnen, Baugrubensicherungen |
|  | – Kontrolle der Betonherstellung und -verarbeitung auf der Baustelle in besonderen Fällen sowie Auswertung der Güteprüfungen |
|  | – Betontechnologische Beratung |
|  | – Mitwirken bei der Überwachung der Ausführung der Tragwerkseingriffe bei Umbauten und Modernisierungen |
| **LPH 9 Objektbetreuung** | |
|  | – Baubegehung zur Feststellung und Überwachung von die Standsicherheit betreffenden Einflüssen |

## Kurzkommentar zu Anlage 14.1

In der Leistungsphase 1 ist das Zusammenfassen, Erläutern und Dokumentieren der Ergebnisse hinzugekommen. In Leistungsphase 2 ist die Analyse der Grundlagen und die bereits in Leistungsphase 1 hinzugekommene Zusammenfassung, Erläuterung und Dokumentation der Ergebnisse ergänzt worden. Darüber hinaus wurde die Mitwirkung bei der Terminplanung in Leistungsphase 2 neu eingestellt.

In der Leistungsphase 3 wurde ebenfalls die Mitwirkung bei der Terminplanung neu erfasst, ebenso die bereits in den Leistungsphasen 1 und 2 ergänzten Erläuterungs- und Dokumentationsaufgaben sowie deren Zusammenfassung.

Die überschlägige Ermittlung der Betonstahlmengen bzw. Stahlmengen bzw. der Holzmengen ist in Leistungsphase 3 neu erfasst worden.

Die grundlegenden Festlegungen der konstruktiven Details und Hauptabmessungen des Tragwerks sind bedeutend für die Objektplanung, die ihrerseits diese Angaben in die Objektplanung an wichtiger Stelle integriert.

Die Leistungsphase 4 entspricht dem bisherigen Verordnungstext. Das Vervollständigen und Berichtigen der Berechnungen und Pläne in der Leistungsphase 4 stellt einen Honorartatbestand dar, der dafür gedacht ist, dass auch alle relevanten Angaben aus dem Prüfbericht in die weitere Planungsvertiefung übernommen werden.

In der Leistungsphase 5 wird die Fortführung der Abstimmungen mit den Prüfingenieuren neu geregelt. Die neue Regelung zur Eigenkontrolle wirft Fragen auf. Denn der Tragwerksplaner schuldet ohnehin eine mangelfreie Planungsleistung.

In der Leistungsphase 6 fand keine Änderung gegenüber der bisherigen Regelung statt. Hier sind die Beiträge des Tragwerksplaners für die Objektplanung geregelt.

Die Leistungsphasen 7–9 enthalten nur Besondere Leistungen. Hervorzuheben ist die ingenieurtechnische Kontrolle der Ausführung des Tragwerks auf Übereinstimmung mit den geprüften statischen Unterlagen. Diese Leistung ist in sehr vielen Fällen wichtig, sie unterscheidet sich von der Bauüberwachung der Objektplanung, so dass keine Mehrfachvergütung diesbezüglich anfallen wird, soweit die ingenieurtechnische Kontrolle beauftragt wird.

## 14.2 Objektliste Tragwerksplanung

Nachstehende Tragwerke können in der Regel folgenden Honorarzonen zugeordnet werden:

| Bewertungsmerkmale zur Ermittlung der Honorarzone bei der Tragwerksplanung | I | II | III | IV | V |
|---|---|---|---|---|---|
| – Tragwerke mit sehr geringem Schwierigkeitsgrad, insbesondere<br>– einfache statisch bestimmte ebene Tragwerke aus Holz, Stahl, Stein oder unbewehrtem Beton mit ruhenden Lasten, ohne Nachweis horizontaler Aussteifung | x | | | | |
| – Tragwerke mit geringem Schwierigkeitsgrad, insbesondere<br>– statisch bestimmte ebene Tragwerke in gebräuchlichen Bauarten ohne Vorspann- und Verbundkonstruktionen, mit vorwiegend ruhenden Lasten | | x | | | |
| – Tragwerke mit durchschnittlichem Schwierigkeitsgrad, insbesondere<br>– schwierige statisch bestimmte und statisch unbestimmte ebene Tragwerke in gebräuchlichen Bauarten und ohne Gesamtstabilitätsuntersuchungen | | | x | | |
| – Tragwerke mit hohem Schwierigkeitsgrad, insbesondere<br>– statisch und konstruktiv schwierige Tragwerke in gebräuchlichen Bauarten und Tragwerke, für deren Standsicherheit- und Festigkeitsnachweis schwierig zu ermittelnde Einflüsse zu berücksichtigen sind | | | | x | |

Anlage 14

| | Honorarzone | | | | |
|---|---|---|---|---|---|
| | I | II | III | IV | V |
| – Tragwerke mit sehr hohem Schwierigkeitsgrad, insbesondere statisch u. konstruktiv ungewöhnlich schwierige Tragwerke | | | | | x |
| **Stützwände, Verbau** | | | | | |
| – unverankerte Stützwände zur Abfangung von Geländesprüngen bis 2 m Höhe und konstruktive Böschungssicherungen bei einfachen Baugrund-, Belastungs- und Geländeverhältnissen | x | | | | |
| – Sicherung von Geländesprüngen bis 4 m Höhe ohne Rückverankerungen bei einfachen Baugrund-, Belastungs und Geländeverhältnissen wie z. B. Stützwände, Uferwände, Baugrubenverbauten | | x | | | |
| – Sicherung von Geländesprüngen ohne Rückverankerungen bei schwierigen Baugrund-, Belastungs- oder Geländeverhältnissen oder mit einfacher Rückverankerung bei einfachen Baugrund-, Belastungs- oder Geländeverhältnissen wie z. B. Stützwände, Uferwände, Baugrubenverbauten | | | x | | |
| – schwierige, verankerte Stützwände, Baugrubenverbauten oder Uferwände | | | | x | |
| – Baugrubenverbauten mit ungewöhnlich schwierigen Randbedingungen | | | | | x |
| **Gründung** | | | | | |
| – Flachgründungen einfacher Art | | x | | | |
| – Flachgründungen mit durchschnittlichem Schwierigkeitsgrad, ebene und räumliche Pfahlgründungen mit durchschnittlichem Schwierigkeitsgrad | | | x | | |
| – schwierige Flachgründungen, schwierige ebene und räumliche Pfahlgründungen, besondere Gründungsverfahren, Unterfahrungen | | | | x | |
| **Mauerwerk** | | | | | |
| – Mauerwerksbauten mit bis zur Gründung durchgehenden tragenden Wänden ohne Nachweis horizontaler Aussteifung | | x | | | |
| – Tragwerke mit Abfangung der tragenden beziehungsweise aussteifenden Wände | | | x | | |
| – Konstruktionen mit Mauerwerk nach Eignungsprüfung (Ingenieurmauerwerk) | | | | x | |
| **Gewölbe** | | | | | |
| – einfache Gewölbe | | | x | | |
| – schwierige Gewölbe und Gewölbereihen | | | | x | |

A 14

## A 14

| | Honorarzone | | | | |
|---|:---:|:---:|:---:|:---:|:---:|
| | I | II | III | IV | V |
| **Deckenkonstruktionen, Flächentragwerke** | | | | | |
| – Deckenkonstruktionen mit einfachem Schwierigkeitsgrad, bei vorwiegend ruhenden Flächenlasten | | x | | | |
| – Deckenkonstruktionen mit durchschnittlichem Schwierigkeitsgrad | | | x | | |
| – schiefwinklige Einfeldplatten | | | | x | |
| – schiefwinklige Mehrfeldplatten | | | | | x |
| – schiefwinklig gelagerte oder gekrümmte Träger | | | | x | |
| – schiefwinklig gelagerte, gekrümmte Träger | | | | | x |
| – Trägerroste und orthotrope Platten mit durchschnittlichem Schwierigkeitsgrad, | | | | x | |
| – schwierige Trägerroste und schwierige orthotrope Platten | | | | | x |
| – Flächentragwerke (Platten, Scheiben) mit durchschnittlichem Schwierigkeitsgrad | | | | x | |
| – schwierige Flächentragwerke (Platten, Scheiben, Faltwerke, Schalen) | | | | | x |
| – einfache Faltwerke ohne Vorspannung | | | | x | |
| **Verbund-Konstruktionen** | | | | | |
| – einfache Verbundkonstruktionen ohne Berücksichtigung des Einflusses von Kriechen und Schwinden | | | x | | |
| – Verbundkonstruktionen mittlerer Schwierigkeit | | | | x | |
| – Verbundkonstruktionen mit Vorspannung durch Spannglieder oder andere Maßnahmen | | | | | x |
| **Rahmen- und Skelettbauten** | | | | | |
| – ausgesteifte Skelettbauten | | x | | | |
| – Tragwerke für schwierige Rahmen- und Skelettbauten sowie turmartige Bauten, bei denen der Nachweis der Stabilität und Aussteifung die Anwendung besonderer Berechnungsverfahren erfordert | | | | x | |
| – einfache Rahmentragwerke ohne Vorspannkonstruktionen und ohne Gesamtstabilitätsuntersuchungen | | | x | | |
| – Rahmentragwerke mit durchschnittlichem Schwierigkeitsgrad | | | | x | |
| – schwierige Rahmentragwerke mit Vorspannkonstruktionen und Stabilitätsuntersuchungen | | | | | x |
| **Räumliche Stabwerke** | | | | | |
| – räumliche Stabwerke mit durchschnittlichem Schwierig- | | | | x | |

# Anlage 14

|  | Honorarzone ||||| 
|---|---|---|---|---|---|
|  | I | II | III | IV | V |
| keitsgrad |  |  |  |  |  |
| – schwierige räumliche Stabwerke |  |  |  |  | x |
| **Seilverspannte Konstruktionen** |  |  |  |  |  |
| – einfache seilverspannte Konstruktionen |  |  |  | x |  |
| – seilverspannte Konstruktionen mit durchschnittlichem bis sehr hohem Schwierigkeitsgrad |  |  |  |  | x |
| **Konstruktionen mit Schwingungsbeanspruchung** |  |  |  |  |  |
| – Tragwerke mit einfachen Schwingungsuntersuchungen |  |  |  | x |  |
| – Tragwerke mit Schwingungsuntersuchungen mit durchschnittlichem bis sehr hohem Schwierigkeitsgrad |  |  |  |  | x |
| **Besondere Berechnungsmethoden** |  |  |  |  |  |
| – schwierige Tragwerke, die Schnittgrößenbestimmungen nach der Theorie II. Ordnung erfordern |  |  |  | x |  |
| – ungewöhnlich schwierige Tragwerke, die Schnittgrößenbestimmungen nach der Theorie II. Ordnung erfordern |  |  |  |  | x |
| – schwierige Tragwerke in neuen Bauarten |  |  |  |  | x |
| – Tragwerke mit Standsicherheitsnachweisen, die nur unter Zuhilfenahme modellstatischer Untersuchungen oder durch Berechnungen mit finiten Elementen beurteilt werden können |  |  |  |  | x |
| – Tragwerke, bei denen die Nachgiebigkeit der Verbindungsmittel bei der Schnittkraftermittlung zu berücksichtigen ist |  |  |  |  | x |
| **Spannbeton** |  |  |  |  |  |
| – einfache, äußerlich und innerlich statisch bestimmte und zwängungsfrei gelagerte vorgespannte Konstruktionen |  |  | x |  |  |
| – vorgespannte Konstruktionen mit durchschnittlichem Schwierigkeitsgrad |  |  |  | x |  |
| – vorgespannte Konstruktionen mit hohem bis sehr hohem Schwierigkeitsgrad |  |  |  |  | x |
| **Trag-Gerüste** |  |  |  |  |  |
| – einfache Traggerüste und andere einfache Gerüste für Ingenieurbauwerke |  | x |  |  |  |
| – schwierige Traggerüste und andere schwierige Gerüste für Ingenieurbauwerke |  |  |  | x |  |
| – sehr schwierige Traggerüste und andere sehr schwierige Gerüste für Ingenieurbauwerke, zum Beispiel weit gespannte oder hohe Traggerüste |  |  |  |  | x |

## A 15 Anlage 15 zu §§ 55 Absatz 3, 56 Absatz 3
**Grundleistungen im Leistungsbild Technische Ausrüstung, Besondere Leistungen, Objektliste**

### 15.1 Grundleistungen und Besondere Leistungen im Leistungsbild Technische Ausrüstung

| Grundleistungen | Besondere Leistungen |
|---|---|
| **LPH 1 Grundlagenermittlung** | |
| a) Klären der Aufgabenstellung aufgrund der Vorgaben oder der Bedarfsplanung des Auftraggebers im Benehmen mit dem Objektplaner<br>b) Ermitteln der Planungsrandbedingungen und Beraten zum Leistungsbedarf und gegebenenfalls zur technischen Erschließung<br>c) Zusammenfassen, Erläutern und Dokumentieren der Ergebnisse | – Mitwirken bei der Bedarfsplanung für komplexe Nutzungen zur Analyse der Bedürfnisse, Ziele und einschränkenden Gegebenheiten (Kosten-, Termine und andere Rahmenbedingungen) des Bauherrn und wichtiger Beteiligter<br>– Bestandsaufnahme, zeichnerische Darstellung und Nachrechnen vorhandener Anlagen und Anlagenteile<br>– Datenerfassung, Analysen und Optimierungsprozesse im Bestand<br>– Durchführen von Verbrauchsmessungen<br>– Endoskopische Untersuchungen<br>– Mitwirken bei der Ausarbeitung von Auslobungen und bei Vorprüfungen für Planungswettbewerbe |
| **LPH 2 Vorplanung (Projekt- und Planungsvorbereitung** | |
| a) Analysieren der Grundlagen<br>Mitwirken beim Abstimmen der Leistungen mit den Planungsbeteiligten<br>b) Erarbeiten eines Planungskonzepts, dazu gehören zum Beispiel: Vordimensionieren der Systeme und maßbestimmenden Anlagenteile, Untersuchen von alternativen Lösungsmöglichkeiten bei gleichen Nutzungsanforderungen einschließlich Wirtschaftlichkeitsvorbetrachtung, zeichnerische Darstellung zur Integration in die Objektplanung unter Berücksichtigung exemplarischer Details, Angaben zum Raumbedarf<br>c) Aufstellen eines Funktionsschemas bzw. Prinzipschaltbildes für jede Anlage<br>d) Klären und Erläutern der wesentlichen fachübergreifenden Prozesse, Randbedingungen und Schnittstellen, Mitwirken bei | – Erstellen des technischen Teils eines Raumbuches<br>– Durchführen von Versuchen und Modellversuchen |

# Anlage 15

| Grundleistungen | Besondere Leistungen |
|---|---|
| der Integration der technischen Anlagen<br>e) Vorverhandlungen mit Behörden über die Genehmigungsfähigkeit und mit den zu beteiligenden Stellen zur Infrastruktur<br>f) Kostenschätzung nach DIN 276 (2.Ebene) und Terminplanung<br>g) Zusammenfassen, Erläutern und Dokumentieren der Ergebnisse | |
| **LPH 3 Entwurfsplanung (System- und Integrationsplanung)** | |
| a) Durcharbeiten des Planungskonzepts (stufenweise Erarbeitung einer Lösung) unter Berücksichtigung aller fachspezifischen Anforderungen sowie unter Beachtung der durch die Objektplanung integrierten Fachplanungen, bis zum vollständigen Entwurf<br>b) Festlegen aller Systeme und Anlagenteile<br>c) Berechnen und Bemessen der technischen Anlagen und Anlagenteile, Abschätzen von jährlichen Bedarfswerten (z. B. Nutz-, End- und Primärenergiebedarf) und Betriebskosten; Abstimmen des Platzbedarfs für technische Anlagen und Anlagenteile; Zeichnerische Darstellung des Entwurfs in einem mit dem Objektplaner abgestimmten Ausgabemaßstab mit Angabe maßbestimmender Dimensionen<br>Fortschreiben und Detaillieren der Funktions- und Strangschemata der Anlagen<br>Auflisten aller Anlagen mit technischen Daten und Angaben zum Beispiel für Energiebilanzierungen<br>Anlagenbeschreibungen mit Angabe der Nutzungsbedingungen<br>d) Übergeben der Berechnungsergebnisse an andere Planungsbeteiligte zum Aufstellen vorgeschriebener Nachweise; Angabe und Abstimmung der für die Tragwerksplanung notwendigen Angaben über Durchführungen und Lastangaben (ohne Anfertigen von Schlitz- und Durchführungsplänen)<br>e) Verhandlungen mit Behörden und mit anderen zu beteiligenden Stellen über die Genehmigungsfähigkeit<br>f) Kostenberechnung nach DIN 276 | – Erarbeiten von besonderen Daten für die Planung Dritter, zum Beispiel für Stoffbilanzen, etc.<br>– Detaillierte Betriebskostenberechnung für die ausgewählte Anlage<br>– Detaillierter Wirtschaftlichkeitsnachweis<br>– Berechnung von Lebenszykluskosten<br>– Detaillierte Schadstoffemissionsberechnung für die ausgewählte Anlage<br>– Detaillierter Nachweis von Schadstoffemissionen<br>– Aufstellen einer gewerkeübergreifenden Brandschutzmatrix<br>– Fortschreiben des technischen Teils des Raumbuches<br>– Auslegung der technischen Systeme bei Ingenieurbauwerken nach Maschinenrichtlinie<br>– Anfertigen von Ausschreibungszeichnungen bei Leistungsbeschreibung mit Leistungsprogramm;<br>– Mitwirken bei einer vertieften Kostenberechnung<br>– Simulationen zur Prognose des Verhaltens von Gebäuden, Bauteilen, Räumen und Freiräumen |

| Grundleistungen | Besondere Leistungen |
|---|---|
| (3.Ebene) und Terminplanung<br>g) Kostenkontrolle durch Vergleich der Kostenberechnung mit der Kostenschätzung<br>h) Zusammenfassen, Erläutern und Dokumentieren der Ergebnisse | |
| **LPH 4 Genehmigungsplanung** | |
| a) Erarbeiten und Zusammenstellen der Vorlagen und Nachweise für öffentlich-rechtliche Genehmigungen oder Zustimmungen, einschließlich der Anträge auf Ausnahmen oder Befreiungen sowie Mitwirken bei Verhandlungen mit Behörden<br>b) Vervollständigen und Anpassen der Planungsunterlagen, Beschreibungen und Berechnungen | |
| **LPH 5 Ausführungsplanung** | |
| a) Erarbeiten der Ausführungsplanung auf Grundlage der Ergebnisse der Leistungsphasen 3 und 4 (stufenweise Erarbeitung und Darstellung der Lösung) unter Beachtung der durch die Objektplanung integrierten Fachplanungen bis zur ausführungsreifen Lösung<br>b) Fortschreiben der Berechnungen und Bemessungen zur Auslegung der technischen Anlagen und Anlagenteile<br>Zeichnerische Darstellung der Anlagen in einem mit dem Objektplaner abgestimmten Ausgabemaßstab und Detaillierungsgrad einschließlich Dimensionen (keine Montage- oder Werkstattpläne)<br>Anpassen und Detaillieren der Funktions- und Strangschemata der Anlagen bzw. der GA-Funktionslisten<br>Abstimmen der Ausführungszeichnungen mit dem Objektplaner und den übrigen Fachplanern<br>c) Anfertigen von Schlitz- und Durchbruchsplänen<br>d) Fortschreibung des Terminplans<br>e) Fortschreiben der Ausführungsplanung auf den Stand der Ausschreibungsergebnisse und der dann vorliegenden Ausführungsplanung des Objektplaners, Übergeben der | – Prüfen und Anerkennen von Schalplänen des Tragwerksplaners auf Übereinstimmung mit der Schlitzund Durchbruchsplanung<br>– Anfertigen von Plänen für Anschlüsse von beigestellten Betriebsmitteln und Maschinen (Maschinenanschlussplanung) mit besonderem Aufwand, (zum Beispiel bei Produktionseinrichtungen)<br>– Leerrohrplanung mit besonderem Aufwand, (zum Beispiel bei Sichtbeton oder Fertigteilen)<br>– Mitwirkung bei Detailplanungen mit besonderem Aufwand, zum Beispiel Darstellung von Wandabwicklungen in hochinstallierten Bereichen<br>– Anfertigen von allpoligen Stromlaufplänen |

| Grundleistungen | Besondere Leistungen |
|---|---|
| fortgeschriebenen Ausführungsplanung an die ausführenden Unternehmen<br>f) Prüfen und Anerkennen der Montage- und Werkstattpläne der ausführenden Unternehmen auf Übereinstimmung mit der Ausführungsplanung | |
| **LPH 6 Vorbereitung der Vergabe** | |
| a) Ermitteln von Mengen als Grundlage für das Aufstellen von Leistungsverzeichnissen in Abstimmung mit Beiträgen anderer an der Planung fachlich Beteiligter<br>b) Aufstellen der Vergabeunterlagen, insbesondere mit Leistungsverzeichnissen nach Leistungsbereichen, einschließlich der Wartungsleistungen auf Grundlage bestehender Regelwerke<br>c) Mitwirken beim Abstimmen der Schnittstellen zu den Leistungsbeschreibungen der anderen an der Planung fachlich Beteiligten<br>d) Ermitteln der Kosten auf Grundlage der vom Planer bepreisten Leistungsverzeichnisse<br>e) Kostenkontrolle durch Vergleich der vom Planer bepreisten Leistungsverzeichnisse mit der Kostenberechnung<br>f) Zusammenstellen der Vergabeunterlagen | – Erarbeiten der Wartungsplanung und -organisation<br>– Ausschreibung von Wartungsleistungen, soweit von bestehenden Regelwerken abweichend |
| **LPH 7 Mitwirkung der Vergabe** | |
| a) Einholen von Angeboten<br>b) Prüfen und Werten der Angebote, Aufstellen der Preisspiegel nach Einzelpositionen, Prüfen und Werten der Angebote für zusätzliche oder geänderte Leistungen der ausführenden Unternehmen und der Angemessenheit der Preise<br>c) Führen von Bietergesprächen<br>d) Vergleichen der Ausschreibungsergebnisse mit den vom Planer bepreisten Leistungsverzeichnissen und der Kostenberechnung<br>e) Erstellen der Vergabevorschläge, Mitwirken bei der Dokumentation der Vergabeverfahren<br>f) Zusammenstellen der Vertragsunterlagen und bei der Auftragserteilung | – Prüfen und Werten von Nebenangeboten<br>– Mitwirken bei der Prüfung von bauwirtschaftlich begründeten Angeboten (Claimabwehr) |

**A 15**

| Grundleistungen | Besondere Leistungen |
|---|---|
| **LPH 8 Objektüberwachung (Bauüberwachung und Dokumentation)** | |
| a) Überwachen der Ausführung des Objekts auf Übereinstimmung mit der öffentlich-rechtlichen Genehmigung oder Zustimmung, den Verträgen mit den ausführenden Unternehmen, den Ausführungsunterlagen, den Montage- und Werkstattplänen, den einschlägigen Vorschriften und den allgemein anerkannten Regeln der Technik<br>b) Mitwirken bei der Koordination der am Projekt Beteiligten<br>c) Aufstellen, Fortschreiben und Überwachen des Terminplans (Balkendiagramm) d) Dokumentation des Bauablaufs (Bautagebuch)<br>e) Prüfen und Bewerten der Notwendigkeit geänderter oder zusätzlicher Leistungen der Unternehmer und der Angemessenheit der Preise<br>f) Gemeinsames Aufmaß mit den ausführenden Unternehmen<br>g) Rechnungsprüfung in rechnerischer und fachlicher Hinsicht mit Prüfen und Bescheinigen des Leistungsstandes anhand nachvollziehbarer Leistungsnachweise<br>h) Kostenkontrolle durch Überprüfen der Leistungsabrechnungen der ausführenden Unternehmen im Vergleich zu den Vertragspreisen und dem Kostenanschlag<br>i) Kostenfeststellung<br>j) Mitwirken bei Leistungs- u. Funktionsprüfungen<br>k) fachtechnische Abnahme der Leistungen auf Grundlage der vorgelegten Dokumentation, Erstellung eines Abnahmeprotokolls, Feststellen von Mängeln und Erteilen einer Abnahmeempfehlung<br>l) Antrag auf behördliche Abnahmen und Teilnahme daran<br>m) Prüfung der übergebenen Revisionsunterlagen auf Vollzähligkeit, Vollständigkeit und stichprobenartige Prüfung auf Übereinstimmung mit dem Stand der Ausführung<br>n) Auflisten der Verjährungsfristen der | – Durchführen von Leistungsmessungen und Funktionsprüfungen<br>– Werksabnahmen<br>– Fortschreiben der Ausführungspläne (zum Beispiel Grundrisse, Schnitte, Ansichten) bis zum Bestand<br>– Erstellen von Rechnungsbelegen anstelle der ausführenden Firmen, zum Beispiel Aufmaß<br>– Schlussrechnung (Ersatzvornahme)<br>– Erstellen fachübergreifender Betriebsanleitungen (zum Beispiel Betriebshandbuch, Reparaturhand-buch) oder computer-aided Facility Management-Konzepte<br>– Planung der Hilfsmittel für Reparaturzwecke |

| Grundleistungen | Besondere Leistungen |
|---|---|
| Ansprüche auf Mängelbeseitigung | |
| o) Überwachen der Beseitigung der bei der Abnahme festgestellten Mängel | |
| p) Systematische Zusammenstellung der Dokumentation, der zeichnerischen Darstellungen und rechnerischen Ergebnisse des Objekts | |
| **LPH 9 Objektbetreuung** | |
| a) Fachliche Bewertung der innerhalb der Verjährungsfristen für Gewährleistungsansprüche festgestellten Mängel, längstens jedoch bis zum Ablauf von fünf Jahren seit Abnahme der Leistung, einschließlich notwendiger Begehungen<br>b) Objektbegehung zur Mängelfeststellung vor Ablauf der Verjährungsfristen für Mängelansprüche gegenüber den ausführenden Unternehmen<br>c) Mitwirken bei der Freigabe von Sicherheitsleistungen | – Überwachen der Mängelbeseitigung innerhalb der Verjährungsfrist<br>– Energiemonitoring innerhalb der Gewährleistungsphase, Mitwirkung bei den jährlichen Verbrauchsmessungen aller Medien<br>– Vergleich mit den Bedarfswerten aus der Planung, Vorschläge für die Betriebsoptimierung und zur Senkung des Medien- und Energieverbrauches |

## Kurzkommentar zu Anlage 15.1

Nachstehend wird auszugsweise auf wesentliche Änderungen im Leistungsbild eingegangen. In der Leistungsphase 1 ist das Erläutern und Dokumentieren der Ergebnisse hinzugekommen, ebenso die Vorgaben des Auftraggebers.

In der Leistungsphase 2 sind die Mitwirkung bei der Abstimmung der Leistungen mit den Projektbeteiligten und die Vordimensionierung der Systeme und maßbestimmende Anlagenteile hinzugekommen. Bei gleichen Nutzeranforderungen sind Alternativen geregelt. Exemplarische Details zum Raumbedarf sind ebenfalls neu aufgenommen worden. Soweit fachübergreifende Prozesse vorliegen (z. B. Technische Ausrüstungen, die andere Leistungsbilder beeinflussen), sind diese zu erläutern. Bei den Vorverhandlungen zur Genehmigungsfähigkeit sind die zu beteiligenden Stellen der Infrastruktur hinzugekommen. Bei der Terminplanung der Objektplanung ist mitzuwirken. Die Zusammenfassung, Erläuterung und Dokumentation der Ergebnisse der Leistungsphase 2 ist ebenfalls neu.

Die Leistungsphase 3 wurde ergänzt um das Abschätzen des jährl. Energiebedarfs und des Abstimmens des Platzbedarfs für die technischen Anlagen und Anlagenteile. Die Pläne sollen die maßbestimmenden Dimensionen enthalten. Die Mitwirkung bei der Terminplanung der Objektplanung und die Dokumentation der Ergebnisse der Leistungsphase 3 sind ebenfalls hinzugekommen.

Die Leistungsphase 4 ist in Bezug auf die Gewichtung in % vom Gesamthonorar geändert worden.

**A 15**

Die Zeichnerische Darstellung der Anlagen in einem mit dem Objektplaner abgestimmten Ausgabemaßstab und Detaillierungsgrad einschließlich Dimensionen ist in dieser Form neu, ebenso das Abstimmen der Ausführungszeichnungen mit dem Objektplaner und den übrigen Fachplanern.

Das Fortschreiben der Ausführungsplanung auf den Stand der Ausschreibungsergebnisse und der dann vorliegenden Ausführungsplanung des Objektplaners, Übergeben der fortgeschriebenen Ausführungsplanung an die ausführenden Unternehmen wird in der HOAI 2013 ergänzend geregelt.

Das Prüfen und Anerkennen der Montage- und Werkstattpläne der ausführenden Unternehmen auf Übereinstimmung mit der Ausführungsplanung ist neue Grundleistung geworden.

In der Leistungsphase 6 sind als wesentliche Grundleistungen das Mitwirken beim Abstimmen der Schnittstellen zu den Leistungsbeschreibungen der anderen an der Planung fachlich Beteiligten, das Ermitteln der Kosten auf Grundlage der vom Planer bepreisten Leistungsverzeichnisse und die Kostenkontrolle durch Vergleich der vom Planer bepreisten Leistungsverzeichnisse mit der Kostenberechnung sowie das Zusammenstellen der Vergabeunterlagen hinzugekommen.

Das Einholen von Angeboten in Leistungsphase 7 ist neu. Die Leistung Prüfen und Werten der Angebote für zusätzliche oder geänderte Leistungen der ausführenden Unternehmen und der Angemessenheit der Preise ist in ähnlicher Form in Leistungsphase 8 enthalten und sorgt damit für Unklarheit. Das Vergleichen der Ausschreibungsergebnisse mit den vom Planer bepreisten Leistungsverzeichnissen und der Kostenberechnung und die Mitwirkung bei der Dokumentation der Vergabeverfahren und das Zusammenstellen der Vertragsunterlagen wurden ebenfalls ergänzt.

In der Leistungsphase 8 ist die Dokumentation des Bauablaufs (Bautagebuch) und das Prüfen und Bewerten der Notwendigkeit geänderter oder zusätzlicher Leistungen der Unternehmer und der Angemessenheit der Preise neu aufgenommen worden. Damit hat der Verordnungsgeber eine sinngemäße Doppelung mit der Leistung b) in Leistungsphase 7 geschaffen, die fachtechnisch nicht nachvollziehbar ist. Darüber hinaus wurden weitere Änderungen fachpraktischer Natur vorgenommen.

In der Leistungsphase 9 ist die Überwachung der Mängelbeseitigung (Mängel die nach der Abnahme erfasst wurden), Besondere Leistung geworden. Die Grundleistungen umfassen nun die Fachliche Bewertung der innerhalb der Verjährungsfristen für Gewährleistungsansprüche festgestellten Mängel, längstens jedoch bis zum Ablauf von fünf Jahren seit Abnahme der Leistung, einschließlich notwendiger Begehungen.

## 15.2 Objektliste Technische Ausrüstung

Honorarzone

| Objektliste Technische Ausrüstung | I | II | III |
|---|---|---|---|
| **Anlagengruppe 1 Abwasser-, Wasser- oder Gasanlagen** | | | |
| – Anlagen mit kurzen einfachen Netzen | x | | |
| – Abwasser-, Wasser-, Gas oder sanitärtechnische Anlagen mit verzweigten Netzen, Trinkwasserzirkulationsanlagen, Hebeanlagen, Druckerhöhungsanlagen | | x | |
| – Anlagen zur Reinigung, Entgiftung oder Neutralisation von Abwasser, Anlagen zur biologischen, chemischen oder physikalischen Behandlung von Wasser, Anlagen mit besonderen hygienischen Anforderungen oder neuen Techniken (zum Beispiel Kliniken, Alten- oder Pflegeeinrichtungen) <br> – Gasdruckreglerstationen, mehrstufige Leichtflüssigkeitsabscheider | | | x |
| **Anlagengruppe 2 Wärmeversorgungsanlagen** | | | |
| – Einzelheizgeräte, Etagenheizung | x | | |
| – Gebäudeheizungsanlagen, mono- oder bivalente Systeme (zum Beispiel Solaranlage zur Brauchwassererwärmung, Wärmepumpenanlagen) <br> – Flächenheizungen <br> – Hausstationen <br> – verzweigte Netze | | x | |
| – Multivalente Systeme <br> – Systeme mit Kraft-Wärme-Kopplung, Dampfanlagen, Heißwasseranlagen, Deckenstrahlheizungen (zum Beispiel Sport- oder Industriehallen) | | | x |
| **Anlagengruppe 3 Lufttechnische Anlagen** | | | |
| – Einzelabluftanlagen | x | | |
| – Lüftungsanlagen mit einer thermodynamischen Luftbehandlungsfunktion (zum Beispiel Heizen), Druckbelüftung | | x | |
| – Lüftungsanlagen mit mindestens 2 thermodynamischen Luftbehandlungsfunktionen (zum Beispiel Heizen oder Kühlen), Teilklimaanlagen, Klimaanlagen <br> – Anlagen mit besonderen Anforderungen an die Luftqualität (zum Beispiel Operationsräume) <br> – Kühlanlagen, Kälteerzeugungsanlagen ohne Prozesskälteanlagen <br> – Hausstationen für Fernkälte, Rückkühlanlagen | | | x |
| **Anlagengruppe 4 Starkstromanlagen** | | | |
| – Niederspannungsanlagen mit bis zu 2 Verteilungsebenen ab Übergabe EVU, einschließlich Beleuchtung oder Sicherheitsbeleuchtung mit Einzelbatterien <br> – Erdungsanlagen | x | | |

## A 15

| Objektliste Technische Ausrüstung | Honorarzone | | |
|---|:---:|:---:|:---:|
| | I | II | III |
| – Kompakt-Transformatorenstationen, Eigenstromerzeugungsanlagen (zum Beispiel zentrale Batterie- oder unterbrechungsfreie Stromversorgungsanlagen, Photovoltaik-Anlagen)<br>– Niederspannungsanlagen mit bis zu 3 Verteilebenen ab Übergabe EVU, einschließlich Beleuchtungsanlagen<br>– zentrale Sicherheitsbeleuchtungsanlagen<br>– Niederspannungsinstallationen einschließlich Bussystemen<br>– Blitzschutz- oder Erdungsanlagen, soweit nicht in HZ I oder HZ III erwähnt<br>– Außenbeleuchtungsanlagen | | x | |
| – Hoch- oder Mittelspannungsanlagen, Transformatorenstationen, Eigenstromversorgungsanlagen mit besonderen Anforderungen (zum Beispiel Notstromaggregate, Blockheizkraftwerke, dynamische unterbrechungsfreie Stromversorgung)<br>– Niederspannungsanlagen mit mindestens 4 Verteilebenen oder mehr als 1.000 A Nennstrom<br>– Beleuchtungsanlagen mit besonderen Planungsanforderungen (zum Beispiel Lichtsimulationen in aufwendigen Verfahren für Museen oder Sonderräume) | | | x |
| – Blitzschutzanlagen mit besonderen Anforderungen (zum Beispiel für Kliniken, Hochhäuser, Rechenzentren) | | | x |
| **Anlagengruppe 5 Fernmelde- oder informationstechnische Anlagen** | | | |
| – Einfache Fernmeldeinstallationen mit einzelnen Endgeräten | x | | |
| – Fernmelde- oder informationstechnische Anlagen, soweit nicht in HZ I oder HZ III erwähnt | | x | |
| – Fernmelde- oder informationstechnische Anlagen mit besonderen Anforderungen (zum Beispiel Konferenz- oder Dolmetscheranlagen, Beschallungsanlagen von Sonderräumen, Objektüberwachungsanlagen, aktive Netzwerkkomponenten, Fernübertragungsnetze, Fernwirkanlagen, Parkleitsysteme) | | | x |
| **Anlagengruppe 6 Förderanlagen** | | | |
| – Einzelne Standardaufzüge, Kleingüteraufzüge, Hebebühnen | x | | |
| – Aufzugsanlagen, soweit nicht in Honorzone I oder III erwähnt, Fahrtreppen oder Fahrsteige, Krananlagen, Ladebrücken, Stetigförderanlagen | | x | |
| – Aufzugsanlagen mit besonderen Anforderungen, Fassadenaufzüge, Transportanlagen mit mehr als zwei Sende- oder Empfangsstellen | | | x |

# Anlage 15

| Objektliste Technische Ausrüstung | Honorarzone I | II | III |
|---|:---:|:---:|:---:|
| **Anlagengruppe 7 Nutzungsspezifische oder verfahrenstechnische Anlagen** | | | |
| **7.1 Nutzungsspezifische Anlagen** | | | |
| – Küchentechnische Geräte, zum Beispiel für Teeküchen | x | | |
| – Küchentechnische Anlagen, zum Beispiel Küchen mittlerer Größe, Aufwärmküchen, Einrichtungen zur Speise- oder Getränkeaufbereitung, -ausgabe oder -lagerung (keine Produktionsküche) einschließlich zugehöriger Kälteanlagen | | x | |
| – Küchentechnische Anlagen, zum Beispiel Großküchen, Einrichtungen für Produktionsküchen einschließlich der Ausgabe oder Lagerung sowie der zugehörigen Kälteanlagen, Gewerbekälte für Großküchen, große Kühlräume oder Kühlzellen | | | x |
| – Wäscherei- oder Reinigungsgeräte, zum Beispiel für Gemeinschaftswaschküchen | x | | |
| – Wäscherei- oder Reinigungsanlagen, zum Beispiel Wäschereieinrichtungen für Waschsalons | | x | |
| – Wäscherei- oder Reinigungsanlagen, zum Beispiel chemische oder physikalische Einrichtungen für Großbetriebe | | | x |
| – Medizin- oder labortechnische Anlagen, zum Beispiel für Einzelpraxen der Allgemeinmedizin | x | | |
| – Medizin- oder labortechnische Anlagen, zum Beispiel für Gruppenpraxen der Allgemeinmedizin oder Einzelpraxen der Fachmedizin, Sanatorien, Pflegeeinrichtungen, Krankenhausabteilungen, Laboreinrichtungen für Schulen | | x | |
| – Medizin- oder labortechnische Anlagen, zum Beispiel für Kliniken, Institute mit Lehr- oder Forschungsaufgaben, Laboratorien, Fertigungsbetriebe | | | x |
| – Feuerlöschgeräte, zum Beispiel Handfeuerlöscher | x | | |
| – Feuerlöschanlagen, zum Beispiel manuell betätigte Feuerlöschanlagen | | x | |
| – Feuerlöschanlagen, zum Beispiel selbsttätig auslösende Anlagen | | | x |
| – Entsorgungsanlagen, zum Beispiel Abwurfanlagen für Abfall oder Wäsche, | x | | |
| – Entsorgungsanlagen, zum Beispiel zentrale Entsorgungsanlagen für Wäsche oder Abfall, zentrale Staubsauganlagen | | x | |
| – Bühnentechnische Anlagen, zum Beispiel technische Anlagen für Klein- oder Mittelbühnen | | x | |
| – Bühnentechnische Anlagen, zum Beispiel für Großbühnen | | | x |
| – Medienversorgungsanlagen, zum Beispiel zur Erzeugung, Lagerung, Aufbereitung oder Verteilung medizinischer oder technischer Gase, Flüssigkeiten oder Vakuum | | | x |

## A 15

| Objektliste Technische Ausrüstung | I | II | III |
|---|---|---|---|
| – Badetechnische Anlagen, zum Beispiel Aufbereitungsanlagen, Wellenerzeugungsanlagen, höhenverstellbare Zwischenböden | | | x |
| – Prozesswärmeanlagen, Prozesskälteanlagen, Prozessluftanlagen, zum Beispiel Vakuumanlagen, Prüfstände, Windkanäle, industrielle Ansauganlagen | | | x |
| – Technische Anlagen für Tankstellen, Fahrzeugwaschanlagen | | | x |
| – Lagertechnische Anlagen, zum Beispiel Regalbediengeräte (mit zugehörigen Regalanlagen), automatische Warentransportanlagen | | | x |
| – Taumittelsprühanlagen oder Enteisungsanlagen | | x | |
| – Stationäre Enteisungsanlagen für Großanlagen zum Beispiel Flughäfen | | | x |
| **7.2 Verfahrenstechnische Anlagen** | | | |
| – Einfache Technische Anlagen der Wasseraufbereitung (zum Beispiel Belüftung, Enteisenung, Entmanganung, chemische Entsäuerung, physikalische Entsäuerung) | | x | |
| – Technische Anlagen der Wasseraufbereitung (zum Beispiel Membranfiltration, Flockungsfiltration, Ozonierung, Entarsenierung, Entaluminierung, Denitrifikation) | | | x |
| – Einfache Technische Anlagen der Abwasserreinigung (zum Beispiel gemeinsame aerober Stabilisierung) | | x | |
| – Technische Anlagen der Abwasserreinigung (zum Beispiel für mehrstufige Abwasserbehandlungsanlagen) | | | x |
| – Einfache Schlammbehandlungsanlagen (zum Beispiel Schlammabsetzanlagen mit mechanischen Einrichtungen) | | x | |
| – Anlagen für mehrstufige oder kombinierte Verfahren der Schlammbehandlung | | | x |
| – Einfache Technische Anlagen der Abwasserableitung | | x | |
| – Technische Anlagen der Abwasserableitung | | | x |
| – Einfache Technische Anlagen der Wassergewinnung, -förderung, -speicherung | | x | |
| – Technische Anlagen der Wassergewinnung, -förderung, -speicherung | | | x |
| – Einfache Regenwasserbehandlungsanlagen | | x | |
| – Einfache Anlagen für Grundwasserdekontaminierungsanlagen | | x | |
| – Komplexe Technische Anlagen für Grundwasserdekontaminierungsanlage | | | x |
| – Einfache Technische Anlagen für die Ver- und Entsorgung mit Gasen (zum Beispiel Odorieranlage) | | x | |

|  | Honorarzone | | |
|---|---|---|---|
| **Objektliste Technische Ausrüstung** | I | II | III |
| – Einfache Technische Anlagen für die Ver- und Entsorgung mit Feststoffen | | x | |
| – Technische Anlagen für die Ver- und Entsorgung mit Feststoffen | | | x |
| – Einfache Technische Anlagen der Abfallentsorgung (zum Beispiel für Kompostwerke, Anlagen zur Konditionierung von Sonderabfällen, Hausmülldeponien oder Monodeponien für Sonderabfälle, Anlagen für Untertagedeponien, Anlagen zur Behandlung kontaminierter Böden) | | x | |
| – Technische Anlagen der Abfallentsorgung (zum Beispiel für Verbrennungsanlagen, Pyrolyseanlagen, mehrfunktionale Aufbereitungsanlagen für Wertstoffe) | | | x |
| **Anlagengruppe 8 Gebäudeautomation** | | | |
| – Herstellerneutrale Gebäudeautomationssysteme oder Automationssysteme mit anlagengruppenübergreifender Systemintegration | | | x |

## Kurzkommentar zu Anlage 15.2

Die Objektlisten wurden neu gegliedert und aktualisiert. Die Anlagengruppe 8 wurde neu formuliert. Die Schnittstellen der Anlagengruppen untereinander sollten, um spätere Diskussionen bezügliche anrechenbarer Kosten zu vermeiden, rechtzeitig festgelegt werden.

# Anhang

## Anhang 1: Siemon-Bewertungstabellen für einzelne Leistungsbilder (i. d. F. HOAI 2013)

Die Orientierungswerte dienen als Anhaltspunkt und fachliche Empfehlung in der Breite. Einzelfallbezogene Bewertungen bzw. Beurteilungen zur Höhe der angemessenen anteiligen Honorare erfordern eine jeweilige einzelfallbezogene Bearbeitung bzw. Bewertung einschließlich fachtechnischer Erläuterung. Dabei sind die Leistung und der Aufwand im Einzelfall angemessen ins Verhältnis zu setzen. Die Tabellen sind nur für die oben genannten Zwecke als fachtechnische Hilfe vorgesehen und können Basis einer entsprechenden vertraglichen Vereinbarung zur Bewertung der beauftragten Grundleistungen sein.[211] Weiterhin wird in der Fachliteratur zum Teil vorgeschlagen, für unterschiedliche Projektgrößen entsprechend unterschiedlich inhaltlich ausgestaltete Leistungsbilder zugrunde zu legen (bezogen auf den Umfang der Grundleistungen).[212] Lechner/Stifter schlagen ein sog. 3-Säulenmodell vor. Das Modell enthält 3 unterschiedliche Projektgrößenordnungen (1.: 0,1–0,5 Mio. €[213]; 2.: 0,5–5,0 Mio. €; 3.: 5,0–50,0 Mio. €) mit jeweils unterschiedlichen Leistungsinhalten. Auch das kann im Einzelfall Grundlage einer Bewertung der einzelnen Grundleistungen und der darauf entfallenden Honoraranteile sein.

### Objekte und Innenräume

| Leistungsphase 1 | Von | Bis |
|---|---|---|
| a) Klären der Aufgabenstellung auf Grundlage der Vorgaben oder der Bedarfsplanung des Auftraggebers | 0,75% | 1,00% |
| b) Ortsbesichtigung | | in a) enth. |
| c) Beraten zum gesamten Leistungs- und Untersuchungsbedarf | 0,75% | 1,00% |
| d) Formulieren der Entscheidungshilfen für die Auswahl anderer an der Planung fachlich Beteiligter | | in c) enth. |
| e) Zusammenfassen, Erläutern und Dokumentieren der Ergebnisse | 0,10% | 0,50% |
| **Gesamt 2%** | | |

| Leistungsphase 2 | Von | Bis |
|---|---|---|
| a) Analysieren der Grundlagen, Abstimmen der Leistungen mit den fachlich an der Planung Beteiligten | 0,25% | 0,50% |
| b) Abstimmen der Zielvorstellungen, Hinweisen auf Zielkonflikte | | in a) enth. |
| c) Erarbeiten der Vorplanung, Untersuchen, Darstellen und Bewerten von Varianten nach gleichen Anforderungen, Zeichnungen im Maßstab nach Art und Größe des Objekts | 3,00% | 3,50% |

---

[211] auch um Streitigkeiten bei der Vertragsabwicklung in den oben bei Ziff. 3 genannten Fällen zu vermeiden bzw. zu minimieren
[212] Kommentar zur HOAI 2013, 2. Aufl. Univ. Prof. H. Lechner Dipl. Ing. D. Stifter, Seite 241
[213] Kostenangaben in: Projektgröße

| | Von | Bis |
|---|---|---|
| d) Klären und Erläutern der wesentlichen Zusammenhänge, Vorgaben und Bedingungen (z. B. städtebauliche, gestalterische, funktionale, technische, wirtschaftliche, ökologische, bauphysikalische, energiewirtschaftliche, soziale, öffentlich-rechtliche) | 1,00% | 2,00% |
| e) Bereitstellen der Arbeitsergebnisse als Grundlage für die anderen an der Planung fachlich Beteiligten sowie Koordination und Integration von deren Leistungen | | in d) enth. |
| f) Vorverhandlungen über die Genehmigungsfähigkeit | 0,10% | 0,50% |
| g) Kostenschätzung nach DIN 276, Vergleich mit den finanziellen Rahmenbedingungen | 0,75% | 1,50% |
| h) Erstellen eines Terminplans mit den wesentlichen Vorgängen des Planungs- und Bauablaufs | 0,10% | 0,50% |
| i) Zusammenfassen, Erläutern und Dokumentieren der Ergebnisse | 0,10% | 0,50% |
| **Gesamt 7%** | | |

| Leistungsphase 3 | Von | Bis |
|---|---|---|
| a) Erarbeiten der Entwurfsplanung, unter weiterer Berücksichtigung der wesentlichen Zusammenhänge, Vorgaben und Bedingungen (z. B. städtebauliche, gestalterische, funktionale, technische, wirtschaftliche, ökologische, soziale, öffentlich-rechtliche) auf Grundlage der Vorplanung und als Grundlage für die weiteren Leistungsphasen und die erforderlichen öffentlich-rechtlichen Genehmigungen unter Verwendung der Beiträge anderer an der Planung fachlich Beteiligter. Zeichnungen nach Art und Größe des Objekts im erforderlichen Umfang und Detaillierungsgrad unter Berücksichtigung aller fachspezifischen Anforderungen, z. B. bei Gebäuden im Maßstab 1:100, z. B. bei Innenräumen im Maßstab 1:50 bis 1:20 | 10,00% | 12,00% |
| b) Bereitstellen der Arbeitsergebnisse als Grundlage für die anderen an der Planung fachlich Beteiligten sowie Koordination und Integration von deren Leistungen | 0,50% | 1,50% |
| c) Objektbeschreibung | 0,25% | 0,75% |
| d) Verhandlungen über die Genehmigungsfähigkeit | 0,50% | 1,00% |
| e) Kostenberechnung nach DIN 276 und Vergleich mit der Kostenschätzung | 1,00% | 2,00% |
| f) Fortschreiben des Terminplans | 0,25% | 0,50% |
| g) Zusammenfassen, Erläutern und Dokumentieren der Ergebnisse | 0,25% | 0,50% |
| **Gesamt 15%** | | |

| Leistungsphase 4 | | |
|---|---|---|
| a) Erarbeiten und Zusammenstellen der Vorlagen und Nachweise für öffentlich-rechtliche Genehmigungen oder Zustimmungen einschließlich der Anträge auf Ausnahmen und Befreiungen, sowie notwendiger Verhandlungen mit Behörden unter Verwendung der Beiträge anderer an der Planung fachlich Beteiligter | | |
| b) Einreichen der Vorlagen | | in a) enth. |
| c) Ergänzen und Anpassen der Planungsunterlagen, Beschreibungen und Berechnungen | | in a) enth. |
| **Gesamt 3%** | | |

# Anhang 1: Siemon-Bewertungstabellen

| Leistungsphase 5 | Von | Bis |
|---|---|---|
| a) Erarbeiten der Ausführungsplanung mit allen für die Ausführung notwendigen Einzelangaben (zeichnerisch und textlich) auf Grundlage der Entwurfs- und Genehmigungsplanung bis zur ausführungsreifen Lösung, als Grundlage für die weiteren Leistungsphasen | 10,00% | 13,00% |
| b) Ausführungs-, Detail- und Konstruktionszeichnungen nach Art und Größe des Objekts im erforderlichen Umfang und Detaillierungsgrad unter Berücksichtigung aller fachspezifischen Anforderungen, z. B. bei Gebäuden im Maßstab 1:50 bis 1:1, z. B. bei Innenräumen im Maßstab 1:20 bis 1:1 | 10,00% | 13,00% |
| c) Bereitstellen der Arbeitsergebnisse als Grundlage für die anderen an der Planung fachlich Beteiligten, sowie Koordination und Integration von deren Leistungen | in a) + b) enth. | |
| d) Fortschreiben des Terminplans | 0,25% | 0,75% |
| e) Fortschreiben der Ausführungsplanung aufgrund der gewerkeorientierten Bearbeitung während der Objektausführung | 0,50% | 1,00% |
| f) Überprüfen erforderlicher Montagepläne der vom Objektplaner geplanten Baukonstruktionen und baukonstruktiven Einbauten auf Übereinstimmung mit der Ausführungsplanung | in a) + b) enth. | |
| **Gesamt 25%** | | |

| Leistungsphase 6 | Von | Bis |
|---|---|---|
| a) Aufstellen eines Vergabeterminplans | 0,00% | 0,25% |
| b) Aufstellen von Leistungsbeschreibungen mit Leistungsverzeichnissen nach Leistungsbereichen, Ermitteln und Zusammenstellen von Mengen auf Grundlage der Ausführungsplanung unter Verwendung der Beiträge anderer an der Planung fachlich Beteiligter | 8,00% | 9,00% |
| c) Abstimmen und Koordinieren der Schnittstellen zu den Leistungsbeschreibungen der an der Planung fachlich Beteiligten | in b) enth. | |
| d) Ermitteln der Kosten auf Grundlage vom Planer bepreister Leistungsverzeichnisse | 1,00% | 2,00% |
| e) Kostenkontrolle durch Vergleich der vom Planer bepreisten Leistungsverzeichnisse mit der Kostenberechnung | in d) enth. | |
| f) Zusammenstellen der Vergabeunterlagen für alle Leistungsbereiche | in b) enth. | |
| **Gesamt 10%** | | |

| Leistungsphase 7 | Von | Bis |
|---|---|---|
| a) Koordinieren der Vergaben der Fachplaner | 0,10% | 0,50% |
| b) Einholen von Angeboten | 0,00% | 0,25% |
| c) Prüfen und Werten der Angebote einschließlich Aufstellen eines Preisspiegels nach Einzelpositionen oder Teilleistungen, Prüfen und Werten der Angebote zusätzlicher und geänderter Leistungen der ausführenden Unternehmen und der Angemessenheit der Preise | 2,75% | 3,50% |
| d) Führen von Bietergesprächen | in c) enth. | |
| e) Erstellen der Vergabevorschläge, Dokumentation des Vergabeverfahrens | in c) enth. | |
| f) Zusammenstellen der Vertragsunterlagen für alle Leistungsbereiche | 0,10% | 0,25% |
| g) Vergleichen der Ausschreibungsergebnisse mit den vom Planer bepreisten Leistungsverzeichnissen oder der Kostenberechnung | 0,25% | 0,50% |
| h) Mitwirken bei der Auftragserteilung | 0,00% | 0,25% |
| **Gesamt 4%** | | |

| Leistungsphase 8 | Von | Bis |
|---|---|---|
| a) Überwachen der Ausführung des Objektes auf Übereinstimmung mit der öffentlich-rechtlichen Genehmigung oder Zustimmung, den Verträgen mit ausführenden Unternehmen, den Ausführungsunterlagen, den einschlägigen Vorschriften sowie mit den allgemein anerkannten Regeln der Technik | 20,00% | 23,00% |
| b) Überwachen der Ausführung von Tragwerken mit sehr geringen und geringen Planungsanforderungen auf Übereinstimmung mit dem Standsicherheitsnachweis | in a) enth. | |
| c) Koordinieren der an der Objektüberwachung fachlich Beteiligten | in a) enth. | |
| d) Aufstellen, Fortschreiben und Überwachen eines Terminplans (Balkendiagramm) | 0,50% | 1,00% |
| e) Dokumentation des Bauablaufs (z. B. Bautagebuch) | 0,25% | 0,50% |
| f) Gemeinsames Aufmaß mit den ausführenden Unternehmen | in g) enth. | |
| g) Rechnungsprüfung einschließlich Prüfen der Aufmaße der bauausführenden Unternehmen | 4,00% | 7,00% |
| h) Vergleich der Ergebnisse der Rechnungsprüfungen mit den Auftragssummen einschließlich Nachträgen | 1,00% | 1,50% |
| i) Kostenkontrolle durch Überprüfen der Leistungsabrechnung der bauausführenden Unternehmen im Vergleich zu den Vertragspreisen | in h) enth. | |
| j) Kostenfeststellung, z. B. nach DIN 276 | 0,50% | 1,00% |
| k) Organisation der Abnahme der Bauleistungen unter Mitwirkung anderer an der Planung und Objektüberwachung fachlich Beteiligter, Feststellung von Mängeln, Abnahmeempfehlung für den Auftraggeber | 1,00% | 3,00% |
| l) Antrag auf öffentlich-rechtliche Abnahmen und Teilnahme daran | in k) enth. | |
| m) Systematische Zusammenstellung der Dokumentation, zeichnerischen Darstellungen und rechnerischen Ergebnisse des Objekts | 0,10% | 0,25% |
| n) Übergabe des Objekts | in k) enth. | |
| o) Auflisten der Verjährungsfristen für Mängelansprüche | in k) enth. | |
| p) Überwachen der Beseitigung der bei der Abnahme festgestellten Mängel | 0,25% | 1,50% |
| **Gesamt 32%** | | |

| Leistungsphase 9 | Von | Bis |
|---|---|---|
| a) Fachliche Bewertung der innerhalb der Verjährungsfristen für Gewährleistungsansprüche festgestellten Mängel, längstens jedoch bis zum Ablauf von 5 Jahren seit Abnahme der Leistung, einschließlich notwendiger Begehungen | 0,25% | 1,00% |
| b) Objektbegehung zur Mängelfeststellung vor Ablauf der Verjährungsfristen für Mängelansprüche gegenüber den ausführenden Unternehmen | 1,00% | 1,75% |
| c) Mitwirken bei der Freigabe von Sicherheitsleistungen | in b) enth. | |
| **Gesamt 2%** | | |

## Ingenieurbauwerke

| Leistungsphase 1 | Von | Bis |
|---|---|---|
| a) Klären der Aufgabenstellung aufgrund der Vorgaben oder der Bedarfsplanung des Auftraggebers | 0,75% | 1,00% |
| b) Ermitteln der Planungsrandbedingungen sowie Beraten zum gesamten Leistungsbedarf | 0,75% | 1,00% |

# Anhang 1: Siemon-Bewertungstabellen

| | Von | Bis |
|---|---|---|
| c) Formulieren von Entscheidungshilfen für die Auswahl anderer an der Planung fachlich Beteiligter | in b) enth. | |
| d) bei Objekten nach § 41 Nummer 6 und 7, die eine Tragwerksplanung erfordern: Klären der Aufgabenstellung auch auf dem Gebiet der Tragwerksplanung | in a) enth. | |
| e) Ortsbesichtigung | in a) enth. | |
| f) Zusammenfassen, Erläutern und Dokumentieren der Ergebnisse | 0,10% | 0,50% |
| **Gesamt 2%** | | |

| Leistungsphase 2 | Von | Bis |
|---|---|---|
| a) Analysieren der Grundlagen | 1,00% | 2,00% |
| b) Abstimmen der Zielvorstellungen auf die öffentlich-rechtlichen Randbedingungen sowie Planungen Dritter | in a) enth. | |
| c) Untersuchen von Lösungsmöglichkeiten mit ihren Einflüssen auf bauliche und konstruktive Gestaltung, Zweckmäßigkeit, Wirtschaftlichkeit unter Beachtung der Umweltverträglichkeit | 2,00% | 3,00% |
| d) Beschaffen und Auswerten amtlicher Karten | 0,00% | 0,10% |
| e) Erarbeiten eines Planungskonzepts einschließlich Untersuchung der alternativen Lösungsmöglichkeiten nach gleichen Anforderungen mit zeichnerischer Darstellung und Bewertung unter Einarbeitung der Beiträge anderer an der Planung fachlich Beteiligter | 10,00% | 12,00% |
| f) Klären und Erläutern der wesentlichen fachspezifischen Zusammenhänge, Vorgänge und Bedingungen | 3,00% | 5,00% |
| g) Vorabstimmen mit Behörden und anderen an der Planung fachlich Beteiligten über die Genehmigungsfähigkeit, gegebenenfalls Mitwirken bei Verhandlungen über die Bezuschussung und Kostenbeteiligung | in f) enth. | |
| h) Mitwirken beim Erläutern des Planungskonzepts gegenüber Dritten an bis zu 2 Terminen, | in f) enth. | |
| i) Überarbeiten des Planungskonzepts nach Bedenken und Anregungen | in f) enth. | |
| j) Kostenschätzung, Vergleich mit den finanziellen Rahmenbedingungen | 0,80% | 1,20% |
| k) Zusammenfassen, Erläutern und Dokumentieren der Ergebnisse | 0,10% | 0,50% |
| **Gesamt 20%** | | |

| Leistungsphase 3 | Von | Bis |
|---|---|---|
| a) Erarbeiten des Entwurfs auf Grundlage der Vorplanung durch zeichnerische Darstellung im erforderlichen Umfang und Detaillierungsgrad unter Berücksichtigung aller fachspezifischen Anforderungen Bereitstellen der Arbeitsergebnisse als Grundlage für die anderen an der Planung fachlich Beteiligten, sowie Integration und Koordination der Fachplanungen | 19,00% | 22,00% |
| b) Erläuterungsbericht unter Verwendung der Beiträge anderer an der Planung fachlich Beteiligter | 0,50% | 1,50% |
| c) fachspezifische Berechnungen, ausgenommen Berechnungen aus anderen Leistungsbildern | 0,50% | 2,00% |
| d) Ermitteln und Begründen der zuwendungsfähigen Kosten, Mitwirken beim Aufstellen des Finanzierungsplans sowie Vorbereiten der Anträge auf Finanzierung | in i) enth. | |
| e) Mitwirken beim Erläutern des vorläufigen Entwurfs gegenüber Dritten an bis zu 3 Terminen, Überarbeiten des vorläufigen Entwurfs auf Grund von Bedenken und Anregungen | 0,50% | 1,50% |
| f) Vorabstimmen der Genehmigungsfähigkeit mit Behörden und anderen an der Planung fachlich Beteiligten | in e) enth. | |

| | | |
|---|---|---|
| g) Kostenberechnung einschließlich zugehöriger Mengenermittlung, Vergleich der Kostenberechnung mit der Kostenschätzung | 1,00% | 2,00% |
| h) Ermitteln der wesentlichen Bauphasen unter Berücksichtigung der Verkehrslenkung und der Aufrechterhaltung des Betriebes während der Bauzeit | 0,25% | 0,50% |
| i) Bauzeiten- und Kostenplan | | in h) u. g) enth. |
| j) Zusammenfassen, Erläutern und Dokumentieren der Ergebnisse | 0,25% | 0,50% |
| **Gesamt 25%** | | |

| Leistungsphase 4 | Von | Bis |
|---|---|---|
| a) Erarbeiten und Zusammenstellen der Unterlagen für die erforderlichen öffentlich-rechtlichen Verfahren oder Genehmigungsverfahren einschließlich der Anträge auf Ausnahmen und Befreiungen, Aufstellen des Bauwerksverzeichnisses unter Verwendung der Beiträge anderer an der Planung fachlich Beteiligter | 4,00% | 4,90% |
| b) Erstellen des Grunderwerbsplanes und des Grunderwerbsverzeichnisses unter Verwendung der Beiträge anderer an der Planung fachlich Beteiligter | | in a) enth. |
| c) Vervollständigen und Anpassen der Planungsunterlagen, Beschreibungen und Berechnungen unter Verwendung der Beiträge anderer an der Planung fachlich Beteiligter | | in a) enth. |
| d) Abstimmen mit Behörden | 0,10% | 1,00% |
| e) Mitwirken in Genehmigungsverfahren einschließlich der Teilnahme an bis zu 4 Erläuterungs-, Erörterungsterminen | | in d) enth. |
| f) Mitwirken beim Abfassen von Stellungnahmen zu Bedenken und Anregungen in bis zu 10 Kategorien | | in d) enth. |
| **Gesamt 5%** | | |

| Leistungsphase 5 | Von | Bis |
|---|---|---|
| a) Erarbeiten der Ausführungsplanung auf Grundlage der Ergebnisse der Leistungsphasen 3 und 4 unter Berücksichtigung aller fachspezifischen Anforderungen und Verwendung der Beiträge anderer an der Planung fachlich Beteiligter bis zur ausführungsreifen Lösung | 7,00% | 8,00% |
| b) Zeichnerische Darstellung, Erläuterungen und zur Objektplanung gehörige Berechnungen mit allen für die Ausführung notwendigen Einzelangaben einschließlich Detailzeichnungen in den erforderlichen Maßstäben | 7,00% | 8,00% |
| c) Bereitstellen der Arbeitsergebnisse als Grundlage für die anderen an der Planung fachlich Beteiligten und Integrieren ihrer Beiträge bis zur ausführungsreifen Lösung | | in a) u. b) enth. |
| d) Vervollständigen der Ausführungsplanung während der Objektausführung | | in a) u. b) enth. |
| **Gesamt 15%** | | |

| Leistungsphase 6 | Von | Bis |
|---|---|---|
| a) Ermitteln von Mengen nach Einzelpositionen unter Verwendung der Beiträge anderer an der Planung fachlich Beteiligter | 3,50% | 5,00% |
| b) Aufstellen der Vergabeunterlagen, insbesondere Anfertigen der Leistungsbeschreibungen mit Leistungsverzeichnissen sowie der Besonderen Vertragsbedingungen | 5,00% | 7,00% |
| c) Abstimmen und Koordinieren der Schnittstellen zu den Leistungsbeschreibungen der anderen an der Planung fachlich Beteiligten | | in b) enth. |

# Anhang 1: Siemon-Bewertungstabellen

| | Von | Bis |
|---|---|---|
| d) Festlegen der wesentlichen Ausführungsphasen | 0,25% | 0,75% |
| e) Ermitteln der Kosten auf Grundlage der vom Planer (Entwurfsverfasser) bepreisten Leistungsverzeichnisse | 1,50% | 3,00% |
| f) Kostenkontrolle durch Vergleich der vom Planer (Entwurfsverfasser) bepreisten Leistungsverzeichnisse mit der Kostenberechnung | in e) enth. | |
| g) Zusammenstellen der Vergabeunterlagen | in b) enth. | |
| **Gesamt 13%** | | |

| Leistungsphase 7 | Von | Bis |
|---|---|---|
| a) Einholen von Angeboten | 0,00% | 0,10% |
| b) Prüfen und Werten der Angebote, Aufstellen des Preisspiegels | 3,00% | 3,50% |
| c) Abstimmen und Zusammenstellen der Leistungen der fachlich Beteiligten, die an der Vergabe mitwirken | 0,10% | 0,75% |
| d) Führen von Bietergesprächen | in b) enth. | |
| e) Erstellen der Vergabevorschläge, Dokumentation des Vergabeverfahrens | in b) enth. | |
| f) Zusammenstellen der Vertragsunterlagen | in b) enth. | |
| g) Vergleichen der Ausschreibungsergebnisse mit den vom Planer bepreisten Leistungsverzeichnissen und der Kostenberechnung | 0,20% | 0,50% |
| h) Mitwirken bei der Auftragserteilung | 0,00% | 0,10% |
| **Gesamt 4%** | | |

| Leistungsphase 8 | Von | Bis |
|---|---|---|
| a) Aufsicht über die örtliche Bauüberwachung, Koordinierung der an der Objektüberwachung fachlich Beteiligten, einmaliges Prüfen von Plänen auf Übereinstimmung mit dem auszuführenden Objekt und Mitwirken bei deren Freigabe | 8,50% | 11,00% |
| b) Aufstellen, Fortschreiben und Überwachen eines Terminplans (Balkendiagramm) | 0,50% | 1,00% |
| c) Veranlassen und Mitwirken beim Inverzugsetzen der ausführenden Unternehmen | 0,00% | 0,50% |
| d) Kostenfeststellung, Vergleich der Kostenfeststellung mit der Auftragssumme | 0,50% | 1,00% |
| e) Abnahme von Bauleistungen, Leistungen und Lieferungen unter Mitwirkung der örtlichen Bauüberwachung und anderer an der Planung und Objektüberwachung fachlich Beteiligter, Feststellen von Mängeln, Fertigung einer Niederschrift über das Ergebnis der Abnahme | 2,00% | 4,00% |
| f) Überwachen der Prüfungen der Funktionsfähigkeit der Anlagenteile und der Gesamtanlage | in e) enth. | |
| g) Antrag auf behördliche Abnahmen und Teilnahme daran | in e) enth. | |
| h) Übergabe des Objekts | in e) enth. | |
| i) Auflisten der Verjährungsfristen der Mängelansprüche | in e) enth. | |
| j) Zusammenstellen und Übergeben der Dokumentation des Bauablaufs, der Bestandsunterlagen und der Wartungsvorschriften | 0,10% | 0,20% |
| **Gesamt 15%** | | |

| Leistungsphase 9 | Von | Bis |
|---|---|---|
| a) Fachliche Bewertung der innerhalb der Verjährungsfristen für Gewährleistungsansprüche festgestellten Mängel, längstens jedoch bis zum Ablauf von 5 Jahren seit Abnahme der Leistung, einschließlich notwendiger Begehungen | 0,25% | 0,50% |

| | | |
|---|---|---|
| b) Objektbegehung zur Mängelfeststellung vor Ablauf der Verjährungsfristen für Mängelansprüche gegenüber den ausführenden Unternehmen | 0,50% | 0,75% |
| c) Mitwirken bei der Freigabe von Sicherheitsleistungen | | in b) enth. |
| **Gesamt 1%** | | |

## Verkehrsanlagen

| Leistungsphase 1 | Von | Bis |
|---|---|---|
| a) Klären der Aufgabenstellung aufgrund der Vorgaben oder der Bedarfsplanung des Auftraggebers | 0,75% | 1,00% |
| b) Ermitteln der Planungsrandbedingungen sowie Beraten zum gesamten Leistungsbedarf | 0,75% | 1,00% |
| c) Formulieren von Entscheidungshilfen für die Auswahl anderer an der Planung fachlich Beteiligter | | in b) enth. |
| d) Ortsbesichtigung | | in a) enth. |
| e) Zusammenfassen, Erläutern und Dokumentieren der Ergebnisse | 0,10% | 0,50% |
| **Gesamt 2%** | | |

| Leistungsphase 2 | Von | Bis |
|---|---|---|
| a) Beschaffen und Auswerten amtlicher Karten | 0,00% | 0,10% |
| b) Analysieren der Grundlagen | 1,00% | 2,00% |
| c) Abstimmen der Zielvorstellungen auf die öffentlich-rechtlichen Randbedingungen sowie Planungen Dritter | | in b) enth. |
| d) Untersuchen von Lösungsmöglichkeiten mit ihren Einflüssen auf bauliche und konstruktive Gestaltung, Zweckmäßigkeit, Wirtschaftlichkeit unter Beachtung der Umweltverträglichkeit | 2,00% | 3,00% |
| e) Erarbeiten eines Planungskonzepts einschließlich Untersuchung von bis zu 3 Varianten nach gleichen Anforderungen mit zeichnerischer Darstellung und Bewertung unter Einarbeitung der Beiträge anderer an der Planung fachlich Beteiligter. | 10,00% | 12,00% |
| Überschlägige verkehrstechnische Bemessung der Verkehrsanlage, Ermitteln der Schallimmisionen von der Verkehrsanlage an kritischen Stellen nach Tabellenwerten | | in e) enth. |
| Untersuchen der möglichen Schallschutzmaßnahmen ausgenommen detaillierte schalltechnische Untersuchungen | | in e) enth. |
| f) Klären und Erläutern der wesentlichen fachspezifischen Zusammenhänge, Vorgänge und Bedingungen | 3,00% | 5,00% |
| g) Vorabstimmen mit Behörden und anderen an der Planung fachlich Beteiligten über die Genehmigungsfähigkeit, gegebenenfalls Mitwirken bei Verhandlungen über die Bezuschussung und Kostenbeteiligung | | in f) enth. |
| h) Mitwirken bei Erläutern des Planungskonzepts gegenüber Dritten an bis zu 2 Terminen, | | in f) enth. |
| i) Überarbeiten des Planungskonzepts nach Bedenken und Anregungen | | in f) enth. |
| j) Bereitstellen von Unterlagen als Auszüge aus der Voruntersuchung zur Verwendung für ein Raumordnungsverfahren | | |
| k) Kostenschätzung, Vergleich mit den finanziellen Rahmenbedingungen | 0,80% | 1,20% |
| l) Zusammenfassen, Erläutern und Dokumentieren | 0,10% | 0,50% |
| **Gesamt 20%** | | |

Anhang 1: Siemon-Bewertungstabellen                                                                 269

| Leistungsphase 3 | Von | Bis |
|---|---|---|
| a) Erarbeiten des Entwurfs auf Grundlage der Vorplanung durch zeichnerische Darstellung im erforderlichen Umfang und Detaillierungsgrad unter Berücksichtigung aller fachspezifischen Anforderungen Bereitstellen der Arbeitsergebnisse als Grundlage für die anderen an der Planung fachlich Beteiligten, sowie Integration und Koordination der Fachplanungen | 19,00% | 22,00% |
| b) Erläuterungsbericht unter Verwendung der Beiträge anderer an der Planung fachlich Beteiligter | 0,50% | 1,50% |
| c) Fachspezifische Berechnungen, ausgenommen Berechnungen aus anderen Leistungsbildern | 0,50% | 2,00% |
| d) Ermitteln der zuwendungsfähigen Kosten, Mitwirken beim Aufstellen des Finanzierungsplans sowie Vorbereiten der Anträge auf Finanzierung | | in n) enth. |
| e) Mitwirken beim Erläutern des vorläufigen Entwurfs gegenüber Dritten an bis zu 3 Terminen, Überarbeiten des vorläufigen Entwurfs auf Grund von Bedenken und Anregungen | 0,50% | 1,50% |
| f) Vorabstimmen der Genehmigungsfähigkeit mit Behörden und anderen an der Planung fachlich Beteiligten | | in e) enth. |
| g) Kostenberechnung einschließlich zugehöriger Mengenermittlung, Vergleich der Kostenberechnung mit der Kostenschätzung | 1,00% | 1,50% |
| h) Überschlägige Festlegung der Abmessungen von Ingenieurbauwerken | 0,00% | 1,00% |
| i) Ermitteln der Schallimmisionen von der Verkehrsanlage nach Tabellenwerten; Festlegen der erforderlichen Schallschutzmaßnahmen an der Verkehrsanlage, gegebenenfalls unter Einarbeitung der Ergebnisse detaillierter schalltechnischer Untersuchungen und Feststellen der Notwendigkeit von Schallschutzmaßnahmen an betroffenen Gebäuden | 0,00% | 1,00% |
| j) Rechnerische Festlegung des Objekts | 0,10% | 1,00% |
| k) Darlegen der Auswirkungen auf Zwangspunkte | | in b) enth. |
| l) Nachweis der Lichtraumprofile | | in a) enth. |
| m) Ermitteln der wesentlichen Bauphasen unter Berücksichtigung der Verkehrslenkung und der Aufrechterhaltung des Betriebes während der Bauzeit | 0,10% | 0,50% |
| n) Bauzeiten- und Kostenplan | | in g) u. m) enth. |
| o) Zusammenfassen, Erläutern und Dokumentieren der Ergebnisse | 0,25% | 0,50% |
| **Gesamt 25%** | | |

| Leistungsphase 4 | Von | Bis |
|---|---|---|
| a) Erarbeiten und Zusammenstellen der Unterlagen für die erforderlichen öffentlich-rechtlichen Verfahren oder Genehmigungsverfahren einschließlich der Anträge auf Ausnahmen und Befreiungen, Aufstellen des Bauwerksverzeichnisses unter Verwendung der Beiträge anderer an der Planung fachlich Beteiligter | 6,50% | 7,50% |
| b) Erstellen des Grunderwerbsplanes und des Grunderwerbsverzeichnisses unter Verwendung der Beiträge anderer an der Planung fachlich Beteiligter | | in a) enth. |
| c) Vervollständigen und Anpassen der Planungsunterlagen, Beschreibungen und Berechnungen unter Verwendung der Beiträge anderer an der Planung fachlich Beteiligter | | in a) enth. |
| d) Abstimmen mit Behörden | 0,50% | 1,50% |
| e) Mitwirken in Genehmigungsverfahren einschließlich der Teilnahme an bis zu 4 Erläuterungs-, Erörterungsterminen | | in d) enth. |

| | |
|---|---|
| f) Mitwirken beim Abfassen von Stellungnahmen zu Bedenken und Anregungen in bis zu 10 Kategorien | in d) enth. |
| **Gesamt 8%** | |

| Leistungsphase 5 | Von | Bis |
|---|---|---|
| a) Erarbeiten der Ausführungsplanung auf Grundlage der Ergebnisse der Leistungsphasen 3 und 4 unter Berücksichtigung aller fachspezifischen Anforderungen und Verwendung der Beiträge anderer an der Planung fachlich Beteiligter bis zur ausführungsreifen Lösung | 7,00% | 8,00% |
| b) Zeichnerische Darstellung, Erläuterungen und zur Objektplanung gehörige Berechnungen mit allen für die Ausführung notwendigen Einzelangaben einschließlich Detailzeichnungen in den erforderlichen Maßstäben | 7,00% | 8,00% |
| c) Bereitstellen der Arbeitsergebnisse als Grundlage für die anderen an der Planung fachlich Beteiligten und Integrieren ihrer Beiträge bis zur ausführungsreifen Lösung | in a) u. b) enth. | |
| d) Vervollständigen der Ausführungsplanung während der Objektausführung | in a) u. b) enth. | |
| **Gesamt 15%** | | |

| Leistungsphase 6 | Von | Bis |
|---|---|---|
| a) Ermitteln von Mengen nach Einzelpositionen unter Verwendung der Beiträge anderer an der Planung fachlich Beteiligter | 2,50% | 4,00% |
| b) Aufstellen der Vergabeunterlagen, insbesondere Anfertigen der Leistungsbeschreibungen mit Leistungsverzeichnissen sowie der Besonderen Vertragsbedingungen | 4,00% | 6,00% |
| c) Abstimmen und Koordinieren der Schnittstellen zu den Leistungsbeschreibungen der anderen an der Planung fachlich Beteiligten | in b) enth. | |
| d) Festlegen der wesentlichen Ausführungsphasen | 0,25% | 0,50% |
| e) Ermitteln der Kosten auf Grundlage der vom Planer (Entwurfsverfasser) bepreisten Leistungsverzeichnisse | 1,00% | 2,00% |
| f) Kostenkontrolle durch Vergleich der vom Planer (Entwurfsverfasser) bepreisten Leistungsverzeichnisse mit der Kostenberechnung | in e) enth. | |
| g) Zusammenstellen der Vergabeunterlagen | in b) enth. | |
| **Gesamt 10%** | | |

| Leistungsphase 7 | Von | Bis |
|---|---|---|
| a) Einholen von Angeboten | 0,00% | 0,10% |
| b) Prüfen und Werten der Angebote, Aufstellen des Preisspiegels | 3,00% | 3,50% |
| c) Abstimmen und Zusammenstellen der Leistungen der fachlich Beteiligten, die an der Vergabe mitwirken | 0,10% | 0,75% |
| d) Führen von Bietergesprächen | in b) enth. | |
| e) Erstellen der Vergabevorschläge, Dokumentation des Vergabeverfahrens | in b) enth. | |
| f) Zusammenstellen der Vertragsunterlagen | in b) enth. | |
| g) Vergleichen der Ausschreibungsergebnisse mit den vom Planer bepreisten Leistungsverzeichnissen und der Kostenberechnung | 0,20% | 0,50% |
| h) Mitwirken bei der Auftragserteilung | 0,00% | 0,10% |
| **Gesamt 4%** | | |

# Anhang 1: Siemon-Bewertungstabellen

| Leistungsphase 8 | Von | Bis |
|---|---|---|
| a) Aufsicht über die örtliche Bauüberwachung, Koordinierung der an der Objektüberwachung fachlich Beteiligten, einmaliges Prüfen von Plänen auf Übereinstimmung mit dem auszuführenden Objekt und Mitwirken bei deren Freigabe | 8,50% | 11,00% |
| b) Aufstellen, Fortschreiben und Überwachen eines Terminplans (Balkendiagramm) | 0,50% | 1,00% |
| c) Veranlassen und Mitwirken daran, die ausführenden Unternehmen in Verzug zu setzen | 0,00% | 0,50% |
| d) Kostenfeststellung, Vergleich der Kostenfeststellung mit der Auftragssumme | 0,50% | 1,00% |
| e) Abnahme von Bauleistungen, Leistungen und Lieferungen unter Mitwirkung der örtlichen Bauüberwachung und anderer an der Planung und Objektüberwachung fachlich Beteiligter, Feststellen von Mängeln, Fertigung einer Niederschrift über das Ergebnis der Abnahme | 2,00% | 4,00% |
| f) Antrag auf behördliche Abnahmen und Teilnahme daran | in e) enth. | |
| g) Überwachen der Prüfungen der Funktionsfähigkeit der Anlagenteile und der Gesamtanlage | in e) enth. | |
| h) Übergabe des Objekts | in e) enth. | |
| i) Auflisten der Verjährungsfristen der Mängelansprüche | in e) enth. | |
| j) Zusammenstellen und Übergeben der Dokumentation des Bauablaufs, der Bestandsunterlagen und der Wartungsvorschriften | 0,10% | 0,20% |
| **Gesamt 15%** | | |

| Leistungsphase 9 | Von | Bis |
|---|---|---|
| a) Fachliche Bewertung der innerhalb der Verjährungsfristen für Gewährleistungsansprüche festgestellten Mängel, längstens jedoch bis zum Ablauf von 5 Jahren seit Abnahme der Leistung, einschließlich notwendiger Begehungen | 0,25% | 0,50% |
| b) Objektbegehung zur Mängelfeststellung vor Ablauf der Verjährungsfristen für Mängelansprüche gegenüber den ausführenden Unternehmen | 0,50% | 0,75% |
| c) Mitwirken bei der Freigabe von Sicherheitsleistungen | in b) enth. | |
| **Gesamt 1%** | | |

## Tragwerksplanung

| Leistungsphase 1 | Von | Bis |
|---|---|---|
| a) Klären der Aufgabenstellung aufgrund der Vorgaben oder der Bedarfsplanung des Auftraggebers im Benehmen mit dem Objektplaner | 3,00% | 3,00% |
| b) Zusammenstellen der die Aufgabe beeinflussenden Planungsabsichten | in a) enth. | |
| c) Zusammenfassen, Erläutern und Dokumentieren der Ergebnisse | in a) enth. | |
| **Gesamt 3%** | | |

| Leistungsphase 2 | Von | Bis |
|---|---|---|
| a) Analysieren der Grundlagen | 0,50% | 2,00% |
| b) Beraten in statisch-konstruktiver Hinsicht unter Berücksichtigung der Belange der Standsicherheit, der Gebrauchsfähigkeit und der Wirtschaftlichkeit | in a) enth. | |

| | Von | Bis |
|---|---|---|
| c) Mitwirken bei dem Erarbeiten eines Planungskonzepts einschließlich Untersuchung der Lösungsmöglichkeiten des Tragwerks unter gleichen Objektbedingungen mit skizzenhafter Darstellung, Klärung und Angabe der für das Tragwerk wesentlichen konstruktiven Festlegungen für zum Beispiel Baustoffe, Bauarten und Herstellungsverfahren, Konstruktionsraster und Gründungsart | 7,50% | 9,00% |
| d) Mitwirken bei Vorverhandlungen mit Behörden und anderen an der Planung fachlich Beteiligten über die Genehmigungsfähigkeit | in c) enth. | |
| e) Mitwirken bei der Kostenschätzung und bei der Terminplanung | 0,50% | 1,00% |
| f) Zusammenfassen, Erläutern und Dokumentieren der Ergebnisse | 0,10% | 0,25% |
| **Gesamt 10%** | | |

| Leistungsphase 3 | Von | Bis |
|---|---|---|
| a) Erarbeiten der Tragwerkslösung, unter Beachtung der durch die Objektplanung integrierten Fachplanungen, bis zum konstruktiven Entwurf mit zeichnerischer Darstellung | 9,00% | 10,00% |
| b) Überschlägige statische Berechnung und Bemessung | 3,00% | 4,00% |
| c) Grundlegende Festlegungen der konstruktiven Details und Hauptabmessungen des Tragwerks für zum Beispiel Gestaltung der tragenden Querschnitte, Aussparungen und Fugen; Ausbildung der Auflager- und Knotenpunkte sowie der Verbindungsmittel | in a) enth. | |
| d) Überschlägiges Ermitteln der Betonstahlmengen im Stahlbetonbau, der Stahlmengen im Stahlbau und der Holzmengen im Ingenieurholzbau | 0,75% | 1,25% |
| e) Mitwirken bei der Objektbeschreibung bzw. beim Erläuterungsbericht | in i) enth. | |
| f) Mitwirken bei Verhandlungen mit Behörden und anderen an der Planung fachlich Beteiligten über die Genehmigungsfähigkeit | in a) enth. | |
| g) Mitwirken bei der Kostenberechnung und bei der Terminplanung | 0,50% | 1,00% |
| h) Mitwirken beim Vergleich der Kostenberechnung mit der Kostenschätzung | in g) enth. | |
| i) Zusammenfassen, Erläutern und Dokumentieren der Ergebnisse | 0,10% | 0,50% |
| **Gesamt 15%** | | |

| Leistungsphase 4 | Von | Bis |
|---|---|---|
| a) Aufstellen der prüffähigen statischen Berechnungen für das Tragwerk unter Berücksichtigung der vorgegebenen bauphysikalischen Anforderungen | 20,00% | 25,00% |
| b) Bei Ingenieurbauwerken: Erfassen von normalen Bauzuständen | in a) enth. | |
| c) Anfertigen der Positionspläne für das Tragwerk oder Eintragen der statischen Positionen, der Tragwerksabmessungen, der Verkehrslasten, der Art und Güte der Baustoffe und der Besonderheiten der Konstruktionen in die Entwurfszeichnungen des Objektsplaners | 5,00% | 10,00% |
| d) Zusammenstellen der Unterlagen der Tragwerksplanung zur Genehmigung | in a) enth. | |
| e) Abstimmen mit Prüfämtern und Prüfingenieuren oder Eigenkontrolle | in a) enth. | |
| f) Vervollständigen und Berichtigen der Berechnungen und Pläne | in a) enth. | |
| **Gesamt 30%** | | |

| Leistungsphase 5 | Von | Bis |
|---|---|---|
| a) Durcharbeiten der Ergebnisse der Leistungsphasen 3 und 4 unter Beachtung der durch die Objektplanung integrierten Fachplanungen | 5,00% | 9,00% |

# Anhang 1: Siemon-Bewertungstabellen

| | Von | Bis |
|---|---|---|
| b) Anfertigen der Schalpläne in Ergänzung der fertig gestellten Ausführungspläne des Objektplaners | 9,00% | 15,00% |
| c) Zeichnerische Darstellung der Konstruktionen mit Einbau- und Verlegeanweisungen, zum Beispiel Bewehrungspläne, Stahlbau- oder Holzkonstruktionspläne mit Leitdetails (keine Werkstattzeichnungen) | 14,00% | 20,00% |
| d) Aufstellen von Stahl- oder Stücklisten als Ergänzung zur zeichnerischen Darstellung der Konstruktionen mit Stahlmengenermittlung | 2,00% | 5,00% |
| e) Fortführen der Abstimmung mit Prüfämtern und Prüfingenieuren oder Eigenkontrolle | in a) enth. | |
| **Gesamt 40%** | | |

| Leistungsphase 6 | Von | Bis |
|---|---|---|
| a) Ermitteln der Betonstahlmengen im Stahlbetonbau, der Stahlmengen in Stahlbau und der Holzmengen im Ingenieurholzbau als Ergebnis der Ausführungsplanung und als Beitrag zur Mengenermittlung des Objektplaners | 0,50% | 1,50% |
| b) Überschlägiges Ermitteln der Mengen der konstruktiven Stahlteile und statisch erforderlichen Verbindungs- und Befestigungsmittel im Ingenieurholzbau | 0,00% | 1,00% |
| c) Mitwirken beim Erstellen der Leistungsbeschreibung als Ergänzung zu den Mengenermittlungen als Grundlage für das Leistungsverzeichnis des Tragwerks | 0,50% | 1,00% |
| **Gesamt 2%** | | |

## Technische Ausrüstung

| Leistungsphase 1 | Von | Bis |
|---|---|---|
| a) Klären der Aufgabenstellung aufgrund der Vorgaben oder der Bedarfsplanung des Auftraggebers im Benehmen mit dem Objektplaner | 0,75% | 1,00% |
| b) Ermitteln der Planungsrandbedingungen und Beraten zum Leistungsbedarf und ggf. zur technischen Erschließung | 0,75% | 1,00% |
| c) Zusammenfassen, Erläutern und Dokumentieren der Ergebnisse | 0,10% | 0,25% |
| **Gesamt 2%** | | |

| Leistungsphase 2 | Von | Bis |
|---|---|---|
| a) Analysieren der Grundlagen, Mitwirken beim Abstimmen der Leistungen mit den Planungsbeteiligten | 0,25% | 0,50% |
| b) Erarbeiten eines Planungskonzepts, dazu gehören z. B.: Vordimensionieren der Systeme und maßbestimmenden Anlagenteile, Untersuchen von alternativen Lösungsmöglichkeiten bei gleichen Nutzungsanforderungen einschließlich Wirtschaftlichkeitsvorbetrachtung, zeichnerische Darstellung zur Integration in die Objektplanung unter Berücksichtigung exemplarischer Details, Angaben zum Raumbedarf | 5,50% | 6,50% |
| c) Aufstellen eines Funktionsschemas bzw. Prinzipschaltbildes für jede Anlage | in b) enth. | |
| d) Klären und Erläutern der wesentlichen fachübergreifenden Prozesse, Randbedingungen und Schnittstellen, Mitwirken bei der Integration der technischen Anlagen | 1,00% | 2,00% |
| e) Vorverhandlungen mit Behörden über die Genehmigungsfähigkeit und mit den zu beteiligenden Stellen zur Infrastruktur | in d) enth. | |
| f) Kostenschätzung nach DIN 276 (2.Ebene) und bei der Terminplanung | 0,50% | 1,00% |

| | | |
|---|---|---|
| g) Zusammenfassen, Erläutern und Dokumentieren der Ergebnisse | 0,10% | 0,25% |
| **Gesamt 9%** | | |

| Leistungsphase 3 | Von | Bis |
|---|---|---|
| a) Durcharbeiten des Planungskonzepts (stufenweise Erarbeitung einer Lösung) unter Berücksichtigung aller fachspezifischen Anforderungen sowie unter Beachtung der durch die Objektplanung integrierten Fachplanungen, bis zum vollständigen Entwurf | 4,00% | 7,00% |
| b) Festlegen aller Systeme und Anlagenteile | in a) enth. | |
| c) Berechnen und Bemessen der technischen Anlagen und Anlagenteile, Abschätzen von jährlichen Bedarfswerten (z. B. Nutz-, End- und Primärenergiebedarf) und Betriebskosten; Abstimmen des Platzbedarfs für technische Anlagen und Anlagenteile; Zeichnerische Darstellung des Entwurfs in einem mit dem Objekt-planer abgestimmten Ausgabemaßstab mit Angabe maßbestimmender Dimensionen Fortschreiben und Detaillieren der Funktions- und Strangschemata der Anlagen Auflisten aller Anlagen mit technischen Daten und Angaben z. B. für Energiebilanzierungen Anlagenbeschreibungen mit Angabe der Nutzungsbedingungen | 9,00% | 12,00% |
| d) Übergeben der Berechnungsergebnisse an andere Planungsbeteiligte zum Aufstellen vorgeschriebener Nachweise; Angabe und Abstimmung der für die Tragwerksplanung notwendigen Angaben über Durchführungen und Lastangaben (ohne Anfertigen von Schlitz- und Durchführungsplänen) | 0,10% | 0,25% |
| e) Verhandlungen mit Behörden und mit anderen zu beteiligenden Stellen über die Genehmigungsfähigkeit | in a) enth. | |
| f) Kostenberechnung nach DIN 276 (3.Ebene) und bei der Terminplanung | 0,75% | 1,50% |
| g) Kostenkontrolle durch Vergleich der Kostenberechnung mit der Kostenschätzung | in f) enth. | |
| h) Zusammenfassen, Erläutern und Dokumentieren der Ergebnisse | 0,10% | 0,25% |
| **Gesamt 17%** | | |

| Leistungsphase 4 | | |
|---|---|---|
| a) Erarbeiten und Zusammenstellen der Vorlagen und Nachweise für öffentlich-rechtliche Genehmigungen oder Zustimmungen, einschließlich der Anträge auf Ausnahmen oder Befreiungen sowie Mitwirken bei Verhandlungen mit Behörden | 2,00% | 2,00% |
| b) Vervollständigen und Anpassen der Planungsunterlagen, Beschreibungen und Berechnungen | in a) enth. | |
| **Gesamt 2%** | | |

| Leistungsphase 5 | Von | Bis |
|---|---|---|
| a) Erarbeiten der Ausführungsplanung auf Grundlage der Ergebnisse der Leistungsphasen 3 und 4 (stufenweise Erarbeitung und Darstellung der Lösung) unter Beachtung der durch die Objektplanung integrierten Fachplanungen bis zur ausführungsreifen Lösung | 4,00% | 6,00% |
| b) Fortschreiben der Berechnungen und Bemessungen zur Auslegung der technischen Anlagen und Anlagenteile Zeichnerische Darstellung der Anlagen in einem mit dem Objektplaner abgestimmten Ausgabemaßstab und Detaillierungsgrad einschließlich Dimensionen (keine Montage- oder Werkstattpläne) Anpassen und Detaillieren der Funktions- und Strangschemata der Anlagen bzw. der GA Funktionslisten, Abstimmen der Ausführungszeichnungen mit dem Objektplaner und | 8,00% | 11,00% |

| | | | |
|---|---|---|---|
| den übrigen Fachplanern | | | |
| c) Anfertigen von Schlitz- und Durchbruchsplänen | 2,00% | 4,00% | § 55 (2) HOAI |
| d) Fortschreibung des Terminplans | 0,10% | 0,50% | |
| e) Fortschreiben der Ausführungsplanung auf den Stand der Ausschreibungsergebnisse und der dann vorliegenden Ausführungsplanung des Objektplaners, Übergeben der fortgeschriebenen Ausführungsplanung an die ausführenden Unternehmen | 0,50% | 1,00% | |
| f) Prüfen und Anerkennen der Montage- und Werkstattpläne der ausführenden Unternehmen auf Übereinstimmung mit der Ausführungsplanung | 2,00% | 4,00% | § 55 (2) HOAI |
| **Gesamt 22%** | | | |

| Leistungsphase 6 | Von | Bis |
|---|---|---|
| a) Ermitteln von Mengen als Grundlage für das Aufstellen von Leistungsverzeichnissen in Abstimmung mit Beiträgen anderer an der Planung fachlich Beteiligter | 2,25% | 3,00% |
| b) Aufstellen der Vergabeunterlagen, insbesondere mit Leistungsverzeichnissen nach Leistungsbereichen, einschließlich der Wartungsleistungen auf Grundlage bestehender Regelwerke | 2,50% | 3,50% |
| c) Mitwirken beim Abstimmen der Schnittstellen zu den Leistungsbeschreibungen der anderen an der Planung fachlich Beteiligten | in a) u. b) enth. | |
| d) Ermitteln der Kosten auf Grundlage der vom Planer bepreisten Leistungsverzeichnisse | 1,00% | 2,00% |
| e) Kostenkontrolle durch Vergleich der vom Planer bepreisten Leistungsverzeichnisse mit der Kostenberechnung | in d) enth. | |
| f) Zusammenstellen der Vergabeunterlagen | in b) enth. | |
| **Gesamt 7%** | | |

| Leistungsphase 7 | Von | Bis |
|---|---|---|
| a) Einholen von Angeboten | 0,00% | 0,10% |
| b) Prüfen und Werten der Angebote, Aufstellen der Preisspiegel nach Einzelpositionen, Prüfen und Werten der Angebote für zusätzliche oder geänderte Leistungen der ausführenden Unternehmen und der Angemessenheit der Preise | 3,50% | 4,25% |
| c) Führen von Bietergesprächen | in b) enth. | |
| d) Vergleichen der Ausschreibungsergebnisse mit den vom Planer bepreisten Leistungsverzeichnissen und der Kostenberechnung | 0,50% | 1,00% |
| e) Erstellen der Vergabevorschläge, Mitwirken bei der Dokumentation der Vergabeverfahren | in b) enth. | |
| f) Zusammenstellen der Vertragsunterlagen und bei der Auftragserteilung | 0,10% | 0,25% |
| **Gesamt 5%** | | |

| Leistungsphase 8 | Von | Bis |
|---|---|---|
| a) Überwachen der Ausführung des Objekts auf Übereinstimmung mit der öffentlich-rechtlichen Genehmigung oder Zustimmung, den Verträgen mit den ausführenden Unternehmen, den Ausführungsunterlagen, den Montage- und Werkstattplänen, den einschlägigen Vorschriften und den allgemein anerkannten Regeln der Technik | 16,00% | 22,00% |
| b) Mitwirken bei der Koordination der am Projekt Beteiligten | 0,50% | 1,00% |
| c) Aufstellen, Fortschreiben und Überwachen des Terminplans (Balkendiagramm) | 0,25% | 0,50% |

| | | |
|---|---|---|
| d) Dokumentation des Bauablaufs (Bautagebuch) | 0,25% | 0,50% |
| e) Prüfen und Bewerten der Notwendigkeit geänderter oder zusätzlicher Leistungen der Unternehmer und der Angemessenheit der Preise | 0,00% | 1,00% |
| f) Gemeinsames Aufmaß mit den ausführenden Unternehmen | | in g) enth. |
| g) Rechnungsprüfung in rechnerischer und fachlicher Hinsicht mit Prüfen und Bescheinigen des Leistungsstandes anhand nachvollziehbarer Leistungsnachweise | 8,00% | 10,00% |
| h) Kostenkontrolle durch Überprüfen der Leistungsabrechnungen der ausführenden Unternehmen im Vergleich zu den Vertragspreisen und dem Kostenanschlag. | 0,75% | 1,25% |
| i) Kostenfeststellung | | in h) enth. |
| j) Mitwirken bei Leistungs- u. Funktionsprüfungen | 0,10% | 0,25% |
| k) fachtechnische Abnahme der Leistungen auf Grundlage der vorgelegten Dokumentation, Erstellung eines Abnahmeprotokolls, Feststellen von Mängeln und Erteilen einer Abnahmeempfehlung | 2,50% | 4,00% |
| l) Antrag auf behördliche Abnahmen und Teilnahme daran | | in k) enth. |
| m) Prüfung der übergebenen Revisionsunterlagen auf Vollzähligkeit, Vollständigkeit und stichprobenartige Prüfung auf Übereinstimmung mit dem Stand der Ausführung | 0,50% | 0,75% |
| n) Auflisten der Verjährungsfristen der Ansprüche auf Mängelbeseitigung | | in k) enth. |
| o) Überwachen der Beseitigung der bei der Abnahme festgestellten Mängel | 0,25% | 1,50% |
| p) Systematische Zusammenstellung der Dokumentation, der zeichnerischen Darstellungen und rechnerischen Ergebnisse des Objekts | 0,10% | 0,25% |
| **Gesamt 35%** | | |

| Leistungsphase 9 | Von | Bis |
|---|---|---|
| a) Fachliche Bewertung der innerhalb der Verjährungsfristen für Gewährleistungsansprüche festgestellten Mängel, längstens jedoch bis zum Ablauf von 5 Jahren seit Abnahme der Leistung, einschließlich notwendiger Begehungen | 0,25% | 0,75% |
| b) Objektbegehung zur Mängelfeststellung vor Ablauf der Verjährungsfristen für Mängelansprüche gegenüber den ausführenden Unternehmen | 0,50% | 0,75% |
| c) Mitwirken bei der Freigabe von Sicherheitsleistungen | | in b) enth. |
| **Gesamt 1%** | | |

# Anhang 2: MRVG Artikel 10

**Gesetz zur Regelung von Ingenieur- und Architektenleistungen vom 4. November 1971 (BGBl I, S. 1749), geändert durch Gesetz vom 12. November 1984 (BGBl I, S. 1337), zuletzt geändert durch den Einigungsvertrag vom 31. August 1990 (BGBl II, S. 889)**

## § 1 Ermächtigung zum Erlass einer Honorarordnung für Ingenieure

(1) Die Bundesregierung wird ermächtigt, durch Rechtsverordnung mit Zustimmung des Bundesrates eine Honorarordnung für Leistungen der Ingenieure zu erlassen. In der Honorarordnung sind Honorare für Leistungen bei der Beratung des Auftraggebers, bei der Planung und Ausführung von Bauwerken und technischen Anlagen, bei der Ausschreibung und Vergabe von Bauleistungen sowie bei der Borbereitung, Planung und Durchführung von städtebaulichen Maßnahmen zu regeln.

(2) In der Honorarordnung sind Mindest- und Höchstsätze festzusetzen. Dabei ist den berechtigten Interessen der Ingenieure und der zur Zahlung der Honorare Verpflichteten Rechnung zu tragen. Die Honorarsätze sind an der Art und dem Umgang der Aufgabe sowie an der Leistung des Ingenieurs auszurichten. Für rationalisierungswirksame besondere Leistungen des Ingenieurs, die zu einer Senkung der Bau- und Nutzungskosten führen, können besondere Honorare festgesetzt werden.

(3) In der Honorarordnung ist vorzusehen, dass

1. die Mindestsätze durch schriftliche Vereinbarung in Ausnahmefällen unterschritten werden können;
2. die Höchstsätze nur bei außergewöhnlichen oder ungewöhnlich lange dauernden Leistungen überschritten werden dürfen;
3. die Mindestsätze als vereinbart gelten, sofern nicht bei Erteilung des Architektenauftrages etwas anderes schriftlich vereinbart ist.

## § 2 Ermächtigung zum Erlass einer Honorarordnung für Architekten

(1) Die Bundesregierung wird ermächtigt, durch Rechtsverordnung mit Zustimmung des Bundesrates eine Honorarordnung für Leistungen der Architekten (einschließlich der Garten- und Landschaftsarchitekten) zu erlassen. In der Honorarordnung sind Honorare für Leistungen bei der Beratung des Auftraggebers, bei der Planung und Ausführung von Bauwerken und Anlagen, bei der Ausschreibung und Vergabe von Bauleistungen sowie bei der Vorbereitung, Planung und Durchführung von städtebaulichen Maßnahmen zu regeln.

(2) In der Honorarordnung sind Mindest- und Höchstsätze festzusetzen Dabei ist den berechtigten Interessen der Architekten und der zur Zahlung der Honorare Verpflichteten Rechnung zu tragen. Die Honorarsätze sind an der Art und dem Umfang Aufgabe sowie an der MRVG Artikel 10istung des Architekten auszurichten Für rationalisierungswirksame be-

sondere Leistungen des Architekten, die zu einer Senkung der Bau- und Nutzungskosten führen, können besondere Honorare festgesetzt werden.

(3) In der Honorarordnung ist vorzusehen, dass

1. die Mindestsätze durch schriftliche Vereinbarung in Ausnahmefällen unterschritten werden können;
2. die Höchstsätze nur bei außergewöhnlichen oder ungewöhnlich lange dauernden Leistungen überschritten werden dürfen;
3. die Mindestsätze als vereinbart gelten, sofern nicht bei Erteilung des Architektenauftrages etwas anderes schriftlich vereinbart ist.

### § 3 Unverbindlichkeit der Kopplung von Grundstückskaufverträgen mit Ingenieur- und Architektenverträgen

Eine Vereinbarung durch die der Erwerber eines Grundstücks sich im Zusammenhang mit den Erwerb verpflichtet, bei der Planung oder Ausführung eines Bauwerks auf dem Grundstück die Leistungen eines bestimmten Ingenieurs oder Architekten in Anspruch zu nehmen, ist unwirksam. Die Wirksamkeit des auf den Erwerb des Grundstücks gerichteten Vertrages bleibt unberührt.

# Anhang 3: Literaturverzeichnis

ARGE HOAI – GWT-TVD/Börgers/Kalusche/Siemon. Aktualisierungsbedarf zur Honorarstruktur der Honorarordnung für Architekten und Ingenieure (HOAI), erstellt im Auftrag des Bundesministeriums für Wirtschaft und Technologie, Dezember 2012, abrufbar unter www.bmwi.de.

Averhaus, Ralf: Die neue HOAI 2009, NZBau 2009, 473.

Averhaus, Ralf: Anmerkungen zu OLG Düsseldorf, Urteil vom 23.11.2010 – 23 U 215/09, IBR 2011, 646 u. 647.

Budiner, Erik/Plankemann, Axel: Stichtage für das Honorar, Deutsches Architektenblatt 2014, Heft 1, 46.

Deckers, Stefan: Der zeitliche Geltungsbereich der HOAI 2009, Aufsatz vom 22.02.2011, www.werner-baurecht.de (Forum HOAI).

Digel, Andreas: Abschied von der Prüffähigkeit als Voraussetzung für die Fälligkeit des Honorars von Architekten und Ingenieuren?, Aufsatz vom 22.02.2011, www.werner-baurecht.de (Forum HOAI).

Ebert, Ernst/Schmid, Arno Sighard/Karstedt, Jens: Fachliche und redaktionelle Anmerkungen des AHO, der BArchK und der BIngK zum modifizierten Entwurf einer Verordnung über die Honorare für Architekten- und Ingenieurleistungen (HOAI) vom 07.04.2009, www.ibr-online.de.

Fahrenbruch, Rainer: HOAI 2009: Derzeit keine Baukostenvereinbarung nach § 6 Abs. 2 HOAI 2009, wenn die Planungsleistung nach RBBau beauftragt wird, IBR 2010, 1227 (nur online).

Fett, Valentin: Die neue HOAI, DAB 2009, Heft 7, 30, 33.

Fischer, Peter/Krüger, Andreas T.C: Was sind Objekte? Abgrenzung von Architekten- und Ingenieurleistungen im Hinblick auf die Leistungen und die Abrechnung, BauR 2013, 1176.

Folnovic, Alen/Pliquett, Sebastian: § 15 Abs. 1 HOAI – Willkommene Vereinfachung oder trügerische Sicherheit für den Architekten?, BauR 2011, 1871.

Fuchs, Heiko: Honorarmanagement statt „HOAI-Hängematte", NZBau, 2010, 671.

Fuchs, Heiko/Berger, Andreas/Seifert, Werner: HOAI 2013 – Eine Annäherung, NZBau 2013, 729.

Grams, Hartmut A./Weber, Frank: Anwendbarkeit der HOAI 2009 auf den Architektenstufenvertrag, NZBau 2010, 337.

Irmler, Henning (Hrsg.): HOAI-Praktikerkommentar, 2011.

Kalte, Peter/Wiesner, Michael: Besondere Leistung: Nutzung des § 5 Absatz 4 HOAI a. F. zur Vertragsgestaltung unter Gültigkeit der HOAI 2009?, IBR 2009, 1234.

Kalte, Peter/Wiesner, Michael: Wiederholte Grundleistungen und Alternativen führen zur Anwendung der HOAI 2009!, IBR 2010, 1229 (nur online).

Kalte, Peter/Wiesner, Michael: Angebahnte Verträge und HOAI 2009 – Gültigkeit von HOAI 1996 oder HOAI 2009?, www.ibr-online.de.

Kalte, Peter/Wiesner, Michael: Anmerkung zu OLG Hamburg, Urteil vom 10.02.2011 – 3 U 81/06, IBR 2011, 413.

Kalte, Peter/Wiesner, Michael: HOAI 2013: Regenwassersammelkanäle und Lichtsignalanlagen – Mogelpackung bei Verkehrsanlagen?, DIB 2013, 42.

Korbion, Hermann/Mantscheff, Jack/Vygen, Klaus: HOAI 2009, Ergänzungsband zur 8. Auflage, 2013.

Kuhn, Christian: Zu den Auswirkungen einer HOAI-Novelle auf sukzessiv geschuldete Leistungen, ZfBR 2014, 3.

Lechner, Hans/Stifter, Daniela/Weisser, Lutz/Stefan, Günther: Evaluierung der HOAI – Aktualisierung der Leistungsbilder, Abschlußbericht vom 02.09.2011, erstellt im Auftrag des Bundesministeriums für Verkehr, Bau und Stadtentwicklung (BMVBS), www.bmvbs.de.

Lechner, Hans: Für die Auftraggeber ist die HOAI ein dauerhaft kostensenkendes Werkzeug, DIB 2012, Heft 1-2, 34.

Lederer, Maximilian (Hrsg.)/Heymann, Klaus: HOAI – Honorarmanagement bei Architekten- und Ingenieurverträgen, 3. Auflage 2011.

Locher, Ulrich/Locher Horst/Koeble, Wolfgang/Frik, Werner: HOAI, 11. Auflage, 2012.

Löffelmann, Peter (Hrsg.)/Fleischmann, Architektenrecht, 6. Auflage 2012.

Maibaum, Thomas (Hrsg.): Praxishandbuch HOAI, 1. Auflage 2010.

Morlock, Alfred: Verträge: Neue HOAI einplanen, DAB 2013, 42.

Motzke, Gerd: Umbauzuschlag für Freianlagen – liefern § 6 Abs. 1 Nr. 5 und § 35 Abs. 1 HOAI eine Grundlage?, ZfBR 2012, 3.

Motzke, Gerd: Die neue HOAI 2013, NZBau 2013, Heft 8, Seite V.

Motzke, Gerd: Die Überleitungsregelung in § 57 HOAI 2013, NZBau 2013, 742.

Motzko, Christoph/Kochendörfer, Bernd: Einordnung der Leistungen Umweltverträglichkeitsstudie pp. als Planungsleistungen, Gutachten vom 22.10.2010, erstellt im Auftrag des AHO (Ausschuss der Verbände und Kammern der Ingenieure und Architekten für die Honorarordnung e. V.), www.aho.de.

Orlowski, Matthias: Das Ende der Bewährung? Der Referentenentwurf zur HOAI 2013, ZfBR 2013, 315.

Preussner, Mathias: Erstreckt sich der Umbau- und Modernisierungszuschlag nach § 35 HOAI 2009 auch auf Erweiterungsbauten? BauR 2012, 711.

Rauch, Bernhard: Alt oder neu – was gilt?, DAB 2009, Heft 10, 24.

Schattenfroh, Sebastian: HOAI 2009 – Gibt es einen Umbauzuschlag bei Freianlagenplanungen?, IBR 2009, 1360 (nur online).

Scholtissek, Friedrich-Karl: HOAI 2009, 2009.

Scholtissek, Friedrich-Karl: Der Architekt und die Neuerungen des Forderungssicherungsgesetzes, NZBau 2009, 91.

Scholtissek, Friedrich-Karl: Anmerkungen zur beabsichtigten Änderung der HOAI, NZBau 2008, 409.

Seifert, Werner: Einheitlicher Umbauzuschlag – Umbau mit Erweiterungsbau? Beitrag vom 15.03.2011, www.werner-baurecht.de.

Seufert, Roland: Kostenberechnung: Änderung der anrechenbaren Kosten bei der Objekt- und Fachplanung (zu § 7 Abs. 5 HOAI), IBR 2011, 1008.

Siemon, Klaus D.: Baukosten bei Neu- und Umbauten, 3. Auflage 2006.

# Anhang 3: Literaturverzeichnis

Siemon, Klaus D.: HOAI-Praxis bei Architektenleistungen, 7. Auflage 2004.

Siemon, Klaus D.: Zur Bewertung der Einzelleistungen in den Leistungsphasen nach HOAI, BauR 2006, 905.

Siemon, Klaus D.: Bewertungstabellen nach § 8 Abs. 2 HOAI 2013, Siemon-Tabellen für Objekt- und Fachplanung, BauR 2013, 1764 = IBR 2013, 1286 (nur online).

Siemon, Klaus D./Averhaus, Ralf: Die HOAI 2009 verstehen und richtig anwenden, 1. Auflage 2009 und 2. Auflage 2012.

Simmendinger, Heinz: Zur Anwendung des § 11 Abs. 1 HOAI 2009 bei einer Entwässerung im Trennsystem, Aufsatz vom 03.03.2010, www.ibr-online.de.

Simmendinger, Heinz: HOAI 2009 – Einzelfragen: Anrechenbare Kosten nach § 45 Abs. 2 und 3 HOAI?, IBR 2010, 1444 (nur online).

Simmendinger, Heinz: HOAI 2009 – Einzelfragen: Zur Anrechenbarkeit der Ingenieurbauwerke bei der Objektplanung von Verkehrsanlagen, IBR 2010, 1442 (nur online).

Simmendinger, Heinz: Die Zusammenfassung von Objekten im Zuge des § 11 Abs. 1 HOAI n. F., IBR 2010, 1330 (nur online).

Simmendinger, Heinz: Zur Anwendung des § 41 HOAI 2009 – Besondere Grundlagen des Honorars, IBR 2010, 1230 (nur online).

Simmendinger, Heinz: Honorarermittlung für Leistungen bei Verkehrsanlagen - Bei gleichzeitiger Berücksichtigung von Ingenieurbauwerken nach § 45 Abs. 2 Nr. 2 HOAI und technischer Ausrüstung, IBR 2010, 1189 (nur online).

Steffen, Marc/Averhaus, Ralf, Besprechung zu BGH, Urteil vom 09.02.2012 – VII ZR 31/11, NZBau 2012, 417.

Thode, Reinhold: Anmerkung zu OLG Stuttgart, Urteil vom 21.09.2010 – 10 U 50/10, juris PR-Priv-BauR 1/2011, Anm. 1.

Turner, Tanja: VOF-Verfahren – Ist die Höhe des Honorarangebots noch ein geeignetes Zuschlagskriterium?, IBR 2010, 1239 (nur online).

Voppel, Reinhard: HOAI 2013: Umbauzuschlag und Altbausubstanz – alles wieder beim alten?, BauR 2013, 1758.

Weber, Frank: HOAI 2013 – ein Überblick, BauR 2013, 1747.

Welter, Ulrich: Fehlerquelle HOAI, Vergabe Navigator 2010, Heft 5, 8.

Welter, Ulrich: Update HOAI, Teil 2, Vergabe Navigator 2010, Heft 1, 11.

Welter, Ulrich: Update HOAI, Teil 3, Vergabe Navigator 2010, Heft 2, 10.

Welter, Ulrich: Update HOAI, Teil 4, Vergabe Navigator 2010, Heft 3, 12.

Werner, Ulrich/Pastor, Walter: Der Bauprozess, 14. Aufl., 2013.

Werner, Ulrich/Siegburg, Frank; Die neue HOAI 2013 – unter besonderer Berücksichtigung der Gebäudeplanung –, BauR 2013, 1499.

Druck:
Canon Deutschland Business Services GmbH
im Auftrag der KNV-Gruppe
Ferdinand-Jühlke-Str. 7
99095 Erfurt